Technische Thermodynamik

Einführung in Grundlagen und Anwendung

Von

Dr. techn. Anton Pischinger

Dipl.-Ing., o. Professor an der Technischen Hochschule Graz

Mit 179 Textabbildungen und 7 Tafeln

Wien

Springer-Verlag

1951

ISBN-13: 978-3-7091-7663-4   e-ISBN-13: 978-3-7091-7662-7
DOI: 10.1007/978-3-7091-7662-7

Alle Rechte, insbesondere das der Übersetzung
in fremde Sprachen, vorbehalten.
Copyright 1951 by Springer-Verlag in Vienna.
Softcover reprint of the hardcover 1st edition 1951

Vorwort.

Im Jahre 1948 erschien im Rahmen der Schriftenreihe „Ausgewählte Kapitel aus der Physik" von K. W. Fritz Kohlrausch Teil III „Wärme", der den betreffenden Stoff der Vorlesungen über Physik an der Technischen Hochschule Graz beeinhaltet.

Zeitlich nach der Vorlesung über Physik wird an derselben Hochschule eine Vorlesung über Technische Thermodynamik gehalten, deren didaktischen Gedankengänge seit 1920 unter den Professoren J. Magg, H. List, E. Niedermayer und dem Verfasser entwickelt wurden. Das vorliegende Buch umfaßt im wesentlichen den Stoff dieser Vorlesung.

Im ersten Teil werden zunächst die allgemein gültigen Gesetze und die Arbeitsmethoden der technischen Thermodynamik dargelegt und hierauf in getrennten Abschnitten auf das vollkommene Gas, sowie auf die wirklichen Gase und Dämpfe angewendet und in eine Form gebracht, wie sie für die spätere Verwendung zur Berechnung und Untersuchung von praktischen Maschinen am zweckmäßigsten erscheint. Auf die molekular-theoretische Darstellung der Vorgänge wird nur soweit eingegangen, als sie eine notwendige oder willkommene Hilfe für das Verständnis der grundlegenden makroskopischen Begriffe und Zusammenhänge bedeutet. Auf die Einfügung von konkreten Anwendungsbeispielen wurde in diesem ersten Teil verzichtet.

Im zweiten Teil jedoch ist zur Schulung des „Thermodynamischen Denkens" das Wesentliche jener Denkweise behandelt, deren sich der praktische Ingenieur bei der Berechnung, Entwicklung und Untersuchung der thermodynamischen Vorgänge in Wärmekraftmaschinen bedient.

Die im Anhang angefügten Tabellenwerte sollen als Unterlage für praktische Rechnungen dienen. Außerdem sind sieben ganzseitige Wärmetafeln angefügt, die dem Studierenden und auch dem praktischen Ingenieur trotz des kleinen Maßstabes als Behelf für überschlagsweise Betrachtungen von Nutzen sein dürften.

Bei der Gestaltung des Textes war mir Herr Dr. Ing. Frank C. Roesler eine wertvolle Hilfe, wie ich auch an dieser Stelle mit Dank feststellen möchte. Zu danken habe ich ferner meinem Assistenten, Herrn Dr. Ing. Franz Mramor für mühevolle Korrekturtätigkeit sowie ganz besonders dem Springer-Verlag für die stets verständnisvolle Verlagsarbeit.

Graz, im Frühjahr 1951.

A. Pischinger.

Inhaltsverzeichnis.

Erster Teil.

Grundlagen.

Inhaltsverzeichnis. V

Zweiter Teil.

Anwendung der Grundlagen auf technische Prozesse und Maschinen.

Anhang.

Die Wärmeübertragung (kurzer Überblick).

Verzeichnis der wichtigsten verwendeten Formelzeichen.

A kalorisches Arbeitsäquivalent [kcal/mkg]
a Schallgeschwindigkeit [m/s]
c Kohlenstoffgehalt eines Brennstoffes [kg/kg]
c spezifische Wärme [kcal/kgGrad]
$\mathfrak{C}$ Molwärme [kcal/kmolGrad]
c_p spezifische Wärme bei konstantem Druck [kcal/kgGrad]
$\mathfrak{C}_p$ Molwärme bei konstantem Druck [kcal/kmolGrad]
c_v spezifische Wärme bei konstantem Volumen [kcal/kgGrad]
$\mathfrak{C}_v$ Molwärme bei konstantem Volumen [kcal/kmolGrad]
C Strahlungsziffer [kcal/m²hGrad]
f, F Fläche [m²]
G Gewicht [kg]
g Erdbeschleunigung [m/s²]
g Gewichtsverhältnis bei Gemischen
h Heizwert [kcal/kg] [kcal/Nm³]
h Wasserstoffgehalt eines Brennstoffes [kg/kg]
I Enthalpie (Wärmeinhalt) [kcal]
i spezifische Enthalpie (Wärmeinhalt) [kcal/kg]
$\mathfrak{J}$ molare Enthalpie (Wärmeinhalt) [kcal/kmol]
J mechanisches Wärmeäquivalent [mkg/kcal]
K Zahlengruppe bei instationärer Strömung [m³/kgs]
K spezifische Kälteleistung [kcal/PSh]
k Wärmedurchgangszahl [kcal/m²hGrad]
L Loschmidtsche Zahl
L Arbeit [mkg]

l Arbeit [mkg/kg]
L Luftmenge bei Verbrennung [Nm³/kg] [Nm³/Nm³]
M Molekulargewicht
m Polytropenexponent
n Drehzahl [1/min]
O Oberfläche [m²]
o Sauerstoffgehalt eines Brennstoffes [kg/kg]
p spezifischer Druck [kg/m²]
Q Wärme [kcal]
q Wärme [kcal/kg]
$\Re$ allgemeine Gaskonstante [mkg/kmolGrad]
R Gaskonstante [mkg/kgGrad]
r_i innere Reibungswärme [kcal/kg]
r Verdampfungswärme [kcal/kg]
S Entropie [kcal/Grad]
s spezifische Entropie [kcal/kgGrad]
$\mathfrak{S}$ molare Entropie [kcal/kmolGrad]
s Weglänge [m]
T absolute Temperatur [Grad Kelvin]
t Temperatur [Grad Celsius]
U innere Energie [kcal]
u spezifische innere Energie [kcal/kg]
$\mathfrak{U}$ molare innere Energie [kcal/kmol]
V Volumen [m³]
v spezifisches Volumen [m³/kg]
$\mathfrak{V}$ Molvolumen [m³/kmol]
v_b (...) Volumsanteil des Stoffes (...) in gasförmigen Brennstoffen
v_R (...) Volumsanteil des Stoffes (...) in den Rauchgasen
w Geschwindigkeit [m/s]
x Dampfziffer, Feuchtegrad
x Längen-Veränderliche [m]
z Zeit [s]
α Ausdehnungskoeffizient
α_D Eichziffer für Normdüse
α Kontraktionsziffer
α Wärmeübergangszahl [kcal/m²hGrad]
β Spannungskoeffizient
γ spezifisches Gewicht [kg/m³]
δ Länge [m]
ε Emissionszahl
ε Leistungsziffer bei Kältemaschinen
ε Verdichtungsverhältnis bei Verbrennungskraftmaschinen
ζ Druckverhältnis bei Kompressoren
η Wirkungsgrad
$\varkappa$ Verhältnis der spezifischen Wärmen (Adiabatenexponent)
λ Erzeugungswärme des Dampfes [kcal/kg]
λ Luftüberschußzahl (Luftzahl)
λ Wärmeleitzahl [kcal/mhGrad]
μ Ausflußziffer
μ wahres Gewicht eines Moleküls [Gewichtseinheiten]
ν kinematische Zähigkeit [m²/s]
ν Druckfunktion
ϱ innere Verdampfungswärme [kcal/kg]
ϱ Volumsverhältnis bei Verbrennungskraftmaschinen
τ Druckverhältnis bei Verbrennungskraftmaschinen
φ Abminderungsfaktor bei Kälteanlagen
φ Reibungsziffer
φ relative Feuchte
φ Volumsverhältnis bei Gemischen
χ Kompressibilitätskoeffizient
χ Querschnittsfunktion
ψ Abminderungsfaktor bei Kälteanlagen
ψ äußere Verdampfungswärme [kcal/kg]
ψ Druckfunktion

Grundlagen.

Einleitung.

Die technische Thermodynamik behandelt Vorgänge, bei denen neben der mechanischen Energie auch die Wärmeenergie und der Temperaturzustand der am Vorgang beteiligten Körper eine besondere Rolle spielen. Solche Vorgänge sind immer mit einer Änderung des Zustandes (bestimmt durch Rauminhalt, Druck, Temperatur und andere, noch zu definierende Größen) eines oder mehrerer Körper verbunden. In der Erfahrung wurzeln zwei fundamentale Sätze über derartige Zustandsänderungen: Die beiden Hauptsätze der Thermodynamik. Der erste Hauptsatz drückt in seiner einfachsten Form die Gleichwertigkeit von Wärme und Arbeit aus. Wärme ist eine Energieform; Wärme und mechanische Arbeit können in einem bestimmten konstanten Verhältnis ineinander umgesetzt werden, wenn sich der Zustand des Wärmeträgers ändert. Der zweite Hauptsatz macht unter anderem Aussagen über das Ausmaß, in dem sich Wärme unter Zuhilfenahme eines Kreisprozesses zwischen zwei bestimmten Temperaturen in Arbeit verwandeln läßt.

Außer auf die Hauptsätze gründet sich die Theorie der thermodynamischen Prozesse auf die Erfahrung, daß zwischen den Zustandsgrößen eines Stoffes bestimmte Zusammenhänge, formuliert in den Zustandsgleichungen, bestehen.

Weder die beiden Hauptsätze noch die Zustandsgleichung sagen etwas über das Wesen der Wärmeenergie aus. Ihre Anwendung führt daher nur auf einem mehr oder weniger formalen Weg zum Ergebnis, ohne daß ein Verständnis der inneren Vorgänge in der Materie vorausgesetzt oder angestrebt wird.

Ein Bild der inneren Vorgänge in den beteiligten Stoffen vermittelt die kinetische Wärmetheorie. Ihre wichtigste Aussage bezieht sich auf das Wesen der Wärmeenergie: Diese ist gegenüber der Arbeit in der Mechanik keine „neue" Energieform, sondern die Summe der teilweise kinetischen, teilweise potentiellen Energieanteile der „ungeordneten" Molekularbewegung. Indem man also auf den Aufbau der Stoffe aus kleinsten Teilchen eingeht, ist es möglich, die Energieform „Wärme" in einer Weise zu deuten, die sie auf bekannte mechanische Gesetze zurückführt und auch der anschaulichen Vorstellung zugänglich macht. Wenn die Temperatur eines Stoffes durch Energiezufuhr erhöht wurde, so heißt das, daß die kinetische Energie der Moleküle des Stoffes größer geworden ist.

Wie jede Theorie ist auch diese aus der Erfahrung spekulativ abgeleitet. Die Vorstellung der Mikrovorgänge findet in vielen makroskopischen Erscheinungen eine Stütze; umgekehrt kann in anderen Fällen aus der

Vorstellung der Mikrovorgänge richtig auf das makroskopische Verhalten der Stoffe geschlossen oder dieses verständlich gedeutet werden.

Diese molekulartheoretischen Anschauungen beleben also das thermodynamische Denken, sie geben der Überlegung erhöhte Sicherheit und sind auch aus der Gedankenwelt des nüchtern rechnenden Ingenieurs nicht mehr wegzudenken. K. W. F. Kohlrausch umreißt nach Abschätzung der Möglichkeiten von Vorstellung und Rechnung die richtige Arbeitsweise in dem Satz:

Mit den Bildern und Modellen der Molekulartheorie erschauen und verstehen, mit dem mathematischen Rüstzeug der Thermodynamik praktisch rechnen.

Einen festen Körper stellen wir uns als Anhäufung von Atomen oder Molekülen vor, die Kräfte aufeinander ausüben und dadurch miteinander verbunden sind. Eine Bewegung seiner Moleküle ist im wesentlichen nur als Schwingung gegeneinander denkbar. Nach der molekulartheoretischen Vorstellung wächst die Heftigkeit dieser Schwingung bei Wärmezufuhr. Makroskopisch heißt das: die Temperatur steigt. Man kann auch die Wärme*ausdehnung* der festen Körper erklären, indem man annimmt, daß bei den Wärmeschwingungen die zwischenmolekularen Kräfte mit der Näherung zweier Moleküle aus ihrem Gleichgewichtsabstand stärker als linear in ihrer abstoßenden Wirkung, bei Entfernung aber schwächer als linear in ihrer anziehenden Wirkung zunehmen, so daß sich im ganzen der Abstand der Molekülmittellagen bei Zunahme der Schwingungsamplitude vergrößert.

Bei einer bestimmten Temperatur, der Schmelztemperatur, löst sich der scheinbar feste Verband der Moleküle auf. Sie lassen sich nunmehr schon unter dem Einfluß verhältnismäßig geringer äußerer Kräfte gegeneinander verschieben und der Stoff verliert damit seine Formbeständigkeit, er wird flüssig.

Beim Übergang vom flüssigen zum gasförmigen Zustand entfernen sich die Moleküle soweit voneinander, daß ihre Einwirkung aufeinander stark abnimmt. Im Grenzfall des „vollkommenen Gases" (oder „vollkommenen Zustandes") haben wir uns den Stoff als eine Ansammlung von Atomen oder Molekülen vorzustellen, die aufeinander keine Kräfte mehr ausüben. Streng genommen ist das ein Gas mit unendlich großer Entfernung der Moleküle, also mit unendlich großem spezifischen Volumen. Praktisch gilt jedoch der Zustand der „Vollkommenheit" schon bei vielen in der Technik verwendeten Gasen, wenn der Druck nicht zu hoch und die Temperatur nicht zu tief ist.

Zur Beschreibung des Zustandes eines Körpers bedarf es der Angabe von Zustandsgrößen. Für den einheitlichen (homogenen) Körper pflegt man als Grundzustandsgrößen (oder schlechtweg Zustandsgrößen oder Zustandsvariable) den spezifischen Druck, das spezifische Volumen und die Temperatur zu wählen. Daneben rechnet man auch noch mit bestimmten Funktionen dieser Grundzustandsgrößen, den abgeleiteten Zustandsgrößen oder Zustandsfunktionen. Die Grundzustandsgrößen nennt man auch thermische Zustandsgrößen, während die abgeleiteten Zustandsgrößen auch als kalorische Zustandsgrößen bezeichnet werden, weil in ihren Dimensionen die in Kalorien gemessene Wärmemenge aufscheint.

Der *Druck*, der bei aufgelöstem Molekülverband im Gaszustand auf die begrenzende Wand ausgeübt wird, ist als der je Zeiteinheit von den Molekülen oder Atomen bei ihrem Anprall und elastischen Rückprall auf die Wand übertragene Impuls aufzufassen. Der spezifische Druck ist die Kraft, die auf die Flächeneinheit wirkt.

Das *spezifische Volumen* ist das Volumen der Gewichtseinheit. Sein reziproker Wert ist das Gewicht je Volumseinheit, also das spezifische Gewicht. Es ist der auf die Volumseinheit entfallenden Molekülzahl und dem Molekulargewicht verhältig.

Dem Begriff *Temperatur* entspricht in der kinetischen Gastheorie die mittlere kinetische Translationsenergie der Moleküle des Stoffes.

Wir unterscheiden zwischen ein- und mehratomigen Gasen. Bei ersteren ist das Atom der kleinste Baustein, bei letzteren das Molekül, welches selbst aus zwei, drei oder mehreren Atomen aufgebaut ist. Nach einem Erfahrungssatz der Gastheorie verteilt sich die gesamte Wärmeenergie in einem Gas annähernd gleichmäßig auf alle möglichen kinetischen Freiheitsgrade der Moleküle. Beim idealen Gas ist wegen des Fehlens von zwischenmolekularen Kräften die gesamte innere Energie nur von der Bewegung der Moleküle, also von der Temperatur abhängig; sie ist bei einatomigen Gasen infolge der bei allen Temperaturen konstanten Zahl der Freiheitsgrade proportional der Temperatur. Das einzelne Atom hat als punktförmige Masse immer drei Freiheitsgrade der Translation, die Energie aufnehmen können. Bei zwei- und mehratomigen Gasen kommen zu den drei Freiheitsgraden der Translation noch Rotations- und Schwingungsfreiheitsgrade hinzu; die zu derselben Temperaturerhöhung notwendige Wärmezufuhr ist daher für die gleiche Molekülzahl größer als beim einatomigen Gas. Abweichungen vom strengen Gleichverteilungssatz, die sich nur quantentheoretisch erklären lassen, bewirken auch, daß bei mehratomigen Gasen die innere Energie nicht mehr linear mit der Temperatur zunimmt, auch wenn man ideale Gase betrachtet, d. h. von zwischenmolekularen Kräften absieht.

Auch die Existenz eines Zusammenhanges zwischen den thermischen Zustandsgrößen läßt sich molekulartheoretisch erklären. Der Druck eines Gases z. B. ist durch die Stoßzahl der Moleküle gegen die Wand und durch ihre Masse und Geschwindigkeit sowie durch die Kräfte bestimmt, die zwischen den Molekülen wirken. Die Zahl der Moleküle, die je Flächeneinheit an die Wand prallen, ist durch die Anhäufungsdichte der Moleküle bestimmt und ist für eine vorgegebene Gasmasse dem Volumen umgekehrt proportional. Die Masse des Moleküls ist eine Stoffkonstante. Die Geschwindigkeit steht mit der Temperatur im Zusammenhang. Die zwischenmolekularen Kräfte sind außer von Stoffkonstanten vom Abstand der Moleküle abhängig, der gleichfalls durch deren Anhäufungsdichte, also durch das spezifische Volumen bestimmt ist. Damit läßt sich die Existenz einer Beziehung

$$p = f(v\,T), \quad \text{bzw.} \quad F(p\,v\,T) = 0$$

molekulartheoretisch begründen, womit aber noch nicht gesagt sein soll, daß sich diese Funktion stets durch einen einfachen analytischen Ausdruck mathematisch darstellen läßt.

Mit der Existenz dieser Beziehung steht auch fest, daß der Zustand eines homogenen Körpers durch Angabe von nur zwei dieser Zustandsvariabeln eindeutig bestimmt ist.

Ändert man die Temperatur eines Gases bei gleichbleibendem Volumen (isochore Zustandsänderung) durch Wärmezufuhr, so ändert sich nach

obigen Überlegungen die Geschwindigkeit der Moleküle, während ihre
Anhäufungsdichte gleich bleibt. Mit der Geschwindigkeit steigt der an die
Wand übertragene Impuls und damit der Druck. Will man bei gleichbleibendem Druck das Volumen ändern (isobare Zustandsänderung), so
muß z. B. bei Volumsvergrößerung (Verkleinerung der Anhäufungsdichte)
die Geschwindigkeit der Moleküle erhöht werden. Damit ist eine Temperaturerhöhung verbunden, ebenso wie eine Erhöhung der inneren Energie,
welche durch Wärmezufuhr zu decken ist. Ändert man das Volumen bei
gleichbleibender Temperatur (isotherme Zustandsänderung), so bleibt die
Geschwindigkeit der Moleküle gleich. Bei Volumsverkleinerung etwa
nimmt aber die Dichte der Moleküle zu und damit auch der Druck. Bei
einer Zustandsänderung ohne Wärmezu- und -abfuhr (adiabatische Zustandsänderung) muß z. B. bei Verdichtung die ganze hineingesteckte
Arbeit im Gas aufgespeichert werden. Die Molekulargeschwindigkeit nimmt
dabei zu; ebenso wie die Raumdichte der Moleküle, Temperatur und Druck
steigen.

Damit sind einleitend für die molekular-theoretische Vorstellung einige
Beispiele gegeben, die sich noch vermehren ließen.

Die physikalische Theorie, die von diesen molekulartheoretischen Über-
legungen ausgeht, um quantitative Gesetze abzuleiten, heißt „Gaskinetik".
Solche Ableitungen lassen sich relativ einfach durchführen für das voll-
kommene Gas, bei dem keinerlei Kräfte zwischen den Molekülen wirken
und wo man beim einatomigen Gas die innere Energie des Stoffes als lineare
Temperaturfunktion ansetzen kann. Die Anwendung der Stoßgesetze der
Mechanik auf die Reflexion der Moleküle an der Wand erlaubt dann die
Aufstellung der einfachen Zustandsgleichung

$$p \cdot v = R \cdot T$$

(p spezifischer Druck, v spezifisches Volumen, T absolute Temperatur,
R Gaskonstante als Stoffwert).

Für das reale Gas, die Flüssigkeit und den festen Körper werden die
Verhältnisse so verwickelt, daß sich ähnliche Beziehungen nicht mehr
exakt oder überhaupt nicht mehr ableiten lassen, bzw. daß man dazu
physikalisch-theoretische Hilfsmittel braucht, die dem Ingenieur i. a.
nicht zur Verfügung stehen und die für die Behandlung seiner Probleme
auch nicht zweckmäßig wären. Er muß dann bei seinen Rechnungen
von den durch Versuche gewonnenen empirischen Zustandsgleichungen
ausgehen und graphisch arbeiten. Die anschaulichen molekulartheoretischen Vorstellungen bleiben aber auch dann noch in qualitativer Hinsicht eine unentbehrliche Stütze für seine Überlegungen.

Stoffgemische verhalten sich ähnlich wie homogene Stoffe. Die molekulartheoretischen Überlegungen lassen sich für sie in ähnlicher Weise anstellen. Ein Gemisch aus mehreren Bestandteilen hat man sich als ein bis
hinab zu den Molekülen oder Atomen gleichmäßiges Gemenge der einzelnen Bestandteile vorzustellen. Die Bewegung der Moleküle ist im allgemeinen anders als beim einheitlichen Stoff, weil außer den zwischenmolekularen Kräften der Moleküle eines Stoffes noch die Kräfte der
Moleküle der anderen Bestandteile wirken. Nur bei idealen Gemischen
aus vollkommenen Gasen üben die Moleküle der einzelnen Bestandteile
ebensowenig Kräfte aufeinander aus, wie die Moleküle eines Bestandteiles
selbst.

Ähnlich wie für den einheitlichen Stoff läßt sich auch für das Gemisch die Existenz einer Zustandsgleichung erschließen. Für das ideale Gemisch läßt sich diese Gleichung einfach aus den Zustandsgleichungen der Bestandteile ableiten, weil sich jeder derselben so verhält, als ob er allein im Raum vorhanden wäre. Die Druckwirkung ist somit additiv aus den Teil- (oder Partial-)Drücken der Bestandteile zu rechnen.

Bei Gemischen von realen Gasen oder von Flüssigkeiten, bzw. festen Körpern sind die Verhältnisse noch weniger der analytischen Rechnung zugänglich, als bei den Grundstoffen selbst. Man ist dann auf die empirische Ermittlung der Zustandsgleichung angewiesen. Ihre Existenz gibt aber grundsätzlich die Möglichkeit, thermodynamische Fragen für das Gemisch in derselben Weise zu lösen wie für den einheitlichen Stoff.

A. Begriffe und allgemeine Gesetze.

I. Maßeinheiten für Druck, spezifisches Volumen, Temperatur und Wärme.

Das *technische* Maßsystem baut auf den Grundeinheiten auf:

Länge in Meter (m).
Zeit in Sekunden (s).
Kraft in Kilogramm (kg).

Abgeleitete Einheiten sind:
Die Masse ($kg\,s^2/m$) und die Arbeit (mkg).

Das *physikalische* Maßsystem hat als Grundeinheiten:

Länge in Zentimeter (cm).
Zeit in Sekunden (s).
Masse in Gramm (g*).

Abgeleitete Einheiten sind:
Die Kraft ($cm\,g^*/s^2 = dyn$) und Arbeit ($cm^2\,g^*/s^2 = erg$).

Im Gegensatz zum „absoluten" physikalischen System wäre das technische ortsabhängig, weil die Gewichtseinheit mit der wechselnden Erdbeschleunigung variiert. Um auch das technische Maßsystem zu vereinheitlichen, wird allgemein mit einer genormten Erdbeschleunigung in der Größe

$$g = 9{,}80665\ m/s^2\ (DIN\ 1305)$$

gerechnet.

Bei der Umrechnung der beiden Maßsysteme gilt:

Für die Länge: $\quad$ 1 m $=$ 100 cm,
für die Zeit: $\quad$ 1 s $=$ 1 s,
für die Masse: $\quad$ 1 kg $s^2/m = 9{,}81 \cdot 10^3\,g^*$,
für die Kraft: $\quad$ 1 kg $= 9{,}81 \cdot 10^5$ dyn,
für die Arbeit: $\quad$ 1 mkg $= 9{,}81 \cdot 10^7$ erg.

In der Technik rechnet man fast ausschließlich mit dem technischen Maßsystem. Es ist auch in diesem Buche benützt worden.

1. Spezifischer Druck.

Unter spezifischem Druck versteht man die Normalkraft auf die Flächeneinheit; die Einheit für den spezifischen Druck im technischen Maßsystem ergibt sich aus den Einheiten für Kraft und Länge:

$$p = \frac{P}{F} \left[\frac{\mathrm{kg}}{\mathrm{m^2}}\right].$$

Mit dieser Einheit ist zu rechnen. Daneben wird der Druck noch in anderen Einheiten angegeben, die jedoch vor Einführen des Wertes in die Rechnung auf die technische Einheit umzurechnen sind.

Solche Einheiten sind:

Die technische Atmosphäre, 1 at = 1 kg/cm².

Die physikalische Atmosphäre (1 Atm), als der Druck definiert, der dem Bodendruck einer Quecksilbersäule von 760 mm Höhe gleichkommt. Der Bodendruck einer Säule von 1 mm Höhe heißt 1 Torr (Torricelli). 1 Atm = 760 Torr. = 760 mm Q.S.

Statt der Höhe einer Quecksilbersäule wird mitunter auch die äquivalente Höhe einer Wassersäule angegeben, was bei der Messung mit wassergefüllten U-Rohren bequemer ist (mm W. S.).

Im englischen Maßsystem wird die Kraft in Pfund und die Fläche in Quadratzoll angegeben. Der spezifische Druck hat dann die Einheit lb/in² (pounds/square inch).

Im physikalischen Maßsystem gilt für den spezifischen Flächendruck die Einheit 1 dyn/cm²; 10^6 dyn/cm² heißt 1 Bar.

Für die Umrechnung dieser Einheiten auf die technische Maßeinheit gelten folgende Beziehungen:

$$
\begin{aligned}
1\ \mathrm{kg/cm^2} \quad &= 1\ \mathrm{at} = 10\,000\ \mathrm{kg/m^2}. \\
1\ \mathrm{Atm} \quad &= 760\ \mathrm{mm\ Q.S.} = 10\,332{,}3\ \mathrm{kg/m^2}. \\
1\ \mathrm{mm\ W.S.} \quad &= 1\ \mathrm{kg/m^2}. \\
1\ \mathrm{lb/in^2} \quad &= 703{,}07\ \mathrm{kg/m^2}, \\
1\ \mathrm{Bar} \quad &= 10\,197{,}2\ \mathrm{kg/m^2}.
\end{aligned}
$$

Das spezifische Gewicht des Quecksilbers ist hierin mit 13 595,1 kg/m³, das des Wassers mit 1 000 kg/m³ eingesetzt.

Durch die Meßtechnik bedingt wird der Druck mitunter auch als Überdruck über die Atmosphäre angegeben. Dafür verwendet man als Einheit die atü und im Gegensatz dazu für den absoluten Druck ata. Es ist

$$p\ [\mathrm{ata}] = p\ [\mathrm{at\ddot{u}}] + b$$

mit b als barometrischem Druck in at.

2. Spezifisches Volumen.

Das spezifische Volumen ist definiert als Volumen je Gewichtseinheit. Mit den Einheiten des technischen Maßsystems:

$$v = \frac{V}{G} \left[\frac{\mathrm{m^3}}{\mathrm{kg}}\right].$$

Das spezifische Gewicht (Wichte) ist das Gewicht je Volumseinheit

$$\gamma = \frac{1}{v} = \frac{G}{V} \left[\frac{\mathrm{kg}}{\mathrm{m^3}}\right].$$

Dichte heißt die Masse der Volumseinheit

$$\varrho = \frac{\gamma}{g} = \frac{G}{V\,g}\left[\frac{\text{kg s}^2}{\text{m}^4}\right].$$

3. Die Temperatur.

Für das thermodynamische Rechnen muß unabhängig von den Grundeinheiten des technischen Maßsystems (Länge, Zeit und Kraft) eine Temperaturskala festgelegt werden.

Wir rechnen mit der Einheit der Temperaturspanne von 1^0 Celsius. Es ist dies ein Hundertstel der Temperaturspanne zwischen dem Schmelzpunkt des Eises und dem Siedepunkt des Wassers bei einem Druck von einer physikalischen Atmosphäre. Um zwischen diesen beiden Punkten und außerhalb von ihnen eine Temperaturskala festlegen zu können, mißt man die Temperatur durch eine von ihr eindeutig und möglichst linear abhängige Größe. Eine der möglichen Größen ist die Wärmedehnung eines Körpers (Quecksilberthermometer, Alkoholthermometer). Damit erhält man bei linearer Unterteilung der Dehnung empirische Temperaturskalen, die sich wegen verschiedener Temperaturabhängigkeiten der Ausdehnungskoeffizienten der Flüssigkeiten nicht genau decken. Genauer ist es, wenn man die Ausdehnung von Gasen im „vollkommenen" Zustand als Maß für die Temperatur benützt, weil deren Ausdehnungskoeffizient praktisch konstant und für alle Gase gleich ist ($a = 1/273$).

Eine universelle, die sogenannte „thermodynamische Temperaturskala", welche von allen Stoffeigenschaften unabhängig ist, kann unter Benützung des zweiten Hauptsatzes gewonnen werden (vergl. auch S. 25).

Um eine einfach und eindeutig reproduzierbare Temperaturskala zu schaffen, hat man sich in allen Kulturstaaten auf eine „gesetzliche Temperaturskala" geeinigt, für die einige Festpunkte so definiert werden, daß sie sich möglichst gut an die thermodynamische Temperaturskala anschließen. Zwischen diesen Festpunkten kann mit Thermometern interpoliert werden, wozu zweckmäßig Widerstandsthermometer, Thermoelemente und Strahlungsthermometer verwendet werden. Die Festpunkte sind für einen Druck von einer physikalischen Atmosphäre angegeben. Für ihre Änderung mit dem Druck sind Gleichungen angegeben, die es ermöglichen, eine Messung bei einem anderen Druck auf die physikalische Atmosphäre umzurechnen.[1]

Diese Festpunkte der gesetzlichen Temperaturskala bei 760 mm Q.S. sind:

Siedepunkt des Sauerstoffes . . . . $- 182{,}97^0$　C.
Schmelzpunkt des Eises von luftgesättigtem Wasser . 　$0{,}000^0$　C.
Siedepunkt des Wassers . . . . 　100^0　　C.
Siedepunkt des Schwefels . . . . 　$444{,}60^0$　C.
Schmelzpunkt des Silbers . . . . 　$960{,}5^0$　C.
Schmelzpunkt des Goldes . . . . 　$1\,063^0$　　C.

Zur Erleichterung der Inter- und Extrapolation weiterer Temperaturpunkte können nachfolgende Werte dienen, die so genau als möglich in die gesetzliche Temperaturskala eingeordnet wurden. Die Temperaturen gelten bei einem Druck von 760 mm Q.S.

---

[1] Näheres hierüber Z. Physik 49 (1928) S. 742.

Siedepunkt Helium	—	268,94⁰ C.
„ Wasserstoff	—	252,78⁰ C.
„ Stickstoff	—	195,81⁰ C.
Erstarrungspunkt Schwefelkohlenstoff	—	112,0⁰ C.
„ Toluol	—	95,0⁰ C.
Siedepunkt Kohlendioxyd	—	78,52⁰ C.
Erstarrungspunkt Chloroform	—	63,5⁰ C.
„ Chlorbenzol	—	45,5⁰ C.
Erstarrungspunkt Quecksilber	—	38,87⁰ C.
Umwandlungspunkt Natriumsulfat	+	32,38⁰ C.
Siedepunkt Naphthalin	+	217,90⁰ C.
Erstarrungspunkt Zinn	+	231,9⁰ C.
Siedepunkt Benzophenon	+	305,9⁰ C.
Erstarrungspunkt Cadmium	+	320,9⁰ C.
„ Zink	+	419,4⁰ C.
„ Antimon	+	630,5⁰ C.
„ Kupfer	+ 1 083⁰	C.
„ Palladium	+ 1 555⁰	C.
Schmelzpunkt Platin	+ 1 773,5⁰	C.
„ Molybdän	+ 2 600⁰	C.
„ Wolfram	+ 3 380⁰	C.
Sublimationspunkt Kohlenstoff	+ 3 540⁰	C.

Als Nullpunkt der Celsiusskala ist in der gesetzlichen Temperaturskala der Schmelzpunkt des Eises festgelegt. Kühlt man ein vollkommenes Gas ab, so nimmt bei gleichbleibendem Druck das Volumen je Grad Celsius um 1/273,16-tel ab. Bei — 273,16⁰ C müßte demnach das vollkommene Gas theoretisch das Volumen Null haben. Halten wir das Volumen fest, so ändert sich bei Abkühlung von 1⁰ C der Druck um 1/273,16-tel seines Wertes. Bei — 273,16⁰ C wäre der Druck demnach verschwunden. Diese Temperatur von — 273,16⁰ C heißt man den „absoluten Nullpunkt". Von ihm aus wird die absolute Temperatur gezählt, für die als Bezeichnung Grad K (nach Lord Kelvin, dem Begründer der thermodynamischen Skala) gewählt wurde. Als Symbol für die Celsiustemperatur pflegt man t, für die absolute Temperatur T zu schreiben. Somit ist

$$T^0 = t^0 + 273,16.$$

Früher war außer der hundertteiligen Skala auch die achtzigteilige Skala nach Reaumur (⁰R) gebräuchlich. Das Temperaturintervall Schmelzpunkt (0⁰) Siedepunkt ist dabei in 80 Teile geteilt. Damit ergibt sich als Umrechnungsformel

Temp. Celsius = 5/4 × Temp. Reaumur

In englisch sprechenden Ländern ist heute noch die Fahrenheitskala gebräuchlich. Der Eispunkt liegt bei + 32⁰ F und der Siedepunkt des Wassers bei 212⁰ F. Somit ist

Temp. Celsius = 5/9 × (Temp. Fahr. —32)

4. Die Wärme.

Als „Kilokalorie" (kcal) bezeichnet man jene Wärmemenge, die notwendig ist, um 1 kg Wasser bei 760 mm Q.S. von 14,5 auf 15,5⁰ C zu erwärmen. Sie heißt auch die „15⁰-Kalorie". Daneben wird die Kilokalorie auch als 1/100 der Wärmemenge definiert, die man braucht, um 1 kg Wasser bei 760 mm Q.S. von 0 auf 100⁰ C zu erwärmen. Diese Kalorie heißt auch „mittlere Kalorie". Der Unterschied beider, der durch die Temperaturabhängigkeit der spezifischen Wärme des Wassers bedingt ist, ist für praktische Rechnungen ohne Bedeutung. Als „internationale Tafel-Kalorie" wurde international die Wärmemenge definiert, die einer elektrischen Arbeit von 1/860 kWh äquivalent ist. 1 *I T* kcal = 1,0005 15⁰ kcal. In englisch sprechenden Ländern steht außerdem auch die British Thermal Unit (BTU) in Gebrauch. Das ist die Wärmemenge, die bei Erwärmung von 1 engl. Pfund Wasser um 1⁰ F zuzuführen ist. Für die Umrechnung gilt

$$1 \text{ BTU} = 0,25209 \text{ kcal.}$$

Die Kilokalorie wird in 1 000 g Kalorien unterteilt. 1 kcal = 1 000 cal.

II. Die thermische Zustandsgleichung.

Sie gibt den Zusammenhang zwischen den drei Grundzustandsgrößen (thermischen Zustandsgrößen) p, v und T eines homogenen Körpers an. In impliziter Form lautet sie

$$F(p\,v\,T) = 0. \tag{1}$$

Sie läßt sich als exakter analytischer Ausdruck nur für das vollkommene Gas angeben. Bei wirklichen Gasen und Dämpfen sind es nur Näherungsgleichungen, mit denen außerdem nur gewisse Zustandsbereiche annähernd beschrieben werden. Für das technische Rechnen ist dann die Gleichung in analytischer Form weniger von Bedeutung als ihre graphische Wiedergabe.

Gl. (1) kann geometrisch als Fläche im $p\,v\,T$-Raum gedeutet werden (Abb. 1). Andererseits läßt sich die Zustandsgleichung nach Wahl einer der drei Veränderlichen als Parameter als einparametrige Kurvenschar in einem der Koordinatensysteme pv, pt oder vt darstellen (Abb. 2).

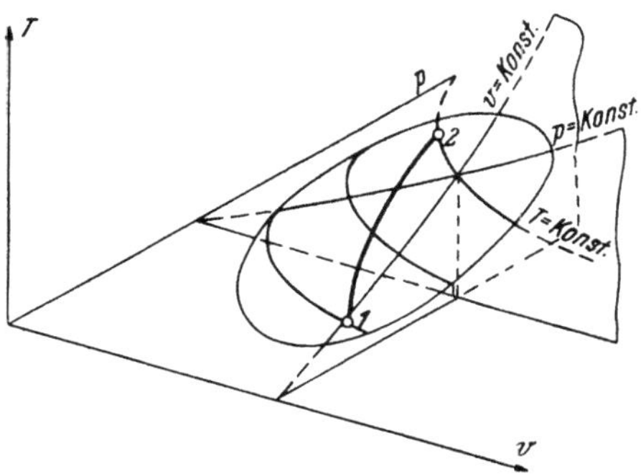

Abb. 1. Die Zustandsfläche im $p\,v\,T$-Raum.

Die zugehörigen expliziten Formen der Gl. lauten:

$$p = p(v\,T) \dots \text{mit } T \text{ als Parameter.} \tag{2}$$
$$p = p(T\,v) \dots \text{mit } v \text{ als Parameter.} \tag{3}$$
$$T = T(v\,p) \dots \text{mit } p \text{ als Parameter.} \tag{4}$$

Die Kurven der Scharen nach Gl. (2) [Abb. 2 a] heißt man „Isothermen", die nach Gl. (3) [Abb. 2 b] „Isochoren" und die nach Gl. (4) [Abb. 2 c] „Isobaren".

Aus der Zustandsgleichung ergeben sich durch Differentiation (wobei der Index an der Klammer die jeweils konstant gehaltene Variable bezeichnet) die drei Größen:

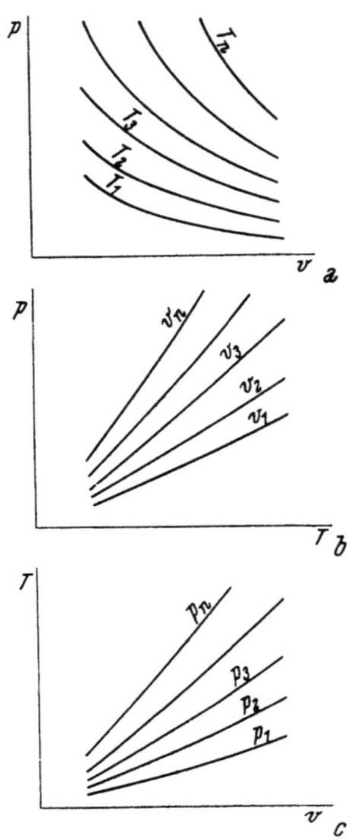

Abb. 2. Parameterdarstellungen der Zustandsfläche.

Ausdehnungskoeffizient:

$$\alpha = \frac{1}{v_0}\left(\frac{\partial v}{\partial T}\right)_p, \qquad (5)$$

Spannungskoeffizient:

$$\beta = \frac{1}{p_0}\left(\frac{\partial p}{\partial T}\right)_v, \qquad (6)$$

Kompressibilitätskoeffizient:

$$\chi = -\frac{1}{v_0}\left(\frac{\partial v}{\partial p}\right)_T{}^{1}. \qquad (7)$$

Diese Größen werden mehr im wissenschaftlichen als im technischen Schrifttum verwendet und wurden hier nur der Vollständigkeit halber angeschrieben.

Bei gewissen Messungen (z. B. Brennstoffverbrauch, Luftverbrauch von Motoren usw.) werden Mengen durch Volumina gemessen. Dazu ist es zweckmäßig, die gemessene Menge auf den gleichen Zustand bezogen anzugeben. Man hat dazu den „Normzustand" eingeführt. Man bezeichnet die Zusammenstellungen

0° C und 1 Atm als physikalischen Normzustand, bzw.

20° C und 1 at als technischen Normzustand.

Eine Gasmenge, die in 1 m³ bei Normzustand enthalten ist, heißt man „Normkubikmeter" (Nm³). Bei Benutzung dieser Einheit ist immer zu betonen, auf welchen Normzustand sich die Angabe bezieht.

Man bezeichnet einen Vorgang als Zustandsänderung, wenn sich dabei der Zustand des Gases z. B. von Punkt *1* nach *2* (Abb. 1) ändert. Die Änderung kann auf unendlich vielen Wegen vor sich gehen. Man braucht daher zur eindeutigen Beschreibung einer Zustandsänderung außer der Zustandsgleichung noch eine zweite Bedingung zwischen zwei der Veränderlichen. Damit ist auf der Zustandsfläche eine Linie eindeutig definiert, längs der die Zustandsänderung abläuft. Besondere Zustandsänderungen sind unter anderem:

Die Isochore. Die Nebenbedingung lautet dabei $v = $ konst. Sie beschreibt die Erwärmung oder Abkühlung eines Körpers bei gleichbleibendem Volumen.

Die Isobare. Als Nebenbedingung ist $p = $ konst. vorgeschrieben (Erwärmung oder Abkühlung bei konstantem Druck).

Die Isotherme. Die Nebenbedingung dafür heißt $T = $ konst. (Kompression oder Expansion bei gleichbleibender Temperatur).

Die Adiabate. Dabei lautet die Nebenbedingung, daß weder Wärme zu- noch abgeführt wird.

---

[1] p_0 und v_0 sind Druck und spec. Volumen bei 0° C.

Während die Gleichungen der ersten drei Zustandsänderungen ohne weiteres aus der Zustandsgleichung durch Konstantsetzen der entsprechenden Veränderlichen folgen, kann die Gleichung der Adiabate nur unter Berücksichtigung der Energiebilanz für die Zustandsänderung gefunden werden, wie dies später noch näher ausgeführt wird.

III. Der erste Hauptsatz der Wärmelehre.

1. Die Äquivalenz von Wärme und Energie.

In seiner einfachsten Form lautet der erste Hauptsatz der Thermodynamik: Wärme ist eine Energieform.

Er wurde von Robert Mayer 1843 ausgesprochen, der schon damals auch den quantitativen Zusammenhang zwischen Wärme und mechanischer Energie aus Versuchen Gay Lussac's berechnete. Nach den neuesten Messungen gilt

$$1 \text{ kcal} = 426{,}78 \approx 427 = \frac{1}{A} \text{ mkg.}$$

Die Zahl $A = 1/427$ heißt das mechanische Wärmeäquivalent. Ist Q eine Wärme in kcal und L die gleichwertige Arbeit in mkg, so besteht somit der Zusammenhang

$$Q = A\,L. \tag{8}$$

Die Zahl $J = 1/A$ wird als kalorisches Arbeitsäquivalent bezeichnet. Für den Zusammenhang von Wärme und elektrischer Energie gilt in den technisch gebräuchlichen Einheiten

$$1 \text{ kcal} = 1/860{,}4 \text{ kWh.}$$

2. Der erste Hauptsatz als Energiebilanz für eine Zustandsänderung.

Wenn Wärme und Arbeit gleichwertig sind, muß eine Wärmezufuhr in die Energiebilanz eines Körpers in gleicher Weise eingehen, wie die Zufuhr einer äquivalenten Arbeit.

Man bezeichnet als innere Energie U eines Körpers die Summe aller Energien, die in beliebiger Form in ihm aufgespeichert sind. Als Einheit für diese innere Energie wählt man die Wärmeeinheit.

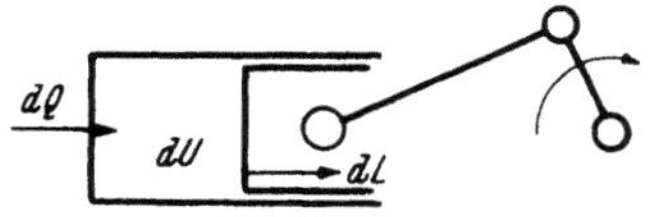

Abb. 3. Zur Energiebilanz.

Wir fassen als Beispiel die Zustandsänderung im Zylinder einer Kolbenmaschine nach Abb. 3 ins Auge. Der Gasmenge G kg im Zylinder werde entweder von außen durch die Wand oder innen durch Verbrennung die Wärmemenge dQ zugeführt. Gleichzeitig gebe das Gas über den Kolben die mechanische Arbeit dL ab. Die differentielle Änderung der inneren Energie ist als Summe der zugeführten Energien:

$$dU = dQ - A\,dL. \tag{9}$$

Daraus folgt für die Wärme

$$dQ = dU + A\,dL. \tag{10}$$

Dies ist eine weitere Formulierung des ersten Hauptsatzes. Mit ihr wird bei der Berechnung von Kraftmaschinen immer wieder gearbeitet. In

Worten heißt dies: Die einem Körper zu- oder abgeführte Wärme kann sowohl seine innere Energie verändern, als auch alternativ eine Arbeitsleistung decken.

Gl. (10) bezieht sich auf eine Gasmenge G kg. In der technischen Thermodynamik ist es üblich, die Gleichungen auf 1 kg oder eine andere Einheit zu beziehen. Nach Division durch G erhalten wir

$$\frac{dQ}{G} = \frac{dU}{G} + A\,\frac{dL}{G}.$$

Man pflegt für

$$\frac{dQ}{G} = dq, \qquad \frac{dU}{G} = du$$

zu setzen. In analoger Form führen wir für die Arbeit je kg

$$\frac{dL}{G} = dl$$

ein, so daß für 1 kg die Gl. (10) in der Form

$$dq = du + A\,dl \tag{11}$$

gilt.

IV. Die äußere Arbeit bei der Zustandsänderung.

Ein Gasvolumen von der Größe V, dem Gewicht G und vom Zustand p, v und T sei durch die Hülle O begrenzt (Abb. 4). Es dehne diese Hülle um eine differentielle Strecke ds aus. Die dabei geleistete Arbeit beträgt

$$dL = p \cdot O \cdot ds = p\,dV \tag{12}$$

(O ist die Oberfläche der Hülle).

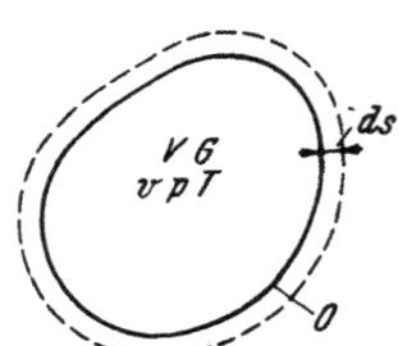

Abb. 4. Zur Ausdehnungsarbeit.

Für 1 kg des Inhaltes ergibt sich nach Division durch G

$$dl = p\,\frac{dV}{G} = p\,dv. \tag{13}$$

Für die gesamte Arbeit, die während einer endlichen Verschiebung geleistet wird, wird mit den Grenzen V_1, V_2, bzw. v_1, v_2

$$L = \int_{V_1}^{V_2} p\,dV \quad \text{für } G \text{ kg,} \tag{14}$$

$$l = \int_{v_1}^{v_2} p\,dv \quad \text{für } 1 \text{ kg.} \tag{15}$$

Wenn die Zustandsänderung graphisch im pv-Diagramm gegeben ist, so läßt sich die Arbeit einfach durch Planimetrieren ermitteln. Für das Beispiel der Kolbenmaschine in Abb. 5 ergibt sich als Arbeit für eine Bewegung des Kolbens von der Stellung V_1 bis V_2 die unter der Drucklinie *1 2* liegende Fläche. Die Arbeit ist positiv, wenn die Zustandsänderung im Sinne einer Volumsvergrößerung (Expansion) verläuft. Sie wird negativ, wenn bei der Zustandsänderung eine Volumsverkleinerung eintritt (Kompression). Ändert man den Abszissenmaßstab durch Division mit G auf den Maßstab des spezifischen Volumens v, so ist die Fläche gleich der Arbeit je kg des Zylinderinhaltes.

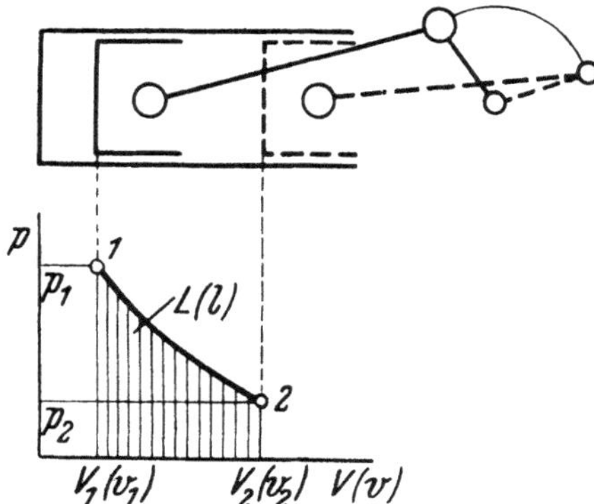

Abb. 5. Die Arbeitsleistung bei einer Kolbenbewegung.

Diese Art der Arbeitsermittlung hat große Bedeutung für die Untersuchung von Kolbenmaschinen aller Art, weil es mit geeigneten Geräten (Indikatoren) möglich ist, solche Drucklinien verhältnismäßig einfach aufzunehmen.

V. Die innere Energie als Zustandsgröße.

Wir denken uns eine Zustandsänderung von *1* nach *2* (Abb. 6) einmal auf dem Wege a, das andere Mal auf dem Wege b durchgeführt. Der Endzustand in *2* ist derselbe. Demnach ist nicht nur die Dichte der Molekülanhäufung, sondern auch deren Bewegungsbild in beiden Fällen gleich. Die innere Energie ist als Summe aller kinetischen und potentiellen Energien der Moleküle aufzufassen und muß daher ebenfalls gleich sein. Sie ist daher vom Wege unabhängig, auf dem dieser Zustand erreicht wurde und somit eine Zustandsgröße. Wie jede der anderen Zustandsgrößen kann auch sie als Funktion von zwei anderen ausgedrückt werden, was auf eine Reihe neuer Zustandsgleichungen führt.

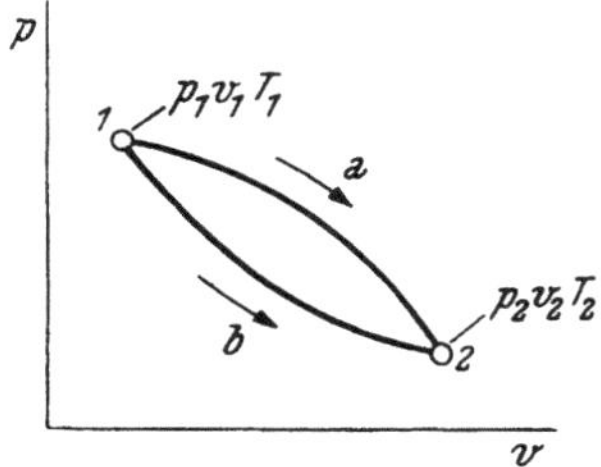

Abb. 6. Der gleiche Zustand kann auf verschiedenen Wegen erreicht werden.

$$u = u(pv) \text{ oder } u = u(pT) \text{ oder } u = u(Tv).$$
$$(16\,a\,b\,c)$$

Man nennt diese Art der Gleichungen „kalorische Zustandsgleichungen", weil in ihnen mindestens eine Größe aufscheint, die in Wärmeeinheiten gemessen werden muß. Die Zustandsgröße (Zustandsfunktion) u nennt man auch „kalorische Zustandsgröße".

Im Gegensatz zur inneren Energie ist die äußere Arbeit vom Wege abhängig und daher keine Zustandsgröße. Nach Gl. 10 kann dann auch die Wärme keine Zustandsgröße sein.

VI. Die Enthalpie (Wärmeinhalt) als Zustandsgröße.

Wir gehen zur Erörterung dieses Begriffes von einem technischen Beispiel aus und fassen dabei die wichtigste Anwendung des Begriffes ins Auge, indem wir die Energiebilanz für eine gleichmäßig durchflossene Strömungsmaschine, z. B. eine Gasturbine nach dem Schema von Abb. 7, aufstellen. Das Druckgas ströme links zur Maschine zu und das Abgas rechts ab. Die Rohre seien hinreichend weit gewählt, um die kinetische Energie in der Energiebilanz als unbedeutend vernachlässigen zu können. Weiters nehmen wir an, daß die von der Maschine in den Raum abgestrahlte Wärme vernachlässigbar klein ist. Wir denken uns das System der Maschine durch die Querschnitte *1, 2* abgeschlossen und setzen die je kg in das System eingebrachte und entnommene Arbeit zusammen gleich Null. Die von der Turbine je kg durchströmten Gases an der Welle abgegebene Arbeit sei $A l$. In den Rohren erstrecke sich die Menge eines Kilogramms über die Wege s_1 und s_2.

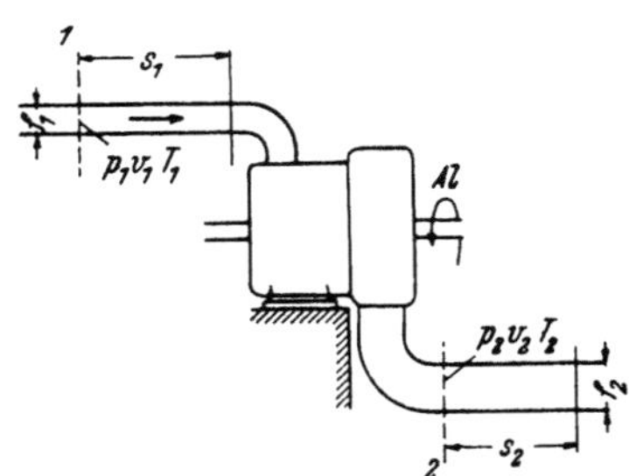

Abb. 7. Zur Energiebilanz einer Turbine.

Die Arbeit, die im Querschnitt *1* von der nachdrängenden Gassäule auf ein kg Gas übertragen wird, ist die Verdrängungsarbeit $p_1 f_1 s_1$. Im Querschnitt *2* wird vom austretenden kg die Arbeit $p_2 f_2 s_2$ abgegeben.

Für das ganze System wird damit

$$u_1 + A\, p_1 f_1 s_1 - A\, l - A\, p_2 f_2 s_2 - u_2 = 0. \tag{17}$$

Es ist $f_1 \cdot s_1 = v_1$ das spezifische Volumen im Querschnitt *1* und $f_2 \cdot s_2 = v_2$ das spezifische Volumen im Querschnitt *2*.

Somit wird die geleistete Arbeit

$$A\, l = (u_1 + A\, p_1 v_1) - (u_2 + A\, p_2 v_2). \tag{18}$$

Die insbesondere in der Strömungstechnik immer wieder auftretende Größe

$$i = u + A\, p\, v \tag{19}$$

nennt man die Enthalpie (früher auch, nicht immer passend, Wärmeinhalt). Damit läßt sich für das vorliegende Beispiel die Arbeit auf die einfache Formel bringen

$$A\, l = i_1 - i_2, \tag{20}$$

i bezieht sich auf 1 kg. Für eine beliebige Menge von G kg ist

$$I = G\, i. \tag{21}$$

Die Maßeinheit der Enthalpie ist entsprechend ihrer aus Gl. (19) folgenden Definition die kcal.

Wenn man u als Funktion von p und v in Gl. (19) einführt, so ergibt sich auch i als Funktion von p und v und ist somit durch zwei Zustandsgrößen eindeutig bestimmt. Die Enthalpie ist daher eine Zustandsgröße (Zustandsfunktion) mit den zugehörigen kalorischen Zustandsgleichungen:

$$i = i\,(p\,v) \quad \text{oder} \quad i = i\,(p\,T) \quad \text{oder} \quad i = i\,(T\,v). \tag{22 a b c}$$

Physikalisch kann die Enthalpie als Summe der inneren Energie und der Verdrängungsarbeit gedeutet werden, die notwendig ist, um das Gas gegen den Druck p in den Raum zu schieben, in dem es sich befindet.

Differenziert man die Gl. (19), so wird

$$di = du + A\,p\,dv + A\,v\,dp$$

und unter Benützung von Gl (11) und (13)

$$di = dq + A\,v\,dp \tag{23}$$

oder

$$dq = di - A\,v\,dp. \tag{24}$$

Dies ist eine weitere Form des ersten Hauptsatzes.

VII. Die spezifische Wärme.

Unter der spezifischen Wärme eines bestimmten Stoffes versteht man jene Wärmemenge, die einer Mengeneinheit zu- oder abzuführen ist, um ihre Temperatur um 1^0 C zu erhöhen. Für das kg als vereinbarte Mengeneinheit ist demnach die spezifische Wärme

$$c = \frac{dq}{dT}. \tag{25}$$

Um ein kg um dT Grad zu erwärmen, braucht man die Wärme

$$dq = c\,dT. \tag{26}$$

Mit dq nach dem ersten Hauptsatz (Gl. (11)), der für alle Körper (fest, flüssig oder gasförmig) gilt, wird aus Gl. (25)

$$c = \frac{du}{dT} + A\,p\,\frac{dv}{dT}. \tag{27}$$

Bei festen und flüssigen Körpern ist die äußere Arbeit infolge der geringen Wärmedehnung im allgemeinen sehr klein, so daß sie vernachlässigt werden kann. Die spezifische Wärme ist dann im wesentlichen durch den Differentialquotienten der inneren Energie nach der Temperatur bestimmt und vom Druck in erster Näherung unabhängig.

Bei Gasen hingegen kann während der Erwärmung durch Ausdehnung ein wesentlicher Teil der zugeführten Wärme in Arbeit umgesetzt werden oder umgekehrt, so daß die spezifische Wärme ganz erheblich von der Art der Zustandsänderung abhängt, die das Gas bei Wärmezu- oder -abfuhr erleidet und Werte zwischen minus und plus unendlich annehmen kann.

Als besondere Werte pflegt man für Gase die spezifische Wärme bei einer Zustandsänderung mit konstantem Volumen (c_v) bzw. für eine Zustandsänderung bei konstantem Druck (c_p) anzugeben, weil sie zweckmäßig definiert sind und überdies verhältnismäßig leicht experimentell bestimmt werden können.

Aus Gl. (27) folgt mit Gl. (16 c)

$$c = \left(\frac{\partial u}{\partial T}\right)_v + \left(\frac{\partial u}{\partial v}\right)_T \frac{dv}{dT} + A\,p\,\frac{dv}{dT}.$$

Für gleichbleibendes Volumen ist $dv = 0$ und damit

$$c_v = \left(\frac{\partial u}{\partial T}\right)_v. \tag{28}$$

Der erste Hauptsatz lautet damit in allgemein gültiger Form

$$dq = c_v\, dT + \left(\frac{\partial u}{\partial v}\right)_T dv + A\, p\, dv. \tag{29}$$

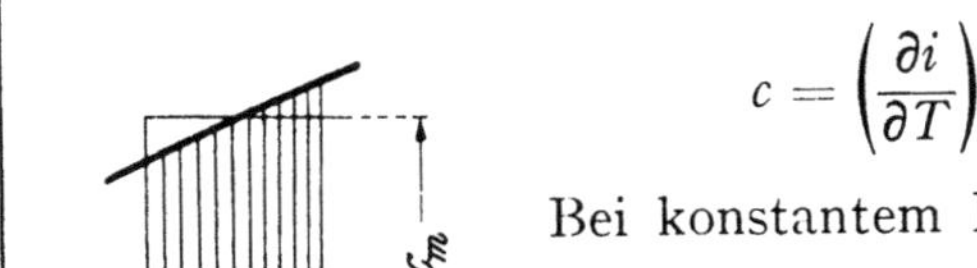

Aus Gl. (25) wird mit Benützung der Gl. (24) und (22 b)

$$c = \left(\frac{\partial i}{\partial T}\right)_p + \left(\frac{\partial i}{\partial p}\right)_T \frac{dp}{dT} - A\, v\, \frac{dp}{dT}.$$

Bei konstantem Druck ist $dp = 0$ und damit

$$c_p = \left(\frac{\partial i}{\partial T}\right)_p. \tag{30}$$

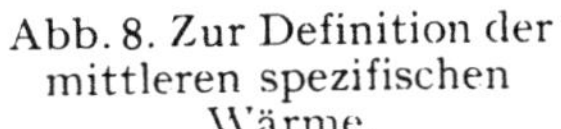

Abb. 8. Zur Definition der mittleren spezifischen Wärme.

Damit lautet der erste Hauptsatz in einer weiteren, allgemein gültigen Form

$$dq = c_p\, dT + \left(\frac{\partial i}{\partial p}\right)_T dp - A\, v\, dp. \tag{31}$$

Auch wenn durch die besondere Wahl der Zustandsänderung deren Weg schon festliegt, sind die spezifischen Wärmen wie etwa c_v und c_p i. a. vom Gaszustand, also z. B. vom Druck und von der Temperatur abhängig. Im Sonderfall des vollkommenen einatomigen Gases sind sie konstant, wie später noch eingehend zu besprechen ist. Sonst kann in erster Näherung in vielen Fällen eine reine Temperaturabhängigkeit angenommen werden. Dies gilt besonders dort, wo sich die betrachtete Zustandsänderung über weite Temperaturbereiche bei verhältnismäßig geringer Druckänderung erstreckt.

Die Energie, die man zur Temperaturerhöhung zuführen muß, ändert sich also im allgemeinen von Grad zu Grad. Summiert man alle diese Energien für einen bestimmten Bereich, also zwischen zwei Temperaturgrenzen, und teilt dann durch die Temperaturdifferenz in Graden, so nennt man das Ergebnis die mittlere spezifische Wärme in diesem Temperaturbereich. In Abb. 8 ist diese mittlere spezifische Wärme c_m durch die Höhe des mit der schraffierten Fläche gleichen Rechteckes gegeben. Daraus ergibt sich für die mittlere spezifische Wärme innerhalb der Temperaturgrenzen T_1 und T_2

$$c_m = \frac{1}{T_2 - T_1} \int_{T_1}^{T_2} c\, dT. \tag{32}$$

Das Rechnen mit der mittleren spezifischen Wärme ist immer einfacher als mit der Temperaturfunktion. c_m wurde daher für die wichtigsten Gase und für verschiedene Temperaturgrenzen ein für allemal bestimmt und in Tabellen zusammengestellt.

VIII. Die Entropie.

Der Begriff Entropie wurde von Clausius als Rechengröße eingeführt, die sich definitionsgemäß bei einer differentiellen, umkehrbaren[1] Zustandsänderung um den Betrag

$$dS = \frac{dQ}{T} \tag{33}$$

ändert. Auf 1 kg des betrachteten Mediums bezogen wird, wie üblich,

$$ds = \frac{dq}{T} \tag{34}$$

geschrieben. Die Einheit der Entropie ist die kcal/grad, die „1 Clausius" genannt wurde.

Die Entropie ist eine kalorische Zustandsgröße (Zustandsfunktion), was dem Begriff seine besondere Bedeutung gibt[2]. Sie kann daher als Funktion zweier anderer Zustandsgrößen ausgedrückt werden. Damit ergeben sich weitere Formen kalorischer Zustandsgleichungen:

$$s = s\,(p\,v) \quad \text{oder} \quad s = s\,(p\,T) \quad \text{oder} \quad s = s\,(v\,T). \tag{35 a b c}$$

Auch sie lassen sich als Raumflächen oder in Parameterdarstellung als Kurvenscharen darstellen.

Wie später noch gezeigt wird, ist in der Rechengröße „Entropie" ein sehr zweckmäßiges Werkzeug gegeben, um die Wärmeumsetzung bei thermodynamischen Vorgängen zu beschreiben. Der Techniker macht daher bei der Berechnung seiner Maschinen reichen Gebrauch davon. Andererseits wird ihm der Begriff nie so vertraut, wie andere Zustandsgrößen, etwa der Druck oder die Temperatur, die entweder seiner physiologischen Empfindung zugänglich sind oder die sich durch molekulartheoretische Überlegungen auf einfache und anschauliche Bestimmungsstücke der Molekülbewegung zurückführen lassen.

In der molekulartheoretischen Deutung, wie sie von Boltzmann gegeben wurde, führt der Entropiebegriff auf die „Wahrscheinlichkeit eines Zustandes", das heißt einer bestimmten Orts- und Geschwindigkeitsverteilung der Moleküle.

Der Begriff wird unserer Vorstellungswelt auch nicht viel näher gebracht, wenn er „zu seiner Erklärung" im Zusammenhang mit dem zweiten Hauptsatz oder mit Kreisprozessen diskutiert wird, wie dies in Darstellungen der technischen Thermodynamik öfter geschieht.

Es soll im Rahmen des vorliegenden Buches nicht weiter versucht werden, auf die Problematik dieser Begriffsbildungen einzugehen. Der interessierte Leser findet diese Dinge im einschlägigen physikalischen Schrifttum, etwa in den „Ausgewählten Kapiteln aus der Physik" von K. W. F. Kohlrausch (III. Teil: Wärme) oder in den „Vorlesungen über Thermodynamik" von Max Planck.

---

[1] Definition der Umkehrbarkeit s. S. 25.

[2] Der allgemeine Beweis hiefür läßt sich am besten unter Heranziehung der Gesetze für das vollkommene Gas führen. Damit jedoch das allgemein Gültige zunächst noch vom Speziellen getrennt bleibt, wird die Beweisführung später bei Behandlung des vollkommenen Gases eingefügt (vergl. S. 48).

IX. Die Wärmediagramme.

Wir rechnen in der technischen Thermodynamik vorwiegend mit den sechs Zustandsgrößen, bzw. Zustandsfunktionen

$$p\,v\,T \quad\text{und}\quad u\,i\,s.$$

Jede dieser Zustandsgrößen kann durch zwei der anderen fünf ausgedrückt werden. Damit ergibt sich eine große Zahl möglicher Zustandsgleichungen, die geometrisch Raumflächen bedeuten und in Parameterdarstellung als Gleichungen ebener Kurvenscharen aufgefaßt werden können. Diese Darstellung hat besondere Bedeutung für jene Gase, für die die Zustandsgleichung nicht analytisch formuliert werden kann. Die Kurvenscharen sind dann der Ausdruck für den experimentell gefundenen Zusammenhang der Zustandsgrößen. Mit solchen Darstellungen wird besonders in der Dampftechnik viel gearbeitet.

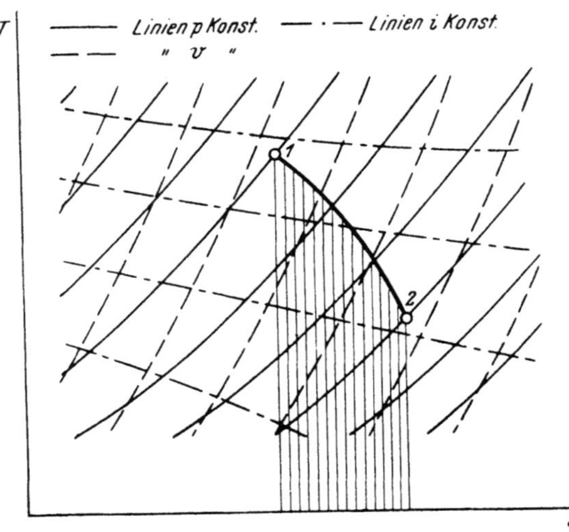

Abb. 9. Das $T\,s$-Diagramm.

Für die Rechnung hat sich ein Teil der an sich möglichen Darstellungen als besonders vorteilhaft erwiesen. Eine davon ist das $p\,v$-Diagramm mit T als Parameter. In diesem Diagramm erscheint, wie schon erörtert, die äußere Arbeit als Fläche unter der Zustandslinie. Daneben sind zur besonderen Bedeutung zwei Wärmediagramme gelangt. Es ist dies das

      $T\,s$-Diagramm (von Belpaire im Jahre 1872 eingeführt) und das

      $i\,s$-Diagramm (von Mollier im Jahre 1904 eingeführt).

Das $T\,s$-Diagramm baut auf den kalorischen Zustandsgleichungen

$$\begin{aligned}
T &= T\,(s\,p) \ldots p \text{ Parameter} \\
T &= T\,(s\,v) \ldots v \text{ Parameter,} \\
T &= T\,(s\,i) \ldots i \text{ Parameter}
\end{aligned} \qquad (36\,\text{a—c})$$

auf. Jede der Gl. ergibt eine Kurvenschar in der $T\,s$-Ebene. In den gebräuchlichen Tafeln sind sie in ein Diagramm übereinander gezeichnet (Abb. 9). Eine Zustandsänderung erscheint in der Tafel als Linie. Aus der Darstellung im $T\,s$-Diagramm lassen sich wichtige Aussagen für die Zustandsänderung machen:

Nach Gl. (34) ist die zugeführte Wärme

$$q = \int_1^2 T\,ds. \qquad (37)$$

Das Integral ist durch die Fläche unter der Zustandslinie *1, 2* gegeben, wobei die Abszisse mit der Nullinie der absoluten Temperatur zusammenfallen muß. Verläuft die Zustandsänderung im Sinne einer Entropievergrößerung, so wird Wärme zugeführt. Wird die Entropie während der Zustandsänderung kleiner, so bedeutet dies eine Wärmeabfuhr.

Die spezifische Wärme ist allgemein nach den Gl. (25) und (34)

$$c = T\frac{ds}{dT}. \tag{38}$$

Wie Abb. 10 zeigt, ist dieser Wert an einer bestimmten Stelle durch die Subtangente gegeben, und zwar ist c positiv, wenn die Subtangente links und negativ, wenn sie rechts von der Temperaturordinate liegt.

Das Ts-Diagramm einer Zustandsänderung gibt also in vielen praktischen Fällen die Möglichkeit zur Bestimmung von sonst nicht meßbaren Größen, wie Wärmefluß und spezifische Wärme.

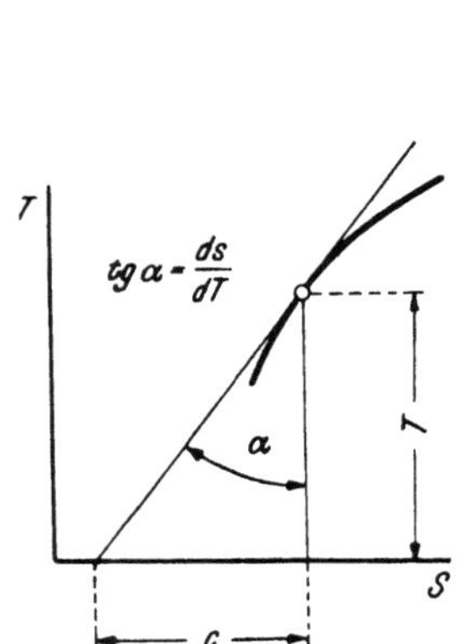

Abb. 10. Die spezifische Wärme als Subtangente.

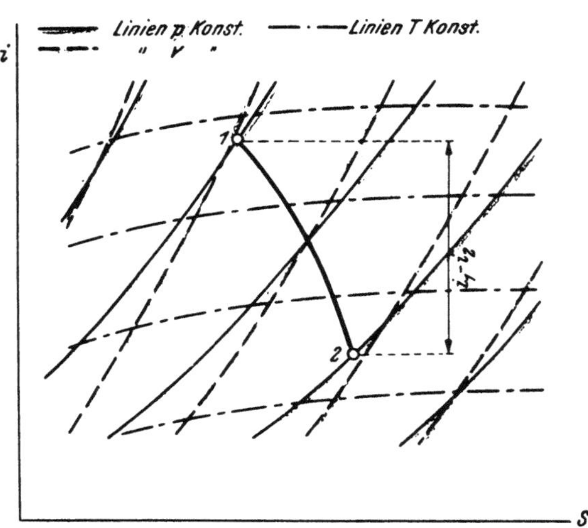

Abb. 11. Eine Zustandsänderung im is-Diagramm.

Das is-*Diagramm* beinhaltet die kalorischen Zustandsgleichungen

$$
\begin{aligned}
i &= i\,(s\,p) \ \ldots\ p \ \text{Parameter,}\\
i &= i\,(s\,v) \ \ldots\ v \ \text{Parameter,}\\
i &= i\,(s\,T) \ \ldots\ T \ \text{Parameter.}
\end{aligned}
\tag{39 a—c}
$$

In der is-Tafel (Abb. 11) sind alle drei Kurvenscharen übereinander gezeichnet. Nach Eintragen der Zustandslinie einer Zustandsänderung kann die Enthalpiedifferenz zwischen Anfangs- und Endzustand sofort abgelesen werden, was besonders bei der Bearbeitung von Aufgaben aus dem Gebiet der Strömungsmaschinen und der Strömungstechnik vorteilhaft ist.

X. Energiebilanz und Darstellung einfacher Zustandsänderungen.

1. Isochore oder Zustandsänderung bei konstantem Volumen.

Sie ist beschrieben durch die Gleichungen

$$F\,(p\,v\,T) = 0 \quad \text{allgemeine Zustandsgleichung,}$$
$$dv = 0 \quad \text{Nebenbedingung.} \tag{40}$$

Im pv-Diagramm ist sie durch eine vertikale Linie dargestellt (Abb. 12). Die äußere Arbeit ist Null. Mit $d\,l = 0$ wird nach Gl. (11)

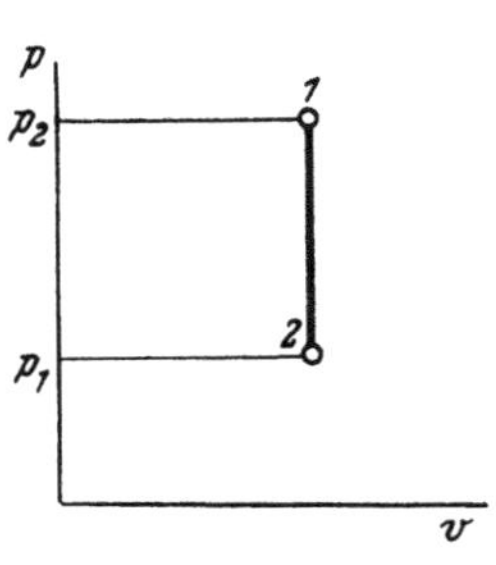

$$q = \int_1^2 du = u_2 - u_1 \tag{41}$$

oder nach Gl. (29) mit $dv = 0$

$$q = \int_1^2 c_v\,dT. \tag{42}$$

Abb. 12. Die Isochore im $p\,v$-Diagramm.

Die Wärme wird also zur Gänze zur Änderung der inneren Energie verwendet.

2. Isobare oder Zustandsänderung bei konstantem Druck.

Dafür gelten die Gl.:

$$F\,(p\,v\,T) = 0 \quad \text{allgemeine Zustandsgleichung,}$$
$$dp = 0 \quad \text{Nebenbedingung.} \tag{43}$$

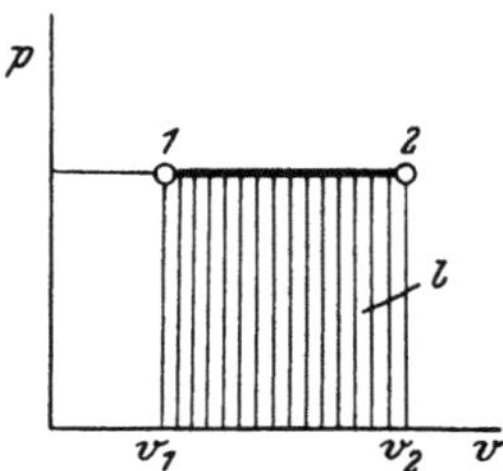

Im pv-Diagramm ist das eine horizontale Linie (Abb. 13). Die zugeführte Wärme ergibt sich nach Gl. (31)

$$q = \int_1^2 c_p\,dT. \tag{44}$$

Abb. 13. Die Isobare im $p\,v$-Diagramm.

Für die äußere Arbeit erhalten wir

$$l = p\,(v_2 - v_1). \tag{45}$$

3. Isotherme oder Zustandsänderung bei konstanter Temperatur.

$$F\,(p\,v\,T) = 0 \quad \text{allgemeine Zustandsgleichung,}$$
$$dT = 0 \quad \text{Nebenbedingung.} \tag{46}$$

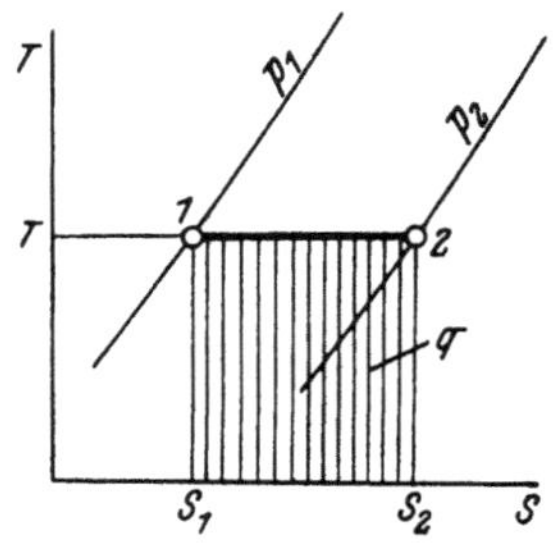

Im pv-Diagramm ist die Zustandsänderung durch eine der isothermischen Linien in Abb. 2 a wiedergegeben. Besonders einfach ist hier die Zustandslinie in der Ts-Tafel als horizontale Linie (Abb. 14).

Die zu- oder abgeführte Wärmemenge läßt sich daraus einfach rechnen.

Abb. 14. Die Isotherme im $T\,s$-Diagramm.

$$q = (s_2 - s_1)\,T. \tag{47}$$

4. Adiabate oder wärmedichte Zustandsänderung.

Es gelten die Gl.:

$$F(p\,v\,T) = 0 \quad \text{allgemeine Zustandsgleichung,}$$
$$dq = 0 \quad \text{Nebenbedingung.} \tag{48}$$

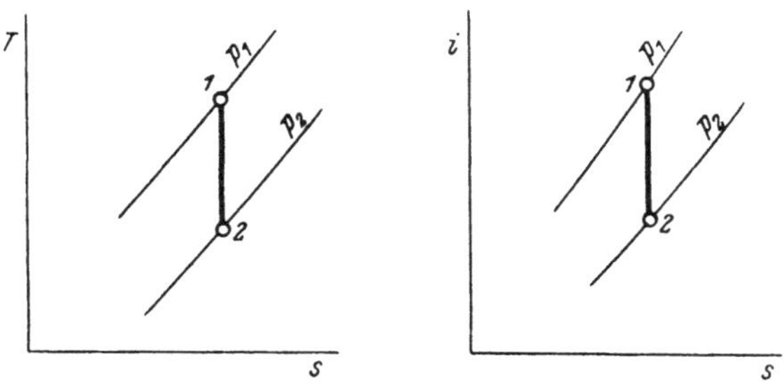

Abb. 15. Die Adiabate im $T\,s$- und im $i\,s$-Diagramm.

Nach Gl. (11) wird

$$A\,l = u_1 - u_2, \tag{49}$$

das heißt, die äußere Arbeit wird auf Kosten der inneren Energie geleistet und umgekehrt. In der $T\,s$- und $i\,s$-Tafel wird die Zustandsänderung als vertikale Linie dargestellt, weil

$$ds = \frac{dq}{T} = 0$$

ist. Diese Zustandsänderung heißt deshalb auch isentropische Zustandsänderung (Abb. 15).

XI. Verwandlung von Wärme in Arbeit durch Kreisprozesse.

1. Energiebilanz eines Kreisprozesses.

Wir können durch eine einfache Zustandsänderung Wärme in Arbeit verwandeln. Der erste Hauptsatz gibt dafür die Energiebilanz. Diese Arbeitsumwandlung hat für den technischen Prozeß zur Umwandlung von Wärme in Arbeit oder umgekehrt nur beschränkte Bedeutung, weil dabei am Ende der Umwandlung die Arbeitsfähigkeit des Mediums „verbraucht" ist und dieses nicht unbeschränkt zur Verfügung steht. Im praktischen Prozeß werden eine Reihe einzelner Zustandsänderungen so aneinander gereiht, daß das Medium am Ende dieser Kette immer wieder den Anfangszustand erreicht. Man heißt die Gesamtheit dieser Prozesse einen Kreisprozeß. Es ist dabei gleichgültig, ob das Medium, welches den Kreisprozeß durchläuft, nun im Laufe einer Vielzahl von Prozessen das gleiche bleibt, wie dies z. B. beim Dampfmaschinenprozeß mit Rückspeisung des Kondensats der Fall ist oder ob innerhalb des Kreisprozesses das Medium, wie bei der Verbrennungskraftmaschine, ausgewechselt wird. Wir werden später bei der Besprechung der Kreisprozesse von Wärmekraftmaschinen auf die Gleichwertigkeit beider Prozesse noch im besonderen eingehen. Bei den folgenden allgemeinen Erörterungen sei deshalb der verständlichere Fall des geschlossenen Kreislaufes, bei dem das Medium erhalten bleibt, zugrunde gelegt.

Im pv-Diagramm erscheint der Kreislauf als ein geschlossener Linienzug (Abb. 16). Die äußere Arbeit, die je kg des Mediums geleistet wird, ist als Differenz der unter den beiden Linienzügen *1, 2* und *2, 1* gelegenen Flächen durch die von der Schleife eingeschlossenen Fläche gegeben. Verläuft der Prozeß in Richtung a, so ist diese Arbeit positiv. In der umgekehrten Laufrichtung b ist die Arbeit negativ, das heißt sie wird in das Gas hineingesteckt.

Für die differentielle Zustandsänderung gilt ungeändert der erste Hauptsatz nach Gl. (11)

$$dq = du + A\, dl.$$

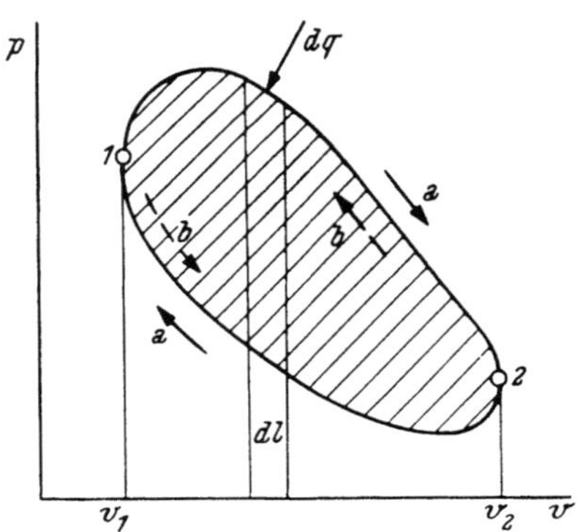

Abb. 16. Ein Kreisprozeß im $p\,v$-Diagramm.

Führen wir die Integration über die ganze Zustandsänderung durch, so wird

$$\oint dq = \oint du + A \oint dl.$$

Weil die innere Energie eine Zustandsgröße ist, ist ihre Änderung bei gleichem Anfangs- und Endzustand Null.

$$\oint du = 0,$$

so daß sich die Bilanz vereinfacht auf

$$\oint dq = A \oint dl = A\, l. \qquad (50)$$

Bezeichnet man mit q_z die Summe der dem Medium während des Kreisprozesses zugeführten und mit q_a die Summe der abgeführten Wärmemengen, so wird

$$\oint dq = q_z - q_a = A\, l, \qquad (51)$$

das heißt, die bei einem Kreisprozeß geleistete Arbeit ist der Differenz von zu- und abgeführter Wärmemenge äquivalent.

Bei einem Prozeß, der im Sinne eines Arbeitsgewinnes aus Wärme geführt wird, ist die abgeführte Wärme im allgemeinen ein Verlust. Man bezeichnet als „thermischen Wirkungsgrad" des Kreisprozesses das Verhältnis der gewonnenen Arbeit zur zugeführten Wärme.

$$\eta_{th} = \frac{A\, l}{q_z} = \frac{q_z - q_a}{q_z} = 1 - \frac{q_a}{q_z}. \qquad (52)$$

Die Arbeit ist daraus

$$A\, l = \eta_{th}\, q_z. \qquad (53)$$

Wird der Prozeß im Sinne eines Wärmetransportes von einem Niveau tiefer Temperatur auf höhere Temperaturen geführt (Kälteprozeß), so ist die aufgewendete Arbeit in wirtschaftlicher Hinsicht der Verlustposten. Man bezeichnet als Leistungsziffer das Verhältnis der dem Kühlgut entzogenen Wärme zur aufgewendeten Arbeit. Also

$$\varepsilon = \frac{q_z}{|A\,l|} = \frac{q_z}{|q_z - q_a|} = \frac{1}{\left|1 - \dfrac{q_a}{q_z}\right|}. \qquad (54)$$

Die bei der höheren Temperatur abgeführte Wärmemenge ergibt sich nach Gl. (51) als Summe der bei tiefer Temperatur zugeführten Wärmemenge und dem Wärmewert der aufgewendeten Arbeit.

$$q_a = q_z + |A\,l|. \qquad (55)$$

Auch das Ts-Diagramm eines Kreisprozesses ist eine geschlossene Linie (Abb. 17). Während der Zustandsänderung von A nach B wird für den Laufsinn a die Wärmemenge q_z zugeführt und entlang BA q_a abgeführt. Die Differenz ist der geleisteten Arbeit äquivalent und durch die von dem Linienzug eingeschlossene Fläche in kcal/kg gegeben.[1]

Die differentielle Änderung der Entropie ist

$$ds = \frac{dq}{T}.$$

Weil am Ende des Kreisprozesses die Entropie gleich ist wie am Anfang, wird

$$\oint \frac{dq}{T} = 0. \qquad (56)$$

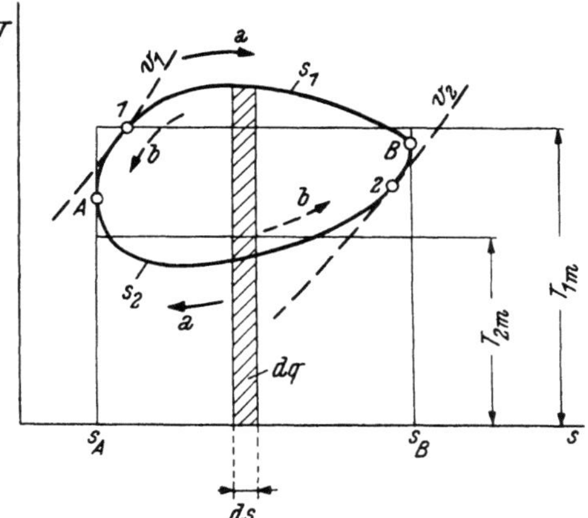

Abb. 17. Ein Kreisprozeß im Ts-Diagramm.

An Hand des Entropie-Diagrammes kann man über den Wirkungsgrad des Kreisprozesses technisch wichtige Aussagen machen. Bezeichnen wir mit T_1 und T_2 die Temperaturfunktionen am oberen und unteren Ast der Schleife, so gilt für die zu- und abgeführte Wärme bei dem in Richtung a durchlaufenen Prozeß

$$q_z = \int_A^B T_1\,ds \quad \text{und} \quad q_a = -\int_B^A T_2\,ds.$$

Somit ist

$$\eta_{th} = \frac{\displaystyle\int_A^B T_1\,ds - \int_A^B T_2\,ds}{\displaystyle\int_A^B T_1\,ds}$$

Dividiert man durch die Entropiedifferenz $s_B - s_A$, so ergibt sich für den Wirkungsgrad schließlich

$$\eta_{th} = \frac{T_{1m} - T_{2m}}{T_{1m}} = 1 - \frac{T_{2m}}{T_{1m}}, \qquad (57)$$

---

[1] Dies trifft allgemein nur zu, wenn die Entropieänderung durch Wärmezu- oder -abfuhr von oder nach außen bewirkt wird (umkehrbare Prozesse).

worin mit T_{1m} und mit T_{2m} die mittleren Temperaturen während der Wärmezu-, bzw. -abfuhr bezeichnet sind, definiert durch:

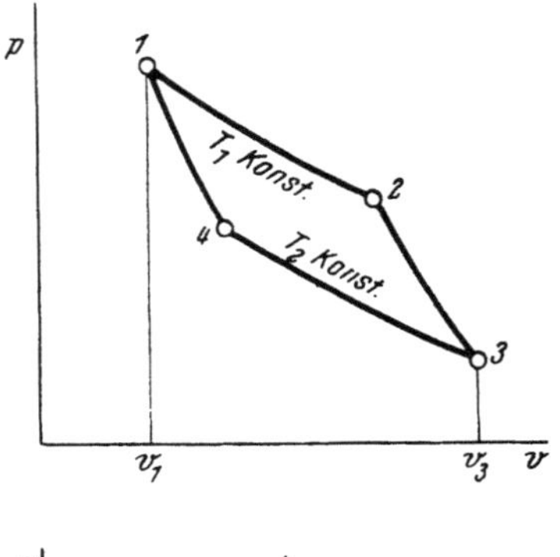

$$T_{1m} = \frac{1}{s_B - s_A} \int_A^B T_1 \, ds;$$

$$T_{2m} = \frac{1}{s_B - s_A} \int_A^B T_2 \, ds.$$

Gl. (57) erlaubt die für den Kraftmaschinenbau wichtigste Aussage: Der Wirkungsgrad ist umso besser, je kleiner das Temperaturverhältnis T_{2m}/T_{1m} ist. Bei Verwirklichung eines Kreisprozesses zur Verwandlung von Wärme in mechanische Arbeit soll man daher trachten, die Wärme bei möglichst hoher Temperatur zuzuführen und die Verlustwärme bei möglichst tiefer Temperatur abzuführen.

Für den umgekehrten Laufsinn als Kälteprozeß ergibt sich für die Leistungsziffer

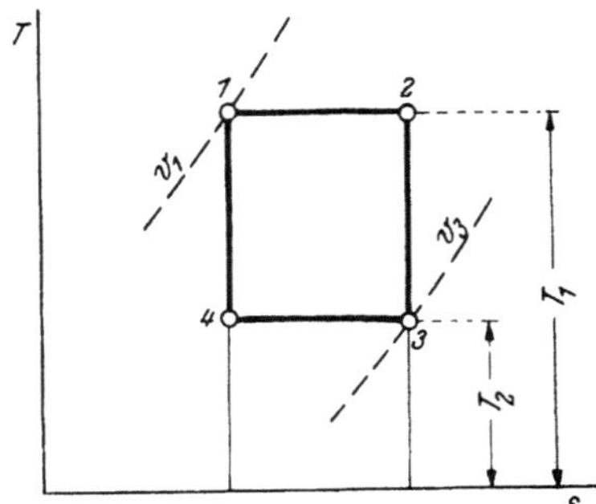

Abb. 18. Der Carnotprozeß im $p\,v$- und im $T\,s$-Diagramm.

$$\varepsilon = \frac{T_{2m}}{T_{1m} - T_{2m}} = \frac{1}{T_{1m}/T_{2m} - 1}. \tag{58}$$

2. Der Carnotprozeß als Kreisprozeß mit optimalem Wirkungsgrad.

Nach Gl. (57) ist in Hinblick auf optimalen Wirkungsgrad anzustreben, die *ganze* Wärme bei einer höchsten Temperatur zuzuführen und die *ganze* Verlustwärme bei einer tiefsten Temperatur abzuführen. Die Verwirklichung dessen führt auf den Carnotprozeß, der sich aus zwei Adiabaten und zwei Isothermen nach Abb. 18 zusammensetzt.

Während der isothermen Expansion *1—2* wird die Wärme q_z zugeführt. Hieran schließt sich eine adiabatische Expansion *2—3*. Dabei wird weder Wärme zu- noch abgeführt. Bei der isothermen Kompression *3—4* wird die Wärmemenge q_a abgeführt, worauf sich der Kreisprozeß über eine weitere adiabatische Kompression *4—1* schließt.

Der Wirkungsgrad ist nach Gl. (57)

$$\eta_{th} = 1 - \frac{T_2}{T_1}. \tag{59}$$

Die Entropieänderung während der Heizung ist gleich der während der Kühlung.

$$\frac{q_z}{T_1} = \frac{q_a}{T_2} \; {}^1.\tag{60}$$

Auch im Kälteprozeß ist der Carnotprozeß als Optimum anzustreben, weil seine Leistungsziffer

$$\varepsilon = \frac{1}{\dfrac{T_1}{T_2} - 1}\tag{61}$$

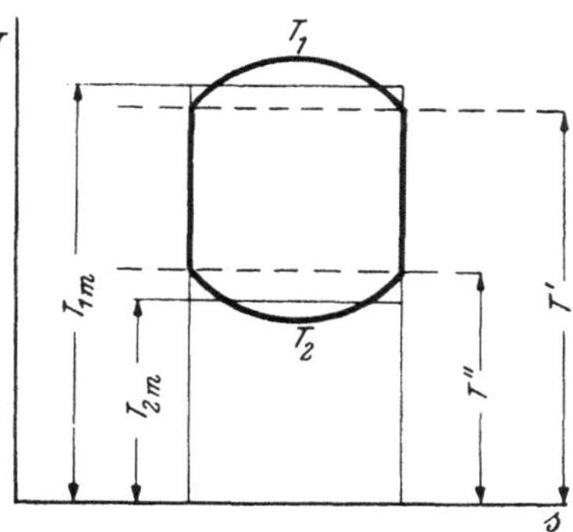

Abb. 19. Ein realer Prozeß mit kleinerem Wirkungsgrad als der Carnotprozeß.

ein Optimalwert ist. Im Kälteprozeß ist die tiefe Temperatur T'' eines Kältepunktes (z. B. Kühlraum) und die höhere Temperatur T' eines verfügbaren Kühlmittels gegeben (Abb. 19). Die Wärme q_z kann aus dem Kühlraum in das Medium nur bei Temperaturen T_2 zugeführt werden, die gleich oder kleiner als T'' sind, ebenso kann die Wärme aus dem Medium in das Kühlmittel nur bei Temperaturen T_1 abgeführt werden, die gleich oder größer als T' sind. Im allgemeinen Prozeß ergibt sich daher für das Verhältnis der mittleren Temperaturen

$$\frac{T_{1m}}{T_{2m}} > \frac{T'}{T''},$$

womit auch die Leistungsziffer nach Gl. (58) kleiner wird als die des Carnotprozesses zwischen T'' und T'.

3. Der zweite Hauptsatz der Wärmelehre.

Wir bezeichnen einen Prozeß als umkehrbar, wenn er im umgekehrten Sinne ablaufen kann, ohne daß dabei Veränderungen der beteiligten Körper zurückbleiben. Es muß sich dabei auch der Energiestrom zwischen den beteiligten Körpern umkehren: Eine zugeführte Wärme scheint als abgeführt auf, ebenso wird eine vom Gas geleistete Arbeit im umgekehrten Prozeß von ihm aufgenommen.

Ein Kreisprozeß der beschriebenen Art ist umkehrbar, wenn man das Arbeitsmedium allein betrachtet. Der Kraftmaschinenprozeß ergibt als Umkehrprozeß den Kältemaschinenprozeß. Nach Gl. (56) ist die Entropieänderung des Mediums, über den Kreisprozeß genommen, Null.

Betrachten wir nicht nur das Arbeitsmedium, sondern alle am Prozeß beteiligten Körper als geschlossenes System, so ist die Umkehrbarkeit schon unter anderem durch die Notwendigkeit eines Temperaturgefälles für den Wärmetransport aufgehoben.

---

^{1} Diese Gl. gibt eine Möglichkeit zur Ermittlung der „thermodynamischen Temperaturskala". Es ist $q_z/q_a = T_1/T_2$. Wählt man einen bestimmten Fixpunkt der Temperaturskala, z. B. den Eispunkt des Wassers, so kann zwischen diesem und einem zweiten Temperaturpunkt, dessen Temperaturwert zu ermitteln ist, ein Carnotprozeß ausgeführt werden. Durch kalorimetrische Bestimmung der zu- und abgeführten Wärme, kann das Temperaturverhältnis und damit auch die gesuchte Temperatur gefunden werden. Umgekehrt muß bei der Wahl von zwei Festpunkten, etwa Eispunkt und Siedepunkt des Wassers, aus dem gefundenen Temperaturverhältnis die Lage des absoluten Nullpunktes zu errechnen sein.

In Abb. 20 sei dies an einem Beispiel eines einfachen Verbrennungs-
turbinenprozesses erläutert. Das System besteht aus einem Wärmegeber,
den wir uns als großen Wärmespeicher mit der Temperatur T_1 vorstellen.
Er gibt die Wärme q_1 an einen Heizkörper mit der Temperatur T_2 ab.
In ihm wird das Arbeitsmedium (etwa Luft) erwärmt und nach einer Arbeitsabgabe in einer Turbine in einen Kühler mit der Temperatur T_3
gedrückt. Vom Kühler strömt die Wärme q_2 nach einem als Wärmespeicher gedachten Wärmeaufnehmer, dessen Temperatur T_4 sei. Vom
Kühler wird das Arbeitsmedium durch einen Turbokompressor wieder
in den Heizkörper gedrückt. Die vom System nach außen hin abgegebene
Arbeit ist als Differenz der Arbeitsleistung der Turbine und des Arbeitsaufwandes für den Kompressor gegeben.

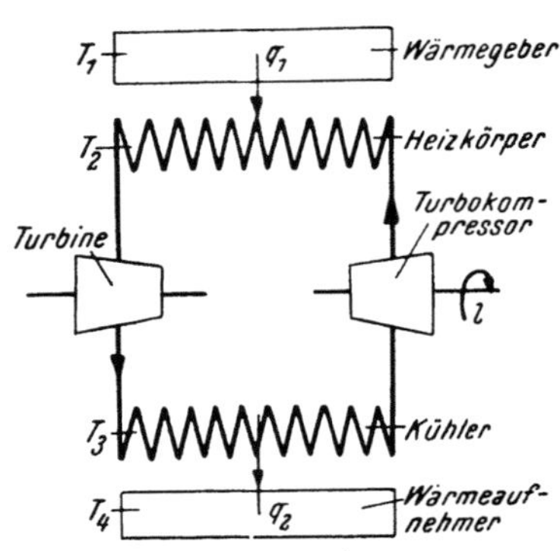

Abb. 20. Die schematische Darstellung eines Kreisprozesses.

Wir betrachten die Entropieänderung,
die das gesamte System erfährt, während
1 kg des Arbeitsmediums einen Kreislauf vollführt. Sie beträgt

für den Wärmegeber $\quad -\dfrac{q_1}{T_1}$

für den Heizkörper $\quad +\dfrac{q_1}{T_2}$

für den Kühler $\quad -\dfrac{q_2}{T_3}$

für den Wärmeaufnehmer $+\dfrac{q_2}{T_4}$

Die Gesamtänderung der Systementropie ist somit

$$-\frac{q_1}{T_1} + \frac{q_1}{T_2} - \frac{q_2}{T_3} + \frac{q_2}{T_4} = \Sigma \varDelta s. \tag{62}$$

Für den theoretischen Sonderfall, daß kein Temperaturgefälle zum
Wärmetransport notwendig ist, wäre $T_1 = T_2$ und $T_3 = T_4$. Dann ist
die Summe aller Entropieänderungen des Gesamtsystems

$$\Sigma \varDelta s = 0. \tag{63}$$

Der Prozeß könnte ohne weiteres umgekehrt als Kälteprozeß laufen.

Praktisch ist jedoch immer ein Temperaturgefälle für den Wärmeübergang notwendig. Für den Kraftmaschinenprozeß wird daher
$T_1 > T_2$ und $T_3 > T_4$. In Gl. (62) ist damit der Nenner der positiven
Größen bei gleichem Zähler kleiner als der Nenner der negativen Größen.
Somit wird die Entropieänderung des Systems

$$\Sigma \varDelta s > 0. \tag{64}$$

Dies trifft auch für den im Sinne des Kältemaschinenprozesses geführten
Kreislauf zu. Dann ist die Strömungsrichtung der Wärme verkehrt und
$T_4 > T_3$, $T_2 > T_1$. Damit wird ebenfalls

$$\Sigma \varDelta s = \frac{q_1}{T_1} - \frac{q_1}{T_2} + \frac{q_2}{T_3} - \frac{q_2}{T_4} > 0.$$

Der mit einem Temperaturgefälle vor sich gehende Wärmeübergang
ist nicht umkehrbar, weil die Wärme zwar in der einen Richtung freiwillig

strömt, bei gleichem Temperaturverlauf aber eine Arbeit notwendig ist, um sie von der niedrigeren Temperatur auf die höhere zu transportieren. Dieser nicht umkehrbare Prozeß schließt aber auch in Verbindung mit einem an sich umkehrbaren Prozeß die Umkehrbarkeit des Gesamtprozesses aus.

Es gibt viele solche nicht umkehrbare Prozesse. Die wichtigsten sind der Wärmeübergang, der Umsatz von Reibungsarbeit in Wärme, die Verwirbelung kinetischer Energie, die Mischung verschiedener Gase und die Erzeugung von Wärme aus anderen Energieformen. Bei allen diesen Prozessen wird die Entropie des beteiligten Systems einerseits durch Entstehen von Wärme, andererseits durch den Abfall von Wärme auf ein niedrigeres Temperaturniveau vermehrt.

Es gilt allgemein für alle nicht umkehrbaren Prozesse, daß die Entropie des Gesamtsystems im Laufe des Prozesses zunimmt. Bei umkehrbaren Prozessen ändert sich die Entropie nicht. Eine Entropieverminderung eines abgeschlossenen Systems ist unmöglich.

Weil ein technischer Prozeß ohne Wärmeübergang und ohne Reibung nicht denkbar ist, so kann es praktisch keinen umkehrbaren Prozeß geben.

Die Existenz von nicht umkehrbaren Prozessen sowie die Unmöglichkeit von Prozessen, bei denen die Entropie des gesamten beteiligten Systems kleiner wird, sind Aussage des zweiten Hauptsatzes der Wärmelehre. Er wurde in den verschiedensten Formen ausgesprochen, wobei mehr oder weniger philosophische oder praktische Überlegungen zum Ausdruck kommen.

Die erste von Clausius 1850 gegebene Fassung lautet:

„Wärme kann nie von selbst von einem Körper niederer Temperatur auf einen Körper höherer Temperatur übergehen."

Wenn dies möglich wäre, so müßte sich die Entropie des Gesamtsystems verkleinern. Im optimalen Grenzfall, wobei die Entropie gleich bleibt, muß beim Wärmetransport auf das höhere Niveau eine größere Menge von Wärme dort abgegeben werden, als aus dem zu kühlenden Körper entnommen wird. Diese Wärme muß aber durch Umwandlung von Arbeit aufgebracht werden, welche von der Umgebung zu leisten ist. Diese Aussage hat besonders für die Kältetechnik Bedeutung.

Eine andere Fassung des zweiten Hauptsatzes, wie sie von W. Thomson 1851 gegeben wurde, lautet:

„Es ist unmöglich, aus irgend einem System von Körpern mechanische Arbeit dadurch zu erhalten, daß man es unter die tiefste Temperatur der umgebenden Körper abkühlt."

Dieser Satz ist für den Wärmekraftmaschinenbau von Bedeutung.

Planck hat die Aussage Thomson's auf die periodische Maschine abgewandelt und erweitert. In dieser Form besagt der zweite Hauptsatz: „Es ist unmöglich, eine periodisch funktionierende Maschine zu konstruieren, die weiter nichts bewirkt als Hebung einer Last und Abkühlung eines Wärmereservoirs."

Die periodische Maschine nimmt nicht nur Wärme auf, sondern sie muß auch Wärme abgeben, wenn das Medium in ihr einen geschlossenen Kreislauf ausführen, die Maschine also periodisch arbeiten soll. Damit ist auch ausgesprochen, daß es unmöglich ist, die Wärme der Umgebung in Arbeit zu verwandeln (Unmöglichkeit eines perpetuum mobile zweiter Art).

Clausius formuliert den zweiten Hauptsatz auf das ganze Naturgeschehen beziehend in der Form: „Die Entropie der Welt strebt einem Maximum zu."

XII. Darstellung der kalorischen Zustandsgrößen und der spezifischen Wärme als Funktion der thermischen Zustandsgrößen mit Hilfe von Kreisprozessen.

Für die kalorischen Zustandsgrößen gelten nach den Gl. (34), (11) und (23) folgende Beziehungen

$$ds = dq\,\frac{1}{T}, \tag{34}$$

$$du = dq - A\,dl = T\,ds - A\,p\,dv, \tag{65}$$

$$di = dq + A\,v\,dp = T\,ds + A\,v\,dp. \tag{66}$$

Für die Berechnung dieser Zustandsgrößen aus den thermischen Zustandsgrößen, deren gesetzmäßiger Zusammenhang bekanntlich in der thermischen Zustandsgleichung gegeben ist, eignen sich diese Gl. zunächst nicht, weil die Wärme dq im allgemeinen unbekannt ist. Nur für spezielle Fälle von Gasen (z. B. für das vollkommene) oder für spezielle Zustandsänderungen läßt sich dq in einfacher Weise durch thermische Zustandsgrößen ausdrücken (Vergl. B III, IV und VI).

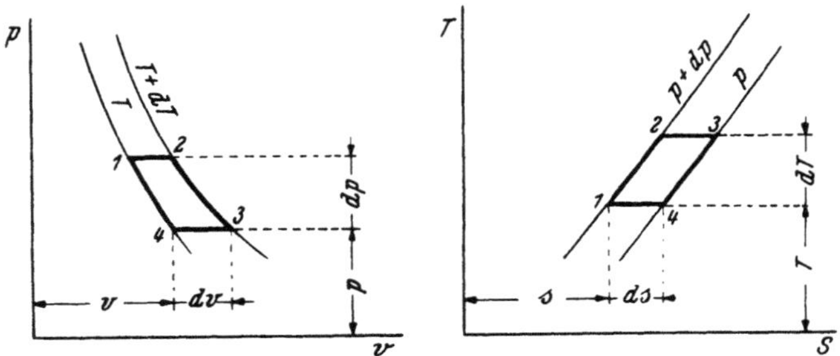

Abb. 21. Ein differentieller Kreisprozeß im $p\,v$- und $T\,s$-Diagramm.

Für das allgemeine Gas läßt sich diese Klippe unter anderem umgehen, wenn man für sinngemäß gewählte differentielle Kreisprozesse die äußere Arbeit sowohl aus den thermischen als auch aus den kalorischen Zustandsgrößen bestimmt und die gewonnenen Ausdrücke einander gleichsetzt. Nach dieser in der Thermodynamik üblichen Methode (vergl. auch C III 6) lassen sich Zusammenhänge zwischen der Entropie und den thermischen Zustandsgrößen ableiten, mit denen auch die übrigen kalorischen Zustandsgrößen sowie die spezifischen Wärmen zu berechnen sind.[1] Im folgenden sind die Gedankengänge dargelegt:

1. Die Entropie als Funktion der thermischen Zustandsgrößen.

In Abb. 21 ist ein differentieller Kreisprozeß *1 2 3 4* angenommen, der zwischen zwei Isothermen und zwei Isobaren verläuft. Die während des Prozesses geleistete äußere Arbeit ist im $p\,v$-Diagramm durch die eingeschlossene Fläche gegeben. Im $T\,s$-Diagramm gibt die eingeschlossene Fläche als Differenz aus der zu- und abgeführten Wärmemenge den Wärmewert der äußeren Arbeit. Im $T\,s$-Diagramm muß die Isobare mit dem

---

[1] Vergl. auch Nußelt W.: Beitrag zur graphischen Thermodynamik. Forschung Ing.-Wes. 3 (1932) S. 173.

höheren Druck links vor der Kurve niedrigeren Druckes liegen, weil entlang der Adiabate mit zunehmender Temperatur der Druck steigt.

Aus dem pv-Diagramm ist

$$dl = dv\,dp \tag{67}$$

und aus dem Ts-Diagramm

$$dl = \frac{1}{A}\,ds\,dT. \tag{68}$$

Für die Volumsänderung längs der Isobare gilt

$$dv = \left(\frac{\partial v}{\partial T}\right)_p dT$$

und für die Entropieänderung längs der Isotherme

$$ds = -\left(\frac{\partial s}{\partial p}\right)_T dp.$$

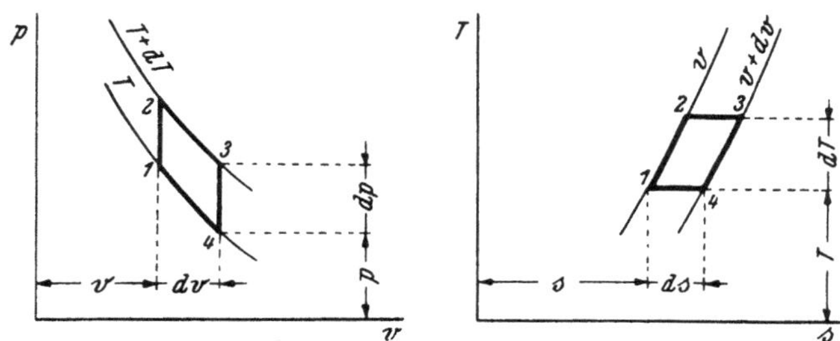

Abb. 22. Ein differentieller Kreisprozeß im pv- und Ts-Diagramm.

Das negative Vorzeichen muß gesetzt werden, weil die Entropie mit steigendem Druck bei gleichbleibender Temperatur abnimmt, $\left(\frac{\partial s}{\partial p}\right)_T$ also negativ ist, während die Arbeit nach Gl. (68) bei dem gewählten Umlaufsinn positiv ist.

Setzt man diese Größen für dv und ds in Gl. (67) und (68) ein, so ergibt sich nach Gleichsetzen beider Ausdrücke

$$\left(\frac{\partial s}{\partial p}\right)_T = -A\left(\frac{\partial v}{\partial T}\right)_p. \tag{69}$$

In Abb. 22 ist der Kreisprozeß so gewählt, daß er zwischen zwei Isochoren und zwei Isothermen verläuft. Die Isochore für größeres Volumen muß im Ts-Diagramm rechts von der niedrigeren Volumens liegen, wenn die geleistete Arbeit wie im pv-Diagramm bei gleichem Umfahrungssinn *1 2 3 4* positiv sein soll.

Für die Druckänderung längs der Isochore gilt

$$dp = \left(\frac{\partial p}{\partial T}\right)_v dT$$

und für die Entropieänderung längs der Isotherme

$$ds = \left(\frac{\partial s}{\partial v}\right)_T dv.$$

Führt man diese Ausdrücke in die auch jetzt gültigen Gl. (67) und (68) ein, so ergibt sich wieder nach Gleichsetzung beider Ausdrücke für die äußere Arbeit

$$\left(\frac{\partial s}{\partial v}\right)_T = A\left(\frac{\partial p}{\partial T}\right)_v. \tag{70}$$

Damit sind in den Gl. (69) und (70) die partiellen Ableitungen der Entropie nach Druck und Volumen bei konstanter Temperatur als Funktion der einfachen Zustandsgrößen gefunden.

Die Entropie läßt sich nach den Gl. (35 a, b, c) durch je zwei der einfachen Zustandsgrößen ausdrücken. Mit p und T z. B. als unabhängige Veränderliche läßt sich das vollständige Differential der Entropie nach Gl. (35 b) in der Form

$$ds = \left(\frac{\partial s}{\partial T}\right)_p dT + \left(\frac{\partial s}{\partial p}\right)_T dp \tag{71}$$

anschreiben. Die spezifische Wärme ist bekanntlich im Ts-Diagramm in einem bestimmten Punkt einer Zustandslinie durch die Subtangente in diesem Punkt gegeben (vergl. Abb. 10). Für die Isobare gilt also $\left(\frac{\partial s}{\partial T}\right)_p = \frac{c_p}{T}$. Damit und mit Gl. (69) geht Gl. (71) über in

$$ds = \frac{c_p}{T} dT - A\left(\frac{\partial v}{\partial T}\right)_p dp. \tag{72}$$

Dies ist der gesuchte Zusammenhang zwischen dem vollständigen Entropiedifferential und den thermischen Zustandsgrößen.

Mit v und T als unabhängige Veränderliche lautet das vollständige Differential der Entropie nach Gl. (35 c)

$$ds = \left(\frac{\partial s}{\partial T}\right)_v dT + \left(\frac{\partial s}{\partial v}\right)_T dv. \tag{73}$$

Für die partielle Ableitung der Entropie nach der Temperatur bei konstantem Volumen gilt analog wie früher $\left(\frac{\partial s}{\partial T}\right)_v = \frac{c_v}{T}$. Damit und mit Gl. (70) geht Gl. (73) über in

$$ds = \frac{c_v}{T} dT + A\left(\frac{\partial p}{\partial T}\right)_v dv. \tag{74}$$

Dies ist eine zweite Gl. für das Entropiedifferential.

Mit p und v als unabhängige Veränderliche wird nach Gl. (35 a)

$$ds = \left(\frac{\partial s}{\partial p}\right)_v dp + \left(\frac{\partial s}{\partial v}\right)_p dv.$$

Mit

$$\left(\frac{\partial s}{\partial p}\right)_v = \left(\frac{\partial s}{\partial T}\right)_v \cdot \left(\frac{\partial T}{\partial p}\right)_v = \frac{c_v}{T}\left(\frac{\partial T}{\partial p}\right)_v$$

und

$$\left(\frac{\partial s}{\partial v}\right)_p = \left(\frac{\partial s}{\partial T}\right)_p \cdot \left(\frac{\partial T}{\partial v}\right)_p = \frac{c_p}{T}\left(\frac{\partial T}{\partial v}\right)_p$$

erhält man als dritte Gl. für das vollständige Differential der Entropie

$$ds = \frac{c_v}{T}\left(\frac{\partial T}{\partial p}\right)_v dp + \frac{c_p}{T}\left(\frac{\partial T}{\partial v}\right)_p dv. \tag{75}$$

2. Die innere Energie als Funktion der thermischen Zustandsgrößen.

Führt man Gl. (74) in Gl. (65) ein, so ergeben sich für das Differential der inneren Energie

$$du = c_v\, dT + A\left[\, T\left(\frac{\partial p}{\partial T}\right)_v - p\,\right] dv \tag{76}$$

oder mit den Gl. (75) und (65)

$$du = c_v\left(\frac{\partial T}{\partial p}\right)_v dp + \left[\, c_p\left(\frac{\partial T}{\partial v}\right)_p - A\,p\,\right] dv \tag{77}$$

als Zusammenhänge zwischen der inneren Energie und den thermischen Zustandsgrößen.

3. Die Enthalpie als Funktion der thermischen Zustandsgrößen.

Aus den Gl. (66) und (72) findet man

$$di = c_p\, dT - A\left[\, T\left(\frac{\partial v}{\partial T}\right)_p - v\,\right] dp \tag{78}$$

oder mit den Gl. (66) und (75)

$$di = c_p\left(\frac{\partial T}{\partial v}\right)_p dv + \left[\, c_v\left(\frac{\partial T}{\partial p}\right)_v + A\,v\,\right] dp \tag{79}$$

als Gleichungen für die Enthalpie.

4. Die spezifischen Wärmen als Funktion der thermischen Zustandsgrößen.

Differentiert man Gl. (69) partiell nach der Temperatur, so erhält man

$$\frac{\partial^2 s}{\partial p\, \partial T} = - A\left(\frac{\partial^2 v}{\partial T^2}\right)_p.$$

Dafür kann geschrieben werden

$$\frac{\left(\partial\left(\frac{\partial s}{\partial T}\right)_p\right)}{\partial p}\Bigg)_T = \left(\frac{\partial \frac{c_p}{T}}{\partial p}\right)_T = - A\left(\frac{\partial^2 v}{\partial T^2}\right)_p$$

oder

$$\left(\frac{\partial c_p}{\partial p}\right)_T = - A\,T\left(\frac{\partial^2 v}{\partial T^2}\right)_p. \tag{80}$$

Diese Gl. stammt von Clausius und gibt den Zusammenhang zwischen der Änderung der spezifischen Wärme mit dem Druck bei konstanter Temperatur und den thermischen Zustandsgrößen. Integriert man diese Gl. längs der Isotherme und wählt man als Ausgangspunkt den Druck Null, so wird

$$c_p - c_{p_0} = - A\,T \int_{p=0}^{p} \left(\frac{\partial^2 v}{\partial T^2}\right)_p dp$$

oder

$$c_p = c_{p_0} - A\,T \int_{p=0}^{p} \left(\frac{\partial^2 v}{\partial T^2}\right)_p dp. \tag{81}$$

Hierin ist die Integrationskonstante c_{p_0} die spezifische Wärme bei einem Druck $p = 0$, also bei vollkommenem Zustand des Gases. Dafür lassen sich die spezifischen Wärmen aus dem Molekülbau rechnen. Nach Gl. (81) kann dann auf die spezifische Wärme bei endlichem Druck geschlossen werden, wenn die thermische Zustandsgleichung des Gases bekannt ist.

Nach Gleichsetzen von Gl. (72) und (74) läßt sich auch die spezifische Wärme bei konstantem Volumen rechnen. Es wird

$$c_v = c_p - A\,T \left[\left(\frac{\partial v}{\partial T}\right)_p \frac{dp}{dT} + \left(\frac{\partial p}{\partial T}\right)_v \frac{dv}{dT} \right]. \tag{82}$$

Für die vollständigen Ableitungen nach der Temperatur gelten

$$\frac{dv}{dT} = \left(\frac{\partial v}{\partial p}\right)_T \frac{dp}{dT} + \left(\frac{\partial v}{\partial T}\right)_p \tag{83}$$

und

$$\frac{dp}{dT} = \left(\frac{\partial p}{\partial v}\right)_T \frac{dv}{dT} + \left(\frac{\partial p}{\partial T}\right)_v \tag{84}$$

Aus beiden Gleichungen folgt nach Einsetzen der unteren in die obere

$$\left(\frac{\partial v}{\partial p}\right)_T \left(\frac{\partial p}{\partial T}\right)_v + \left(\frac{\partial v}{\partial T}\right)_p = 0. \tag{85}$$

Mit Berücksichtigung von Gl. (85) wird nach Einsetzen von Gl. (83) in (82)

$$c_v = c_p - A\,T \left(\frac{\partial p}{\partial T}\right)_v \left(\frac{\partial v}{\partial T}\right)_p, \tag{86}$$

womit aus dem leichter meßbaren c_p allgemein der Wert c_v gerechnet werden kann.

B. Das vollkommene Gas.

I. Die thermische Zustandsgleichung.

Außer durch die gelegentlichen Zusammenstöße üben die Atome oder Moleküle des vollkommenen oder idealen Gases keinerlei Kräfte aufeinander aus. Technische oder wirkliche (reale) Gase nehmen demnach diesen Zustand streng genommen erst im Grenzfall einer unendlich großen Verdünnung an. Dennoch können die Gesetze für das vollkommene Gas für technische Gase in weiten Grenzen mit hinreichender Genauigkeit angewendet werden, insbesondere dann, wenn man für die Stoffwerte mittlere Größen einführt oder auch dann, wenn die Rechnung punktweise fortschreitend unter schrittweiser Anpassung an die tatsächlichen Stoffwerte durchgeführt wird. Die Gesetze für das vollkommene Gas haben daher weitergehende Bedeutung, umsomehr, als nur sie eine einfache mathematische Fassung zulassen.

Die Zustandsgleichung kann sowohl gaskinetisch als auch aus Erfahrungsgesetzen abgeleitet werden. Wir beschränken uns auf letzteres:

Das Gesetz von Boyle-Mariotte besagt, daß sich bei Volumsänderung und gleichbleibender Temperatur die Gasdrücke umgekehrt wie die Volumina verhalten. Zwischen zwei Zuständen auf der Isotherme wird demnach

$$p_1 : p_2 = V_2 : V_1,$$
$$p_1 V_1 = p_2 V_2 \tag{87}$$

oder auf 1 kg bezogen

$$p_1 v_1 = p_2 v_2. \tag{88}$$

Das Gesetz von Gay-Lussac sagt über die Ausdehnung eines vollkommenen Gases bei Erwärmung und gleichbleibendem Druck aus. Bezeichnet man mit v_0 das spezifische Volumen bei 0^0 C, so ist nach diesem Gesetz bei einer Temperatur t das spezifische Volumen

$$v = v_0 (1 + \alpha t). \tag{89}$$

α ist hierin der Ausdehnungskoeffizient, der bezeichnenderweise für alle Gase gleich groß ist und nach den letzten genauen Messungen $\alpha = 1/273{,}16$ beträgt.

Wenden wir dieses Gesetz zwischen zwei Temperaturstufen an, so ergibt sich ein Volumsverhältnis

$$\frac{v_2}{v_1} = \frac{1 + \alpha t_2}{1 + \alpha t_1}$$

und nach Einführung des Zahlenwertes für den Ausdehnungskoeffizienten

$$\frac{v_2}{v_1} = \frac{273{,}16 + t_2}{273{,}16 + t_1} = \frac{T_2}{T_1}. \tag{90}$$

Die Volumina verhalten sich demnach wie die absoluten Temperaturen.

Aus den Gl. (88) und (90) läßt sich weiter ein Zusammenhang zwischen zwei Gaszuständen ableiten ohne die Einschränkung, daß eine der Zustandsgrößen unverändert bleibt. Es soll der Gaszustand $p_1 v_1 T_1$ übergeführt werden in einen anderen mit $p_2 v_2 T_2$. Wir gehen zunächst nach

Gl. (88) bei gleichbleibender Temperatur T_1 auf den Druck p_2 über. Das Volumen ist dann

$$v_2' = \frac{p_1 v_1}{p_2}$$

Nun schreiten wir bei gleichbleibendem Druck bis zur Temperatur T_2 weiter. Nach Gl. (90) wird, wenn statt v_1 der obige Wert v_2' gesetzt wird

$$\frac{v_2 p_2}{v_1 p_1} = \frac{T_2}{T_1}.$$

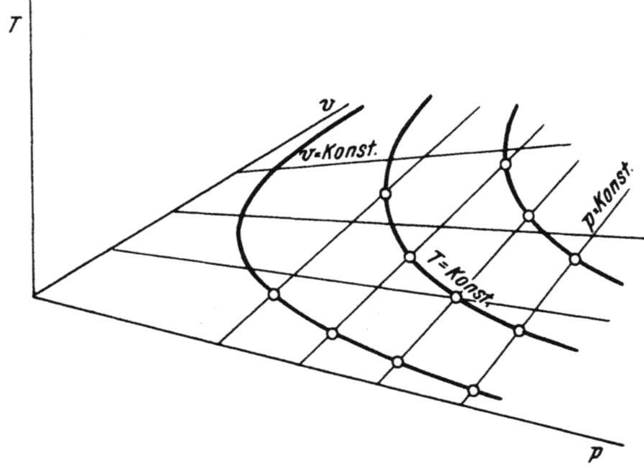

Abb. 23. Die Zustandsfläche des idealen Gases.

Wir fassen die Zustandsgrößen mit gleichem Index zusammen und erhalten

$$\frac{T_1}{v_1 p_1} = \frac{T_2}{v_2 p_2}.$$

Das Verhältnis $(p\,v/T)$ ist somit für jeden Zustand eines vollkommenen Gases gleich. Man nennt diese konstante Größe die Gaskonstante R. Damit lautet die Zustandsgleichung für das vollkommene Gas

$$p\,v = R\,T. \tag{91}$$

R ist eine Stoffkonstante mit der Dimension

$$\dim R = \mathrm{mkg/Grad\,kg}.$$

Gl. (91) gilt in dieser Form für 1 kg. Nach Multiplizieren mit dem Gewicht G (kg) einer beliebigen Menge geht sie über in

$$p\,V = G\,R\,T. \tag{92}$$

V ist das Volumen der Gewichtsmenge G.

Gl. (91) beschreibt in einem Achsenkreuz $(p\ v\ T)$ ein hyperbolisches Paraboloid (Abb. 23). Es ist das eine Regelfläche, die man sich so entstanden denken kann, daß die Gerade $(v = \text{konst})$ einerseits auf der v-Achse, andererseits auf einer Leithyperbel gleitet, die durch den Schnitt einer zur $p\,v$-Ebene parallelen Ebene mit der Zustandsfläche entsteht.

In Parameterdarstellung ergeben sich im pv-Diagramm eine Schar von gleichseitigen Hyperbeln als Isothermen. Im $p\,T$-Diagramm und im $v\,T$-Diagramm ist die Zustandsgleichung durch eine Schar von Ursprungsgeraden wiedergegeben.

II. Grundgesetze chemischer Verbindungen.

Für chemische Verbindungen gelten nach der Erfahrung zwei grundlegende Gesetze:

1. Das Gesetz der konstanten und multiplen Proportionen. Stoffe verbinden sich immer in ganz bestimmten Gewichtsverhältnissen, bzw. in Vielfachen solcher Gewichtsverhältnisse.

2. Bei gasförmigen Stoffen kommt dazu als weitere Gesetzmäßigkeit, daß auch die Volumina eine solche Regel der konstanten Verhältnisse befolgen (allerdings müssen es nicht die gleichen sein, wie die der Gewichte).

Die Summe dieser Erfahrungen hatte ursprünglich zunächst zur Atom-Hypothese geführt — die Stoffe bestehen aus Verbindungen gewisser letzter, unteilbarer Einheiten — und in weiterer Folge zu den molekular-theoretischen Vorstellungen der Gaskinetik.

Unter Molekulargewicht versteht man das Verhältnis des wahren Gewichtes eines Moleküls zum Gewicht des Sauerstoffmoleküls multipliziert mit dem Molekulargewicht des Sauerstoffes, welches mit 32 angenommen ist.

$$M = \frac{\mu}{\mu_{O_2}} \, 32.$$

Daraus folgt, daß das Verhältnis des Molekulargewichtes zum wahren Gewicht eines Moleküls für alle Stoffe konstant ist.

$$\frac{M}{\mu} = \text{konst.} \tag{93}$$

Man bezeichnet als Kilomol (kmol) eines Stoffes so viele kg desselben, als sein Molekulargewicht angibt. Ein kmol Sauerstoff z. B. sind 32 kg Sauerstoff. Aus Gl. (93) folgt dann, daß die Anzahl der Moleküle in einem kmol für alle Stoffe gleich groß sein muß. Für die auf verschiedenste Weise zu ermittelnde Zahl der Teilchen je kmol kann heute als wahrscheinlichster Wert

$$L = (6{,}023 \pm 0{,}011) \cdot 10^{26} \text{ Teilchen/kmol}$$

gelten. L heißt die Loschmidtsche Zahl.

Weil ferner bei gleichem Zustand (gleichem p, v, t) die Gewichte gleich großer Gasvolumina sich so wie die Molekulargewichte der eingeschlossenen Gase verhalten, ist das Volumen eines Kilomols bei gleichem Zustand für alle Gase gleich groß.

Aus beiden obigen Aussagen folgt weiter der Satz von Avogadro. Er besagt, daß bei allen Gasen in gleichen Räumen bei gleichem Druck und gleicher Temperatur gleich viele Moleküle enthalten sind.

Das Volumen eines kmol (auch Molvolumen genannt) ist

$$\mathfrak{V} = M \, v.$$

Es läßt sich somit aus der Zustandsgröße v, die ihrerseits aus Druck- und Temperaturmessung durch die Zustandsgleichung (91) bestimmbar ist, rechnen.

Für den physikalischen Normzustand ($p = 760$ mm Q.S., $t = 0^0$ C) ergibt sich $\mathfrak{V} = 22{,}415$ m³/kmol.

Für den technischen Normzustand ($p = 1$ at, $t = 20^0$ C) ergibt sich $\mathfrak{V} = 24{,}856$ m³/kmol.

Multipliziert man Gl. (91) mit dem Molekulargewicht, so erhält man die Zustandsgleichung für das kmol

$$p\mathfrak{V} = \mathfrak{R}\,T, \tag{94}$$

worin

$$M \cdot R = \mathfrak{R} \tag{95}$$

gesetzt ist. Weil bei einem Zustand ($p\;T$) für alle vollkommenen Gase die linke Seite der Gl. (94) gleich ist, muß auch die rechte Seite gleich sein. Das heißt, die Größe $\mathfrak{R}$ ist für alle Gase gleich. Man bezeichnet sie als die allgemeine Gaskonstante. Ihr Wert ergibt sich aus Messungen zu

$$\mathfrak{R} = 847{,}85 \approx 848 \ \text{mkg/Grad kmol}.$$

III. Die innere Energie.

Die innere Energie des vollkommenen Gases ist eine reine Temperaturfunktion. Einen Beweis dafür liefert der klassische Versuch von Gay-Lussac. Zwei nach außenhin wärmedicht abgeschlossene Gefäße sind durch einen Hahn in einem Verbindungskanal voneinander getrennt (Abb. 24). In dem einen Gefäß ist ein Gas, das zweite ist leer. Nach Öffnen des Hahnes strömt Gas in den zweiten Raum. Nach einer gewissen Zeit wird die dabei entstehende Bewegungsenergie im zweiten Raum verwirbeln und bei weiterem Zuwarten auch die entstandene Temperaturdifferenz durch einen Wärmeaustausch zwischen den Gefäßen verschwinden, so daß in beiden Gefäßen gleiche, aber gegenüber dem Anfangszustand verschiedene Drücke und gleiche Temperaturen herrschen. Bei Gasen, die sich praktisch wie vollkommene verhalten, zeigt der Versuch, daß diese Endtemperatur gleich ist wie die Ausgangstemperatur. Während des Versuches hat eine Zustandsänderung stattgefunden, die von einem höheren Druck zu einem niedrigeren verlaufen ist. Das spezifische Volumen hat sich dabei ebenfalls geändert, die Temperatur hingegen ist gleich geblieben.

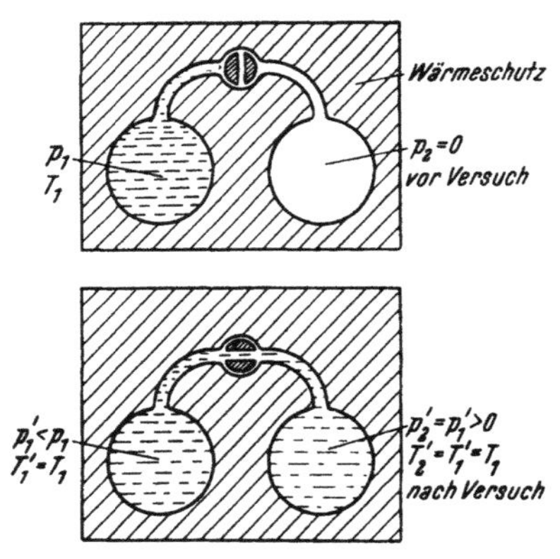

Abb. 24. Der Versuch von Gay-Lussac.

Weil das Gefäß wärmedicht ist, hat nach außen hin kein Wärmetausch stattgefunden. Auch eine Arbeit wurde nach außenhin nicht geleistet.

Wendet man auf diese Zustandsänderung Gl. (29) an, so muß hierin

$$dT = 0, \quad dq = 0 \quad \text{und} \quad A\,p\,dv = 0$$

gesetzt werden. Daraus folgt

$$\left(\frac{\partial u}{\partial v}\right)_T = 0.$$

Die innere Energie ist daher bei konstanter Temperatur vom Volumen und damit auch vom Druck unabhängig. Sie kann also, wie oben behauptet, nur eine Temperaturfunktion sein. Ihr Differential wird damit mit Benützung von Gl. (28)

$$du = \left(\frac{\partial u}{\partial T}\right)_v dT + \left(\frac{\partial u}{\partial v}\right)_T dv = c_v \, dT \qquad (96)$$

und nach Integrieren zwischen zwei Zuständen *1* und *2*

$$u_2 - u_1 = \int_1^2 c_v \, dT. \qquad (97)$$

Der erste Hauptsatz lautet nunmehr für das vollkommene Gas nach Gl. (29)

$$dq = c_v \, dT + A \, p \, dv. \qquad (98)$$

IV. Die Enthalpie.

Auch diese läßt sich für das vollkommene Gas als reine Temperaturfunktion nachweisen. Mit Benützung der Gl. (91) wird

$$i = u + A \, p \, v = u + A \, R \, T. \qquad (99)$$

Weil u eine reine Temperaturfunktion ist, kann auch die Enthalpie als Funktion der Temperatur allein angegeben werden. Mit dem Druck und Volumen ändert sie sich bei konstanter Temperatur nicht.

Das Differential der Enthalpie wird mit Benützung von Gl. (30)

$$di = \left(\frac{\partial i}{\partial T}\right)_p dT + \left(\frac{\partial i}{\partial p}\right)_T dp = c_p \, dT. \qquad (100)$$

Für den ersten Hauptsatz folgt nach Gl. (31) mit $\left(\frac{\partial i}{\partial p}\right)_T = 0$

$$dq = c_p \, dT - A \, v \, dp. \qquad (101)$$

V. Die spezifischen Wärmen.

Zwischen den spezifischen Wärmen bei konstantem Druck und konstantem Volumen c_p und c_v lassen sich für das vollkommene Gas einfache Beziehungen herstellen:

Aus Gl. (100) und (99) folgt

$$c_p = \frac{du}{dT} + A \, R. \qquad (102)$$

Weiter ist nach Gl. (96)

$$c_v = \frac{du}{dT}. \qquad (103)$$

Damit wird

$$c_p = c_v + A \, R$$

oder

$$c_p - c_v = A \, R. \qquad (104)$$

Man pflegt das Verhältnis der spezifischen Wärmen

$$c_p / c_v = \varkappa \qquad (105)$$

zu setzen. Aus den Gl. (104) und (105) ergibt sich

$$c_p = \frac{\varkappa}{\varkappa - 1}\, A\, R \quad \text{und} \quad c_v = \frac{1}{\varkappa - 1}\, A\, R. \qquad (106,\ 107)$$

Als Molwärmen $\mathfrak{C}_p$ und $\mathfrak{C}_v$ bezeichnet man die spezifischen Wärmen eines Kilomols. Nach Multiplizieren von Gl. (104) mit M (kg/kmol) erhält man

$$M\,c_p - M\,c_v = M\,A\,R$$

oder

$$\mathfrak{C}_p - \mathfrak{C}_v = A\,\mathfrak{R}. \qquad (108)$$

Mit $\mathfrak{C}_p/\mathfrak{C}_v = \varkappa$ wird

$$\mathfrak{C}_p = \frac{\varkappa}{\varkappa - 1}\, A\,\mathfrak{R} \quad \text{und} \quad \mathfrak{C}_v = \frac{1}{\varkappa - 1}\,A\,\mathfrak{R}. \qquad (109,\ 110)$$

Mit den Zahlenwerten für A und $\mathfrak{R}$ lautet Gl. (108)

$$\mathfrak{C}_p - \mathfrak{C}_v = \frac{848}{427} = 1{,}986 \ \text{kcal/Grad kmol}. \qquad (111)$$

Es ist also die Differenz der spezifischen Wärmen bei konstantem Druck und konstantem Volumen für das kmol ein für alle vollkommenen Gase konstanter Wert. Aus dem Versuch von Gay-Lussac folgt ohne weiteres, daß c_p und c_v beim vollkommenen Gas von Druck und Volumen unabhängig sind, denn nach den Gl. (102) und (103) sind sie Ableitungen reiner Temperaturfunktionen nach der Temperatur.

Über die Temperaturabhängigkeit sagt auch die Molekulartheorie aus. Soferne der Gleichverteilungssatz bezüglich der den Freiheitsgraden zugeführten Energien gilt, nimmt die Temperatur mit der inneren Energie linear zu, das heißt die spezifische Wärme bei konstantem Volumen (und damit auch c_p) ist konstant. Dies trifft in weitem Bereich bei allen einatomigen Gasen zu, die nur drei gleichartige Freiheitsgrade der Translation haben. Solche Gase sind insbesondere die Edelgase, Helium, Neon, Argon, Krypton, Xenon, Radon. Die Erfahrung bestätigt die Konstanz ihrer spezifischen Wärme in Zustandsbereichen, die hinreichend weit von der Verflüssigung entfernt sind. Mit zunehmender Atomzahl im Molekül nimmt die Zahl der Freiheitsgrade um die der Rotationen und um die „inneren Freiheitsgrade" der Schwingungen der Atome gegeneinander zu. Der Gleichverteilungssatz ist dabei im allgemeinen nicht erfüllt, weil diese Freiheitsgrade nach den Erkenntnissen der Quantentheorie mit der Temperatur zunehmend angeregt werden. Damit ist eine Temperaturabhängigkeit der spezifischen Wärme verbunden. Sofern keine Druckabhängigkeit der spezifischen Wärme c_p und c_v besteht oder diese vernachlässigbar klein ist, werden solche Gase manchmal im Schrifttum als „halbvollkommen" bezeichnet, was an sich keine glückliche Bezeichnung ist, denn auch für sie gilt mit hinreichender Genauigkeit die Zustandsgleichung des vollkommenen Gases (vergl. Definition auf S. 3), ebenso die einfachen Formen des ersten Hauptsatzes nach den Gl. (98) und (101).

Die Temperaturabhängigkeit der spezifischen Wärmen der „halbvollkommenen" Gase läßt sich theoretisch vorausbestimmen. Diese Rechnungen gelten für den Zustand bei unendlicher Verdünnung der Gase, wenn also die Moleküle infolge der großen Entfernungen keine Kräfte mehr aufeinander ausüben.

Aus gemessenen Werten ergibt sich für das Verhältnis der spezifischen Wärmen der Größenordnung nach folgendes:

$\varkappa = 1{,}66$ für einatomige Gase (in weitem Bereich temperaturunabhängig),
$\varkappa \approx 1{,}40$ für zweiatomige Gase (schwach temperaturabhängig),
$\varkappa \approx 1{,}30$ für dreiatomige Gase (stark temperaturabhängig).

Für die Molwärme bei konstantem Volumen ergibt sich damit nach Gl. (110)

$$\mathfrak{C}_v = \frac{3}{2} A\,\mathfrak{R} \quad \text{für einatomige Gase,}$$

$$\mathfrak{C}_v \approx \frac{5}{2} A\,\mathfrak{R} \quad \text{für zweiatomige Gase,}$$

$$\mathfrak{C}_v \approx \frac{6}{2} A\,\mathfrak{R} \quad \text{für dreiatomige Gase.}$$

Man stellt also wirklich experimentell fest, daß die Wärme, welche zur Erwärmung eines kmol um 1^0 bei gleichbleibendem Volumen zuzuführen ist, sich der Größenordnung nach wie die Zahl der äußeren Freiheitsgrade (Translation und Rotation) verhält. Die theoretischen Überlegungen erhalten schon durch diese einfachen Feststellungen eine qualitative Bestätigung. Verfeinerte theoretische Überlegungen gestatten auch die Temperaturabhängigkeit der spezifischen Wärmen zu ermitteln.

VI. Die Entropie und das Wärmediagramm.

Für das vollkommene Gas läßt sich die Entropie und damit auch das Wärmediagramm wie folgt ableiten:

Aus Gl. (98) wird nach Division durch die Temperatur T

$$\frac{dq}{T} = ds = c_v \frac{dT}{T} + A\,p\,\frac{dv}{T}.$$

Mit $T = p\,v/R$ wird weiter

$$ds = c_v \frac{dT}{T} + A\,R\,\frac{dv}{v}. \tag{112}$$

Wenn man von Gl. (101) ausgeht und durch die Temperatur dividiert, erhält man

$$ds = c_p \frac{dT}{T} - A\,v\,\frac{dp}{T}$$

oder nach Einsetzen für die Temperatur nach der Zustandsgleichung

$$ds = c_p \frac{dT}{T} - A\,R\,\frac{dp}{p}. \tag{113}$$

Eliminiert man aus Gl. (112) und (113) die Temperatur, so ergibt sich eine dritte Differentialgleichung für die Entropie

$$ds = c_v \frac{dp}{p} + c_p \frac{dv}{v}. \tag{114}$$

Für das vollkommene Gas mit konstanter spezifischer Wärme folgt nach Integration der Gl. (112) bis (114) für die Entropieänderung zwischen zwei Zuständen

$$s_2 - s_1 = c_v \ln \frac{T_2}{T_1} + A\,R \ln \frac{v_2}{v_1}, \qquad (115)$$

$$s_2 - s_1 = c_p \ln \frac{T_2}{T_1} + A\,R \ln \frac{p_1}{p_2}, \qquad (116)$$

$$s_2 - s_1 = c_v \ln \frac{p_2}{p_1} + c_p \ln \frac{v_2}{v_1}. \qquad (117)$$

Für ein Gas mit einer nur von der Temperatur abhängigen spezifischen Wärme wird

$$s_2 - s_1 = \int_{T_1}^{T_2} \frac{c_v}{T}\,dT + A\,R \ln \frac{v_2}{v_1}, \qquad (118)$$

$$s_2 - s_1 = \int_{T_1}^{T_2} \frac{c_p}{T}\,dT + A\,R \ln \frac{p_1}{p_2}. \qquad (119)$$

Mit den Gleichungen für die Entropieänderung kann nun auch das Wärmediagramm entworfen werden (Abb. 25).

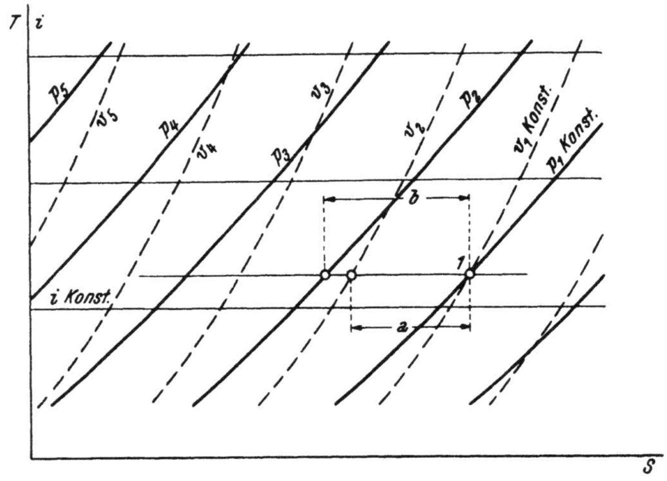

Abb. 25. Das Ts-Diagramm des idealen Gases.

Im Ts-System entspricht der Gl. (36 b) die Gl. (115), bzw. (118) als Zustandsgleichung mit v als Parameter, während Gl. (116), bzw. (119) entsprechend Gl. (36 a) die Zustandsgleichung mit p als Parameter wiedergibt.

Setzt man zunächst konstante spezifische Wärme voraus, so ergibt sich nach Gl. (115) als Beziehung für die Zustandslinie bei konstantem Volumen der einfache Ausdruck

$$s - s_1 = c_v \ln \frac{T}{T_1}. \qquad (120)$$

Das ist eine logarithmische Linie. T und s sind dabei die Zustandsgrößen eines beliebigen Punktes auf der Linie. T_1 ist die Temperatur eines gewählten Anfangspunktes, dem die als Integrationskonstante zu wertende beliebige Entropie s_1 zugeordnet wurde. Praktisch interessiert immer nur die Entropiedifferenz, so daß einer bestimmten Wahl von s_1 keine Bedeutung zukommt. In Gl. (120) scheint die Größe des Parameters v nicht mehr auf. Sie gilt demnach für jedes beliebige spezifische Volumen, also für alle Kurven der einparametrigen Kurvenschar nach Gl. (115). Die einzelnen Kurven der Schar gehen also durch Verschieben längs der Abszissenachse auseinander hervor. Um nun zur richtigen Bezifferung der Kurven in bezug auf den Parameterwert zu kommen, kann einer der Kurven ein Volumswert v_1 zugeordnet werden, der zunächst noch frei wählbar ist. Eine andere Kurve, der ein Wert v_2 zukommt, liegt um den Abstand a gegen die erste horizontal verschoben, der sich aus Gl. (115) ergibt, wenn diese für eine Isotherme angewendet wird, also $T_2 = T_1$ gesetzt wird. Dann ist

$$s_2 - s_1 = a = A\,R\ln\frac{v_2}{v_1}, \tag{121}$$

So kann man für eine gewählte Skala der Volumswerte das zugehörige Kurvennetz bestimmen.

Für das Netz der Linien konstanten Druckes gilt Ähnliches auf Grund der Gl. (116). Auch diese Kurven gehen durch Parallelverschieben auseinander hervor und sind durch die Gl.

$$s - s_1 = c_p \ln\frac{T}{T_1} \tag{122}$$

beschrieben. Ihr Horizontalabstand ergibt sich mit $T_2 = T_1$ aus Gl. (116)

$$s_2 - s_1 = b = A\,R\ln\frac{p_1}{p_2}. \tag{123}$$

Weil aber jedem Punkt der $T\,s$-Ebene schon eine Temperatur und ein Volumswert durch die Bezifferung des Netzes der Volumskurven zugeordnet ist, liegt auch dafür nach der Zustandsgleichung ein Druck $p = R\,T/v$ fest. Wir können damit die Bezifferung der v-Kurven und der p-Kurven an einem Punkt koppeln. Selbstverständlich muß bei richtiger Konstruktion der beiden Kurvennetze die Zustandsgleichung für alle Schnittpunkte der Kurvennetze erfüllt sein, was zu Kontrollen dienen kann.

Für die Enthalpie gilt nach Gl. (100)

$$i_2 - i_1 = \Delta\,i = c_p\,(T_2 - T_1) = c_p\,\Delta\,T,$$

das heißt die Enthalpiedifferenz nimmt bei konstanter spezifischer Wärme linear mit der Temperaturdifferenz zu. Die Linien $i =$ konst sind daher im $T\,s$-Diagramm wie die Linien $T =$ konst horizontale Gerade. Ihre Einzeichnung erübrigt sich, wenn neben dem Temperaturmaßstab im Wärmediagramm ein Maßstab für die Enthalpie angeschrieben wird. Weil wir praktisch nur mit Enthalpiedifferenzen rechnen, kann der Nullpunkt der Enthalpieskala beliebig gewählt werden.

Für Gase mit temperaturabhängiger spezifischer Wärme kann bei der Konstruktion des Wärmediagrammes in gleicher Art verfahren werden. Die Linien konstanten Volumens haben die allgemeinere Form

$$s - s_1 = \int_{T_1}^{T} \frac{c_v}{T}\, dT. \qquad (124)$$

Die Kurvenschar geht daraus wieder durch Parallelverschiebung hervor. Der Abstand der einzelnen Kurven ergibt sich in gleicher Art nach Beziehung Gl. (121). Damit liegt auch die Bezifferung der Parameter fest.

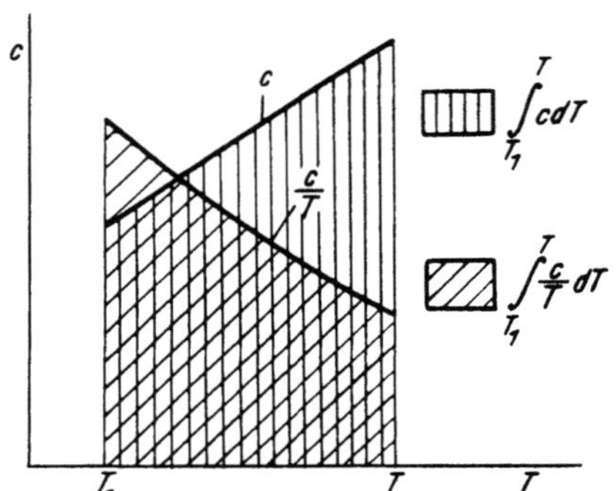

Abb. 26. Graphische Ermittlung von Enthalpie und Entropie.

Die Linien konstanten Druckes haben die Gl.

$$s - s_1 = \int_{T_1}^{T} \frac{c_p}{T}\, dT \qquad (125)$$

und ihre Bezifferung ergibt sich gleich wie früher mit Benützung der Gl. (122).

Die Linien konstanter Enthalpie sind gleichfalls horizontale Gerade. Der Zusammenhang zwischen der Enthalpiedifferenz und der Temperatur ist jedoch nicht mehr linear, sondern durch die allgemeinere Beziehung

$$i = \int_{T_1}^{T} c_p\, dT \qquad (126)$$

bestimmt. Wenn die spezifischen Wärmen durch den Versuch bestimmt sind, wertet man die Integrale in den Gl. (124) bis (126) am besten graphisch nach Abb. 26 aus.

Mit der Zuordnung einer Skala für die Enthalpiedifferenz zur Temperaturskala im Ts-Diagramm erübrigt es sich i. a. ein gesondertes is-Diagramm für das vollkommene Gas zu entwerfen.

VII. Einfache Zustandsänderungen des vollkommenen Gases.

Die unter Ziffer A X allgemein besprochenen Zustandsänderungen lassen sich für das vollkommene Gas noch weitergehend rechnerisch behandeln. Die derart gewonnenen Gesetze haben für die Technik besondere Bedeutung, weil sich mit ihnen die Vorgänge in technischen Maschinen verhältnismäßig einfach vorausbestimmen lassen. Für vollkommene Gase oder solche nahe dem vollkommenen Zustand stimmen derlei Rechnungen mit der Wirklichkeit gut überein. Für andere Gase geben sie wenigstens die Möglichkeit einer mehr oder weniger guten Annäherung.

1. Isochore (Abb. 27).

Die äußere Arbeit ist Null, die zu- oder abgeführte Wärme

$$q = c_v (T_2 - T_1). \qquad (127)$$

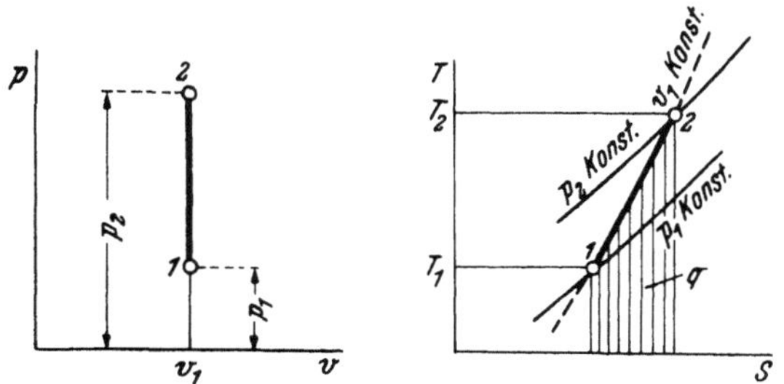

Abb. 27. Die isochore Zustandsänderung des idealen Gases.

2. Isobare (Abb. 28).

Die äußere Arbeit ist nach Gl. (45) bei Benützung der Zustandsgleichung $p\,v = R\,T$

$$l = R\,(T_2 - T_1),\qquad (128)$$

die Wärmemenge nach Gl. (44)

$$q = c_p\,(T_2 - T_1).\qquad (129)$$

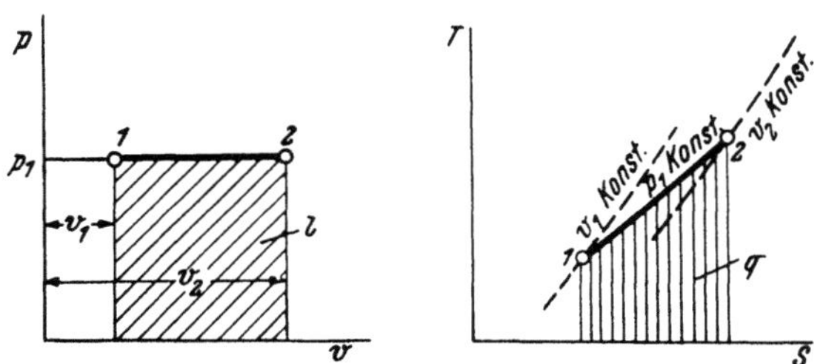

Abb. 28. Die isobare Zustandsänderung des idealen Gases.

3. Isotherme (Abb. 29).

Die Gl. der Zustandslinie im $p\,v$-Diagramm lautet mit $T = $ konst.

$$p\,v = R\,T = \text{konst.}\qquad (130)$$

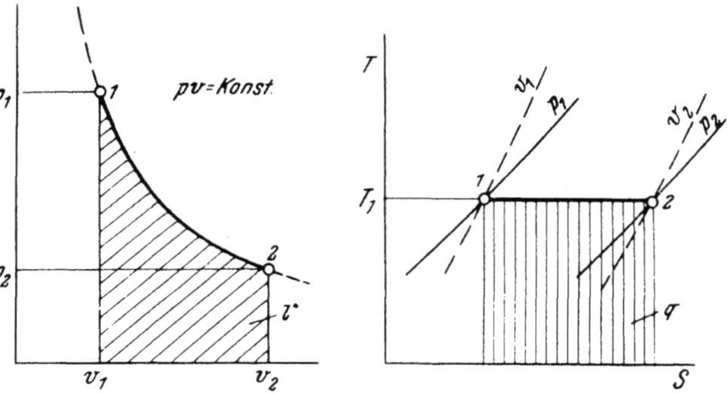

Abb. 29. Die isotherme Zustandsänderung des idealen Gases.

Das ist die Gl. einer gleichseitigen Hyperbel. Bei gleichbleibender Temperatur bleibt auch die innere Energie konstant. Nach dem ersten Hauptsatz ist dann die zugeführte Wärme gleich der vom Gas geleisteten Arbeit.

$$q = A\,l. \tag{131}$$

Die Arbeit ist

$$l = \int_1^2 p\,dv\,.$$

Mit $p = R\,T/v$ wird weiter

$$l = R\,T \int_1^2 \frac{dv}{v} = R\,T \ln\frac{v_2}{v_1} \tag{132}$$

oder mit $v_2/v_1 = p_1/p_2$

$$l = R\,T \ln\frac{p_1}{p_2}. \tag{133}$$

Die spezifische Wärme ist bei der Isotherme unendlich groß, weil sich die Temperatur trotz Wärmezu- oder -abfuhr nicht ändert.

4. Adiabatische Zustandsänderung (Abb. 30).

Es wird Wärme weder zu- noch abgeführt ($dq = 0$). Die Gl. der Zustandslinie im $p\,v$-Diagramm läßt sich unter dieser Bedingung aus dem ersten Hauptsatz ableiten. Es ist nach Gl. (98)

$$dq = 0 = c_v\,dT + A\,p\,dv.$$

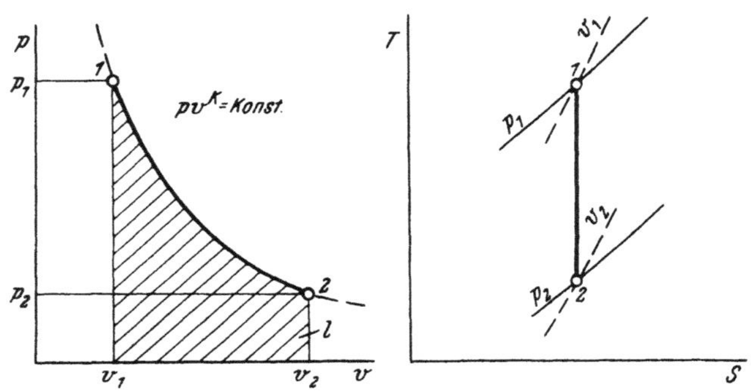

Abb. 30. Die adiabatische Zustandsänderung des idealen Gases.

Für das Differential der Temperatur erhalten wir durch Differenzieren der Zustandsgleichung (91)

$$dT = \frac{1}{R}\,(p\,dv + v\,dp).$$

Führt man dies oben ein, so wird, wenn überdies für c_v der Ausdruck Gl. (107) benützt wird,

$$\frac{1}{\varkappa - 1}\,(p\,dv + v\,dp) = -\,p\,dv$$

oder

$$- \varkappa \frac{dv}{v} = \frac{dp}{p}.$$

Nach Integration folgt

$$- \varkappa \ln v = \ln p + \ln C,$$

mit C als Integrationskonstante. In anderer Form angeschrieben lautet die Gl. der Adiabate

$$p\,v^\varkappa = \text{konst.} \tag{134}$$

Das Verhältnis der Temperaturen zweier Punkte (1 und 2) auf der Zu-standslinie erhält man durch Rechnung aus der Zustandsgleichung, nach-dem die anderen Zustandsgrößen bekannt sind:

$$\frac{T_2}{T_1} = \frac{p_2\,v_2}{p_1\,v_1}.$$

Nach Gl. (134) wird $\dfrac{p_2}{p_1} = \left(\dfrac{v_1}{v_2}\right)^\varkappa$, womit

$$\frac{T_2}{T_1} = \left(\frac{v_1}{v_2}\right)^{\varkappa-1} \quad \text{oder} \quad \frac{T_2}{T_1} = \left(\frac{p_2}{p_1}\right)^{\frac{\varkappa-1}{\varkappa}} \tag{135, 136}$$

wird.

Die äußere Arbeit, die bei einer Zustandsänderung von 1 nach 2 geleistet wird, ist nach dem ersten Hauptsatz

$$A\,l = - c_v\,(T_2 - T_1) = c_v\,(T_1 - T_2). \tag{137}$$

Mit $T = p\,v/R$ und mit c_v nach Gl. (107) wird weiter

$$l = \frac{1}{\varkappa - 1}\,[p_1\,v_1 - p_2\,v_2] \tag{138}$$

und unter Benützung von Gl. (135) und (136)

$$l = \frac{p_1\,v_1}{\varkappa - 1}\left[1 - \left(\frac{p_2}{p_1}\right)^{\frac{\varkappa-1}{\varkappa}}\right] \tag{139}$$

oder

$$l = \frac{p_1\,v_1}{\varkappa - 1}\left[1 - \left(\frac{v_1}{v_2}\right)^{\varkappa-1}\right]. \tag{140}$$

Die spezifische Wärme dq/dT ist bei der Adiabate Null, weil $dq = 0$ ist.

5. Polytrope.

Technische Expansions- und Kompressionsvorgänge verlaufen im all-gemeinen weder nach Isothermen noch nach Adiabaten. Ihre Zustands-linie ist im $p\,v$-Diagramm diesen nur ähnlich. Um auch in solchen Fällen rechnen zu können, kann man versuchen, die Zustandslinie im $p\,v$-Dia-gramm durch eine Funktion von der Form

$$p\,v^m = \text{konst} = C \tag{141}$$

zu ersetzen. Man bezeichnet eine Zustandsänderung, die durch obige Gl. beschrieben wird, als Polytrope. m nennt man den Polytropenexponent.

Es ist zweckmäßig, die empirische Funktion in ein logarithmisches Koordinatensystem nach Abb. 31 zu übertragen. Gl. (141) ist im logarithmischen System eine Gerade

$$\lg p = \lg C - m \lg v.$$

Ist es möglich, die empirische Kurve im logarithmischen System gut durch eine Gerade anzugleichen, so kann die Polytrope als Näherung gelten. m ist dann die Tangente des Steigungswinkels der Geraden. Wenn größere Abweichungen auftreten, so kann die Kurve durch zwei oder mehrere Gerade ersetzt werden. Die Rechnung muß dann abschnittsweise für jede der Polytropen mit verschiedenen Exponenten durchgeführt werden.

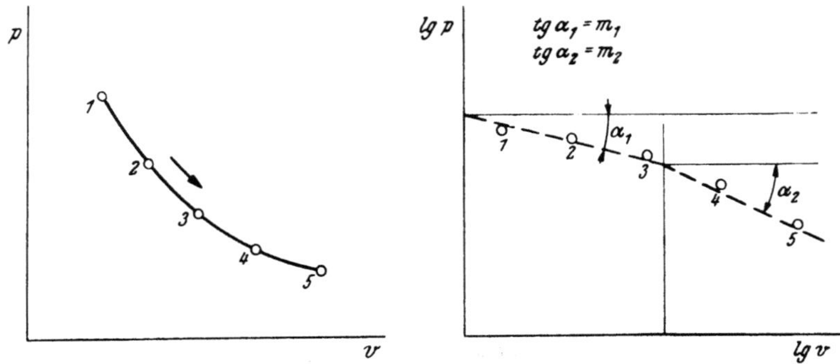

Abb. 31. Angleichung eines wirklichen Prozesses des idealen Gases durch polytropische Zustandsänderungen.

Beim praktischen Arbeiten mit der Polytrope als Ersatzkurve ist Vorsicht am Platze, weil nicht alle Größen durch sie gleich gut an die Wirklichkeit angeglichen werden. Trotz anscheinend guter Übereinstimmung der Zustandslinien und damit auch der äußeren Arbeit, ist das Bild des Wärmeflusses und der spezifischen Wärme meist gegenüber der Wirklichkeit stark verfälscht.

Die analytischen Ausdrücke für die Temperaturverhältnisse und die äußere Arbeit können in Analogie zur Adiabate unmittelbar angeschrieben werden, wenn statt $\varkappa \rightarrow m$ geschrieben wird. Es ist für eine Zustandsänderung von *1* nach *2*

$$\frac{T_2}{T_1} = \left(\frac{v_1}{v_2}\right)^{m-1} \quad \text{oder} \quad \frac{T_2}{T_1} = \left(\frac{p_2}{p_1}\right)^{\frac{m-1}{m}}, \tag{142, 143}$$

$$l = \frac{1}{m-1}\left[p_1 v_1 - p_2 v_2\right], \tag{144}$$

$$l = \frac{p_1 v_1}{m-1}\left[1 - \left(\frac{p_2}{p_1}\right)^{\frac{m-1}{m}}\right], \tag{145}$$

$$l = \frac{p_1 v_1}{m-1}\left[1 - \left(\frac{v_1}{v_2}\right)^{m-1}\right]. \tag{146}$$

Die spezifische Wärme der Polytrope ergibt sich mit Benutzung des ersten Hauptsatzes zu

$$c = \frac{dq}{dT} = c_v + A\,p\,\frac{dv}{dT}.$$

Setzen wir für das Temperaturdifferential den aus der Zustandsgleichung abgeleiteten Wert $dT = (p\,dv + v\,dp)/R$ ein, so wird weiter

$$c = c_v + A\,R\,\frac{p\,dv}{p\,dv + v\,dp} = c_v + \frac{A\,R}{1 + v\,dp/p\,dv}.$$

Aus Gl. (141) folgt nach Differenzieren

$$\frac{v\,dp}{p\,dv} = -\,m.$$

Damit wird

$$c = c_v + \frac{A\,R}{1 - m}$$

und mit $A\,R = c_v\,(\varkappa - 1)$ (nach Gl. 107)

$$c = c_v\,\frac{m - \varkappa}{m - 1}. \tag{147}$$

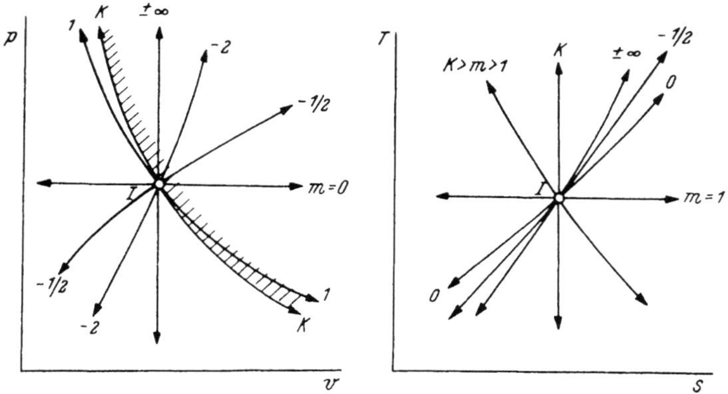

Abb. 32. Verschiedene, durch den Exponenten gekennzeichnete Polytropen.

Die spezifische Wärme entlang der Polytrope ist also konstant, solange c_v und $\varkappa$ als konstant angesehen werden können. Die während der Zustandsänderung von *1* nach *2* zugeführte Wärme ergibt sich demnach einfach durch

$$q = c_v\,\frac{m - \varkappa}{m - 1}\,(T_2 - T_1). \tag{148}$$

Eine weitere Eigenart der Polytrope liegt darin, daß das Verhältnis von zugeführter Wärme zur Änderung der inneren Energie, bzw. auch zur geleisteten Arbeit konstant ist. Es ist

$$\frac{dq}{du} = \frac{c\,dT}{c_v\,dT} = \frac{m - \varkappa}{m - 1}. \tag{149}$$

Es leuchtet ein, daß auch die Polytrope eine Zustandsänderung mit ausgezeichneten, speziellen Eigenschaften ist.

Die unter *1* bis *4* beschriebenen Zustandsänderungen können nunmehr auch als Sonderfälle der Polytrope aufgefaßt werden. Es ist für die

Isochore $m = \infty$, $p\,v^{\infty} =$ konst. oder $p^{1/\infty}\,v =$ konst. oder $v =$ konst; $c = c_v$

Isobare $m = 0$, $p\,v^0 =$ konst.; $c = \varkappa\,c_v = c_p$,

Isotherme $m = 1$, $p\,v =$ konst.; $c = \infty$,

Adiabate $m = \varkappa$, $p\,v^{\varkappa} =$ konst.; $c = 0$.

Im $p\,v$-Diagramm und $T\,s$-Diagramm liegen die Zustandslinien der Polytropen zueinander wie dies Abb. 32 zeigt.

Alle von I ausgehenden Polytropen, die in das Gebiet oberhalb der schraffierten Adiabate gerichtet sind, sind mit einer Wärmezufuhr und die unterhalb der Adiabaten gerichteten, mit einer Wärmeabfuhr verbunden. Im $T\,s$-Diagramm geht die erste Schar aller Polytropen von Punkt I nach rechts (Entropievergrößerung, Wärmezufuhr), während die zweite Schar nach links gerichtet ist (Entropieverkleinerung, Wärmeabfuhr).

VIII. Carnotprozeß. Die Entropie als Zustandsgröße für beliebige Stoffe.

Bei einem im Sinne eines Arbeitsgewinnes geführten Carnotprozeß des vollkommenen Gases (Abb. 33) ist die bei der Temperatur T_1 zugeführte Wärme nach den Gl. (131), (132)

$$q_z = R\,T_1 \ln \frac{v_2}{v_1} \qquad (150)$$

und die bei der Temperatur T_2 abgeführte Wärme

$$q_a = R\,T_2 \ln \frac{v_3}{v_4}. \qquad (151)$$

Für die Adiabaten 2—3 und 4—1 ist nach Gl. (135)

$$\frac{T_2}{T_1} = \left(\frac{v_2}{v_3}\right)^{\varkappa-1} = \left(\frac{v_1}{v_4}\right)^{\varkappa-1}$$

oder

$$\frac{v_2}{v_1} = \frac{v_3}{v_4}. \qquad (152)$$

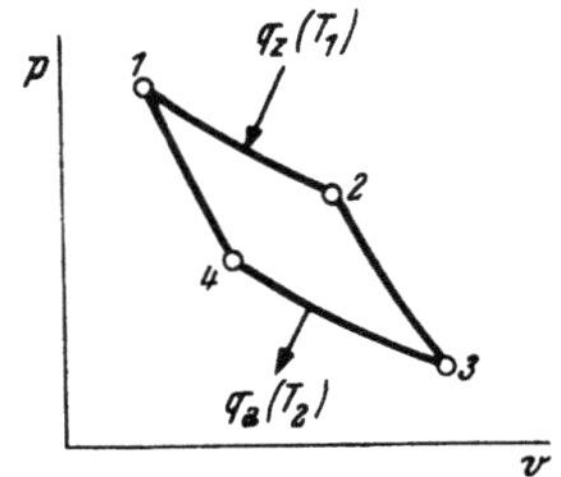

Abb. 33. Der Carnotprozeß im $p\,v$-Diagramm.

Der Wirkungsgrad des Prozesses ist

$$\eta_{th} = \frac{q_z - q_a}{q_z} = \frac{R\,T_1 \ln \dfrac{v_2}{v_1} - R\,T_2 \ln \dfrac{v_3}{v_4}}{R\,T_1 \ln \dfrac{v_2}{v_1}}$$

oder mit Gl. (152)

$$\eta_{th} = \frac{T_1 - T_2}{T_1}. \qquad (153)$$

Damit ist der Wirkungsgrad zum Unterschied gegenüber den Ausführungen unter A XI ohne Zuhilfenahme des $T\,s$-Diagrammes abgeleitet, also ohne die der Beweisführung vorgreifende Annahme, daß die Entropie eine Zustandsgröße sei.

Für die Entropieänderung während des Prozesses gilt

$$\frac{q_z}{T_1} - \frac{q_a}{T_2} = R \ln \frac{v_2}{v_1} - R \ln \frac{v_3}{v_4} = 0 \qquad (154)$$

oder

$$\sum \frac{q}{T} = \sum \Delta s = 0. \tag{155}$$

Auch dies wurde schon im Kapitel A XI unter Zuhilfenahme des $T\,s$-Diagrammes festgestellt.

Es läßt sich nunmehr der Beweis führen, daß die Entropie für alle Stoffe eine Zustandsgröße ist.

Zunächst sei gezeigt, daß Gl. (155) auch für andere als vollkommene Gase gilt. Dazu betrachten wir zwei Kreislaufsysteme, die nach Abb. 34 an gleiche Wärmebehälter angeschlossen sind. In beiden Systemen laufe ein Carnotprozeß ab. Im ersten wird der Prozeß mit einem vollkommenen Gas im Sinne eines Arbeitsgewinnes, im zweiten mit einem beliebigen anderen Stoff im Sinne eines Wärmetransportes von niedriger auf höhere Temperatur geführt. Beide Anlagen seien so gekuppelt, daß die vom ersten System abgegebene Arbeit vom zweiten aufgenommen wird. Für die Arbeit der Prozesse gilt nach Gl. (51)

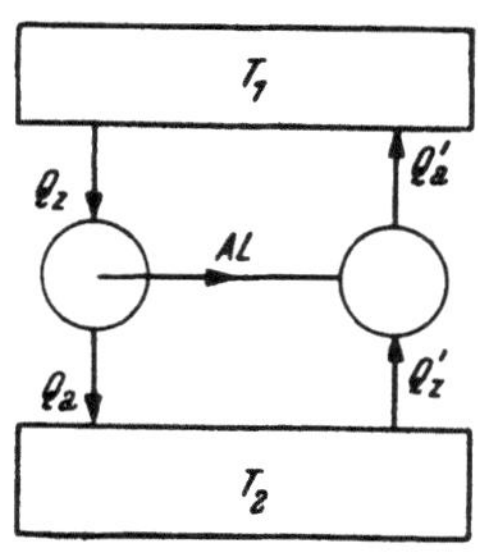

Abb. 34. Die Koppelung zweier Carnotprozesse.

$$|Q_z| - |Q_a| = |A\,L|$$

und

$$|Q_a'| - |Q_z'| = |A\,L|.$$

Daraus folgt

$$|Q_z| - |Q_a'| = |Q_a| - |Q_z'|. \tag{156}$$

Es muß nun sein:

$$|Q_z| = |Q_a'| \tag{157}$$

und damit auch

$$|Q_a| = |Q_z'|. \tag{158}$$

Beweis: Wäre $|Q_a'| > |Q_z|$, so wäre nach Gl. (156) auch $|Q_z'| > |Q_a|$. Dies würde aber bedeuten, daß die Wärmemenge

$$|Q_z'| - |Q_a| = |Q_a'| - |Q_z|$$

ohne Arbeitsleistung von der niedrigen Temperatur T_2 auf die höhere Temperatur T_1 gehoben wird, was nach der Erfahrung unmöglich ist.

Wäre $|Q_a'| < |Q_z|$, so könnte man den ganzen Prozeß beider Systeme umkehren. Dabei kehren sich die Wärmeflüsse um und es wäre auch dabei möglich, Wärme ohne Arbeitsleistung auf ein höheres Temperaturniveau zu heben.

Es scheiden also alle möglichen Fälle aus, bei denen die Aussagen Gl. (157) und (158) nicht erfüllt sind, womit die Richtigkeit derselben bewiesen ist.

Die Beziehung Gl. (155) muß daher auch für den allgemeinen Stoff gelten.

Damit läßt sich nun weiter beweisen, daß die Entropie für alle Stoffe eine Zustandsgröße ist:

Wir betrachten einen Kreislauf im $p\,v$-Diagramm nach Abb. 35 und legen in das $p\,v$-System ein Netz von unendlich nahen Adiabaten und Isothermen.

Die Zustandslinie kann man sich nun durch den Grenzübergang von Zustandsänderungen entstanden denken, die abwechselnd nach Adiabaten

1—2 und Isothermen *2—3* fortschreiten. Läßt man das Temperaturintervall zwischen zwei aufeinanderfolgenden Isothermen nach Null gehen, so ergibt sich die ursprüngliche Zustandslinie. Für je zwei Isothermen und die dazwischenliegenden Adiabaten lassen sich die Gesetze für den Carnotprozeß anschreiben.

Nach Gl. (155) gilt für den differentiellen Prozeß

$$\sum \frac{dq}{T} = \frac{dq_z}{T_1} - \frac{dq_a}{T_2} = 0 \,.$$

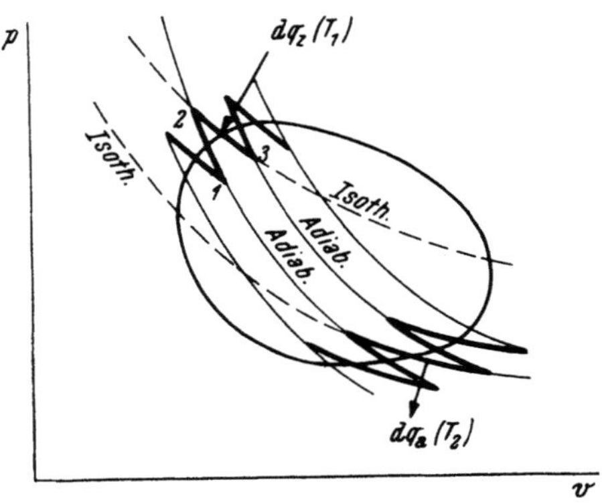

Abb. 35. Jeder reale Prozeß läßt sich durch eine unendlich große Zahl differentieller Carnotprozesse ersetzen.

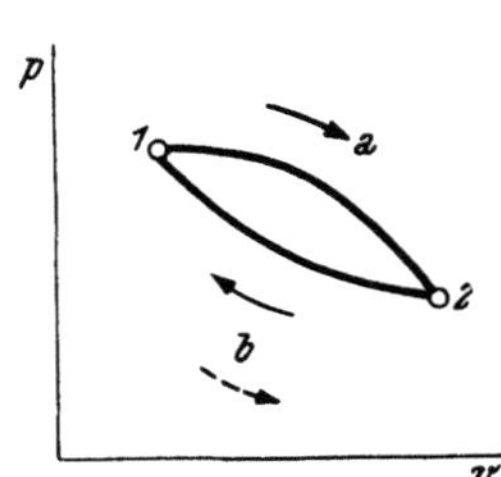

Abb. 36. Die Änderung einer Zustandsgröße muß vom Wege unabhängig sein.

Führt man die Summierung über die ganze Zustandslinie durch, so wird

$$\oint \frac{dq}{T} = \oint ds = 0 \,. \tag{159}$$

Dies ist aber die Bedingung dafür, daß die Entropie eine Zustandsgröße ist. Wählt man nämlich zwei Punkte *1* und *2* auf einem Kreisprozeß nach Abb. 36, so kann das Integral Gl. (159) in der Form

$$\oint \frac{dq}{T} = \int\limits_{\substack{1 \\ (a)}}^{2} \frac{dq}{T} + \int\limits_{\substack{2 \\ (b)}}^{1} \frac{dq}{T} = 0$$

angeschrieben werden. Der Index *a* und *b* soll andeuten, daß das Integral über den Linienzug *a* bzw. *b* gebildet ist. Es folgt weiter aus obiger Beziehung

$$\int\limits_{\substack{1 \\ (a)}}^{2} ds = \int\limits_{\substack{1 \\ (b)}}^{2} ds \,,$$

das heißt, die Entropieänderung während der Zustandsänderung von *1* nach *2* ist auf dem Weg *a* gleich wie auf einem anderen Weg *b*. Die Entropie ist also nur vom Zustand und nicht vom Wege abhängig, auf dem dieser Zustand erreicht wurde. Sie ist also eine Zustandsgröße.

IX. Ableitung der kalorischen Zustandsgrößen und der spezifischen Wärme des vollkommenen Gases mit Hilfe der allgemeinen Beziehungen aus Abschnitt A XII.

Wir haben in diesem Abschnitt (B) die kalorischen Zustandsgrößen für das vollkommene Gas aus ihren Definitionsgleichungen unter Zuhilfenahme der Aussagen des grundlegenden Versuches von Gay-Lussac abgeleitet. In der weiteren Folge gründete sich auch die Beweisführung dafür, daß die Entropie eine Zustandsgröße ist, auf die in den Zustandsgleichungen für die Isotherme verwerteten Ergebnisse dieses Versuches.

Andererseits wurden im Abschnitt A XII allgemeine Beziehungen für kalorische Zustandsgleichungen abgeleitet, denen aber die Existenz eines Ts-Diagrammes mit der Annahme, daß die Entropie eine Zustandsgröße sei, zugrundegelegt war. Nachdem nunmehr die Richtigkeit der Annahme bewiesen ist, ist die Gültigkeit aller Folgerungen daraus und damit die der Gleichung des Abschnittes A XII erhärtet.

Im folgenden seien nun diese Gl. für das vollkommene Gas ausgewertet:

Für das *Entropiedifferential* fanden wir die Beziehungen Gl. (72), (74) und (75) in der Form

$$ds = \frac{c_p}{T} dT - A \left(\frac{\partial v}{\partial T}\right)_p dp,$$

$$ds = \frac{c_v}{T} dT + A \left(\frac{\partial p}{\partial T}\right)_v dv,$$

$$ds = \frac{c_v}{T} \left(\frac{\partial T}{\partial p}\right)_v dp + \frac{c_p}{T} \left(\frac{\partial T}{\partial v}\right)_p dv.$$

Die Zustandsgleichung (91) für das vollkommene Gas kann in den Formen

$$v = \frac{RT}{p}, \quad p = \frac{RT}{v} \text{ oder } T = \frac{pv}{R}$$

geschrieben werden. Daraus ergeben sich die partiellen Ableitungen

$$\left(\frac{\partial v}{\partial T}\right)_p = \frac{R}{p}; \quad \left(\frac{\partial p}{\partial T}\right)_v = \frac{R}{v}; \quad \left(\frac{\partial T}{\partial p}\right)_v = \frac{v}{R}; \quad \left(\frac{\partial T}{\partial v}\right)_p = \frac{p}{R}.$$

Damit gehen die allgemeinen Beziehungen Gl. (72), (74) und (75) über in:

$$ds = c_p \frac{dT}{T} - A R \frac{dp}{p},$$

$$ds = c_v \frac{dT}{T} + A R \frac{dv}{v},$$

$$ds = \frac{c_v}{T} \frac{v}{R} dp + \frac{c_p}{T} \frac{p}{R} dv = c_v \frac{dp}{p} + c_p \frac{dv}{v}.$$

Diese sind identisch mit den Beziehungen Gl. (113), (112) und (114)[1].

---

[1] Die Identität der Ergebnisse mit diesen Beziehungen die ohne Annahme, daß die Entropie eine Zustandsgröße ist, gewonnen werden, kann auch als Beweis gelten, daß diese Annahme bei Ableitung der allgemeinen Beziehungen wenigstens für das vollkommene Gas richtig war. Auch in dieser Beweisführung steckt indirekt das Ergebnis des Gay-Lussacschen Versuches.

Für das Differential der inneren Energie ergaben sich allgemein die Beziehungen (76) und (77):

$$du = c_v\, dT + A\left[\, T\left(\frac{\partial p}{\partial T}\right)_v - p\,\right] dv,$$

$$du = c_v\left(\frac{\partial T}{\partial p}\right)_v dp + \left[\, c_p\left(\frac{\partial T}{\partial v}\right)_p - A\, p\,\right] dv.$$

Im ersten Ausdruck wird nach Ausführung der partiellen Ableitung der Klammerausdruck

$$\left[\frac{R\,T}{v} - p\right] = 0$$

und somit

$$du = c_v\, dT,$$

was mit Gl. (96) identisch ist. Die zweite Beziehung geht über in

$$du = c_v\,\frac{v\,dp}{R} + \left[\, c_p\,\frac{p}{R} - A\, p\,\right] dv.$$

Aus der Gasgleichung $p\, v = R\, T$ ist

$$v\, dp + p\, dv = R\, dT$$

und somit

$$v\, dp = R\, dT - p\, dv;$$

obige Gl. geht damit über in

$$du = c_v\, dT - c_v\,\frac{p\,dv}{R} + c_p\,\frac{p\,dv}{R} - A\, p\, dv = c_v\, dT + p\, dv\left(\frac{c_p}{R} - \frac{c_v}{R} - A\right).$$

Andererseits ist $c_v\, dT = du$. Daraus folgt

$$c_p - c_v = A\, R,$$

was mit Gl. (104) übereinstimmt.

Für die Enthalpie gelten die Beziehungen Gl. (78) und (79):

$$di = c_p\, dT - A\left[\, T\left(\frac{\partial v}{\partial T}\right)_p - v\,\right] dp,$$

$$di = c_p\left(\frac{\partial T}{\partial v}\right)_p dv + \left[\, c_v\left(\frac{\partial T}{\partial p}\right)_v + A\, v\,\right] dp.$$

Aus ersterer folgt mit den Ableitungen für das vollkommene Gas

$$di = c_p\, dT,$$

wie Gl. (100).

Aus der zweiten Gl. läßt sich wie oben wieder Gl. (104) ableiten.

Aus der Clausiusschen Gl. (80)

$$\left(\frac{\partial c_p}{\partial p}\right)_T = - A\, T\left(\frac{\partial^2 v}{\partial T^2}\right)_p$$

läßt sich für das vollkommene Gas eine wichtige Aussage über die spezifischen Wärmen gewinnen:

Es ist $\left(\dfrac{\partial^2 v}{\partial T^2}\right)_p = 0$ (aus Gl. (91)) und somit

$$\left(\frac{\partial c_p}{\partial p}\right)_T = 0.$$

Die spezifische Wärme bei konstantem Druck ist also bei gleichbleibender Temperatur vom Drucke unabhängig. Die Aussage deckt sich mit der molekulartheoretischen Vorstellung, wonach die Moleküle oder Atome sich gegenseitig nicht beeinflussen.

Aus Beziehung Gl. (86)

$$c_v = c_p - A\,T\left(\frac{\partial p}{\partial T}\right)_v\left(\frac{\partial v}{\partial T}\right)_p$$

folgt mit den Werten für die Differentialquotienten die schon mehrmals aufgeschriebene Beziehung für die spezifischen Wärmen

$$c_v = c_p - A\,T\frac{R}{v}\cdot\frac{R}{p} = c_p - A\,R\,.$$

Daraus folgt mit obiger Aussage für c_p, daß auch die spezifische Wärme bei konstantem Volumen vom Druck unabhängig ist:

$$\left(\frac{\partial c_v}{\partial p}\right)_T = \left(\frac{\partial c_p}{\partial p}\right)_T = 0\,.$$

C. Wirkliche Gase und Dämpfe.

I. Die thermische Zustandsgleichung. Zustandsformen.

Die Gesetze für das vollkommene Gas gelten für wirkliche Gase und Dämpfe mit befriedigender Genauigkeit nur bei sehr großer Verdünnung,

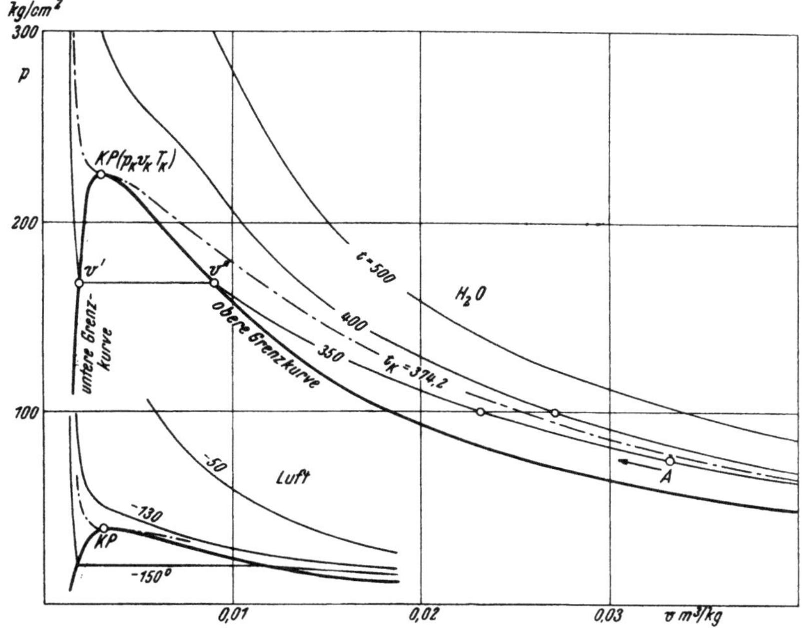

Abb. 37. pv-Diagramm der Stoffe Wasser und Luft.

streng genommen nur im vollkommenen Zustand, weil sich dann die Moleküle nicht mehr gegenseitig beeinflussen. Einen Überblick über den Zusammenhang der Zustandsgrößen eines wirklichen Gases gibt Abb. 37.

Es sind hierin für zwei Stoffe als Beispiele — Wasser und Luft — in gleichem Maßstab die Isothermen im $p\,v$-Diagramm gezeichnet. Vom vollkommenen Gas, bei dem alle Isothermen gleichseitige Hyperbeln mit der Gl. $p\,v = R\,T =$ konst. sind, weicht das wirkliche Gas umsomehr ab, je niedriger die Temperatur ist. Dementsprechend verhalten sich die wirklichen Gase in solchen Zustandsbereichen erheblich anders als das vollkommene Gas. Bei einer isothermischen Verdichtung vom Punkt A ausgehend, dessen Temperatur unter einer bestimmten kritischen Temperatur t_k liegen möge, steigt der Druck nicht immer an, sondern bleibt von einer Unstetigkeitsstelle bei einem Volumen v'' zunächst trotz weiterer Volumsverminderung konstant. Erst nach einer zweiten Unstetigkeitsstelle bei einem kleineren Volumen v' nimmt der Druck wieder, und zwar sehr steil zu. Die beiden Unstetigkeitspunkte in der Isotherme entsprechen Beginn und Ende einer Umwandlung des Aggregatzustandes; am ersten beginnt die Kondensation des Gases, am zweiten ist das Gas zur Gänze verflüssigt. Je tiefer die Temperatur ist, umso größer ist das Volumen, bei dem die Kondensation beginnt. Das Flüssigkeitsvolumen ist bei tieferer Temperatur kleiner. Verbindet man alle Punkte von Kondensationsbeginn, bzw. Kondensationsende, so erhält man zwei Kurvenäste, die „obere" und „untere Grenzkurve". Beide nähern sich mit zunehmendem Druck und gehen im „kritischen Punkt" mit horizontaler Tangente ineinander über. Dem kritischen Punkt entsprechen als kritische Zustandsgrößen t_k (kritische Temperatur), p_k (kritischer Druck) und v_k (kritisches Volumen). Alle Isothermen oberhalb der kritischen Temperatur verlaufen ohne Unstetigkeit in der bei Gasen gewohnten Art und nehmen um so mehr eine der gleichseitigen Hyperbel ähnliche Form an, je höher die Temperatur ist. Das Gas wird mit zunehmender Temperatur einem vollkommenen Gas ähnlicher.

Grundsätzlich verhalten sich alle Gase ähnlich dem Wasserdampf, der als Beispiel gewählt wurde. Der wesentlichste Unterschied liegt in der Lage des kritischen Punktes. Bei Luft z. B. (siehe auch Abb. 37) liegt die kritische Temperatur in der schon ungewöhnlichen Tiefe von — 140,7⁰ C.

Im technischen Sprachgebrauch bezeichnet man einen gasförmigen Stoff als „Gas" im engeren Sinne (auch permanentes Gas genannt) oder als „Dampf". Die Unterscheidung Gas — Dampf hat keinen objektiven, klaren Sinn. Man bezeichnet Stoffe des gasförmigen Aggregatzustandes gewöhnlich dann als „Dämpfe", wenn man gewohnt ist, den Übergang zur Flüssigkeit oder zum Festkörper bei ihnen manchmal zu erleben, sonst als „Gase".

Die kritischen Zustandsgrößen einiger Gase und Dämpfe sind in Tab. 1 des Anhanges zusammengestellt.

An Hand des $p\,v$-Diagramms lassen sich Zustandsbereiche abgrenzen, in denen der Stoff gasförmig, flüssig, fest oder inhomogen ist (Abb. 38). Die untere Grenzlinie beinhaltet alle möglichen Zustandsgrößen der Flüssigkeit bei Verdampfung oder Kondensation. Jedem Punkt der Kurve entspricht ein bestimmter Druck, ein bestimmtes Volumen und eine bestimmte Temperatur. Von der kritischen Temperatur bis zu einer Temperatur t_s herunter (Schmelztemperatur) ist der Stoff flüssig, darunter fest. Weil sich das Volumen bei Erstarrung in der Regel ändert, hat die Grenzkurve am Erstarrungspunkt einen kleinen Unstetigkeitssprung. Dieser geht, wie eingezeichnet, nach links, wenn das Volumen bei der Erstarrung kleiner wird. Dies trifft für alle Stoffe zu, die in festem Zustand in der eigenen Schmelze untergehen. Der Sprung geht nach rechts, wenn das Volumen des festen Körpers größer ist als das der flüssigen. Der feste Körper schwimmt dann auf der eigenen Schmelze (z. B. H_2O).

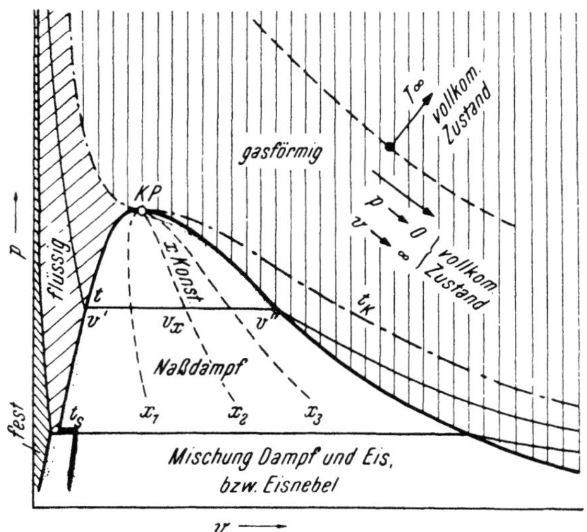

Abb. 38. Das pv-Diagramm eines wirklichen Gases.

Die obere Grenzkurve verbindet alle möglichen Zustandsgrößen des „trockenen, gesättigten Dampfes". Druck und Temperatur sind dabei gleich wie bei der zugehörigen Flüssigkeit im Verdampfungszustand, das Volumen ist aber größer. Verdampfungsdruck und Verdampfungstemperatur stehen in einem bestimmten Zusammenhang, der sich in einer jedem Stoff eigenen Dampfdruckkurve angeben läßt. Abb. 39 zeigt eine Reihe solcher Kurven für verschiedene Stoffe.

Das Gebiet links von der unteren Grenzkurve enthält alle möglichen Zustandswerte der Flüssigkeit, bzw. des festen Körpers. Die Grenzlinie zwischen dem Gebiet der Flüssigkeit und des festen Körpers setzt an der unteren Grenzkurve bei der dem Grenzzustand entsprechenden Schmelztemperatur t_s an. Der weitere Verlauf ist durch die Schmelzdruckkurve gegeben, die den Zusammenhang zwischen Schmelztemperatur und Druck für den Schmelzvorgang angibt, analog der Dampfdruckkurve für den Siedevorgang.

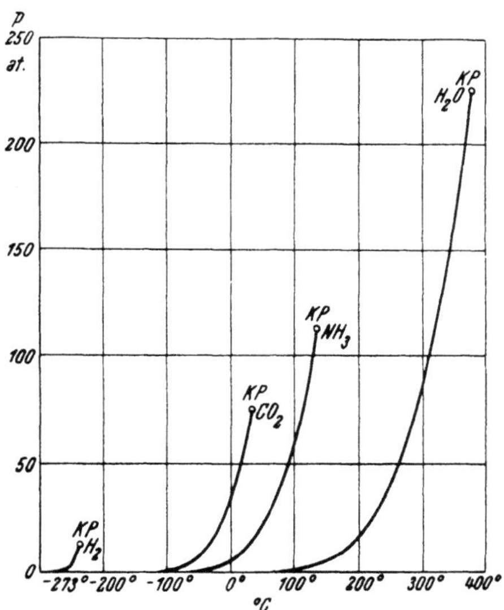

Abb. 39. Verschiedene Dampfdruckkurven.

Rechts von der oberen Grenzkurve ist das Gebiet des gasförmigen Zustandes. Die Grenze zwischen den Zustandswerten für den gasförmigen und flüssigen Zustand oberhalb des kritischen Punktes ist nicht so scharf zu definieren wie bei dem unterkritischen Übergang mit Kondensation. Kühlt man nämlich ein Gas bei überkritischem Druck isobar stetig ab, so nimmt es die Konsistenz der Flüssigkeit unter stetiger Volumsänderung an, ohne daß während der Umwandlung jemals Grenzflächen auftreten.

Das Gebiet zwischen den beiden Grenzlinien schließt alle möglichen Zustandswerte eines Gemisches von gesättigtem Dampf und Flüssigkeit ein. Man bezeichnet diese Form des Dampfes als „nassen Dampf", „Naßdampf" oder „feuchten Dampf". Es handelt sich dabei um einen inhomogenen Körper, wobei es gleichgültig ist, ob die Flüssigkeit als zusammenhängende Masse (z. B. Wasserraum eines Kessels) oder als Nebel im Dampf auftritt. Als Dampfziffer x bezeichnet man die Dampfmenge in kg, die in einem kg Naßdampf enthalten ist. Das Volumen v_x des Naßdampfes läßt sich aus dem Volumen v' der Flüssigkeit und dem Volumen v'' des Sattdampfes bei gegebener Dampfziffer berechnen: 1 kg des Naßdampfes enthält definitionsgemäß x kg Dampf und $(1-x)$ kg Flüssigkeit. Sein Volumen ist daher

$$v_x = (1 - x)\,v' + x\,v'' = v' + x\,(v'' - v'). \tag{160}$$

$v'' - v'$ ist der Abstand zwischen der oberen und unteren Grenzkurve im $p\,v$-Diagramm. Man braucht also diesen Abstand nur der Dampfziffer x entsprechend zu unterteilen, um den Punkt auf der horizontalen Isotherme im Naßdampfgebiet zu erhalten, der die Zustandswerte des Naßdampfes als Koordinaten hat. Wenn dies für verschiedene Temperaturen und verschiedene Dampfziffern durchgeführt wird, lassen sich Linien gleicher Dampfziffer durch Verbinden der entsprechenden Punkte einzeichnen.

Wie schon im allgemeinen Teil (Abschnitt A) geschildert wurde, kann man den Zusammenhang der Zustandsgrößen auch in anderen Darstellungen wiedergeben. Sie geben die gleichen Tatsachen in anderer Einkleidung. Aus einer der graphischen Darstellungen (z. B. das vorhin beschriebene $p\,v$-Diagramm) kann man jede andere graphisch konstruieren.

Abb. 40 zeigt für den Wasserdampf den Zusammenhang der Zustandsgrößen in der $v\,t$-Ebene mit dem Druck als Parameter. Beim vollkommenen Gas sind die Isobaren Gerade durch den absoluten Nullpunkt. Das wirkliche Gas weicht wieder umsomehr davon ab, je näher der Zustand der Verflüssigung liegt. Wird z. B. ein Gas vom Zustand A (Abb. 40) bei gleichbleibendem Druck abgekühlt, so vermindert sich sein spezifisches Volumen stetig bis zur Verdampfungstemperatur, die sich während der anschließenden Kondensation bis zum Volumen der Flüssigkeit nicht ändert. Erst bei weiterer Abkühlung nimmt das Volumen der Flüssigkeit nach der Isobare dem Ausdehnungsgesetz entsprechend verhältnismäßig schwach ab. Derselbe Vorgang von einem Punkt B, der auf einer Isobare mit überkritischem Druck liegt, verläuft aber ohne Grenzflächenbildung bei stetiger Volumsverkleinerung. Die Verbindung des Sättigungszustandes der Flüssigkeit und des Dampfes gibt wieder die obere und untere Grenzkurve, die im kritischen Punkt ineinander übergehen. Der kritischen Isotherme entspricht hier die Normale durch den kritischen Punkt auf die Abszisse. Die Grenzlinie zwischen Eis und Flüssigkeit geht praktisch entlang der Koordinatenachse ($t = 0^0$ C) von der unteren Grenzlinie bis zur Abszissenachse.

In der Darstellung als $p\,t$-Diagramm mit v als Parameter nach Abb. 41 fallen die untere und obere Grenzkurve in eine einzige Linie zusammen, die mit der Dampfspannungskurve nach Abb. 39 identisch ist. Links davon liegen alle Werte, die die Flüssigkeit und der feste Körper annehmen kann. Die Grenzlinie zwischen Flüssigkeit und Eis fällt praktisch mit der Ordinatenachse ($t = 0^0$ C) zusammen. Rechts von der Dampfdruckkurve ist das Gebiet des gasförmigen Zustandes.

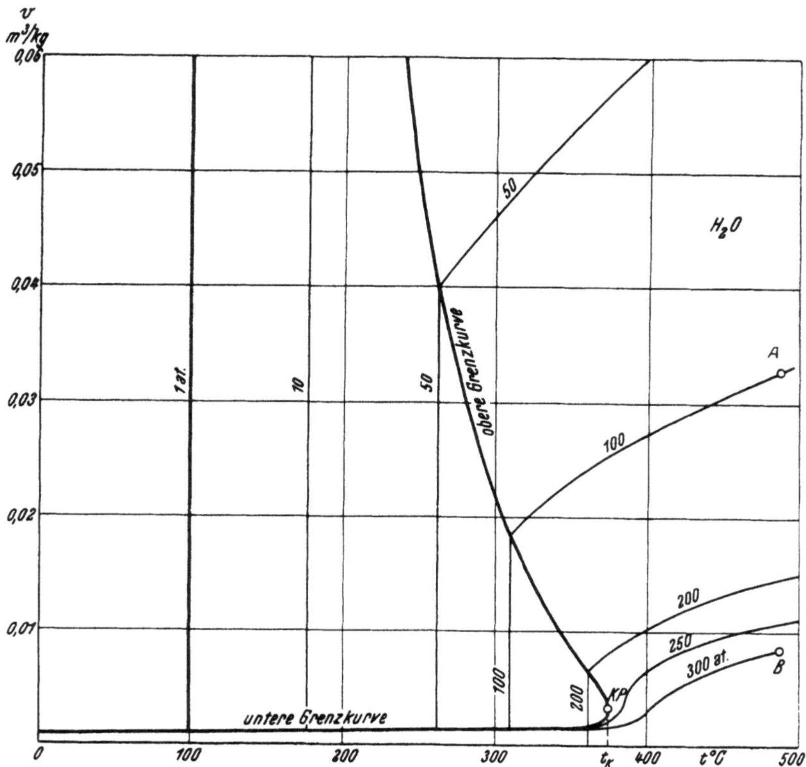

Abb. 40. Das $v\,t$-Diagramm des Wassers.

Je mehr der Zustand von der Verflüssigung entfernt ist, umsomehr werden die Linien ($v = $ konst) Geraden ähnlich. Für das vollkommene Gas sind sie bekanntlich Gerade durch den absoluten Nullpunkt.

Man hat versucht, auch für wirkliche Gase und Dämpfe einen analytischen Ausdruck für die thermische Zustandsgleichung zu finden, die in den Abb. 37, 40 und 41 auf Grund von Messungen graphisch dargestellt ist. Die einfachste und anschaulichste derartige Gleichung stammt von Van der Waals. Sie lautet

$$\left(p + \frac{a}{v^2}\right)(v - b) = R\,T. \tag{161}$$

a, b und R sind Stoffkonstante. Die Gl. ist aus der Zustandsgleichung des vollkommenen Gases durch Hinzufügen von Korrekturgliedern entstanden.

Unter p versteht man den gemessenen Druck der Gase, der z. B. durch ein Manometer angezeigt und auf eine äußere Wand ausgeübt wird. Die Anziehungskraft der Moleküle untereinander soll durch das Glied a/v^2 berücksichtigt werden; sie versucht die Moleküle einander zu nähern und

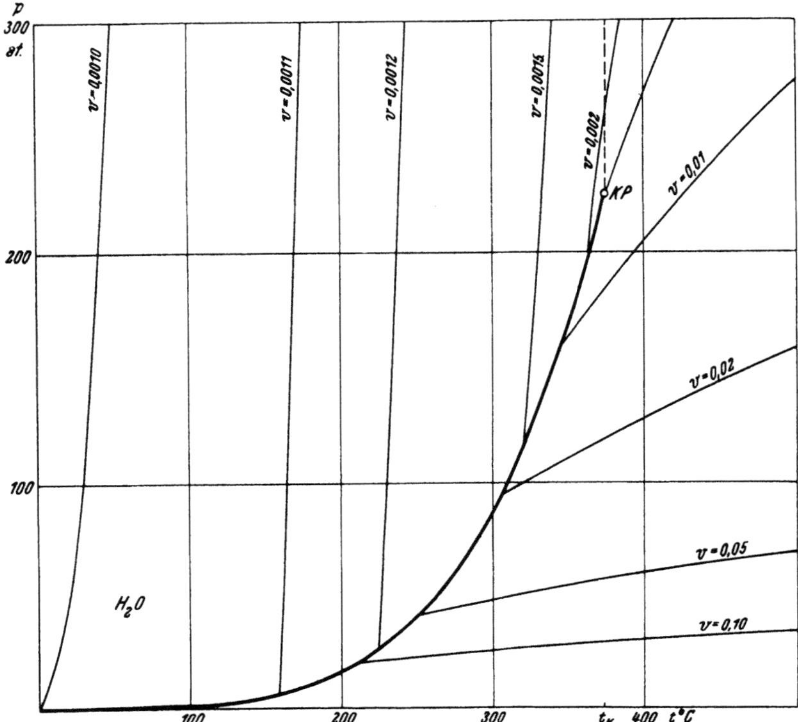

Abb. 41. Das $p\,t$-Diagramm des Wassers.

wirkt demnach volumsverkleinernd wie ein zusätzlicher Druck (a/v^2 wird auch als „Kohäsionsdruck" bezeichnet). Die Größe b (auch als „Kovolumen" bezeichnet), die vom gemessenen Volumen v abgezogen wird, soll das Eigenvolumen der Moleküle berücksichtigen, das bei Kompression und Expansion konstant bleibt und deshalb von dem Raum, der für die Molekularbewegung zur Verfügung steht, abgeteilt werden muß.

Bei großer Verdünnung ist der Kohäsionsdruck klein gegenüber dem Druck p und das Kovolumen klein gegenüber dem freien Volumen. Die Gl. geht dann in die Zustandsgleichung des vollkommenen Gases über, wie dies dem Verhalten der Gase entspricht.

Die in v kubische Gl. der Isotherme nach der Van der Waalsschen Gl. (Abb. 42) wird von einer Geraden $p =$ konst. im allgemeinen in drei Punkte geschnitten, das heißt einem Druck entsprechen nach der Gl. bei gleicher Temperatur drei verschiedene Volumina. In einer kritischen Isotherme fallen bei einem bestimmten Druck die drei Wurzeln zusammen. Die Horizontale ist dann Tangente an der Kurve, der Berührungspunkt ein Wendepunkt. Im $p\,v$-Diagramm des wirklichen Gases nach Abb. 38 hat die kritische Isotherme ähnlichen Verlauf. Der kritische Punkt entspricht dem Wendepunkt mit horizontaler Tangente. Bei überkritischen Temperaturen nehmen auch die Isothermen nach der Van der Waals Gl. mit zunehmender Temperatur immer mehr die Form der gleichseitigen Hyperbel an.

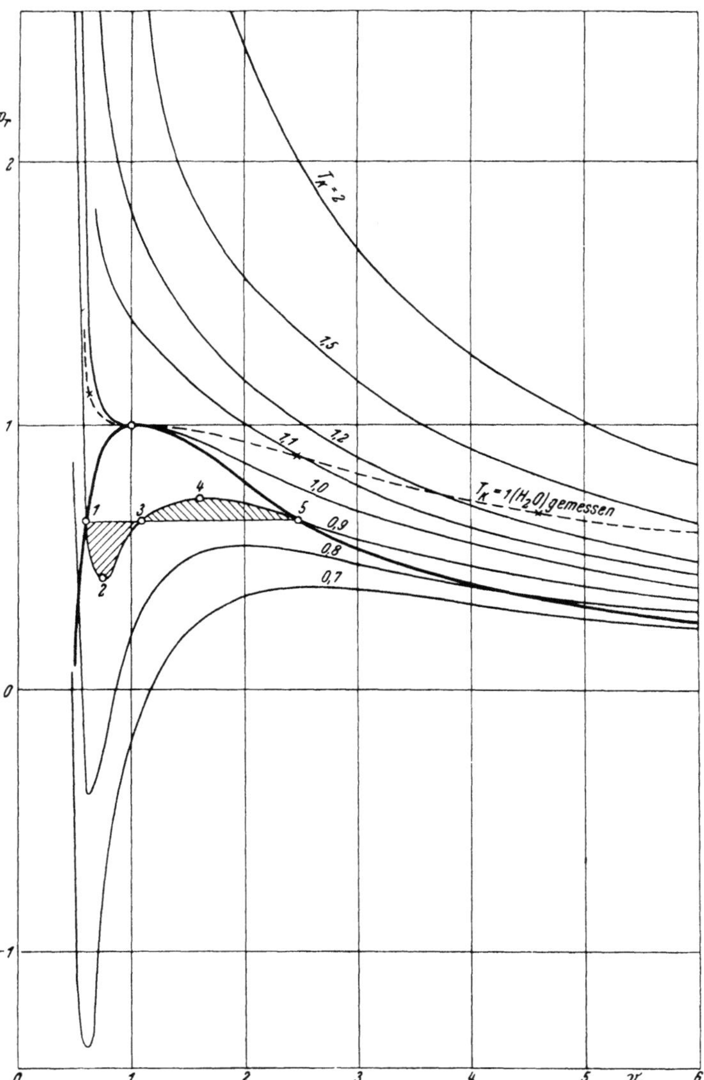

Abb. 42. Das Diagramm der Van der Waalsschen Zustandsgleichung in reduzierten Koordinaten.

Die Isothermen mit unterkritischer Temperatur haben nach der Van der Waals-Gleichung zwei Extremwerte, *2* und *4*. Man hat dem Kurvenast *1—2* die Bedeutung einer überhitzten Flüssigkeit und dem

Ast *4—5* die Bedeutung eines unterkühlten Dampfes zugeordnet, die beide erfahrungsgemäß bestehen können.

Zustände hingegen, die dem Linienzug *2—3—4* entsprechen, können an wirklichen Gasen nie realisiert werden, es kommt nie vor, daß bei einem Gas mit isothermischer Volumsverkleinerung der Druck abnimmt. Der unterkühlte Dampf und die überhitzte Flüssigkeit sind unstabile Zustandsformen, die erfahrungsgemäß bei den kleinsten äußeren Einwirkungen (Schütteln der Flüssigkeit, Einführung von Staub als Kondensationskerne) in den stabileren Zustand des Naßdampfes übergehen. Man hat dem dadurch Rechnung getragen, daß man in die instabile Isotherme der Van der Waals-Gleichung die in der Wirklichkeit begründete horizontale Isotherme des Naßdampfes sinngemäß einordnete. Wenn man ein hypothetisches Gas annimmt, für das auch die inneren Kurventeile Realität haben, so muß dabei die Fläche *1 2 3* gleich der Fläche *3 4 5* sein, wie sich durch den zweiten Hauptsatz begründen läßt. Wären nämlich diese Flächen verschieden groß, so könnte man in einem gedachten Kreisprozeß längs der Isotherme *1 2 3 4 5* und zurück nach der stabilen Isotherme *5 1* Arbeit gewinnen, ohne daß ein Temperaturgefälle während des Kreisprozesses besteht, was dem zweiten Hauptsatz widerspricht.

Zur Bestimmung der drei Stoffwerte a, b und R lassen sich drei Bedingungen aufstellen, indem man dem kritischen Punkt des wirklichen Gases den Wendepunkt mit horizontaler Tangente nach der Gl. (161) zuordnet. Es gelten dann die drei Gleichungen

$$\left(p_k + \frac{a}{v_k{}^2}\right)(v_k - b) = R\,T_k,$$

$$-\frac{R\,T_k}{(v_k - b)^2} + \frac{2a}{v_k{}^3} = 0,$$

$$\frac{2\,R\,T_k}{(v_k - b)^3} - \frac{6\,a}{v_k{}^4} = 0,$$

von denen die erste die Bedingung für die Erfüllung der Van der Waals-Gleichung durch die kritischen Zustandsgrößen des Gases, die zweite die Bedingung für die horizontale Tangente und die dritte die Bedingung für den Wendepunkt ist. Daraus ergeben sich die Gleichungskonstanten

$$b = \frac{v_k}{3}, \tag{162}$$

$$a = 3\,p_k\,v_k{}^2, \tag{163}$$

$$R = \frac{8}{3}\frac{p_k\,v_k}{T_k}. \tag{164}$$

Führt man diese Werte in Gl. (161) ein, so wird

$$\left[p + 3\,p_k\left(\frac{v_k}{v}\right)^2\right]\left[v - \frac{v_k}{3}\right] = \frac{8}{3}\frac{p_k\,v_k}{T_k}\,T$$

oder nach einigem Umformen

$$\left[\frac{p}{p_k} + 3\left(\frac{v_k}{v}\right)^2\right]\left[3\,\frac{v}{v_k} - 1\right] = 8\,\frac{T}{T_k}$$

oder

$$\left[p_r + \frac{3}{v_r^2}\right]\left[3\,v_r - 1\right] = 8\,T_r. \tag{165}$$

Hierin bedeuten

$$p_r = \frac{p}{p_k}; \qquad v_r = \frac{v}{v_k} \quad \text{und} \quad T_r = \frac{T}{T_k}$$

die reduzierten Zustandsgrößen. In der dimensionslosen Form Gl. (165) scheinen in der Gl. keine Stoffkonstanten mehr auf. Diese Beziehung sollte daher für alle Gase gleich gelten. Sie würde speziell beinhalten, daß sich verschiedene Gase gleich verhalten. wenn die reduzierten Zustandsgrößen gleich sind. Man nennt die Gl. daher auch das Theorem der übereinstimmenden (korrespondierenden) Zustände. In Abb. 42 sind die reduzierten Zustandsgrößen als Koordinaten gewählt, so daß sie für alle Stoffe gelten müßte.

Die Van der Waalssche Gleichung weicht aber vom wirklichen Verhalten der Gase erheblich ab. Genau gilt sie nur im kritischen Punkt, weil sie dort durch die Bestimmung der Konstanten mit der Wirklichkeit zur Deckung gebracht wurde. Je weiter der Zustand jedoch vom kritischen entfernt ist, umso ungenauer wird sie, wie ein Vergleich der kritischen Isotherme mit der wirklichen, gemessenen Isotherme z. B. für Wasserdampf in Abb 42 zeigt. Es ist auch die Gaskonstante, die sich nach Gl. (164) für den vollkommenen Zustand rechnen läßt, erheblich vom „Sollwert" ($848/M$) verschieden. Es ist z. B.

$$\text{für Wasserdampt} \quad R = \frac{8}{3}\frac{2\,256\,000 \cdot 0{,}00304}{647{,}4} = 28{,}3; \quad \text{Sollwert} \quad 47{,}1,$$

$$\text{für Luft} \qquad R = \frac{8}{3}\frac{384\,000 \cdot 0{,}00322}{132{,}5} = 25; \quad \text{Sollwert} \quad 29{,}3,$$

$$\text{für Helium} \qquad R = \frac{8}{3}\frac{23\,300 \cdot 0{,}0145}{5{,}3} = 170; \quad \text{Sollwert} \quad 211{,}9.$$

Die Van der Waals-Gleichung eignet sich daher nicht unmittelbar für praktische Berechnungen. Im Rahmen der Lehrbücher über technische Thermodynamik wird ihr deshalb Raum gegeben, weil an ihr gezeigt ist, wie schon durch einfache Korrektur der Zustandsgleichung des vollkommenen Gases nach molekulartheoretischen Überlegungen das Verhalten der wirklichen Stoffe wenigstens qualitativ beschrieben wird. Es ist bemerkenswert, daß dabei nicht nur der gasförmige, sondern auch der flüssige Zustand erfaßt wird.

Eine Bedeutung der Gleichung auch für das praktische Rechnen liegt im Gesetz der übereinstimmenden Zustände. Es interessiert oft die Frage, ob man bei einem bestimmten Gas nach den Gesetzen der vollkommenen Gase rechnen kann oder nicht. Das Gesetz der übereinstimmenden Zustände läßt darüber auf dem Weg über ein anderes bereits bekanntes Gas einen Schluß zu. Wenn das Verhalten eines Gases A bei einem Druck p_A und einer Temperatur T_A bekannt ist, so ist nach dem Gesetz der übereinstimmenden Zustände das Verhalten eines Gases B in erster Näherung ähnlich, wenn die reduzierten Zustandsgrößen gleich sind, also wenn

$$\left(\frac{T}{T_k}\right)_A = \left(\frac{T}{T_k}\right)_B ; \qquad \left(\frac{p}{p_k}\right)_A = \left(\frac{p}{p_k}\right)_B \quad \text{und} \quad \left(\frac{v}{v_k}\right)_A = \left(\frac{v}{v_k}\right)_B$$

ist oder wenn

$$T_B = T_A \frac{T_{kB}}{T_{kA}} ; \qquad p_B = p_A \frac{p_{kB}}{p_{kA}} \quad \text{und} \quad v_B = v_A \frac{v_{kB}}{v_{kA}}.$$

Wenn eine bessere Übereinstimmung mit der Wirklichkeit erzielt werden soll, muß der Ansatz einer Zustandsgleichung mehr als drei Koeffizienten enthalten. Es sind in dieser Hinsicht verschiedene Vorschläge von Gl. mit mehr oder weniger Koeffizienten gemacht worden. Ihre Bedeutung liegt in der Möglichkeit zur Berechnung der kalorischen Zustandsgrößen nach den allgemeinen Beziehungen Gl. 69, 70, 71 u. s. f.

Ihre unmittelbare Verwendung zur Berechnung von Zustandsänderungen und dergleichen scheitert jedoch im allgemeinen an der Umständlichkeit der Rechnung mit den meist sehr unförmigen Ausdrücken. Als Beispiel ist im folgenden die Kochsche Zustandsgleichung für Wasserdampf angeführt, wie sie zur Berechnung der vom VDI herausgegebenen deutschen Wasserdampftafeln verwendet wurde[1]. Die Gl. lautet

$$v = \frac{RT}{p} - \frac{A}{\left(\dfrac{T}{100}\right)^{2,82}} - p^2 \left[\frac{B}{\left(\dfrac{T}{100}\right)^{14}} + \frac{C}{\left(\dfrac{T}{100}\right)^{31,6}}\right], \tag{166}$$

mit den Koeffizienten

$$R = 47{,}06 \text{ mkg/kg Grad}; \qquad A = 0{,}9172 \text{ m}^3/\text{kg},$$

$$B = 1{,}3088 \cdot 10^{-4} \,(\text{m}^3/\text{kg})\,(\text{m}^2/\text{kg})^2, \qquad C = 4{,}379 \cdot 10^7 \,(\text{m}^3/\text{kg})\,(\text{m}^2/\text{kg})^2.$$

Wenn man die Exponenten der Temperaturfunktion mit einbezieht, enthält die Gl. sieben empirische Konstanten. Sie weicht in dieser Form nur in der Nähe des kritischen Zustandes stärker von den gemessenen Werten ab. Im übrigen deckt sie sich innerhalb der zulässigen Toleranzen mit den auf der internationalen Tafelkonferenz vereinbarten Tafelwerten des Wasserdampfes.

Bei der praktischen Bearbeitung von Aufgaben für wirkliche Gase oder Dämpfe benützt man ausschließlich die graphischen Darstellungen der Zustandsgleichungen, wenn nicht die Gesetze des vollkommenen Gases anwendbar sind. Die Beurteilung, wann nach den vereinfachten Verfahren für das vollkommene Gas gerechnet werden kann, fußt im allgemeinen in der Erfahrung. Sie ist aber auch an Hand geeigneter Wärmediagramme möglich, worauf in späteren Abschnitten noch öfter hingewiesen wird. Eine erste Abschätzung ermöglicht, wie schon erwähnt, auch das Gesetz der übereinstimmenden Zustände, wenn zum Vergleich das Verhalten eines anderen Gases bekannt ist.

In Tab. 2 (Anhang) sind neben anderen Stoffkonstanten die Gaskonstanten für verschiedene Stoffe im vollkommenen Zustand zusammengestellt.

---

[1] VDI.-Wasserdampftafeln Berlin 1941, bearbeitet von W. Koch.

II. Die spezifischen Wärmen der wirklichen Gase und Dämpfe.

Hinsichtlich der spezifischen Wärme verhalten sich alle Stoffe ähnlich. Die spezifischen Wärmen bei konstantem Volumen und konstantem Druck sind im allgemeinen sowohl temperatur- als auch druckabhängig. In Abb. 43 und 44 sind die spezifischen Wärmen c_p der Isobaren in Abhängig-

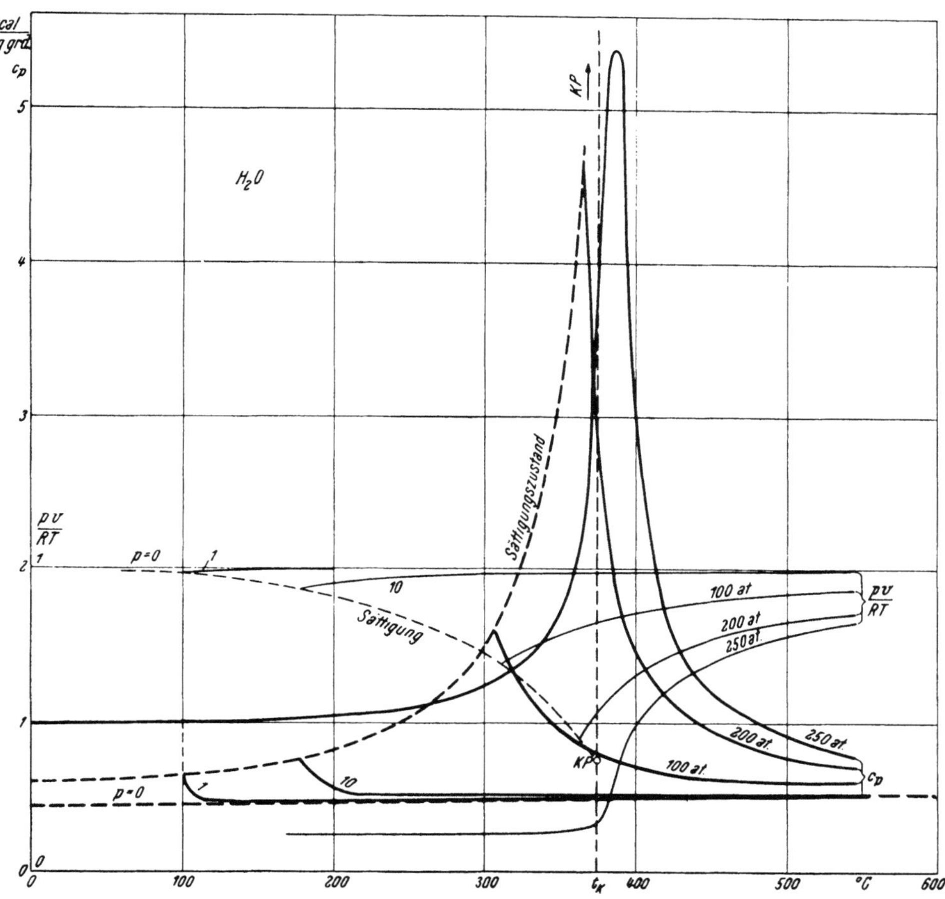

Abb. 43. Die spezifische Wärme des Wassers und die Funktion pv/RT in Abhängigkeit von t

keit von der Temperatur wieder für die zwei als Beispiel gewählten Stoffe Wasser und Luft gezeichnet. Die spezifische Wärme des gasförmigen Zustandes ist von der Sättigungstemperatur aufwärts definiert. Die Kurven ($p =$ konst) setzen an der Sättigungslinie an, die den Zusammenhang der spezifischen Wärme des Sattdampfes mit der Temperatur wiedergibt. Diese Sättigungslinie reicht bis zur kritischen Temperatur, bei der, wie später noch aus Wärmediagrammen zu ersehen sein wird, $c_p = \infty$ ist. Die Sättigungslinie hat daher die Vertikale in der kritischen Temperatur zur Asymptote. Von der Sättigungslinie an fallen die Kurven mit steigender Temperatur zunächst ab und nähern sich bei hohen Temperaturen der

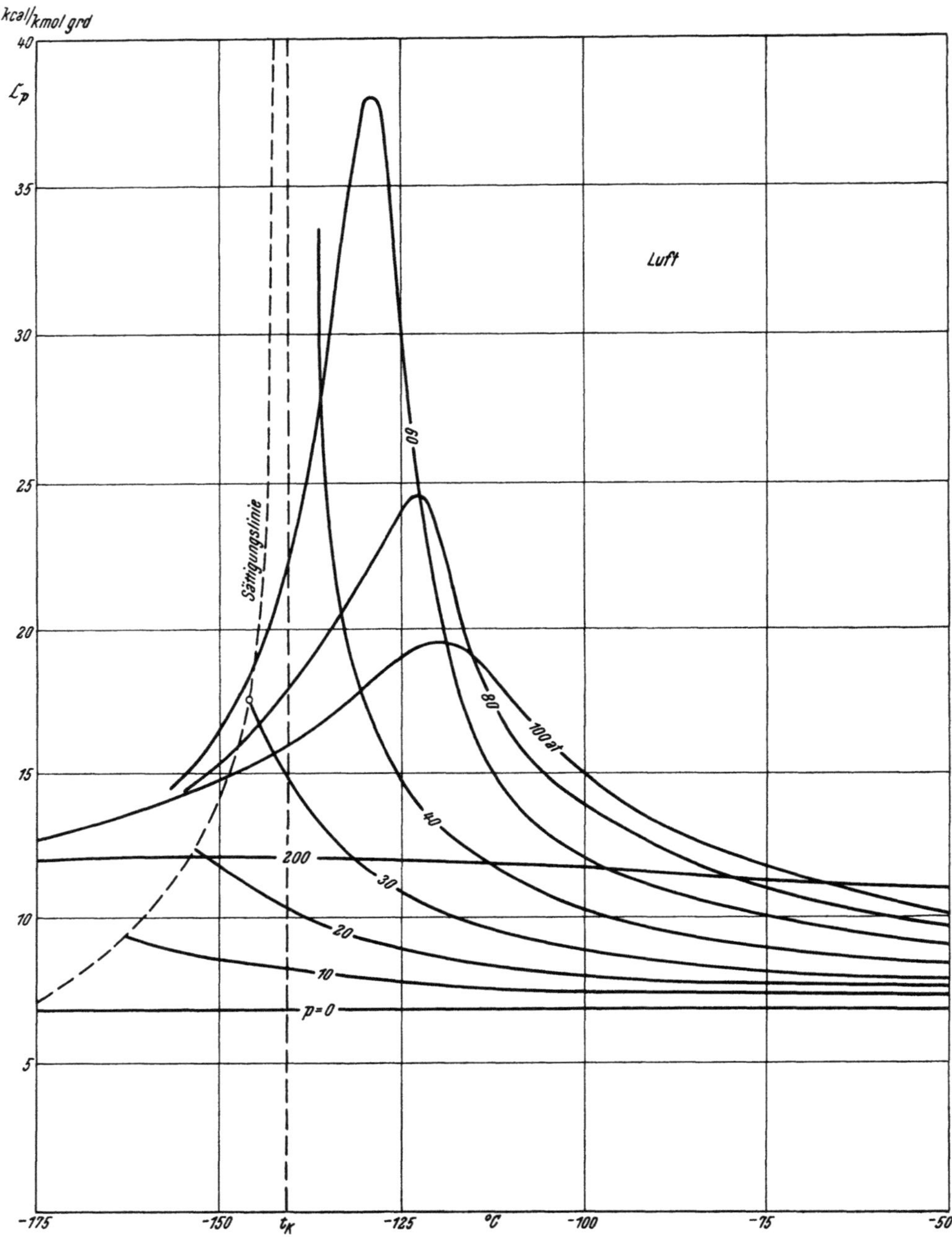

Abb. 44. Die spezifische Wärme der Luft als Funktion der Temperatur.
(Aus A. Eucken H. B. d. Exp. Physik VIII/1.)

Linie für $p = 0$ (vollkommenen Zustand). Bei vollkommenen einatomigen Gasen (Edelgasen) verläuft diese Linie horizontal. Bei mehratomigen Gasen nimmt, wie schon öfter erwähnt, infolge zunehmender Anregung der inneren Schwingungen zwischen den Atomen des Moleküls die spezifische

Wärme bei vollkommenem Zustand je nach der Anzahl der inneren Freiheitsgrade (Atomzahl) mehr oder weniger mit der Temperatur zu. Im Grenzfall unendlich hoher Temperatur fallen die Werte für alle Drücke zusammen. Die spezifische Wärme ändert sich dann mit dem Druck nicht

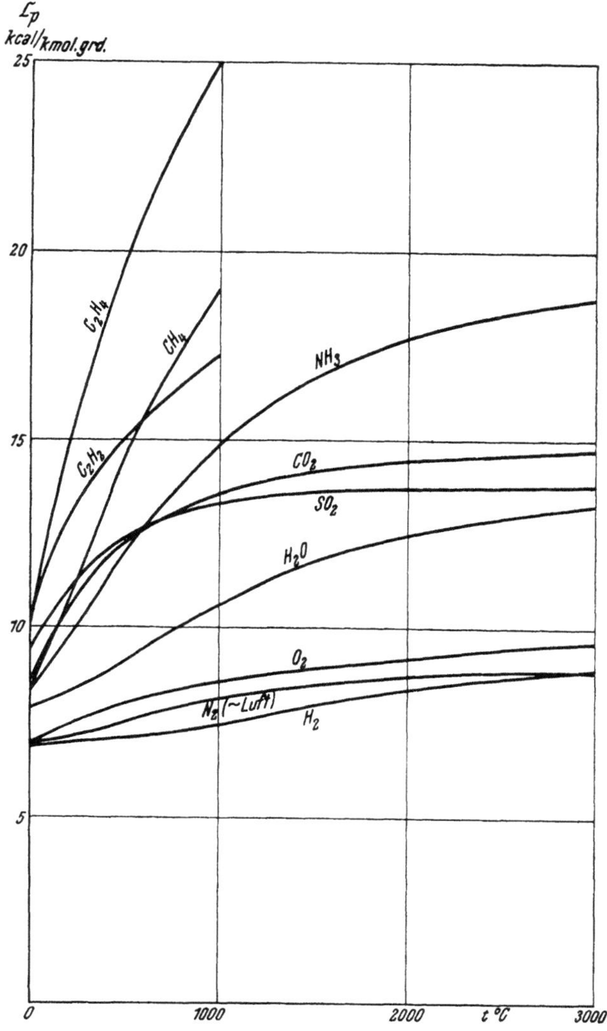

Abb. 45. Temperaturabhängigkeit der spezifischen Wärmen einiger Gase ohne Berücksichtigung der Dissoziation (nach E. Schmidt-Justi) $p = 0$ at.

mehr, was für das vollkommene Gas auch theoretisch abgeleitet wurde (vergl. B IX). Der spezifischen Wärme im vollkommenen Zustand kommt besondere Bedeutung zu, weil sie sich auf Grund molekulartheoretischer Überlegungen rechnen läßt.

Für $p = p_{kritisch}$ ist c_p bei der kritischen Temperatur unendlich. Auch die Linie $c_p (p_{krit})$ hat daher an dieser Stelle die Vertikale zur Asymptote. Bemerkenswert ist der Temperaturverlauf der spezifischen Wärme bei überkritischen Drücken (z. B. die Linie für $p = 250$ atm in Abb. 43). Dem allmählichen Übergang von Flüssigkeit auf Dampfzustand entsprechend geht die spezifische Wärme allmählich vom Wert des Wassers auf den des Dampfes über. In der Nähe der kritischen Temperatur zeigt sich ein ausgesprochenes Maximum, das wie Abb. 44 für Luft zeigt, mit steigendem Druck abnimmt.

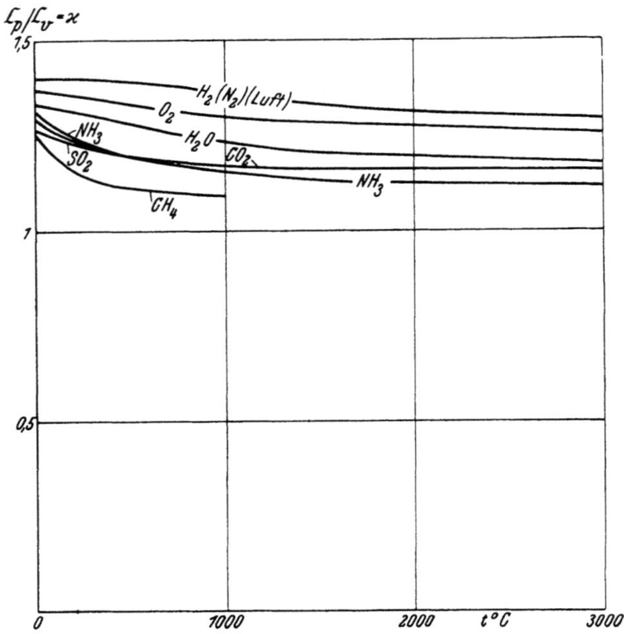

Abb. 46. Der Exponent der Adiabate $\mathfrak{C}_p/\mathfrak{C}_v = \varkappa$ für verschiedene Stoffe und Temperaturen. $p = 0$ at

Ein Kriterium dafür, wann sich das Gas oder der Dampf einem vollkommenen Gas ähnlich verhält, läßt sich unter anderem auch aus dem Funktionswert $p\,v/R\,T$ gewinnen, der nach der Gasgleichung für das vollkommene Gas den Wert 1 annimmt. Als Gaskonstante R ist dabei die Konstante für den vollkommenen Zustand einzusetzen ($R = \mathfrak{R}/M = 848/M$). Nach Abb. 43, in der die Funktion zwecks Vergleichs mit dem Verlauf der spezifischen Wärmen gezeichnet ist, nähern sich ihre Isobaren umsomehr dem Wert 1, je niedriger der Druck und je höher die Temperatur ist, was sich mit den bisherigen Feststellungen über den Übergang auf den vollkommenen Zustand deckt.

In den meisten technischen Wärmekraftmaschinen sind die Druckänderungen so gering, daß die Änderungen der spezifischen Wärmen mit dem Druck vernachlässigbar klein sind. Dann kann mit den spezifischen Wärmen für vollkommenen Zustand gerechnet werden. In der Tab. 3 des Anhanges sind diese auf ein kmol bezogen für einige wichtige Gase zusammengestellt. Die auf 1 kg bezogenen Werte können daraus durch Division durch das Molekulargewicht nach Tab. 2 berechnet werden. In Tab. 4 sind außerdem die neuesten in Amerika veröffentlichten Werte für Luft wiedergegeben.

Graphisch dargestellt findet man die Temperaturabhängigkeit der spezifischen Wärme in Abb. 45. Wie nach der Molekulartheorie zu erwarten ist, sind die spezifischen Wärmen umso stärker mit der Temperatur veränderlich, je mehr Atome das Molekül des Gases enthält. Zusätzlich ist zu beachten, daß diese spezifischen Wärmen, die für Stoffe konstanter chemischer Zusammensetzung gerechnet sind, dann nicht mehr genau gelten, wenn sich der Einfluß des Molekülzerfalles (Dissoziation) geltend macht (näheres siehe Abschnitt F 4 c).

Die spezifische Wärme bei konstantem Volumen unterscheidet sich im vollkommenen Zustand von der bei konstantem Druck bekanntlich durch den Wert

$$\mathfrak{C}_p - \mathfrak{C}_v = 1{,}986.$$

Dementsprechend wird bei Temperaturabhängigkeit beider spezifischen Wärmen auch der Quotient $\mathfrak{C}_p/\mathfrak{C}_v$ temperaturabhängig, wie dies aus Abb. 46 ersichtlich ist. Es gilt dann

$$\varkappa = \frac{\mathfrak{C}_p}{\mathfrak{C}_v} = \frac{\mathfrak{C}_v + A\,\mathfrak{R}}{\mathfrak{C}_v} = 1 + \frac{1{,}986}{\mathfrak{C}_v}.$$

III. Die kalorischen Zustandsgrößen und die Wärmediagramme der wirklichen Gase und Dämpfe.

1. Der Verdampfungsvorgang und sein Wärmebedarf.

In Abb. 47 ist der Verdampfungsvorgang längs zweier verschiedener Isobaren im $v\,t$-Diagramm erläutert. Der Druck p_1 ist kleiner und p_2 größer als der kritische Druck p_k. Die Flüssigkeit befindet sich in einem Zylinder, in dem der Druck durch einen gewichtsbelasteten Kolben unverändert gehalten wird.

Im Punkt *1* ist im Zylinder nur Flüssigkeit, die sich bei Temperatursteigerung durch Wärmezufuhr bis auf das Volumen des Sättigungszustandes im Punkt *2* ausdehnt. Bei weiterer Wärmezufuhr verdampft die Flüssigkeit. Dabei nimmt das Volumen stark zu, ohne daß die Temperatur weiter steigt. In einem Zwischenpunkt *3* während der Verdampfung enthält der Zylinder ein Gemisch von Flüssigkeit und Dampf im Verhältnis der Dampfziffer *x*. Für die thermodynamischen Überlegungen ist es dabei gleichgültig, ob sich die Flüssigkeit als geschlossene Masse am Boden des Gefäßes befindet oder zum Teil bei der Verdampfung mitgerissen wird und als Nebel mit dem Dampf vermengt ist. Im Punkte *4* ist die ganze Flüssigkeit verdampft und das Volumen auf das des Sattdampfes angewachsen. Bei weiterer Wärmezufuhr steigt die Temperatur bei zunehmendem Volumen. Bei der Verdampfung unter einem Druck, der niedriger als der kritische ist, unterscheidet man also drei Intervalle: Die Vorwärmung des Wassers (*1—2*), die Verdampfung (*2—4*) und die Überhitzung (*4—5*).

Grundsätzlich anders ist das Bild der Verdampfung bei überkritischem Druck p_2. Im Zustand *I* hat die gleiche Flüssigkeitsmenge wie in *1* der größeren Zusammendrückung durch p_2 zufolge ein etwas kleineres Volumen als im Punkte *1*. Bei Temperatursteigerung nimmt das Volumen jetzt stetig bis auf den Wert des überhitzten Dampfes zu (*II—III*).

In umgekehrter Richtung verlaufen die Vorgänge bei Wärmeentzug im Sinne einer Volumsverkleinerung. Der unterkritische Vorgang ist mit Grenzflächenbildung verbunden und erscheint als normal bei Dämpfen, der überkritische bei Gasen. Bei hohen Drücken und tiefen Temperaturen nimmt offenbar auch das Gas eine der Flüssigkeit ähnliche Konsistenz an.

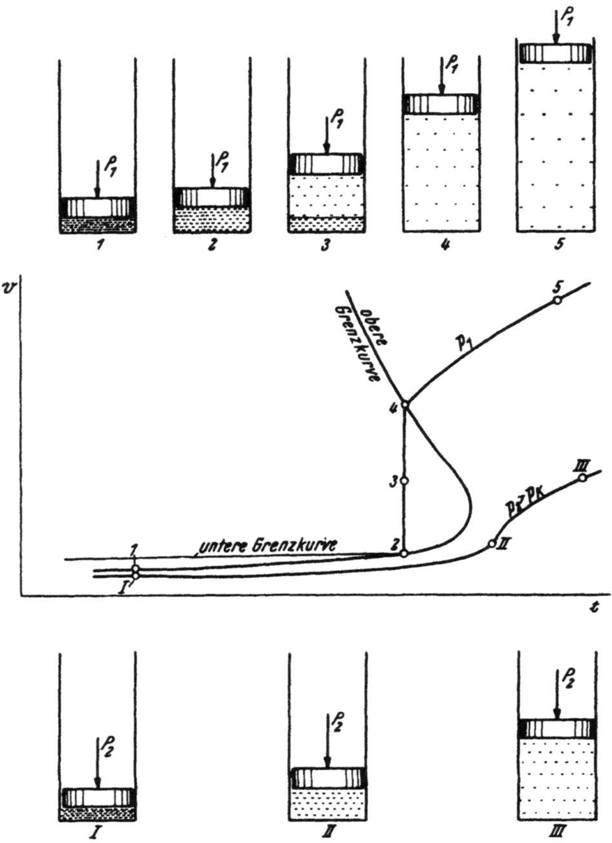

Abb. 47. Der unterkritische und der überkritische Verdampfungsvorgang.

Von besonderer Bedeutung ist bei technischen Vorgängen der Wärmebedarf für die Verdampfung.

Als Flüssigkeitswärme q_f kcal/kg bezeichnet man die Wärmemenge, die einem Kilogramm einer Flüssigkeit bei konstantem Druck zugeführt werden muß, um sie von einer gewählten Anfangstemperatur auf Siedetemperatur zu erwärmen. Die Siedetemperatur nimmt mit dem Druck zu und dementsprechend auch die Flüssigkeitswärme. Für Wasser hat man als Anfangstemperatur 0^0 C vereinbart.

Um ein Kilogramm einer Flüssigkeit bei konstantem Druck (konstanter Temperatur) zu verdampfen, braucht man eine Wärmemenge, die als Verdampfungswärme r kcal/kg bezeichnet wird.

Als Überhitzungswärme bezeichnet man jene Wärmemenge, die je Kilogramm bei konstantem Druck aufzuwenden ist, um die Temperatur des Dampfes von der Sattdampftemperatur T_s auf die Überhitzungstemperatur T zu bringen. Sie beträgt

$$q_{ü} = \int_{T_s}^{T} c_p \, dT .$$

Unter Erzeugungswärme des Dampfes versteht man die gesamte Wärme, die zu seiner Erzeugung bei konstantem Druck ausgehend vom Anfangszustand aufgewendet werden muß. Sie beträgt für Sattdampf

$$\lambda_s = q_l + r, \tag{167}$$

für feuchten Dampf mit der Dampfziffer x

$$\lambda_x = q_l + x\,r \tag{168}$$

und für überhitzten Dampf

$$\lambda = q_l + r + \int_{T_s}^{T} c_p \, dT . \tag{169}$$

Die Flüssigkeitswärme, die Verdampfungswärme und die Überhitzungswärme können kalorimetrisch bestimmt werden. Aus ihnen lassen sich die kalorischen Zustandsgrößen rechnen, wenn die thermischen Zustandsgrößen und deren Zusammenhänge bekannt sind.

2. Die kalorischen Zustandsgrößen der Flüssigkeit.

Nach dem ersten Hauptsatz teilt sich die der Flüssigkeit zugeführte Wärme q auf die Änderung der inneren Energie und auf die während der Wärmezufuhr geleistete äußere Arbeit auf. Demnach ist die Änderung der inneren Energie

$$du = dq - A\,p\,dv.$$

Daraus wird nach Integration längs der Isobare mit dem Druck p

$$u - u_0 = q - A\,p\,(v - v_0). \tag{170}$$

Zählt man das Integrationsintervall von einer gewählten Anfangstemperatur (bei Wasser 0^0 C) bis zur Verdampfungstemperatur, so ergibt sich für die innere Energie der Flüssigkeit im Sättigungszustand

$$u' = u_0 + q_l - A\,p\,(v' - v_0). \tag{171}$$

(Der hochgestellte Indexstrich bezieht die Größen auf den Sättigungszustand (p, T_s), der Index 0 auf eine gewählte Anfangstemperatur und den Druck p.)

Für das Enthalpiedifferential gilt

$$di = du + A\,d(p\,v)$$

oder nach Integration in den Grenzen wie oben

$$i' = i_0 + u' - u_0 + A\,p\,(v' - v_0). \tag{172}$$

Mit Benützung von Gl. (171) folgt

$$i' = i_0 + q_l. \tag{173}$$

Die Entropie der Flüssigkeit beträgt im Sättigungszustand

$$s' = s_0 + \int_{T_0}^{T_s} \frac{dq}{T} \, . \qquad (174)$$

In obigen Gl. sind die als Integrationskonstanten aufzufassenden kalorischen Zustandsgrößen des gewählten Anfangspunktes zum Teil frei wählbar. Für Wasserdampf z. B. ist man übereingekommen bei 0^0 C und dem dazugehörigen Sättigungsdruck von 0,00623 at die Integrationskonstanten

$$i_0 \equiv i_0' = 0 \quad \text{und} \quad s_0' = 0$$

zu setzen. Damit läßt sich auch die Integrationskonstante für die innere Energie u_0' bestimmen. Es ist

$$i_0' = u_0' + A \, p_0 \, v_0'$$

und daraus mit $i_0' = 0$

$$u_0' = - A \, p_0 \, v_0' \, .$$

Das spezifische Volumen des Wassers bei 0^0 C beträgt 0,001 m³/kg und der dazugehörige Verdampfungsdruck 0,00623 at = 62,3 kg/m². Damit wird

$$u_0' = - \frac{1}{427} \cdot 62{,}3 \cdot 0{,}001 = - 0{,}000146 \text{ kcal/kg} \, .$$

Dieser Betrag liegt innerhalb der Fehlergrenzen kalorischer Messungen und kann vernachlässigt werden, so daß mit hinreichender Genauigkeit auch die Integrationskonstante $u_0' = 0$ gesetzt werden kann.

Für andere Drücke als für den Sättigungsdruck p_0 bei der Anfangstemperatur kann man die Integrationskonstanten u_0, i_0 und s_0 rechnen, indem man entlang einer Isotherme von einem Druck zum anderen fortschreitet und den ersten Hauptsatz anwendet. Für die Änderung der inneren Energie ergibt sich

$$u_0 - u_0' \approx u_0 = \int_{p_0}^{p} dq - A \int_{p_0}^{p} p \, dv \, . \qquad (175)$$

Das erste Integral bedeutet hierin die Wärme, die zu- oder abgeführt werden muß, um die Flüssigkeit bei Druckänderung auf der gewählten Anfangstemperatur zu halten, das zweite gibt die Kompressions- oder Expansionsarbeit bei der Druckänderung an. Erfahrungsgemäß ändert sich bei Flüssigkeiten die innere Energie mit dem Druck nur sehr wenig.

Für die Änderung der Enthalpie mit dem Druck ergibt sich nach der Definitionsgleichung für die Enthalpie

$$i_0 - i_0' = i_0 = u_0 - u_0' + A \, (p \, v - p_0 \, v_0') \, . \qquad (176)$$

Weil sich die innere Energie und auch das Flüssigkeitsvolumen v mit dem Druck nur wenig ändert, nimmt die Enthalpie ungefähr dem Druck proportional zu oder ab. Weil das spezifische Volumen der Flüssigkeit klein ist, ist auch diese Enthalpieänderung an sich klein. Für Wasser ergibt sich dafür für nicht zu hohe Drücke ein Wert, der kleiner als 1% vom Enthalpiewert im Sättigungszustand ist.

Die Entropie ändert sich bei der Anfangstemperatur t_0 mit dem Druck nach der Beziehung

$$s_0 - s_0{}' = \int_{p_0}^{p} \frac{dq}{T_0} = \frac{q_p}{T_0}, \qquad (177)$$

worin q_p wieder die Wärme ist, die bei der Druckänderung zur Aufrechterhaltung der gewählten Anfangstemperatur zugeführt werden muß. Sie ist — wie erwähnt — bei Flüssigkeiten sehr klein, so daß auch die Entropieänderung mit dem Druck klein ist.

Für Wasser sind die kalorischen Zustandsgrößen aus den Dampftabellen 9, 10 und 11 im Anhang zu entnehmen. Die innere Energie ist von der Enthalpie nur wenig verschieden, weil der Wärmewert der Kompressionsarbeit bei Flüssigkeit nur sehr klein ist.

3. Die kalorischen Zustandsgrößen des Sattdampfes und des Naßdampfes.

Nach dem ersten Hauptsatz gilt für die Verdampfung bei gleichbleibendem Druck

$$r = u'' - u' + A\,p\,(v'' - v') \qquad (178)$$

(der hochgestellte Doppelstrich bezieht die Größen auf Sattdampfzustand). Man bezeichnet die Wärme, die zur Änderung der inneren Energie aufgewendet wird

$$u'' - u' = \varrho \qquad (179)$$

als „innere Verdampfungswärme". Sie wird zur Überwindung der zwischenmolekularen Kräfte aufgewendet.

Der Wärmewert der bei der Verdampfung zu leistenden Expansionsarbeit

$$A\,p\,(v'' - v') = \psi \qquad (180)$$

wird als „äußere Verdampfungswärme" bezeichnet. Die innere Verdampfungswärme ist im allgemeinen ein Vielfaches der äußeren (bei Wasser ungefähr das dreizehnfache). Für die innere Energie des Sattdampfes folgt nach Gl. (178)

$$u'' = u' + r - A\,p\,(v'' - v'). \qquad (181)$$

Die Enthalpie ändert sich bei der Verdampfung um den Betrag

$$i'' - i' = u'' + A\,p\,v'' - (u' + A\,p\,v').$$

Daraus ist

$$i'' = i' + (u'' - u') + A\,p\,(v'' - v'). \qquad (182)$$

Mit Gl. (178) wird weiter

$$i'' = i' + r. \qquad (183)$$

Führt man für i' den Wert aus Gl. (173) ein, so ergibt sich mit Gl. (167) für die Enthalpieänderung von der Anfangstemperatur bis zum Sattdampfzustand

$$i'' - i_0 = \lambda_s. \qquad (184)$$

Bei der Verdampfung unter gleichbleibendem Druck ist demnach die Enthalpiezunahme der Erzeugungswärme gleich.

Die Entropie des Sattdampfes wird, weil sich während der Verdampfung bei gleichbleibendem Druck die Temperatur T_s nicht ändert

$$s'' = s' + \frac{r}{T_s}. \tag{185}$$

Für feuchten Dampf mit einem Dampfgehalt von x kg/kg ergeben sich die kalorischen Zustandsgrößen ohne weiteres:

$$u_x'' = u' + x(u'' - u') = u' + x\varrho, \tag{186}$$

$$i_x'' = i' + xr, \tag{187}$$

$$s_x'' = s' + \frac{xr}{T_s}. \tag{188}$$

4. Die kalorischen Zustandsgrößen des überhitzten Dampfes und der wirklichen Gase.

Für die Überhitzung des Dampfes bei konstantem Druck von der Sattdampftemperatur auf die Überhitzungstemperatur T gilt nach dem ersten Hauptsatz

$$\int_{T_s}^{T} c_p \, dT = u - u'' + A\,p\,(v - v''). \tag{189}$$

Daraus folgt für die innere Energie u des überhitzten Dampfes

$$u = u'' + \int_{T_s}^{T} c_p \, dT - A\,p\,(v - v''). \tag{190}$$

Die Enthalpieänderung ergibt sich nach der Definitionsgleichung für die Enthalpie zu

$$i = i'' + u - u'' + A\,p\,(v - v''). \tag{191}$$

Mit Gl. (189) wird

$$i = i'' + \int_{T_s}^{T} c_p \, dT$$

und bei Benützung von Gl. (184)

$$i = i_0 + \lambda_s + \int_{T_s}^{T} c_p \, dT = i_0 + \lambda. \tag{192}$$

Die Entropiezunahme beträgt bei der Überhitzung unter konstantem Druck

$$s - s'' = \int_{T_s}^{T} c_p \, \frac{dT}{T}.$$

Für die Entropie selbst ergibt sich

$$s = s'' + \int_{T_s}^{T} c_p \, \frac{dT}{T}. \tag{193}$$

5. Die Wärmediagramme und ihre Konstruktion.

Bei der Bearbeitung thermodynamischer Aufgaben verwendet man vorwiegend das Ts- und das is-Diagramm. Das Ts-Diagramm wird zweckmäßig dann benützt, wenn die während des Prozesses zu- oder abgeführte Wärmemenge gesucht ist, das is-Diagramm hingegen, wenn nach der Arbeit gefragt ist, die eine Maschine leistet oder verbraucht. Auch bei der Untersuchung von Strömungsvorgängen wird es vorteilhaft angewendet.

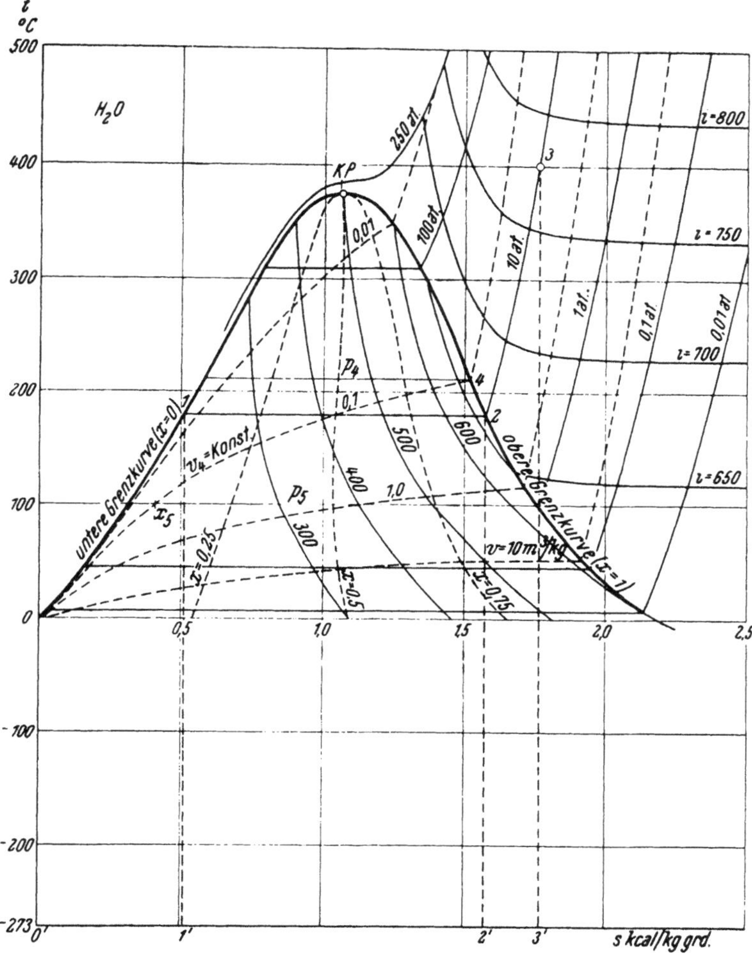

Abb. 48. Das Ts-Diagramm des Wassers.

Abb. 48 zeigt für das Beispiel des Wasserdampfes das Ts-Diagramm über 0^{0} C. Vereinbarungsgemäß ist im Verdampfungszustand bei 0^{0} C die Entropie der Flüssigkeit Null. Für eine andere Temperatur ist sie nach Gl. (174) zu rechnen. In der Ts-Ebene ist durch diese Gl. die untere Grenzkurve als Zusammenhang zwischen Entropie und Temperatur der Flüssigkeit im Verdampfungszustand beschrieben. Weil der Verdampfungsdruck im eindeutigen Zusammenhang mit der Temperatur steht, ent-

spricht auch jedem Punkt dieser Kurve ein bestimmter Verdampfungsdruck. Trägt man von einem Punkt (1) der unteren Grenzkurve die
Entropiezunahme r/T_s horizontal nach rechts auf, so erhält man Punkt (2)
mit dem Entropiewert und der Temperatur des Sattdampfes. Über den
ganzen Temperaturbereich ist da-
durch die obere Grenzkurve als
Zusammenhang zwischen der
Entropie und der Temperatur
des Sattdampfes definiert. Die
Verdampfungswärme nimmt mit
zunehmender Temperatur ab. Im
kritischen Zustand ist sie Null.
In Abb. 49 sind für Wasser als
Funktion der Temperatur die
Enthalpie der Flüssigkeit (bezeichnet mit q_f), die Verdampfungswärme r und die Enthalpie
i des Sattdampfes aufgetragen.
Auch im Ts-Diagramm kann man
die Abnahme der Verdampfungswärme mit der Temperatur erkennen: Die beiden Grenzlinien

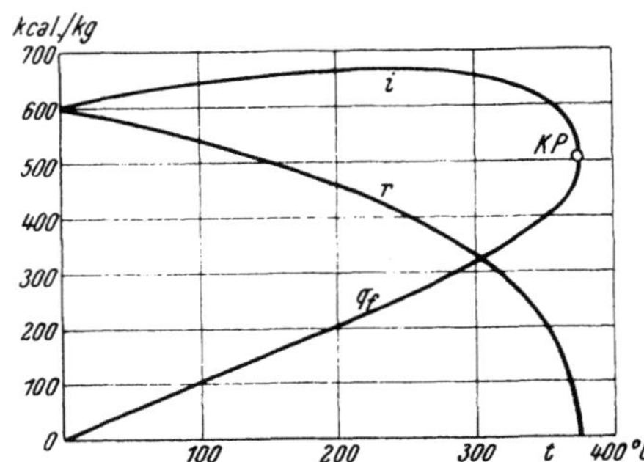

Abb. 49. Enthalpie von Flüssigkeit und
Sattdampf sowie Verdampfungswärme des
Wassers.

nähern sich mit steigender Temperatur und gehen im kritischen Punkt mit
horizontaler Tangente ineinander über.

Die horizontalen Isothermen zwischen den Grenzlinien sind zugleich
Isobaren. Im Zustandsbereich des überhitzten Dampfes, rechts von der
oberen Grenzlinie, sind die Isobaren ansteigende Kurven, die sich umso-
mehr der Form einer logarithmischen Linie nähern, je höher die Temperatur
ist. Die Kurven lassen sich nach Gl. (193) konstruieren. Im Gebiet der
Flüssigkeit, das links von der unteren Grenzkurve liegt, fallen die Isobaren
für nicht zu hohe Drücke praktisch mit der unteren Grenzkurve zusammen.
Wie man aus den Dampftabellen 11 im Anhang entnehmen kann, ist der
Abstand der Isobaren von der Grenzlinie so klein, daß er innerhalb der
Zeichengenauigkeit liegt.

Jedem Punkt auf der horizontalen Isobare zwischen den Grenzlinien
läßt sich eine bestimmte Dampfziffer des Naßdampfes zuordnen, wenn
man den Abstand der Grenzlinien im Verhältnis der Dampfziffer unterteilt, weil die Entropiezunahme bei teilweiser Verdampfung der Dampfziffer x proportional ist (Gl. (188)). Punkte gleicher Dampfziffer verschiedener Isothermen geben die Linie gleicher Dampfziffer ($x =$ konst).
Die untere Grenzkurve entspricht dem Wert $x = 0$ und die obere dem
Wert $x = 1$.

Auf Grund des bekannten Zusammenhanges zwischen den thermischen
Zustandsgrößen des Sattdampfes kann jedem Punkt der oberen Grenzkurve ein bestimmtes Sattdampfvolumen zugeschrieben werden. Im
Heißdampfgebiet findet man die Linien konstanten Volumens nach der
thermischen Zustandsgleichung, weil für jeden Punkt der Zusammenhang zwischen Druck und Temperatur durch die Linien $p =$ konst. schon
gegeben ist und damit auch v bestimmt werden kann. Wenn die spezifischen
Wärmen bei konstantem Volumen bekannt sind, rechnet man die Linie
$v =$ konst. besser nach der Beziehung

$$s = s'' + \int_{T_s}^{T} \frac{c_v}{T}\, dT. \tag{194}$$

Im Naßdampfgebiet findet man die Linien konstanten Volumens nach folgender Überlegung: Einem Punkt der Sattdampfkurve (z. B. *4*) entspricht ein Sattdampfvolumen v_4''. Man sucht die Dampfziffer eines Naßdampfes von kleinerem Druck (z. B. p_5) mit demselben Volumen. Nach Gl. (160) ist

$$v_{5x} = v_5' + x_5 (v_5'' - v_5') = v_4''.$$

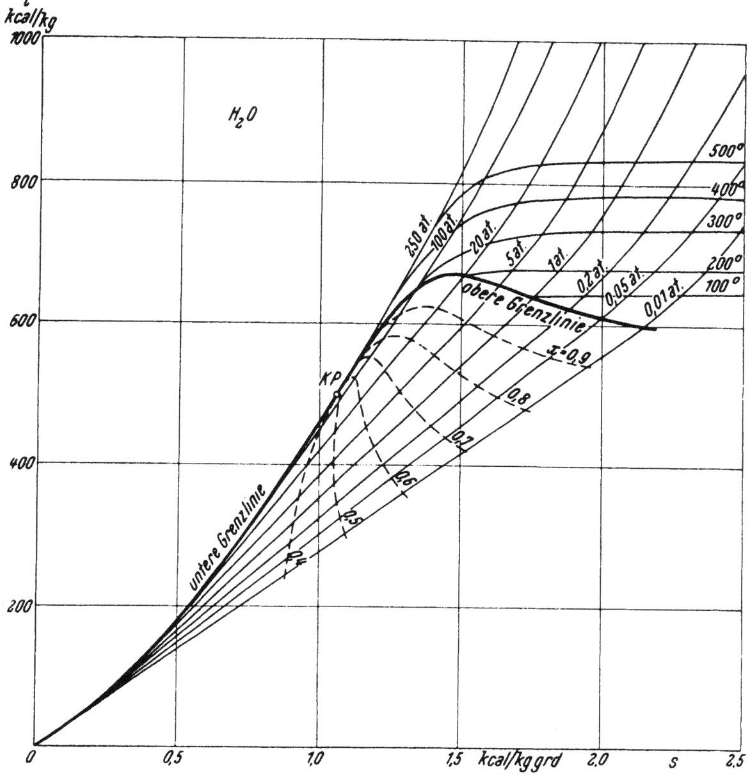

Abb. 50. Das *i s*-Diagramm des Wassers.

Daraus ist

$$x_5 = \frac{v_4'' - v_5'}{v_5'' - v_5'}. \tag{195}$$

Damit ist auf der Isobare mit dem Druck p_5 der Schnittpunkt mit der Linie $v_4 =$ konst. gefunden. Durch Variation des Druckes wird der ganze Verlauf der Linie konstanten Volumens bestimmt.

Die bei einer Zustandsänderung zu- oder abgeführten Wärmemengen sind im *T s*-Diagramm bekanntlich durch die Flächen unter den Zustandslinien bis zur Linie $T =$ Null gegeben.

Für den Verdampfungsvorgang nach der Isobare *0 1 2 3* ergibt demnach die Fläche *0' 0 1 1'* die Flüssigkeitswärme, die Fläche *1' 1 2 2'* die

Verdampfungswärme und die Fläche $2'\ 2\ 3\ 3'$ die Überhitzungswärme. Die Fläche $0'\ 0\ 1\ 2\ 3\ 3'$ gibt die Erzeugungswärme des überhitzten Dampfes. Sie unterscheidet sich von der Enthalpie nur um den sehr kleinen Betrag i_0 nach Gl. (176).

Punkte mit gleicher Enthalpie liegen auf den Kurven $i =$ konst. Sie verlaufen im Naßdampfgebiet bei zunehmender Entropie steil abwärts, im Heißdampfgebiet aber mit wachsender Überhitzung immer flacher. Im Grenzfall des vollkommenen Gases sind es bekanntlich horizontale Geraden. Darin liegt ein Kriterium zur Beurteilung, wie weit ein Gas oder Dampf vom vollkommenen Gas abweicht.

Auch im $i\,s$-Diagramm (Abb. 50 als Beispiel für Wasserdampf) scheinen als ausgezeichnete Linien die untere und obere Grenzkurve auf, die aber im kritischen Punkt mit aufsteigender Tangente ineinander übergehen.

Die Änderung der Enthalpie längs der Isobare ist für Naßdampf

$$di = r\,dx$$

und die Änderung der Entropie

$$ds = \frac{r\,dx}{T_s}.$$

Die Steigung der Isobare beträgt daher

$$\frac{di}{ds} = T_s. \tag{196}$$

Weil sich die Temperatur während der Verdampfung nicht ändert, sind die Isobaren gerade Linien, deren Steigung gleich der Verdampfungstemperatur ist. Sie setzen an der Grenzkurve praktisch tangential an, weil im Gebiet der Flüssigkeit links von der unteren Grenzkurve die Isobaren praktisch mit der unteren Grenzlinie zusammenfallen. Im Heißdampfgebiet setzen die Linien gleichen Druckes ohne Knick an. Ihre Form nimmt mit zunehmender Überhitzung immer mehr die einer logarithmischen Linie an. Die Isothermen gehen mit einem Knick in das Heißdampfgebiet über. Mit der Entfernung von der Grenzlinie, also mit zunehmender Überhitzung werden sie immer horizontaler. Im Grenzfall des vollkommenen Zustandes sind sie horizontale Gerade.

Aus dem $i\,s$-Diagramm ist zu erkennen, daß die Enthalpie und damit auch die davon nur wenig verschiedene Erzeugungswärme des Sattdampfes mit zunehmendem Druck zunächst steigt und von einem bestimmten Druck an wieder abnimmt (vergl. auch Abb. 49).

Außer diesen beiden Diagrammen ($T\,s$ und $i\,s$) verwendet man seltener auch das $i\,T$- und das $i\,p$-Diagramm nach den Abb. 51 und 52. Auf eine Besprechung dieser Diagramme kann nach obiger Beschreibung der $T\,s$- und $i\,s$-Diagramme verzichtet werden.

In den Tafeln A und B des Anhanges (S. 219, 220) sind das $T\,s$- und $i\,s$-Diagramm des Wasserdampfes in größerem Maßstab gezeichnet. Den Taf. sind die Werte der VDI Dampftabellen zugrundegelegt, die auszugsweise in den Tab. 9, 10 für den Sättigungszustand nach der Temperatur und nach Druck geordnet und in der Tab. 11 für die Flüssigkeit und den überhitzten Dampf wiedergegeben sind.

In den Tafeln C, D und E (S. 221, 222, 223) sind $T\,s$-Diagramme für Ammoniak, Kohlensäure und schwefelige Säure gezeichnet. Die kalorischen Werte im Sättigungszustand sind in den Tab. 12, 13 und 14 zusammengestellt.

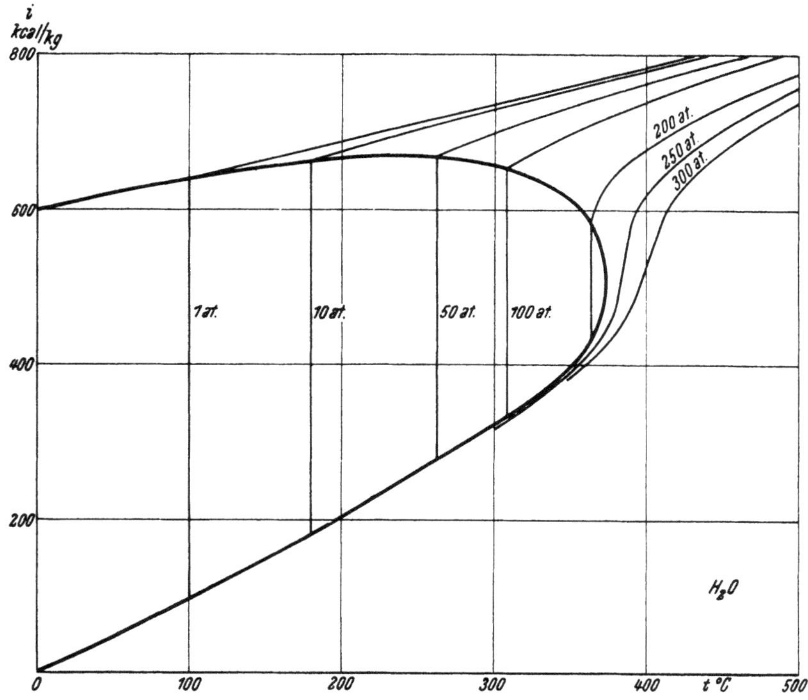

Abb. 51. Das $i\,t$-Diagramm des Wassers.

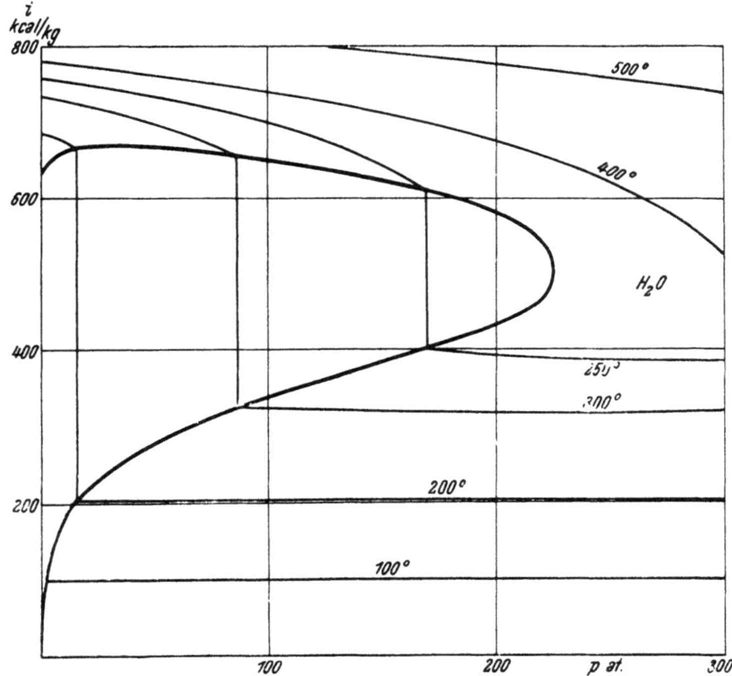

Abb. 52. Das $i\,p$-Diagramm des Wassers.

Die Wärmediagramme für technische Gase pflegt man nur für Zustandsbereiche zu zeichnen, innerhalb deren sich die wichtigsten Vorgänge abspielen. Bei Wasserdampf interessiert vorwiegend das Gebiet um die obere Grenzkurve nach den Tafeln A und B, das den Zustandsbereich für Dampfmaschinen und Dampfturbinen beinhaltet.

Bei der Luft hingegen interessiert mehr das Gebiet des „hochüberhitzten Dampfes" nach Tafel F u. G. (S. 224, 225), wobei die Anwendung der Tab. zur Bearbeitung von Aufgaben des Kolbenmaschinenbaues (Kompressoren, Verbrennungskraftmaschinen u. a. m.) ins Auge gefaßt ist.

Alle diese Taf. sind mit Benützung der Gl. (170) bis (196) und der zugehörigen thermischen Zustandsgleichungen konstruiert. Von besonderer Bedeutung sind dabei wieder die kalorischen Zustandsgrößen für vollkommenen Zustand ($p = 0$), die sich mit den spezifischen Wärmen nach Tab. 3 rechnen lassen, weil sie in vielen Fällen mit guter Annäherung auch für kleinere Druckbereiche gelten, innerhalb deren die Zustandsänderungen in technischen Maschinen verlaufen. Die Tab. 5 bis 8 geben eine Zusammenstellung dieser Zustandsgrößen für die wichtigsten Gase.

6. Ermittlung der Verdampfungswärme aus einfachen Zustandsgrößen. Gleichung von Clausius-Clapeyron.

In den letzten Abschnitten wurde mit der Verdampfungswärme als kalorischer Größe operiert, von der man sich vorstellen konnte, daß sie z. B. durch direkte Messung zu bestimmen wäre. Andererseits ist aber anzunehmen, daß durch die thermische Zustandsgleichung (also z. B. wenn ein vollständiges $p\,v$-Diagramm bekannt ist) die Energieverhältnisse wenigstens bei isothermischer Zustandsänderung und somit z. B. die Verdampfungswärme festliegt. Man muß also die Verdampfungswärme auch durch Rechnung oder Zeichnung aus der thermischen Zustandsgleichung gewinnen können.

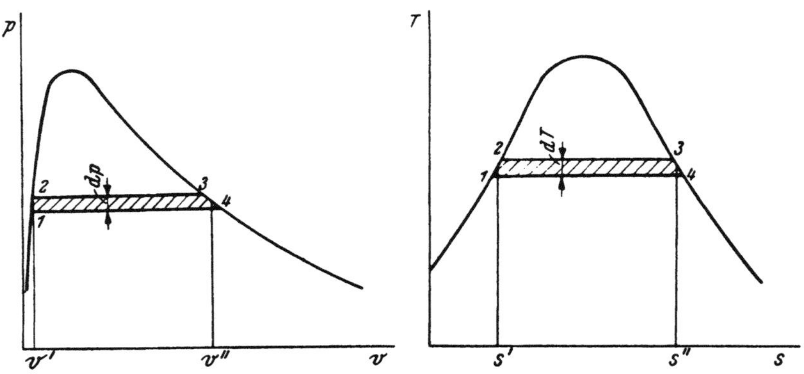

Abb. 53. Differentieller Kreisprozeß für den Verdampfungsvorgang im $p\,v$- und $T\,s$-Diagramm.

Unter Ziffer A XII wurde allgemein gezeigt, wie mit Hilfe von Kreisprozessen, die aus differentiellen Zustandsänderungen zusammengesetzt sind, von den thermischen Zustandsgrößen auf die kalorischen geschlossen werden kann, wenn man den Kreisprozeß im thermischen und kalorischen Diagramm darstellt, die äußere Arbeit aus beiden ermittelt und einander gleichsetzt. Derselbe Weg führt auch bei Ermittlung der Verdampfungswärme zum Ziel. Wählt man einen differentiellen Prozeß *1 2 3 4* zwischen den Grenzkurven nach Abb. 53, so gilt für die Arbeit im $p\,v$-Diagramm

$$dl = (v'' - v')\,dp$$

und im $T\,s$-Diagramm

$$A\,dl = (s'' - s')\,dT = \frac{r}{T}\,dT.$$

Daraus folgt die Clausius-Clapeyronsche Gleichung

$$r = A\,T\,(v'' - v')\frac{dp}{dT}. \tag{197}$$

Mit ihr kann aus der Dampfspannungskurve auf die Verdampfungswärme oder umgekehrt geschlossen werden, wenn das spezifische Volumen der Flüssigkeit und des Sattdampfes im Sättigungszustand bekannt ist.

IV. Einfache Zustandsänderungen der wirklichen Gase und Dämpfe.

Wie dies schon allgemein und im besonderen für das vollkommene Gas geschehen ist, werden im folgenden auch für die wirklichen Gase und Dämpfe die einfachsten Zustandsänderungen an Hand des Wärmediagrammes besprochen.

1. Die Isochore ($v =$ konst).

Diese Zustandsänderung verläuft nach einer Linie konstanten Volumens (Abb. 54). Wenn einem Naßdampf vom Zustand *1* Wärme zugeführt wird, steigt der Druck, die Temperatur und der Dampfgehalt. Die je kg aufzuwendende Wärmemenge ist durch die Fläche unter der Zustandslinie *1—2* gegeben. Im Heißdampfgebiet steigt bei Wärmezufuhr die Temperatur verhältnismäßig steiler an, weil keine Wärme zur Verdampfung verbraucht wird. Die spezifische Wärme c_v ist daher im Sattdampfgebiet größer als bei Heißdampf. Eine äußere Arbeit wird nicht geleistet oder verbraucht.

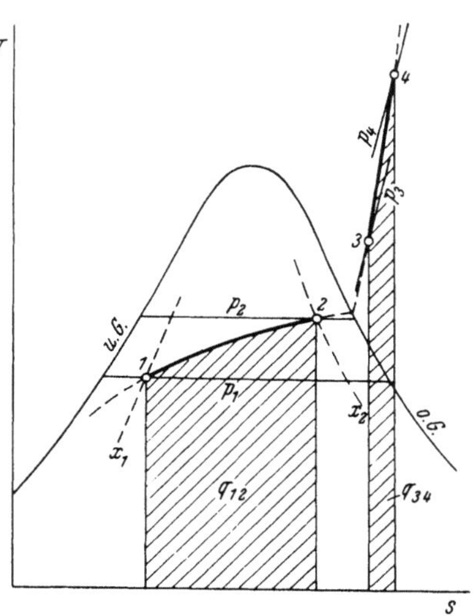
Abb. 54. Die Isochore beim realen Gas.

2. Die Isobare ($p =$ konst).

Bei Naßdampf entspricht die Zustandsänderung konstanten Druckes dem Verdampfungs-, bzw. Kondensationsvorgang bei konstantem Druck (Abb. 55). Die aufzuwendende Wärme beträgt

$$q = r\,(x_2 - x_1). \tag{198}$$

Das spezifische Volumen wird bei dieser Teilverdampfung größer. Die
äußere Arbeit ist der äußeren Verdampfungswärme gleich:

$$A\,l = (x_2 - x_1)\,\psi. \tag{199}$$

Die spezifische Wärme c_p ist bei Naßdampf unendlich groß. Dies gilt
auch noch für die isobare Zustandsänderung im kritischen Punkt.

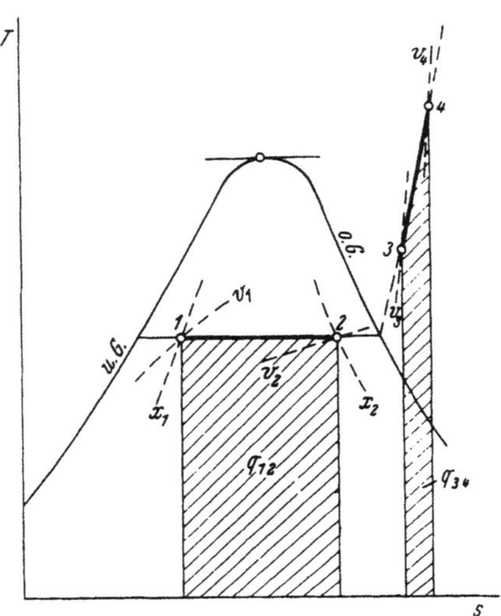

Abb. 55. Die Isobare beim realen Gas.   Abb. 56. Die Isotherme beim
                                                      realen Gas.

Bei höheren Drücken kann die spezifische Wärme nur mehr endliche
Werte annehmen (vergl. auch Abb. 44).

Bei überhitztem Dampf steigt bei Wärmezufuhr unter gleichbleibendem
Druck die Temperatur.

3. Die Isotherme ($t =$ konst).

Bei Naßdampf fallen die Isothermen und Isobaren zusammen, so
daß das für die Isobare unter 2 Gesagte in gleicher Weise für die
Isotherme gilt. Bei überhitzten Dämpfen und wirklichen Gasen (Abb. 56)
ändert sich längs der Isotherme der Druck und das spezifische Volumen.
Die äußere Arbeit, die dabei geleistet oder verbraucht wird, ermittelt man
am einfachsten nach Übertragen der Zustandslinie in das $p\,v$-Diagramm
durch Planimetrieren der Fläche unter der Zustandslinie.

4. Die Adiabate ($dq = 0,\; ds = 0$).

Während einer adiabatischen Zustandsänderung kann sich der Dampfgehalt in verschiedener Richtung ändern, worauf besonders bei den Ex-
pansionsprozessen in Wärmekraftmaschinen zu achten ist. In Abb. 57
sind zwischen zwei Drucklinien bei verschiedenem Ausgangszustand
Expansionslinien eingezeichnet.

Bei der Expansion sehr nassen Dampfes (1—2) nimmt der Dampfgehalt zu, der Dampf wird trockener. Wenn Dampf mit hohem Dampf-

gehalt expandiert (*3—4*), nimmt die Dampfziffer hingegen ab. Bei der Expansion gesättigten Dampfes (*5—6*) wird das Endprodukt feucht. Auch schwachüberhitzter Dampf kann bei Expansion naß werden (*7—8*). Hochüberhitzter Dampf wird bei der Expansion weniger überhitzt (*9—10*).

Die bei der adiabatischen Zustandsänderung geleistete Arbeit kann ebenfalls durch Übertragung in das $p\,v$-Diagramm ermittelt werden. Einfacher findet man sie nach dem ersten Hauptsatz, demzufolge die äußere Arbeit bei der Adiabate der Änderung der inneren Energie gleich ist.

$$A\,l = u_1 - u_2.$$

Es ist ferner

$$u_1 = i_1 - A\,p_1\,v_1 \quad \text{und}$$
$$u_2 = i_2 - A\,p_2\,v_2,$$

somit

$$A\,l = i_1 - i_2 - A\,(p_1\,v_1 - p_2\,v_2). \qquad (200)$$

Die Enthalpie kann an den Linien $i = $ konst., die thermischen Zustandsgrößen an den Linien $p = $ konst. und $v = $ konst. abgelesen werden.

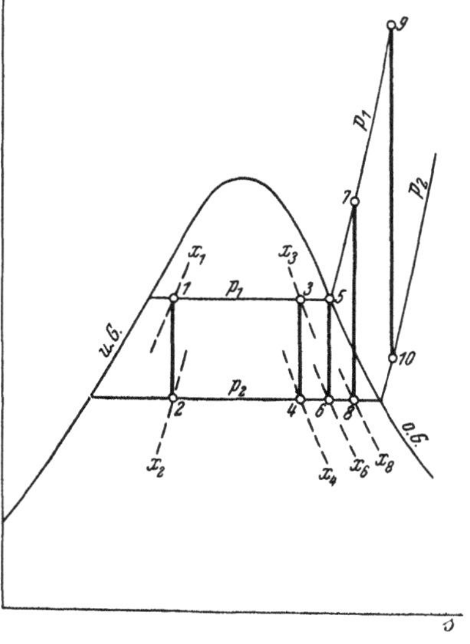

Abb. 57. Die Adiabate beim realen Gas.

5. Die Drosselung.

Bei einem Drosselvorgang strömt Gas aus einem Raum durch eine Querschnittsverengung in einen zweiten mit kleinerem Druck. Dabei wird die Entspannungsenergie zunächst in kinetische Energie umgesetzt, die dann verwirbelt (Abb. 58). Solche Vorgänge spielen in der Technik eine große Rolle.

Die Energiebilanz für die Zustandsänderung zwischen den Querschnitten *1* und *2* kann in Analogie zur Abb. 7 aufgestellt werden, wenn man statt der Maschine die Drosselstelle einsetzt und die nach außen abgegebene Arbeit Null setzt. Gl. (20) geht dann in die Energiegleichung für den Drosselvorgang über. Sie lautet

$$i_1 = i_2 = \text{konst.}$$

Vorausgesetzt ist dabei, daß die Differenz der kinetischen Energie in den Querschnitten f_1 und f_2 vernachlässigbar klein ist (Drosselquerschnitt sehr klein gegenüber Behälterquerschnitt oder Querschnittsverhältnis f_2 zu f_1 so gewählt, daß die Differenz der kinetischen Energie im Querschnitt *1* und *2* Null ist).

Im Wärmediagramm läßt sich die Zustandsänderung an den Linien $i = $ konst. verfolgen (Abb. 59). Naßdampf wird bei Drosselung im allgemeinen trockener. Eine Ausnahme bildet nur ein kleines Gebiet in der Nähe des kritischen Punktes. Die Temperatur nimmt im allgemeinen ab. Im Grenzfall des vollkommenen Gases (hochüberhitzter Dampf) bleibt sie konstant, weil die Linien $i = $ konst. horizontal verlaufen. Es gibt aber auch Zustandsbereiche, in denen die Linien $i = $ konst. ansteigen. Dann nimmt die Temperatur bei der Drosselung zu. Abb. 60 zeigt z. B. das Entropiediagramm der Luft für sehr hohe Drücke. Die i-Linien zeigen im gezeichneten Temperaturbereich ein Maximum bei etwa 400 at Druck. Wird in einem über 400 at liegenden Bereich gedrosselt, so nimmt dabei die Temperatur zu. In dem Bereich darunter nimmt sie ab.

Die Temperaturänderung bei Drosselung nennt man den Thomson-Joule-Effekt, den Differentialkoeffizienten $\left(\dfrac{\partial T}{\partial p}\right)_i$ den Thomson-Joule-Koeffizienten. Er kann also je nach dem Zustandsgebiet negativ oder positiv sein. Im vollkommenen

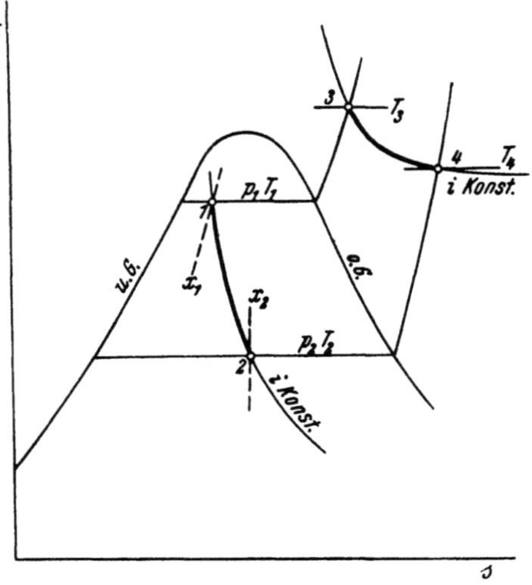

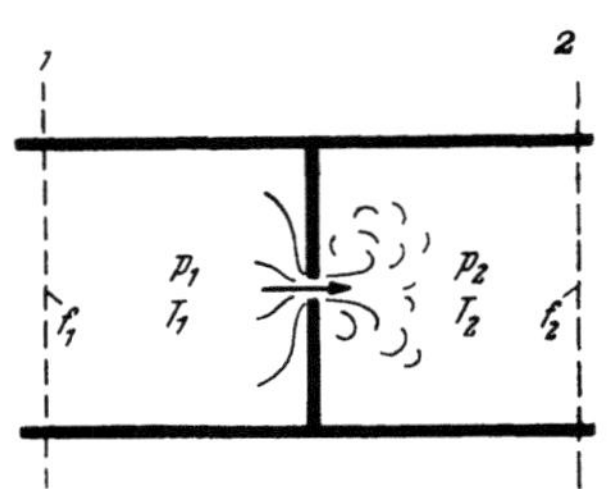

Abb. 58. Schematisches Bild des Drosselvorganges.

Abb. 59. Drosselprozesse im $T\,s$-Diagramm.

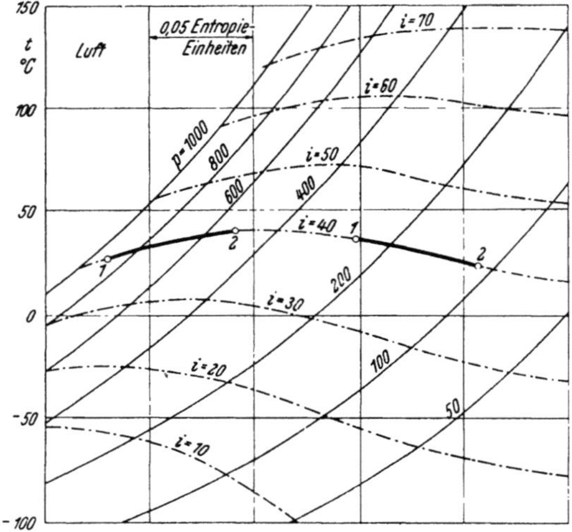

Abb. 60. $T\,s$-Diagramm der Luft für sehr hohe Drucke mit eingezeichneten Drossellinien.

Zustand ist er bei allen Gasen Null. Im Thomson-Joule-Effekt unterscheiden sich die wirklichen Gase vom vollkommenen verhältnismäßig stark. Deshalb hat der Drosselvorgang für die experimentelle Feststellung thermischer Eigenschaften besondere Bedeutung erlangt.

Im technischen Prozeß bringt er als nichtumkehrbarer Vorgang immer Verluste mit sich. (Näheres über die möglichen Zustandsänderungen während der Drosselung vergl. auch Ziffer G 1 b).

D. Feste Körper.

I. Der Gefrier- und Schmelzvorgang.

Den Zusammenhang zwischen Verdampfungstemperatur und Dampfdruck gibt im $p\,T$-Diagramm bekanntlich die Sättigungslinie (vergl. auch Abb. 39). Bei Drücken, die höhere als die durch die Sättigungslinie gegebenen Werte haben, ist der Stoff flüssig. Bei Drücken unter der Sättigungslinie dampfförmig und überhitzt (Abb. 61).

Ebenso wie der Übergang vom flüssigen zum gasförmigen Zustand im $p\,T$-Diagramm durch eine Linie gegeben ist, deren Überschreiten eine Änderung des Aggregatzustandes bedeutet, so gibt es auch eine solche Linie, die den festen vom flüssigen Zustand trennt. Ein Überschreiten dieser Linie bedeutet also Schmelzen oder Erstarren, je nach Richtung der Zustandsänderung. Es gibt einen Punkt im Diagramm, in dem sich diese beiden Linien der Phasenübergänge schneiden. In ihm allein sind alle

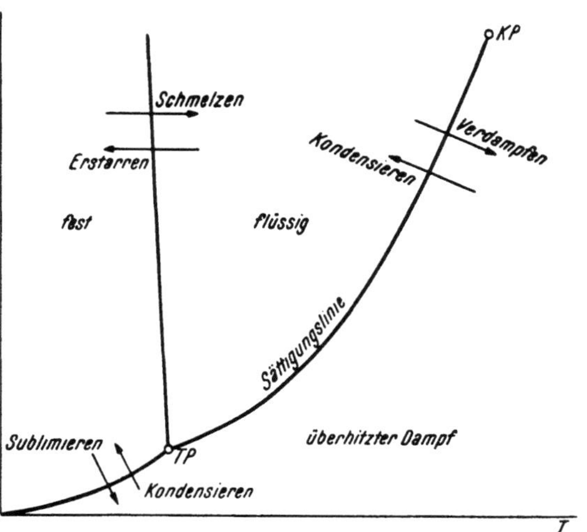

Abb. 61. Die Phasenübergangslinien und der Tripelpunkt im $p\,T$-Diagramm.

drei Phasen des Stoffes möglich. Er heißt deshalb „Tripelpunkt". Bei Temperaturen unterhalb dieses Tripelpunktes vereinigen sich die beiden Phasenübergangskurven zu einer Grenzlinie, die den unmittelbaren Übergang vom Festkörper zum Gas bezeichnet. Der Vorgang heißt „Sublimieren", bzw. in umgekehrter Richtung „Kondensieren". Der Tripelpunkt ist als charakteristische Kombination der Zustandsgrößen T, p und v ein Stoffwert. Die Grenzlinie fest-flüssig ist viel steiler als die Linie flüssig-gasförmig. Die Neigungsrichtung läßt erkennen, ob bei Druckerhöhung die Schmelztemperatur ab- oder zunimmt. Im ersten Fall (z. B. Eis, Regelation des Eises) ist sie umgekehrt wie bei der Linie flüssiggasförmig, im zweiten Fall gleich. Die Linie fest-gasförmig ist die Sättigungs- oder Dampfspannungslinie für das Eis.

Als Eispunkt 0^0 C des Wassers wurde die Temperatur definiert, bei der das natürlich belüftete Wasser bei 1 at gefriert. Weil der Dampfdruck des Wassers bei 0^0 C einem Druck von 0,00623 at entspricht, muß die Temperatur des Tripelpunktes der Neigung der Eis-Wasser-Linie entsprechend etwas höher als 0^0 C liegen ($T_s = 0,0098^0$ C).

II. Die spezifische Wärme der festen Körper.

Mit dem Übergang vom flüssigen auf den festen Zustand ändert sich die spezifische Wärme des Stoffes sprunghaft. Abb. 62 zeigt dies für die spezifischen Wärmen bei konstantem Druck des Wassers. Bei unterkritischem Druck weist der Verlauf der Kurve zwei Unstetigkeitsstellen auf, die erste liegt bei der Kondensation von Dampf zu Wasser, die zweite beim Übergang vom flüssigen auf den festen Zustand. Bei überkritischem Druck ist der Übergang zwischen Dampf und Flüssigkeit bekanntlich stetig, dementsprechend auch der Verlauf der spezifischen Wärmen. Die einzige Unstetigkeitsstelle der Kurve liegt dann beim Übergang vom flüssigen zum festen Zustand.

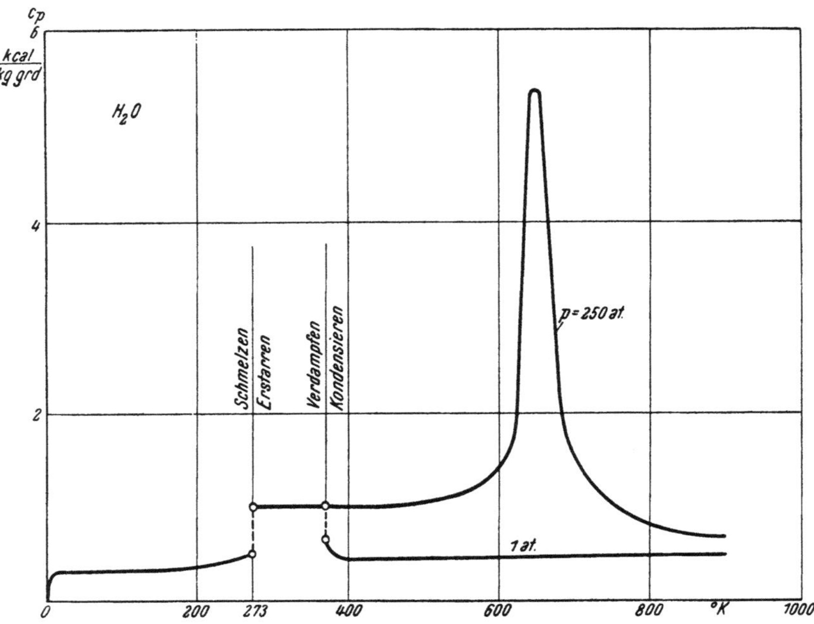

Abb. 62. Die spezifische Wärme des Wassers bei konstantem Druck als Funktion der Temperatur.

Die Unstetigkeitsstellen lassen sich nach der Molekulartheorie durch die plötzliche Änderung des Charakters der Molekular- oder der Atombewegung erklären. Es war für das ideale (vollkommene) Gas gezeigt worden, wie man die spezifische Wärme unter Zuhilfenahme der Vorstellungen der Molekulartheorie deuten kann. Eine analoge Erklärung läßt sich für die Gesetze geben, die für ideale Festkörper, als welche beispielsweise kristallisierte Elemente anzusehen sind, gelten. Die möglichen Atom-Bewegungen in solchen Kristallgittern sind Schwingungen um Gleichgewichtslagen. Die Schwingungsfreiheitsgrade sind doppelt zu zählen, wenn es sich um die Energieaufnahme und -abgabe handelt, indem nämlich Arbeit sowohl als kinetische, wie als potentielle Energie in den Schwingungen steckt. Für jedes Atom sind demnach $2 \times 3 = 6$ Freiheitsgrade zu rechnen.

Wenn nun für die Schwingungsenergie der Gitteratome ein Gleichverteilungssatz gilt, wie er für die kinetische Energie der Atome eines Gases besteht, dann ist zu erwarten, daß die spezifische Wärme aller Festkörper auf das Kiloatom[1] bezogen gleich ist. Das stimmt tatsächlich für eine Anzahl kristallisierter Elemente in guter Annäherung (Regel von Dulong-Petit); die spezifische Wärme dieser Körper beträgt rund 6,2 kcal/Kiloatomgrad bei Zimmertemperatur. Auf jeden der doppelt zu zählenden drei Freiheitsgrade entfallen demnach 2 kcal/Kiloatomgrad also der Größenordnung nach die gleiche Energie wie auf zwei kinetische Freiheitsgrade eines Gases.

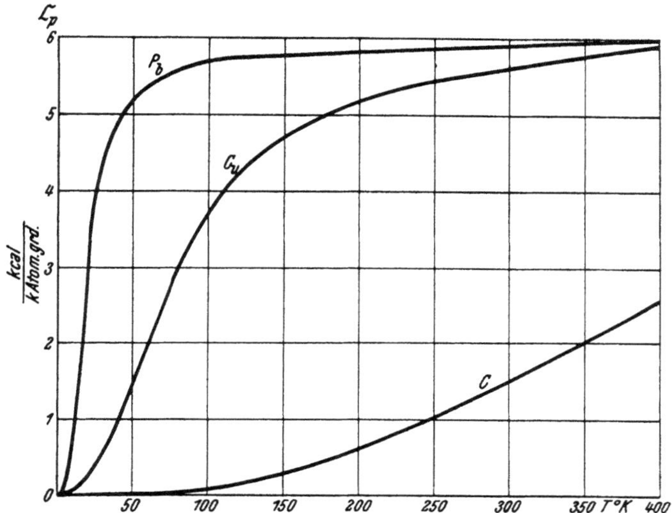

Abb. 63. Temperaturverlauf der spezifischen Wärme bei Festkörpern.

Die Dulong-Petitsche Regel gilt für tiefe Temperaturen nicht. Dies hängt mit den gleichen, nur quantentheoretisch zu behandelnden Erscheinungen zusammen, wie die schon früher besprochene Zunahme der spezifischen Wärme von mehratomigen Gasen bei hoher Temperatur.

Ebenso wie bei Gasen und Flüssigkeiten ist demnach auch die spezifische Wärme eines festen Körpers temperaturabhängig (Abb. 63). Die bemerkenswerteste Erscheinung ist dabei, daß sich die spezifische Wärme bei Annäherung an den absoluten Nullpunkt mit horizontaler Tangente dem Werte Null nähert, wie dies von P. Debye auch theoretisch begründet wurde.

In der unmittelbaren Nähe des absoluten Nullpunktes genügt also die kleinste Wärmezufuhr, um die Bewegung der Atome oder Moleküle verhältnismäßig stark anzuregen.

III. Der Erstarrungs- und Sublimationsvorgang im Wärmediagramm.

Bei der Erstarrung muß der Flüssigkeit die Schmelzwärme entzogen werden, die umgekehrt bei der Verflüssigung wieder zugeführt werden muß. Bei Wasser beträgt diese Wärme 79,9 kcal/kg bei 0⁰ C. Während der Erstarrung verändert sich die Temperatur des Stoffes bei konstantem

---

[1] Unter Kiloatom versteht man so viele kg eines Stoffes, als sein Atomgewicht angibt. Der Begriff wird in Analogie zum Kilomol bei festen elementaren Stoffen angewendet, weil man bei diesen von einer Verbindung gleicher Atome zu einem Molekül nicht sprechen kann.

Druck trotz Wärmeabfuhr so lange nicht, bis die ganze Flüssigkeit fest geworden ist. Es vermindert sich also die Entropie dabei um den Betrag

$$s_0''' = -\frac{q_s}{T_s}.$$

Bei Wasser beträgt dieser Wert $-79{,}7/273 = 0{,}292$ kcal/kg Grad.

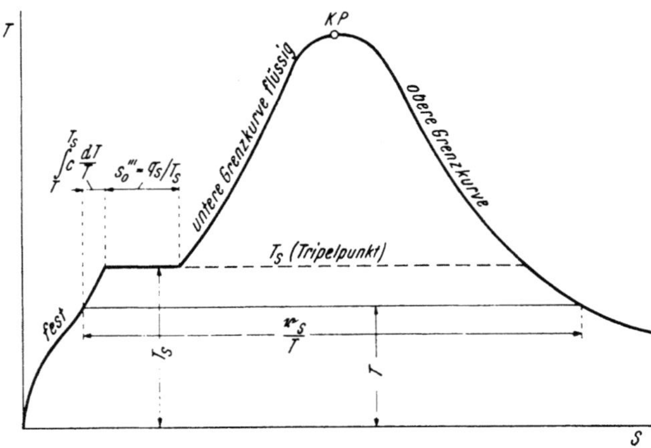

Abb. 64. Ts-Diagramm zum Phasenübergang fest—flüssig.

Im $T\,s$-Diagramm Abb. 64 ist die Entropieabnahme durch die Versetzung der unteren Grenzlinie um den Betrag s_0''' nach links gekennzeichnet. Bei weiterer Temperaturabnahme nimmt die Entropie des festen Körpers nach Gleichung

$$s''' = s_0''' + \int_T^{T_s} c\,\frac{dT}{T}$$

ab. Dadurch ist der Verlauf der unteren Grenzlinie für den festen Zustand gekennzeichnet. Unterhalb der Tripelpunkttemperatur geht bei Wärmezufuhr unter konstantem Druck der feste Körper unmittelbar in den Gaszustand über. Die Entropiezunahme beträgt dabei

$$s'' - s''' = \frac{r_s}{T},$$

worin r_s die Sublimationswärme ist. Der feuchte Dampf besteht bei Sublimation aus einem Gemenge von Dampf und festen Teilen (Eis). Letztere können sowohl als Nebel, wie auch als kompakte Bodenmasse auftreten.

IV. Der Nernstsche Wärmesatz.

Wenn die spezifische Wärme bis zum absoluten Nullpunkt bekannt ist, kann man aus der Definitionsgleichung für das Entropiedifferential $ds = dq/T = c\,dT/T$ die Entropie für einen Zustand mit der Temperatur T aus der Entropie bei $T = 0$ nach der Beziehung

$$s_T = s_0 + \int_0^T \frac{c}{T}\,dT \tag{201}$$

rechnen. Die Entropie des Ausgangspunktes s_0 ist hierin als Integrationskonstante zu werten, für die man ohne Fehler für weitere Rechnungen einen beliebigen Wert wählen kann. In der Dampftechnik pflegt man, wie oben besprochen, den Nullpunkt für die Entropieskala bei 0^0 C und dem dazugehörigen Sättigungsdruck zu wählen. Dies entspricht einem negativen Wert der Entropie am absoluten Nullpunkt.

Für die Lösung wärmetechnischer Aufgaben ist es gleichgültig, wie die Integrationskonstante angenommen wird, weil es dabei nur auf die Ermittlung von Entropiedifferenzen ankommt. Eine bestimmte Wahl — wie in der Dampftechnik — ist daher eine unwesentliche Konvention.

Trotzdem hat die Frage nach dem wirklichen Wert der Entropie im absoluten Nullpunkt einen physikalischen Sinn. Sie läßt sich nicht aus der Definitionsgleichung für das Entropiedifferential und auch nicht aus anderen formalen Gesetzen heraus beantworten. Die Antwort darauf ist Inhalt des Nernstschen Theorems, das 1906 ausgesprochen wurde und dessen Gültigkeit an den Konsequenzen, die daraus gezogen werden können, festzustellen ist. Das Theorem wird manchmal auch als III. Hauptsatz der Wärmelehre bezeichnet und besagt:

„Für reine kristallisierte Stoffe verschwindet bei Annäherung an den absoluten Nullpunkt das Entropiedifferential ds und die Entropie s selbst."

$ds = dq/T = c\,dT/T = 0$ bedeutet, daß die spezifische Wärme von höherer Ordnung als die Temperatur im Nullpunkt verschwindet. Dies stimmt mit der Erfahrung überein und kommt in Abb. 63 dadurch zum Ausdruck, daß die Kurve der spezifischen Wärme bei $T = 0$ eine horizontale Tangente hat.

Nach dem Nernstschen Satz beträgt der Absolutwert der Entropie aus Gl. (201)

$$s = \int_0^T \frac{c_v}{T}\,dT \quad \text{(bei konstantem Volumen) und}$$

$$s = \int_0^T \frac{c_p}{T}\,dT \quad \text{(bei konstantem Druck).}$$

Das Nernstsche Theorem hat große praktische Bedeutung in der Thermochemie. Auf seiner Basis werden die Werte der absoluten Entropie für die wichtigsten Stoffe in zunehmendem Maß ermittelt und in Tabellen zusammengestellt.

E. Stoffgemische.

I. Allgemeines.

In der Technik hat man es häufig mit Gemischen aus Stoffen gleichen oder verschiedenen Aggregatzustandes zu tun. Solche Gemische verhalten sich ähnlich wie einheitliche Stoffe. Sie dehnen sich bei Wärmezufuhr aus, sie verdampfen, erstarren und folgen bei Zustandsänderungen ebenso einer Zustandsgleichung wie einheitliche Körper. Das verbreitetste Beispiel für ein Gemisch aus Bestandteilen gleichen Aggregatzustandes ist die Luft. In den vorstehenden Abschnitten und Tabellen wurde sie wie ein einheitlicher Stoff behandelt. Ihre kalorischen Werte scheinen neben denen der einheitlichen Stoffe auf. Abb. 37 zeigt die Ähnlichkeit im Verhalten des Gemisches „Luft" und des einheitlichen Stoffes „Wasserdampf".

Bei der Bearbeitung thermodynamischer Aufgaben für Gemische ist die Frage von Interesse, wie weit es möglich ist, aus dem Verhalten der Bestandteile allein auf das Verhalten des Gemisches selbst zu schließen.

Man muß bei den Stoffgemischen unterscheiden zwischen solchen, bei denen die einzelnen Bestandteile zwar vermengt, aber örtlich einheitlich angehäuft sind und solchen, bei denen die Moleküle der einzelnen Stoffanteile gleichmäßig untereinander vermischt sind, so daß an jeder Stelle des Gemisches derselbe prozentuelle Anteil der einzelnen Bestandteile vorhanden ist. Ein Beispiel für die erste Art von Gemischen, die man als Gemenge bezeichnen kann, ist eine eutektische Metallegierung, bei der bekanntlich ein Bestandteil als zusammenhängendes Gefüge (Kristallgitter) in einem oder mehreren anderen Stoffen verteilt ist. Für die zweite Art der Gemische können Gasmischungen als Beispiele genannt werden.

Im allgemeinen beinflussen sich bei einem Gemisch von Stoffen auch die Eigenschaften der einzelnen Bestandteile. Das Verhalten des Gemenges weicht umsomehr von der additiven Zusammensetzung der Eigenschaften der Bestandteile ab, je mehr die zwischenmolekulären Kräfte der verschiedenen Stoffe untereinander von denen der Moleküle oder Atome im reinen Zustand abweichen. Hierin liegt der Grund, warum alle Regeln, die bisher für Mischungen aufgestellt wurden, nur beschränkte Gültigkeit haben.

Die spezifische Wärme fester Gemische (feste Verbindungen und feste Legierungen) setzt sich nach der Kopp-Neumannschen Regel additiv aus den spezifischen Wärmen der einzelnen Elemente zusammen. Diese Regel gibt für viele Stoffe mit der Wirklichkeit gut übereinstimmende Werte. Andererseits zeigen sich starke Abweichungen, insbesonders bei tiefen Temperaturen, wo die Beziehung selbst überschlagsmäßig nicht mehr gilt.

Auch bei flüssigen Mischungen und Lösungen gibt es starke Abweichungen von dem additiven Mischungsgesetz der spezifischen Wärme; sie treten besonders dann auf, wenn bei Temperaturänderung Lösungswärme entsteht oder gebunden wird.

Bei Gasen setzen sich die spezifischen Wärmen aus den Wärmen der einzelnen Komponenten additiv zusammen, wenn unter den Komponenten weder chemische noch mechanische Wechselwirkungen auftreten. Dies gilt für Gemische vollkommener Gase, wenn sich diese in der Mischung auch untereinander nicht beeinflussen. Bei größeren Dichten realer Gase treten beträchtliche Abweichungen vom additiven Mischungsgesetz infolge von Molekularkräften zwischen den Molekülen der einzelnen Gasanteile auf.

Der Druck, den ein Stoff auf die Wand des begrenzenden Gefäßes ausübt, entsteht nach der molekulartheoretischen Anschauung durch den Stoß der Moleküle gegen die Wand. Für Zahl und Stärke der Stöße und somit für den Druck sind die Anzahl der Moleküle, deren Geschwindigkeit und Masse sowie die Kräfte maßgebend, mit denen die Moleküle aufeinander einwirken. Der analytische Ausdruck des Stoßgesetzes führt, wie schon in der Einleitung näher ausgeführt wurde, auf die Existenz der Zustandsgleichung für das Gas: $F(p\,v\,T) = 0$.

Bei einem Gemisch trägt jeder Gemischanteil durch die Stöße seiner Moleküle zum Gesamtdruck bei. Dieser Druckanteil wird als Partialdruck (oder Teildruck) des Gemischanteiles bezeichnet. Bezeichnet man mit p_1, $p_2 \ldots p_n \ldots$ die Teildrücke der Anteile, so ist der Gesamtdruck des Gemisches, der durch alle Gasanteile ausgeübt wird,

$$p = \sum p_n. \tag{202}$$

Das ist das Gesetz von Dalton. Es besagt, daß sich der Druck eines Stoffgemisches aus der Summe der Teildrücke zusammensetzt.

Denkt man sich aus einem Gemisch, das in einem bestimmten Volumen bei einer bestimmten Temperatur enthalten ist, alle Bestandteile bis auf einen entfernt, so wird dieser eine Bestandteil bei gleichbleibender Temperatur einen bestimmten Druck auf die Wand ausüben. Dieser Druck ist im allgemeinen vom Partialdruck des Bestandteiles im Gemisch verschieden, weil im Gemisch auf die Moleküle des Bestandteiles durch die Moleküle der anderen Anteile Kräfte ausgeübt werden, welche die Stoßvorgänge beeinflussen. Wenn also die Zustandsgleichungen der einzelnen Bestandteile auch bekannt sind, so kann daraus doch im allgemeinen nicht die Zustandsgleichung des Gemisches, etwa durch Addition der expliziten Ausdrücke für den Druck der Bestandteile allein, abgeleitet werden, weil die zwischenmolekularen Kräfte analytisch kaum erfaßbar sind. Nur dann, wenn sich die Moleküle der verschiedenen Bestandteile zueinander so verhalten, wie die Moleküle eines vollkommenen Gases, wenn also keine Kräfte zwischen ihnen wirken (z. B. bei unendlich großer Verdünnung), dann ist der Partialdruck eines Gases gleich dem Druck, den es ausüben würde, wenn es allein den Raum erfüllte. In diesem Falle aber kann der Teildruck aus der Zustandsgleichung des Bestandteiles gerechnet werden und damit nach Gl. (202) auch die Zustandsgleichung des Gemisches bestimmt werden, wie nachstehend ausgeführt ist:

II. Vollkommene Gemische aus vollkommenen Gasen.

1. Zustandsgleichung.

Weil sich die einzelnen Gasbestandteile nicht beeinflussen, muß sich jeder derselben bei einer Zustandsänderung so verhalten, wie wenn er allein vorhanden wäre. Für jedes der Gase muß daher auch die Zustandsgleichung für das vollkommene Gas gelten.

Wenn mit G_1, $G_2 \ldots G_n$ die Gewichtsanteile der n einzelnen Gase in einer Gewichtsmenge G bezeichnet werden, so ergibt sich für jeden dieser Anteile eine Zustandsgleichung von der Form:

$$p_1 V = G_1 R_1 T,$$
$$p_2 V = G_2 R_2 T,$$
$$p_n V = G_n R_n T.$$

Nach Summieren der Gl. erhält man

$$(p_1 + p_2 + p_n + \ldots)\, V = (G_1 R_1 + G_2 R_2 + G_n R_n + \ldots)\, T. \tag{203}$$

Nach Division durch das Gewicht G ergibt sich für 1 kg, weil $p_1 + p_2 + p_n + \ldots = p$ ist, eine der Beziehung Gl. (91) formal gleiche Zustandsgleichung

$$p v = R T,$$

worin R die resultierende Gaskonstante durch

$$\sum g_n R_n = R \qquad (204)$$

gegeben ist. Mit $g_n = G_n/G$ sind hierin die Gewichtsanteile der Gase bezeichnet. Es kann demnach für ein vollkommenes Gemisch aus diesen Gewichtsanteilen und den Gaskonstanten der einzelnen Bestandteile die Gaskonstante gerechnet und dann so verfahren werden, wie wenn das Gemisch ein einheitliches vollkommenes Gas wäre.

Ist die Gaszusammensetzung nicht in Gewichtsanteilen, sondern in Volumsanteilen gegeben,

$$\varphi_n = \frac{V_n}{V}$$

worin V_n der Volumsanteil des n-ten Bestandteiles im Gesamtvolumen V ist, so ergibt sich das Gewicht eines Teiles mit

$$G_n = \varphi_n V \gamma_n$$

(γ_n spezifisches Gewicht des n-ten Bestandteiles). Das Gesamtgewicht des Gemisches ist

$$G = V \gamma.$$

Der prozontuelle Anteil des n-ten Bestandteiles auf das Gewicht bezogen ist daher

$$g_n = \frac{G_n}{G} = \varphi_n \frac{\gamma_n}{\gamma},$$

womit nach Gl. (204) die resultierende Gaskonstante berechnet werden kann:

$$R = \sum \varphi_n \frac{\gamma_n}{\gamma} R_n. \qquad (205)$$

Definitionsgemäß verhalten sich die Molekulargewichte zweier Gase wie ihre spezifischen Gewichte. Damit wird

$$M_n = \frac{\gamma_n}{\gamma} M.$$

Gl. (204) kann damit nach Multiplizieren mit M auch in der Form angeschrieben werden:

$$M R = \sum \varphi_n M_n R_n.$$

Für das einheitliche Gas ist nach Gl. (95) $M_n R_n = \Re$ und damit

$$M R = \Re \sum \varphi_n = \Re,$$

weil $\sum \varphi_n = 1$ ist. Beziehung Gl. (95) gilt demnach auch allgemein für Gemische aus vollkommenen Gasen. Bei Kenntnis des Molekulargewichtes des Gemisches kann demnach die spezielle Gaskonstante in einfacher Weise auch aus der allgemeinen Gaskonstante bestimmt werden.

2. Spezifische Wärmen.

Wenn sich die einzelnen Gasanteile gegenseitig nicht beeinflussen, nebeneinander also selbständig bestehen, dann setzt sich die Wärme, die zur Erhöhung der Gemischtemperatur um 1^0 notwendig ist, aus den für die Erhöhung der Temperatur der Bestandteile notwendigen Wärmen additiv zusammen.

Wenn die Zusammensetzung in Gewichtsprozenten gegeben ist, ergibt sich demnach die spezifische Wärme bei konstantem Volumen zu

$$c_v = \sum g_n\, c_{vn}\,. \tag{206}$$

worin c_{vn} die spezifische Wärme des n-ten Bestandteiles ist.

Ist die Zusammensetzung in Volumsprozenten gegeben, so wird

$$c_v = \sum \varphi_n\, \frac{\gamma_n}{\gamma}\, c_{vn}\,. \tag{207}$$

Analoge Ausdrücke gelten für die spezifische Wärme bei konstantem Druck

$$c_p = \sum g_n\, c_{pn} \quad \text{und} \quad c_p = \sum \varphi_n\, \frac{\gamma_n}{\gamma}\, c_{pn}. \tag{208, 209}$$

Führt man in die letzten Gl. nach (104) für $c_{pn} = c_{vn} + A\,R_n$ ein, so folgt ohne weiteres, daß diese Beziehung auch für die spezifische Wärme des Gemisches gilt, was bei der Gültigkeit der Zustandsgleichung auch selbstverständlich ist.

3. Die kalorischen Zustandsgrößen.

Aus der Mischungsregel für die spezifischen Wärmen lassen sich analoge Mischungsregeln für die kalorischen Zustandsgrößen ableiten.

Die innere Energie:

Nach Gl. (96) ist $du = c_v\, dT$. Mit Gl. (206) wird weiter

$$du = \sum g_n\, c_{vn}\, dT. \tag{210}$$

Bei einer differentiellen Zustandsänderung eines Gemisches ist daher die Änderung der inneren Energie der Summe der Änderungen der einzelnen Bestandteile gleich. Daraus folgt auch für die Energie selbst, daß diese der Summe der inneren Energie der Bestandteile gleich ist (additive Mischungsregel).

Die Enthalpie:

Nach Gl. (100) ist $di = c_p\, dT$. Mit Beziehung Gl. (208) gilt für das Gemisch

$$di = \sum g_n\, c_{pn}\, dT, \tag{211}$$

also wieder die additive Mischungsregel.

Die Entropie:

Nach Gl. (112) ist $ds = c_v\, \dfrac{dT}{T} + A\,R\,\dfrac{dv}{v}$. Führt man für c_v und R die Ausdrücke Gl. (206) und (204) ein, so wird

$$ds = \sum g_n c_{vn} \frac{dT}{T} + A \sum g_n R_n \frac{dv}{v}. \tag{212}$$

Die Temperatur der Bestandteile ist gleich der des Gemisches, so daß für sie das Verhältnis dT/T gleich dem des Gemisches ist. dv/v ist das Verhältnis der Volumsänderung zum Volumen für 1 kg des Gemisches. Für einen Stoffanteil ist es das entsprechende Verhältnis der zu g_n kg gehörenden Volumswerte. Dieses ist aber gleich dem Verhältnis der spezifischen Volumina, weil $\left(\dfrac{dv}{v}\right)_n = \dfrac{dv/g_n}{v/g_n} = \dfrac{dv}{v}.$ Gl. (212) kann daher in der Form

$$ds = \sum g_n \left(c_v \frac{dT}{T} + A\, R \frac{dv}{v} \right)_n \tag{213}$$

geschrieben werden. In der Klammer steht die Entropieänderung eines kg des n-ten Bestandteiles, die sich ergäbe, wenn dieser allein vorhanden wäre. Für die Entropieänderung des Gemisches gilt demnach gleichfalls die additive Mischungsregel.

III. Gemische realer Gase.

Diese genügen nur bei sehr großer Verdünnung den unter II abgeleiteten Gesetzen für das Gemisch vollkommener Gase. Andernfalls lassen sich analytische Gesetze ebensowenig ableiten, wie beim einfachen realen Gas. Die Bearbeitung thermodynamischer Aufgaben muß sich dabei ebenso wie beim einfachen Gas auf empirisch gefundene Zusammenhänge stützen, die man aber zweckmäßig direkt für das Gemisch sucht, weil sich dieses ähnlich einem einfachen Gas benimmt und die Mischgesetze an sich nur sekundäre Bedeutung haben. Über letztere ist deshalb auch noch fast nichts bekannt.

Um ein Beispiel zu nennen, an dem die gegenseitige Beeinflussung der Stoffanteile zu ersehen ist, sei auf das Verhalten der Luft im kritischen Punkt verwiesen. Die kritische Temperatur der Luft beträgt — 140,1⁰ C. Die des Sauerstoffes — 118,8⁰ C und die des Stickstoffes — 147,1⁰ C. Diese Tatsache kann auch in der Form ausgesprochen werden, daß die höchste Temperatur bei der eine Verflüssigung noch möglich ist, bei Stickstoff durch Beimischung der entsprechenden Sauerstoffmenge von — 118,8⁰ C auf mindestens — 140,1⁰ C abgesenkt wird. In ähnlicher Weise ist auch eine gegenseitige Beeinflussung anderer Eigenschaften zu erwarten.

IV. Feuchte Luft als Beispiel eines Stoffgemisches.

Die atmosphärische Luft ist immer mit einem gewissen Gehalt an Wasser durchsetzt, das sowohl dampfförmig, als auch flüssig oder fest sein kann. Dieser Feuchtigkeitsgehalt der Luftmassen der freien Erdatmosphäre spielt nicht nur in der Meteorologie eine wesentliche Rolle, sondern es sind damit auch zahlreiche technische Probleme im kleinen verbunden, so z. B. der Feuchtigkeitsniederschlag an Gegenständen oder das Verdunsten von Flüssigkeit in Luft. Das erste Problem beschäftigt die Klimatechnik, das andere die Trockentechnik.

Soferne es sich um Vorgänge bei verhältnismäßig niedrigem Druck (wie in der Klimatechnik z. B. bei Atmosphärendruck) handelt, lassen sich die Vorgänge in sehr guter Annäherung an die Wirklichkeit durch Rechnung vorausbestimmen, indem man die Mischungsregeln für vollkommene Mischungen vollkommener Gase anwendet.

Luft wird als vollkommenes Gas betrachtet, was bei 1 at ohne nennenswerten Fehler geschehen kann. Auch für Wasserdampf werden die Eigenschaften des vollkommenen Gases vorausgesetzt, die bis zur Verflüssigung gelten mögen. Statt von „Verflüssigung" und „Verdampfung" spricht man bei feuchter Luft von „Tauen" und „Verdunsten".

Weil bei den Zustandsänderungen von feuchter Luft der Aggregatzustand des Luftanteiles ungeändert bleibt, während die Feuchtigkeit in verschiedener und wechselnder Menge und in verschiedener Form (Dampf, Wasser, Eis) in der Luft enthalten sein kann, pflegt man die spezifischen Zustandsgrößen auf 1 kg trockene Luft zu beziehen und nicht wie sonst üblich auf 1 kg des Gemisches. Derart definierte spezifische Größen werden, um sie auch in der Schreibweise von den auf 1 kg bezogenen unterscheiden zu können, durch den Index „$1 + x$" gekennzeichnet.

Man bezeichnet nach E. Schmidt als „Feuchtegrad" x die in einem kg trockener Luft enthaltene Feuchtigkeitsmenge in kg. Trockene Luft hat also den Feuchtegrad 0, reiner Dampf oder Wasser den Feuchtegrad ∞.

Für Luft-Dampfgemische gilt unter Zugrundelegung obiger Annahme das Daltonsche Gesetz:

$$p_0 = p_l + p_d, \tag{214}$$

worin p_0 der Gesamtdruck des Gemisches (meist der Atmosphärendruck), p_l der Teildruck der Luft und p_d der Teildruck des Dampfes ist. t sei die Temperatur der feuchten Luft.

Man bezeichnet die Luft als „gesättigt", wenn der Teildruck des Dampfes gleich dem der Temperatur t entsprechenden Verdampfungsdruck p_d' (laut Dampftabelle) ist. Der Feuchtegrad bei Sättigung sei x'.

Als relatives Maß für die Feuchtigkeit benützt man den

$$\text{„Sättigungsgrad"} = x/x'. \tag{215}$$

Er ist im allgemeinen kleiner als 1. Nur bei dem nicht stabilen Zustand einer Übersättigung kann er kurzzeitig über 1 steigen. In der Meteorologie verwendet man auch die

$$\text{„relative Feuchte"} \; \varphi = p_d/p_d' \tag{216}$$

als Maß für den Feuchtigkeitsgehalt der Luft.

Ein untergesättigtes Gemisch ($\varphi < 1$) kann in ein gesättigtes übergehen, wenn man die Temperatur so weit absenkt, daß sie gleich der dem Dampfdruck p_d zugeordneten Verdampfungstemperatur ist. Bei weiterer Abkühlung tritt „Tauen" ein. Das wichtigste Beispiel dafür ist in der Klimatechnik das Beschlagen von Wänden oder Fenstern in feuchten Räumen durch Abkühlung der vorbeiströmenden Luft: In einem Raum z. B. von 20⁰ C und einer relativen Feuchte von $\varphi = 0{,}5$ ($= 50\%$) und 1 Atmosphäre Gesamtdruck ist $p_d = 0{,}5 \, p_d'$. Nach der Dampftabelle entspricht 20⁰ C einem Sättigungsdruck von 0,02383 at. Somit ist

$$p_d = 0{,}5 \cdot 0{,}02383 = 0{,}011915 \, \text{at}.$$

Wird nun bei gleichbleibendem Gesamtdruck die Luft abgekühlt auf eine Temperatur, die dem Druck $p_d = 0{,}011915$ at als Sättigungstemperatur entspricht (nach der Dampftabelle sind dies etwa 6,5⁰ C), so entspricht dies dem Taupunkt. An Fensterscheiben oder Wänden und sonstigen

Gegenständen von dieser Temperatur und darunter würde sich also Wasser niederschlagen.

Das Volumen der feuchten Luft je kg trockener Luft ist

$$v_{1+x} = \frac{R_l \cdot T}{p_l} + x \frac{R_d \cdot T}{p_d}.$$

R_l und R_d sind hierin die Gaskonstanten von Luft und Dampf. Weil sich die Gaskonstanten umgekehrt wie die Molekulargewichte verhalten, ist weiter

$$v_{1+x} = R_d T \left(\frac{M_d}{M_l \cdot p_l} + \frac{x}{p_d} \right). \tag{217}$$

Das Volumen von 1 kg feuchter Luft (Gesamtmasse) ist

$$v_1 = \frac{v_{1+x}}{1+x}.$$

Ist außer Dampf auch Wasser oder Eis in der Luft, so ist dieses auf das Volumen praktisch ohne Einfluß.

Die Enthalpie des Gemisches ist nach der Mischungsregel zu rechnen. Für Luft und Dampf ist

$$i_{(1+x)} = c_{pl} t + x (c_{pd} t + r + q_l), \tag{218}$$

wenn die Enthalpie für Luft und Feuchtigkeit bei Null Grad Celsius Null gesetzt wird. c_{pl} und c_{pd} sind die spezifischen Wärmen für Luft und Dampf. r die Verdampfungswärme, q_l die Flüssigkeitswärme.

Bei Sättigung ist

$$i_{(1+x')} = c_{pl} t + x' (c_{pd} t + r + q_l). \tag{219}$$

Der wirkliche Zustand der atmosphärischen Luft ist meist so beschaffen, daß trotz der Anwesenheit von festem oder flüssigem Bodenkörper (Wasser, Schnee, Eis) die Luft nicht mit Feuchtigkeit gesättigt ist. Ein solcher Zustand ist zwar rein thermodynamisch nicht stabil, kann aber durch Strömungen aufrechterhalten werden. Man rechnet die Enthalpie der nicht gesättigten Luft plus Bodenkörper wie folgt aus dem Wert für die gesättigte Luft. $x' - x$ sei flüssiger Bodenkörper oder Nebel; dann gilt

$$i_{(1+x)} = i_{(1+x')} - (x' - x) c_W t, \tag{220}$$

worin c_W die spezifische Wärme von Wasser ist.

Ist der Teil $x' - x$ als Eisnebel oder Schnee in der betrachteten Luftmenge enthalten, so wird

$$i_{(1+x)} = i_{(1+x')} - (x' - x) (s - c_e t).$$

s ist die Schmelzwärme, c_e die spezifische Wärme des Eises.

Für praktische Rechnungen seien folgende Zahlenwerte zusammengestellt:

$$M_d = 18{,}02; \quad M_e = 28{,}96.$$
$$R_d = 47{,}05 \text{ kcal/kggrad}; \quad R_l = 29{,}27 \text{ kcal/kggrad}.$$
$$c_{pd} = 0{,}46 \text{ kcal/kggrad}; \quad c_{pl} = 0{,}24 \text{ kcal/kggrad}.$$
$$r \text{ und } q_l \text{ nach Dampftabelle.}$$
$$c_W = 1 \text{ kcal/kggrad}, \quad c_e = 0{,}50 \text{ kcal/kggrad}.$$
$$s = 79{,}7 \text{ kcal/kg}.$$

Mollier hat auch ein $i\,x$-Diagramm für feuchte Luft geschaffen, in dem die Enthalpie der feuchten Luft in Abhängigkeit vom Feuchtegrad und der Temperatur dargestellt ist. Dieses Diagramm ist ein wertvoller Behelf zur Untersuchung von Zustandsänderungen der atmosphärischen Luft und dergleichen[1].

---

[1] Mollier, R. ZVdI. Bd. 67 (1923), S. 869 und Bd. 73 (1929), S. 1009

Zweiter Teil

Anwendung der Grundlagen auf technische Prozesse und Maschinen.

F. Die Verbrennung.

Die wichtigsten brennbaren Bestandteile der Brennstoffe sind Kohlenstoff und Wasserstoff. Außerdem ist der Schwefel zu beachten, der aber nur eine geringe Rolle spielt, weil Brennstoffe mit höherem Schwefelgehalt praktisch keine Bedeutung haben. Im Zusammenhang mit der Verbrennung interessieren in der Praxis die Fragen nach dem Luftbedarf, dem Volumen der Verbrennungsgase, dem Heizwert und der Verbrennungstemperatur.

1. Luftbedarf.

Zur Verbrennung eines Elementes ist eine Sauerstoffmenge O_2 erforderlich, die nach den stöchiometrischen Gesetzen zu rechnen ist. Weil ein Raumteil der Luft 0,21 Raumteile Sauerstoff enthält, leitet sich daraus die für die Verbrennung notwendige Mindestluftmenge im Ausmaß

$$L_0 = \frac{1}{0,21} O_2 \tag{221}$$

ab, die auch „theoretischer Luftbedarf" genannt wird. Weil die Mischung von Luft und Brennstoff oft nur mangelhaft ist, muß man zur Verbrennung im allgemeinen mehr Luft zuführen. Das Verhältnis von wirklicher Luftmenge L zur theoretischen L_0 bezeichnet man als „Luftüberschußzahl" λ (manchmal auch als „Luftzahl"). Also

$$L = \lambda L_0. \tag{222}$$

Bei der Ermittlung der Sauerstoffmenge geht man von den stöchiometrischen Gesetzen für die Verbrennungen der einzelnen Elemente aus, aus denen sich der Brennstoff zusammensetzt. Sie seien im folgenden vorangestellt:

a) *Verbrennung von Kohlenstoff zu Kohlendioxyd.*

$$C + O_2 \to CO_2.$$

In Gewichtsmengen, wie sie durch die Atom-, bzw. Molekulargewichte zum Ausdruck kommen, lautet die Gl.

$$12\ kg\ C + 32\ kg\ O_2 \to 48\ kg\ CO_2.$$

Weil eine Gewichtsmenge von M kg ein kmol ist, kann weiter geschrieben werden:

$$12\ kg\ C + 1\ kmol\ O_2 \to 1\ kmol\ CO_2.$$

Wir stellen uns nun vor, daß die Elemente vor der Verbrennung in physikalischem Normalzustand seien. Nach der Verbrennung hätten

sich die Verbrennungsprodukte ebenfalls auf diesen Normalzustand abgekühlt; dann kann man statt der Gewichtsmenge eines kmol für die
Gase auch die Volumsmenge von $\sim$ 22,4 Nm³ (s. S. 35) setzen. Damit
lautet die Reaktionsgleichung

$$12 \text{ kg C} + 22,4 \text{ Nm}^3 \text{ O}_2 \rightarrow 22,4 \text{ Nm}^3 \text{ CO}_2$$

oder

$$1 \text{ kg C benötigt } \frac{22,4}{12} = 1,86 \text{ Nm}^3 \text{ O}_2 \text{ und gibt } 1,86 \text{ Nm}^3 \text{ CO}_2. \qquad (223)$$

b) *Verbrennung von Kohlenstoff zu Kohlenmonoxyd.*

$$C + \frac{1}{2} O_2 \rightarrow CO,$$

$$12 \text{ kg C} + \frac{1}{2} \text{ kmol O}_2 \rightarrow 1 \text{ kmol CO},$$

$$12 \text{ kg C} + 11,2 \text{ Nm}^3 \text{ O}_2 \rightarrow 22,4 \text{ Nm}^3 \text{ CO}$$

oder

$$1 \text{ kg C benötigt } 0,93 \text{ Nm}^3 \text{ O}_2 \text{ und gibt } 1,86 \text{ Nm}^3 \text{ CO}. \qquad (224)$$

c) *Verbrennung von Kohlenmonoxyd zu Kohlendioxyd.*

$$CO + \frac{1}{2} O_2 \rightarrow CO_2,$$

$$1 \text{ kmol CO} + \frac{1}{2} \text{ kmol O}_2 \rightarrow 1 \text{ kmol CO}_2$$

oder

$$1 \text{ Nm}^3 \text{ CO braucht } 0,5 \text{ Nm}^3 \text{ O}_2 \text{ und gibt } 1 \text{ Nm}^3 \text{ CO}_2. \qquad (225)$$

d) *Verbrennung von Wasserstoff zu Wasser.*

$$H_2 + \frac{1}{2} O_2 \rightarrow H_2O,$$

$$1 \text{ kmol H}_2 + \frac{1}{2} \text{ kmol O}_2 \rightarrow 18 \text{ kg H}_2O$$

oder

$$1 \text{ Nm}^3 \text{ H}_2 \text{ benötigt } 0,5 \text{ Nm}^3 \text{ O}_2 \text{ und gibt } \frac{18}{22,4} = 0,803 \text{ kg H}_2O \approx 0 \text{ m}^3 \text{ Wasser[1]}$$

$$(226)$$

Wenn die Wasserstoffmenge in kg gegeben ist (z. B. bei festen Brennstoffen), ist zu schreiben:

$$2 \text{ kg H}_2 + \frac{1}{2} \text{ kmol O}_2 \rightarrow 18 \text{ kg H}_2O$$

oder

$$1 \text{ kg H}_2 \text{ benötigt } 5,6 \text{ Nm}^3 \text{ O}_2 \text{ und gibt } 9 \text{ kg H}_2O \approx 0 \text{ m}^3 \text{ Wasser.[1]} \qquad (227)$$

e) *Verbrennung von Kohlenwasserstoffverbindungen* $C_m H_n$ *(gasförmig).*

$$C_m H_n + \left(m + \frac{n}{4} \right) O_2 \rightarrow m \text{ CO}_2 + \frac{n}{2} H_2O,$$

---

[1] Im Normzustand kondensiert.

$$1 \text{ kmol } C_m H_n + \left(m + \frac{n}{4}\right) \text{ kmol } O_2 \rightarrow m \text{ kmol } CO_2 + \frac{n}{2} \, 18 \text{ kg } H_2O$$

oder

$$1 \text{ Nm}^3 \, C_m H_n \text{ benötigt } \left(m + \frac{n}{4}\right) \text{ Nm}^3 O_2 \text{ und gibt } m \text{ Nm}^3 CO_2 + 0{,}4 \, n \text{ kg Wasser.}$$

$$(228)$$

f) *Verbrennung von Schwefel zu Schwefeldioxyd.*

$$S + O_2 \rightarrow SO_2,$$

$$32 \text{ kg } S + 1 \text{ kmol } O_2 \rightarrow 1 \text{ kmol } SO_2$$

oder

$$1 \text{ kg } S \text{ benötigt } 0{,}7 \text{ Nm}^3 O_2 \quad \text{und gibt} \quad 0{,}7 \text{ Nm}^3 SO_2. \qquad (229)$$

g) *Luftbedarf fester und flüssiger Brennstoffe.*

Ihre Zusammensetzung ist stets in Gewichtsteilen gegeben. 1 kg des Brennstoffes enthalte c kg Kohlenstoff, h kg H_2 und o kg Sauerstoff neben anderen Bestandteilen, die sich an der Verbrennung nicht beteiligen und daher für die Berechnung des Luftbedarfes ohne Bedeutung sind.

Für die Verbrennung von C und H_2 braucht man nach den Gl. (223) und (227) die Sauerstoffmenge

$$O_2 (C + H) = 1{,}86 \, c + 5{,}6 \, h.$$

Davon wird ein Teil aus dem im Brennstoff vorhandenen Sauerstoff gedeckt.

$$1 \text{ kg } O_2 \quad \text{sind} \quad \frac{22{,}4}{32} = 0{,}7 \text{ Nm}^3 O_2.$$

Somit ist die theoretisch erforderliche Sauerstoffmenge

$$O_2 = 1{,}86 \, c + 5{,}6 \, h - 0{,}7 \, o \text{ Nm}^3/\text{kg}$$

und nach Beziehung Gl. (221) die Luftmenge

$$L_0 = \frac{1}{0{,}21} \left[1{,}86 \, c + 5{,}6 \left(h - \frac{o}{8} \right) \right] \text{Nm}^3/\text{kg}. \qquad (230)$$

h) *Luftbedarf gasförmiger Brennstoffe.*

Bei diesen ist die Zusammensetzung in der Regel in Raumteilen gegeben. 1 Nm³ des Brennstoffes enthalte $v_b \, (H_2) \text{ Nm}^3$ Wasserstoff, $v_b \, (CO) \text{ Nm}^3$ Kohlendioxyd, $\Sigma \, v_b \, (C_m H_n) \text{ Nm}^3$ Kohlenwasserstoffe, $v_b \, (O_2) \text{ Nm}^3$ Sauerstoff, $v_b \, (N_2) \text{ Nm}^3$ Stickstoff, $v_b \, (CO_2) \text{ Nm}^3$ Kohlendioxyd und $g_b \, (H_2O) \text{ kg}$ Wasserdampf.

Aus den brennbaren Bestandteilen (H_2, CO, $C_m H_n$) ergibt sich nach den Beziehungen Gl. (226, 225 und 228) unter Berücksichtigung des schon im Brennstoff vorhandenen Sauerstoffs als theoretisch erforderliche Sauerstoffmenge

$$O_2 = \frac{v_b \, (H_2) + v_b \, (CO)}{2} + \sum \left(m + \frac{n}{4}\right) v_b \, (C_m H_n) - v_b \, (O_2) \text{ Nm}^3/\text{Nm}^3 \qquad (231)$$

und L_0 daraus nach Gl. (221).

2. Volumen der Rauchgase.

Das Rauchgasvolumen läßt sich für den Normalzustand einfach auch an Hand der Beziehung Gl. (222) bis (229) für die einzelnen Bestandteile des Brennstoffes und durch Summieren daraus das Gesamtvolumen bestimmen. Für einen beliebig anderen Zustand kann das Volumen aus dem Normalzustand mit der Zustandsgleichung gerechnet werden.

a) *Feste und flüssige Brennstoffe.*

Es sei der allgemeine Fall einer unvollständigen Verbrennung angenommen, wobei zwar der Wasserstoff zur Gänze, der Kohlenstoff aber nur zum Teil zu Kohlendioxyd, der Rest aber nur zu Kohlenmonoxyd verbrennt. Von den c kg Kohlenstoff verbrennen also $x\,c$ kg zu Kohlendioxyd und $(1-x)\,c$ kg zu Kohlenmonoxyd.

Nach Gl. (223) ergibt die Verbrennung zu CO_2 eine Rauchgasmenge $v_R\,(CO_2) = 1{,}86\,x\,c$ Nm³/kg, nach Gl. (224) die Verbrennung zu CO eine Gasmenge $v_R\,(CO) = 1{,}86\,(1-x)\,c$ Nm³/kg, die Verbrennung von Wasserstoff zu Wasser eine Gewichtsmenge von $9\,h$ kg/kg, dessen Volumen im Normzustand vernachlässigbar klein ist. Außerdem enthalten die Rauchgase noch eine Sauerstoffmenge von

$$v_R\,(O_2) = (\lambda - 1)\,0{,}21\,L_0 + \frac{1{,}86\,(1-x)\,c}{2}\;\text{Nm³/kg}.$$

Der erste Teil stammt aus der überschüssig zugeführten Luft und der zweite Teil ist überschüssig von der unvollständigen Verbrennung zu CO[1]. Sie ermittelt sich aus der Differenz des Sauerstoffverbrauches aus Gl. (223) und (224). Schließlich enthalten die Rauchgase das Stickstoffvolumen der zugeführten Luft von $v_R\,(N_e) = 0{,}79\,\lambda\,L_0$ Nm³/kg.

Aus diesen angeführten Teilmengen ergibt sich eine Gesamtmenge an Rauchgasen je kg Brennstoff in Nm³

$$V_R = 1{,}86\,c + (\lambda - 1)\,0{,}21\,L_0 + 0{,}79\,\lambda\,L_0 + 0{,}93\,(1-x)\,c. \qquad (232)$$

Dies ist das „trockene" Volumen der Rauchgase, zu dem noch ein Wasserniederschlag von $9\,h$ kg zu rechnen ist. Bei Umrechnung auf einen Zustand über der Verdampfungstemperatur ist das wirkliche („feuchte") Volumen um das Volumen des Wasserdampfes größer als das „trockene" Rauchgas-Volumen, worauf zu achten ist.

b) *Gasförmige Brennstoffe.*

Unter Berücksichtigung der bei der Verbrennung nach den Gl. (224 bis 228) entstehenden Gasmengen und der schon vor der Verbrennung im Gas vorhandenen unbrennbaren Bestandteile ergeben sich folgende Bestandteile des Rauchgases bezogen auf 1 Nm³ Gas.

$$v_R\,(CO_2) = v_b\,(CO) + v_b\,(CO_2) + \Sigma\,m\,v_b\,(C_m H_n) - v_R\,(CO).$$

Das letzte Glied ist der im Rauchgas vorhandene unverbrannte Kohlenmonoxydanteil.

$$v_R\,(CO) = v_R\,(CO)\;/\text{unverbrannter Anteil/},$$

$$v_R\,(O_2) = 0{,}21\,(\lambda - 1)\,L_0 + \frac{v_R\,(CO)}{2}.$$

Das letzte Glied gibt den durch die unvollständige Verbrennung ungebundenen Sauerstoff.

---

[1] L_0 ist die theoretische Luftmenge bei vollständiger Verbrennung.

$v_R(H_2O) \approx O$ im Normzustand. Das Wassergewicht ist

$$v_b(H_2) \cdot 0{,}803 + g_b(H_2O).$$

Das mit der Luft und dem Brennstoff zugeführte Stickstoffvolumen findet sich ungeändert im Rauchgas und beträgt:

$$v(N_2) = 0{,}79 \, \lambda \, L_0 + v_b(N_2).$$

Durch Summieren der Bestandteile ergibt sich das trockene Rauchgasvolumen.

$$V_R = v_b(CO) + v_b(CO_2) + \Sigma \, m \, v_b(C_m H_n) + 0{,}21 \, (\lambda - 1) \, L_0 +$$
$$+ \frac{v_R(CO)}{2} + 0{,}79 \, \lambda \, L_0 + v_b \, N_2 \; \text{Nm}^3/\text{Nm}^3. \tag{233}$$

Dazu kommt bei feuchtem Volumen noch ein dem Wassergewicht von $v_b(H_2) \cdot 0{,}803 + g_b(H_2O)$ entsprechendes Dampfvolumen.

Das Volumen der Verbrennungsgase kann größer oder kleiner als das des Brennstoffes plus Luft sein. Man spricht von einer Volumskontraktion, wenn $\dfrac{V_R}{1 + \lambda L_0} < 1$, und von einer Volumserweiterung, wenn $\dfrac{V_R}{1 + \lambda L_0} > 1$ ist.

Nebenbemerkung:

Aus der Rauchgaszusammensetzung kann man auf den Luftüberschuß bei der Verbrennung schließen. Von dieser Möglichkeit, die im folgenden kurz angedeutet ist, wird manchmal bei der Untersuchung von Motoren und dergleichen Gebrauch gemacht.

Die prozentuellen Rauchgasbestandteile, wie sie durch Analyse der trockenen Rauchgase bestimmt werden können, seien $v(CO_2)$, $v(O_2)$; $v(CO)$; $v(N_2)$, wobei $v(CO_2) + v(CO) + v(O_2) + v(N_2) = 1$ sein muß.

Durch Einführung der auf 1 Nm^3 eines Brennstoffes bezogenen Gasmengen ist

$$v(CO_2) = \frac{v_R(CO_2)}{V_R} \; ; \quad v(O_2) = \frac{v_R(CO)}{V_R} \, ,$$
$$v(CO) = \frac{v_R(CO)}{V_R} \; ; \quad v(N_2) = \frac{v_R(N_2)}{V_R} \, .$$

Setzt man für die Zähler der Brüche die in Abschnitt 2 a angeführten Werte ein, so ist

$$v(CO_2) = \frac{1{,}86 \, x \, c}{V_R} \; ; \quad v(O_2) = \frac{(\lambda-1)0{,}21 \, L_0}{V_R} + \frac{1{,}86 \, (1-x) \, c}{2 \, V_R} \, ,$$
$$v(CO) = \frac{1{,}86 \, (1-x) \, c}{V_R} \; ; \quad v(N_2) = \frac{0{,}79 \, \lambda \, L_0}{V_R} \, .$$

Aus den beiden rechtsseitig stehenden Gl. ist unter Berücksichtigung, daß $1{,}86 \, (1-x) \, c/2 \, V_R = v(CO)/2$ ist,

$$\lambda = \frac{1}{1 - 4{,}76 \, [v(O_2) - 0{,}5 \, v(CO)] \, v(N_2)} \, . \tag{234}$$

Aus den linken Gl. kann auf die Vollständigkeit der Verbrennung geschlossen werden. Es ist daraus

$$x = \frac{v\,(CO_2)}{v\,(CO_2) + v\,(CO)}.$$

3. Heizwert.

Die gesamte Energie, die bei einer chemischen Reaktion frei oder gebunden wird, nennt man die Wärmetönung. Es ist dies die Wärmemenge vermehrt um die äußere Arbeit, die beim Prozeß frei oder gebunden wird. Frei werdende Energie ist dabei positiv und gebundene negativ zu werten.

Ein Prozeß heißt „exotherm", wenn dabei Wärme frei wird und „endotherm", wenn Wärme gebunden wird.

Als Heizwert h bezeichnet man bei der Verbrennung die Wärmetönung je kg oder je Nm³. Der erste Hauptsatz gilt auch für die Verbrennung. Er lautet auf das Brennstoffluftgemisch angewendet:

$$h = U_2 - U_1 + A \int_1^2 p\,dV. \tag{235}$$

U_2 ist hierin die innere Energie der Verbrennungsgase nach der Verbrennung, U_1 die innere Energie des Brennstoffluftgemisches vor der Verbrennung; das Integral gibt die äußere Arbeit. Man unterscheidet zwischen einem Heizwert bei Verbrennung mit gleichbleibendem Volumen und einem Heizwert bei Verbrennung mit gleichbleibendem Druck. Der erste ist nach Gl. (235)

$$h_v = U_2 - U_1 \tag{236}$$

und der zweite

$$h_p = I_2 - I_1. \tag{237}$$

Beide spielen eine Rolle bei der Messung der Heizwerte in den Kalorimetern, von denen zwei grundsätzlich verschiedene Arten verwendet werden.

Bei der ersten Art der Kalorimeter wird bei gleichbleibendem Volumen in einer Bombe verbrannt und hierauf solange Wärme entzogen, bis die Anfangstemperatur erreicht ist. Die entzogene Wärme gibt unmittelbar den Heizwert h_v bei gleichbleibendem Volumen.

Bei der zweiten Art wird bei konstantem Druck verbrannt. Die Verbrennungsgase werden dann solange abgekühlt, bis sie die Anfangstemperatur von Luft und Brennstoff haben. Der Heizwert h_p ist dann der entzogenen Wärme gleich, die man messen kann, vermehrt oder vermindert durch die äußere Arbeit, die durch eine etwaige Volumsänderung geleistet oder verbraucht wurde.

Weil die äußere Arbeit bei der zweiten Art des Kalorimeters sehr klein ist[1], unterscheiden sich beide Meßwerte praktisch nicht.

Bei wasserhältigen oder wasserstoffhältigen Brennstoffen unterscheidet man ferner zwischen einem *unteren* und einem *oberen* Heizwert. Wenn das Wasser als Dampf in den Verbrennungsprodukten ist, so wird weniger Wärme frei (unterer Heizwert h_u), als wenn dieses an der Verbrennungsstelle kondensiert (oberer Heizwert h_o). Beide Heizwerte unterscheiden sich daher. Es gilt

$$h_u = h_o - 600\,w, \tag{238}$$

---

[1] Die äußere Arbeit ist durch die Volumsänderung bei gleicher Temperatur der Anfangs- und Endprodukte (Kontraktion oder Erweiterung) multipliziert mit dem Druck p gegeben und gegenüber der erzeugten Wärme sehr klein.

worin w der Wassergehalt je kg ist und die Verdampfungswärme vereinbarungsgemäß für derlei Rechnung hinreichend genau mit 600 kcal/kg angenommen ist.

In der nachstehenden Tab. sind die Heizwerte von C, CO, H_2 und S_2 zusammengestellt.

Heizwert kcal	C	CO	H_2 oberer	H_2 unterer	S_2
je kmol	97 200	67 580	68 500	57 750	70 860
je kg	8 100	2 412	33 980	28 640	2 212
je Nm³ (physik.)	—	3 014	3 057	—	—

Gemische aus Elementen geben Heizwerte nach der additiven Mischregel. Bei Verbindungen trifft dies nicht zu, weil bei der Verbrennung auch die Bildungswärme der Moleküle vor der Verbrennung eine Rolle spielt. Diese ist im allgemeinen umso größer, je hochatomiger das Molekül ist. Für feste Brennstoffe, die zum hohen Prozentsatz aus einem Element bestehen (z. B. Kohlenstoff bei Kohle), kann die Mischregel mit hinreichender Genauigkeit angewendet werden. Die entsprechende Formel ist als „Verbandsformel" nach Übereinkunft über abgerundete Ziffern für den Heizwert der Elemente genormt worden und lautet:

$$h_u \text{ kcal/kg} = 8\,100\,c + 28\,000\left(h - \frac{o}{8}\right) + 2\,500\,s - 600\,w. \tag{239}$$

4. Die Verbrennungstemperatur.

Nach Gl. (235) wird diese ganz erheblich von der äußeren Arbeit, die bei der Verbrennung geleistet wird, beeinflußt. Sie kann daher im allgemeinen nur bei Kenntnis der Arbeit errechnet werden. Im Falle der Gleichraumverbrennung (Verbrennung im geschlossenen, unveränderlichen Raum) und der Gleichdruckverbrennung lassen sich die Verbrennungstemperaturen jedoch nach den einfachen Beziehungen Gl. (235) und (236) ermitteln. Wir beschränken uns im folgenden auf die Verbrennung bei gleichbleibendem Druck, wie sie z. B. bei allen Kesselfeuerungen und in den Brennkammern von Verbrennungsturbinen mit kontinuierlichem Durchfluß vor sich geht:

In Gl. (235) ist der untere Heizwert einzusetzen, weil die Verbrennungstemperatur immer über der Verdampfungstemperatur liegt. Die Enthalpie I_2 der Rauchgase ist nach der Mischregel aus der Enthalpie der Rauchgasbestandteile zu rechnen. Man benützt dabei zweckmäßig die Molwärmen nach Tabelle 3. Die Enthalpie eines Bestandteiles n ist dann allgemein, wenn man von 0^0 C aus rechnet

$$I_n = \frac{n^{\text{Nm}^3}}{22,4} \cdot \mathfrak{C}_p \Big|_0^t \, t,$$

worin $\mathfrak{C}_p\Big|_0^t$ die in den Grenzen von 0 bis t (Verbrennungstemperatur) mittlere spezifische Molwärme, $n^{\text{Nm}^3}/22,4$ die Molzahl des Bestandteiles ist.

a) *Feste Brennstoffe.*

Unter Verwendung der in Unterabschnitt 2 a angeführten Volumswerte der Rauchgasbestandteile wird bei vollständiger Verbrennung

$$I_2 = \left\{ \frac{1{,}86\,c}{22{,}4}\, \mathfrak{C}_p\,(CO_2) \Big|_0^t + \left(\frac{11{,}2}{22{,}4}\,h + \frac{w}{18}\right) \mathfrak{C}_p\,(H_2O) \Big|_0^t + \right.$$
$$\left. + 0{,}21\,(\lambda - 1)\,\frac{L_0}{22{,}4}\, \mathfrak{C}_p\,(O_2) \Big|_0^t + 0{,}79\,\frac{\lambda\,L_0}{22{,}4}\, \mathfrak{C}_p\,(N_2) \Big|_0^t \right\}\, t\,.$$

Die Enthalpie I_1 von Brennstoff und Luft vor der Verbrennung ist

$$I_1 = c_b \Big|_0^{t_b} t_b + \frac{\lambda\,L_0}{22{,}4}\, \mathfrak{C}_p\,(Luft) \Big|_0^{t_l} t_l.$$

c_b ist die spezifische Wärme (je kg) des Brennstoffes, t_b die Temperatur des Brennstoffes und t_l die Temperatur der Luft vor der Verbrennung. Die Gl. (237) lautet mit vorstehenden Ausdrücken

$$h_u = \left\{ \frac{c}{12}\, \mathfrak{C}_p\,(CO_2) \Big|_0^t + \left(\frac{h}{2} + \frac{w}{18}\right) \mathfrak{C}_p\,(H_2O) \Big|_0^t + 0{,}21\,(\lambda - 1)\,\frac{L_0}{22{,}4}\, \mathfrak{C}_p\,(O_2) \Big|_0^t + \right.$$
$$\left. + 0{,}79\,\frac{\lambda\,L_0}{22{,}4}\, \mathfrak{C}_p\,(N_2) \Big|_0^t \right\}\, t - c_b \Big|_0^{t_b} t_b - \frac{\lambda\,L_0}{22{,}4}\, \mathfrak{C}_p\,(Luft) \Big|_0^{t_l} t_l \qquad (240)$$

Hierin ist die Verbrennungstemperatur unbekannt. Die Lösung kann nur durch Schätzung und nachfolgende Korrektur durch Einsetzen des Schätzwertes gelöst werden, weil die Unbekannte auch in den Mittelwerten der empirisch in Tabellen gegebenen spezifischen Wärmen steckt. Bei bekannter Zusammensetzung der Rauchgase kann man jedoch die Enthalpie in Abhängigkeit der Temperatur ein für allemale rechnen und in einem Diagramm aufzeichnen. Dann kann die Gl. einfach graphisch gelöst werden[1].

b) *Gasförmige Brennstoffe.*

Dabei ist analog zu verfahren. Der Heizwert h_u wird bei Gasen in der Regel auf den Nm³ bezogen. Gl. (237) lautet dann

$$h_u = t \cdot \sum \frac{V_R}{22{,}4}\, \mathfrak{C}_p\,(V_R) \Big|_0^t - \frac{1}{22{,}4}\, \mathfrak{C}_t \Big|_0^{t_b} t_b - \frac{\lambda\,L_0}{22{,}4}\, \mathfrak{C}_p\,(Luft) \Big|_0^{t_l} t_l \qquad (241)$$

$\mathfrak{C}_b$ ist die Molwärme des unverbrannten Brennstoffes. Für die Lösung der Gleichung gilt dasselbe, wie für Gl. (240).

c) *Einfluß der Dissoziation.*

In höheren Temperaturbereichen macht sich der Einfluß der Dissoziation bemerkbar. Man versteht unter der Dissoziation den Zerfall eines Moleküls in seine Atome. Ein Wasserstoffmolekül (H_2) z. B. kann in zwei Atome

---

[1] Rosin, P. und R. Fehling: ZVdI. Bd. 71 (1927), S. 383.

(2 H) zerfallen. In gleicher Weise zerfallen auch die Verbrennungsprodukte teilweise bei hohen Temperaturen in ihre Elemente. Durch diesen Zerfall wird Wärme gebunden. Diese Dissoziationswärme ist umso größer, je mehr Moleküle des Gases zerfallen. Neben der Verbrennung geht die Dissoziation gleichzeitig vor sich. Aus beiden Erscheinungen resultiert ein Gleichgewichtszustand, der durch die Bedingung gekennzeichnet ist, daß das Ausmaß der Reaktion dem Ausmaß der Dissoziation gleich ist. Beide Erscheinungen heben sich dann in ihrer Auswirkung nach außen hin auf. Das Gleichgewicht liegt bei niedrigeren Temperaturen (etwa unter 2 000° K) ganz nahe bei den reinen Verbrennungsprodukten. Mit steigender Temperatur rückt er davon gegen die Ausgangsprodukte hin ab. Je mehr Verbrennungsprodukte zerfallen, umsomehr Wärme geht vom Heizwert zur Deckung der Dissoziationswärme ab und trägt daher nicht zur Temperatursteigerung bei. Es nimmt also gewissermaßen die spezifische Wärme zu.

Der Einfluß der Dissoziation bei höheren Temperaturen läßt sich demnach berücksichtigen, wenn man mit spezifischen Wärmen rechnet, die entweder tatsächlich bei den hohen Temperaturen gemessen oder unter Berücksichtigung der Dissoziation gerechnet werden. Abb. 65 zeigt die

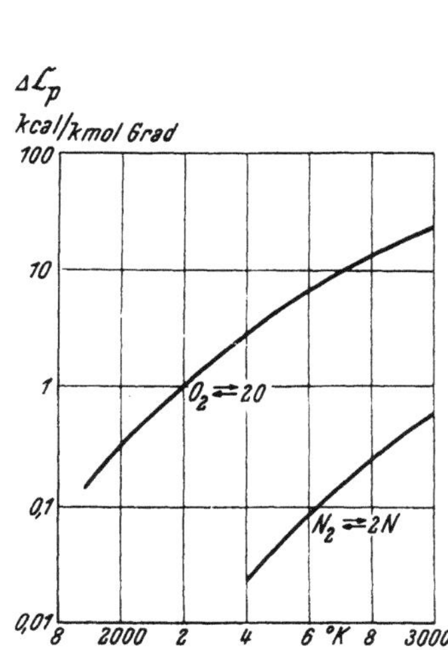

Abb. 65. Die Zunahme der spezifischen Wärme infolge Dissoziation.

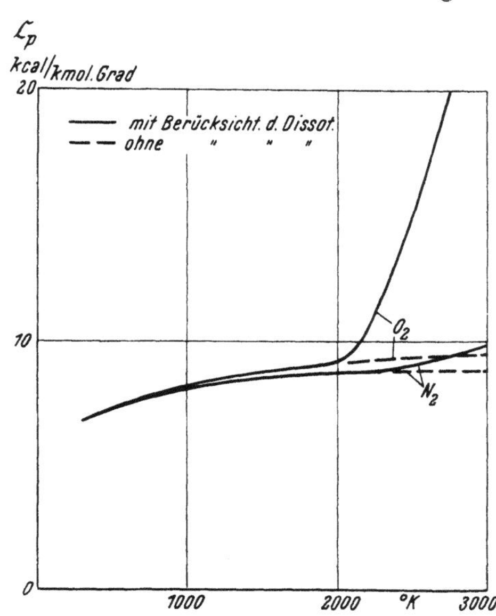

Abb. 66. Verlauf der spezifischen Wärme bei hohen Temperaturen.

berechnete Zunahme der spezifischen Wärme gegenüber den in Tab. 3 angeführten Werten für Sauerstoff und Stickstoff. Der tatsächliche Verlauf der spezifischen Wärme dieser beiden Stoffe über der Temperatur ist in Abb. 66 aufgetragen. Das Sauerstoffmolekül zerfällt schon bei Temperaturen knapp über 2 000° K; dementsprechend steigt die spezifische Wärme stark an. Stickstoff ist temperaturbeständiger.

Bei technischen Rechnungen genügt es im allgemeinen, die Dissoziation erst über 2 000° K zu berücksichtigen, während für Temperaturen darunter mit den Werten nach Tab. 3 gerechnet werden kann. Es ginge über den Rahmen dieses Buches hinaus, auf die Berechnung des Dissoziationseinflusses einzugehen. Statt dessen sei auf das Buch: E. Justi: Spezifische Wärme, Enthalpie, Entropie und Dissoziation, Berlin: Springer, 1938 und auf die darin zitierte Literatur verwiesen.

G. Strömung von Gasen in Kanälen.

Während der Strömung erleidet das Medium im allgemeinen eine Zustandsänderung. Bei der Betrachtung der Zustandsänderung an sich haben wir bisher angenommen, daß die Bewegung des Gases sehr langsam vor sich geht und die Bewegungsenergie daher vernachlässigbar klein ist. Bei vielen technischen Strömungsvorgängen spielt jedoch diese Energie eine so große Rolle, daß sie in die Energiebilanz der Zustandsänderung einbezogen werden muß. Die Arbeit kann also auch als kinetische Energie aufscheinen.

Man unterscheidet in der Strömungslehre zwei Arten der Strömung:

Unter *stationärer Strömung* versteht man die Bewegung eines flüssigen oder gasförmigen Mediums im Raume, wobei die Zustandsgrößen und die Geschwindigkeit nur Ortsfunktionen sind. Sie sind also in jedem Zeitpunkt gleich.

Bei der zweiten Art, der *instationären Strömung*, sind die Zustandsgrößen und die Geschwindigkeit von Ort und Zeit abhängig.

Die theoretische Behandlung der stationären Strömung führt wenigstens bei der eindimensionalen Strömung auf gewöhnliche Differentialgleichungen, während die instationäre Strömung in jedem Falle nur durch partielle Differentialgleichungen beschrieben werden kann. Sie ist daher einer theoretischen Behandlung ungleich schwieriger — im allgemeinen Fall überhaupt nicht zugänglich.

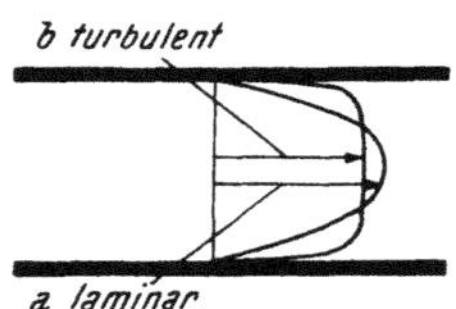

Abb. 67. Geschwindigkeitsprofile der turbulenten und der laminaren Strömung.

Nach einem anderen Gesichtspunkt teilt man in *laminare* und *turbulente* Strömung ein. Die Laminar-Strömung verläuft nach „glatten" Stromlinien, die z. B. bei der Strömung durch ein zylindrisches Rohr parallel verlaufen; die Geschwindigkeit verteilt sich über das Rohr bekanntlich nach einem parabolischen Gesetz (*a* in Abb. 67). Am Rande ist sie Null, weil die „Grenzschicht" an der Rohrwand haftet.

Bei der turbulenten Strömung überlagern sich über die Längsströmung Querströmungen. Dadurch wird das parabolische Geschwindigkeitsgesetz in das Gesetz *b* der Abb. 67 abgewandelt, wobei die Geschwindigkeitswerte über dem Querschnitt annähernd gleich sind und nur gegen den Rand hin rasch auf den Wert Null der Grenzschicht absinken.

Ein laminarer Strömungszustand geht erfahrungsgemäß bei Steigerung der Geschwindigkeit in den turbulenten über. Der Übergang ist plötzlich und unterliegt bei ähnlichen Gebilden ebenso den Ähnlichkeitsgesetzen, wie die übrigen Strömungsgrößen. Für geschlossene Kanäle läßt sich z. B. der Grenzzustand für nicht kompressible Medien durch die

Reynoldsche Zahl $Re = \dfrac{w \cdot d}{v}$ kennzeichnen, die für jede Kanalform eine feste Größe ist und experimentell ermittelt werden kann. *w* ist hierin eine bestimmte, aber frei wählbare Geschwindigkeit (z. B. die mittlere), d eine bestimmte, ebenso frei wählbare Länge (z. B. ein Durchmesser bei einem Rohr) und v die kinematische Zähigkeit.

In der technischen Anwendung herrscht der turbulente Strömungszustand vor. Es ist daher üblich, bei der theoretischen Behandlung strömungstechnischer Aufgaben in Rohren oder Kanälen die Annahme einer über den Querschnitt gleichbleibenden mittleren Geschwindigkeit zugrunde zu legen. Die mittlere Geschwindigkeit beträgt

$$w_m = \frac{1}{f} \int w \, df \,,$$

wobei das Integral über die ganze Querschnittsfläche f zu nehmen ist. Mit dieser Annahme kann z. B., wie im folgenden ausgeführt, die Energiebilanz für die Strömung in einem Kanal aufgestellt werden.

1. Stationäre Strömung.

a) *Energiebilanz der Strömung.*

Wir betrachten ein differentielles Stück dx eines Kanales nach Abb. 68. Neben den in der Abb. eingeschriebenen Bezeichnungen für die Zustandsgrößen u, v, p und die Fläche f bedeuten im folgenden

dq_a die im Rohrabschnitt dx je kg von *außen* zugeführte Wärmemenge (kcal/kg),

dr_i die im Rohrabschnitt dx je kg entstehende innere Reibungswärme (kcal/kg),

db der Wärmewert der Arbeit, der im Teilchen dx je kg von einer von außen einwirkenden Massenkraft (z. B. Erdschwere) geleistet wird.

Wir lassen nun 1 kg des Mediums (Flüssigkeit oder Gas oder auch Gemisch,

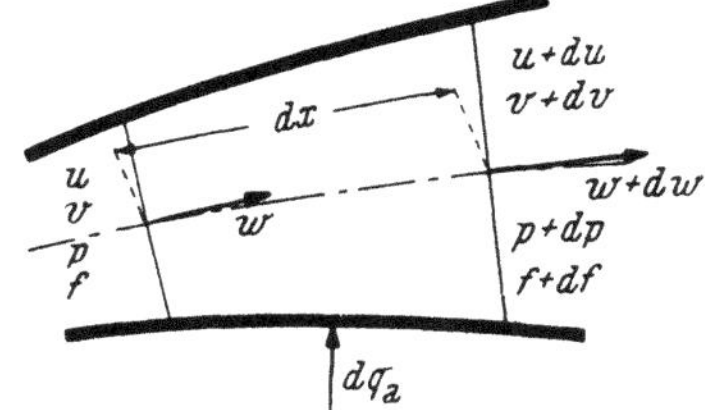

Abb. 68. Zur Energiebilanz.

wie feuchter Dampf) durch den Abschnitt dx strömen und stellen die Energiebilanz auf. Weil bei stationärer Strömung der Rohrabschnitt dx dauernd von Gas mit gleichem Zustand und damit gleicher Energie erfüllt ist, muß die Summe der ein- und ausströmenden Energie gleich Null sein:

Mit 1 kg strömt von links und außen in das Rohrstück an Energie (kcal/kg)

u als innere Energie,

$A\,p\,v$ als Oberflächenarbeit des nachdrängenden Mediums,

$A\,\dfrac{w^2}{2\,g}$ als kinetische Energie,

dq_a als Wärme von außen durch die Rohrwand,

db durch die Massenkraft von außen.

Gleichzeitig strömt aus dem betrachteten Rohrstück aus:

$$u + du, \quad A\,(p + dp)\,(v + dv), \quad A\,(w + dw)^2/2\,g.$$

Damit ergibt sich als Ansatz für die Strömungsgleichung

$$u + A\,p\,v + A\,\frac{w^2}{2\,g} + dq_a + db - (u + du) - A\,(p + dp)\,(v + dv)$$

$$- A\,\frac{(w + dw)^2}{2\,g} = 0. \tag{242}$$

Führt man die Multiplikationen aus, so heben sich die endlichen Glieder auf. Die in den differentiellen Größen quadratischen Glieder können als klein zweiter Ordnung vernachlässigt werden. Damit geht Gl. (242) über in

$$dq_a + db - [du + A\,d\,(p\,v)] - A\,\frac{w\,dw}{g} = 0. \tag{243}$$

In der eckigen Klammer steht das Differential der Enthalpie di, so daß die Gl. auch in der Form

$$dq_a + db - di - \frac{A}{g}\,w\,dw = 0 \tag{244}$$

geschrieben werden kann. Sie gilt für den allgemeinen Fall, also auch bei reibungsbehafteter Strömung, obwohl ein Reibungsglied nicht aufscheint.

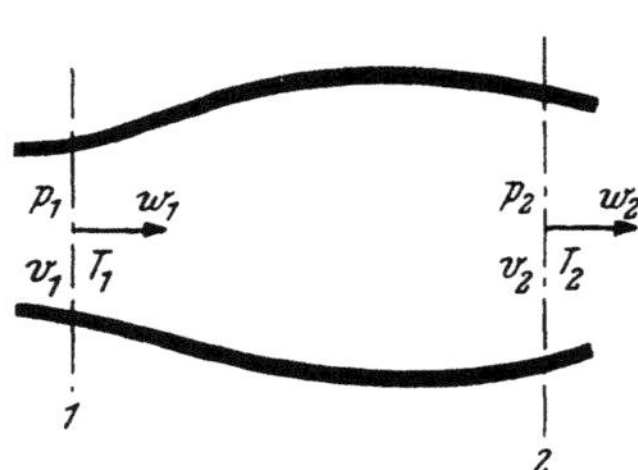

Abb. 69. Die bei der eindimensionalen Strömung belangreichen Größen.

Dieses läßt sich wie folgt einführen: Die Reibung wird sofort in Wärme umgesetzt, die dem Medium gewissermaßen von innen zugeführt wird. Die gesamte dem Medium zugeführte Wärme ist daher

$$dq = dq_a + dr_i,$$

daraus

$$dq_a = dq - dr_i.$$

Führt man dies in Gl. (243) ein, so ergibt sich, wenn weiter für $d(p\,v) = v\,dp + p\,dv$ geschrieben wird

$$dq - du - A\,p\,dv + db - dr_i - A\,v\,dp - \frac{A}{g}\,w\,dw = 0. \tag{245}$$

Für die Zustandsänderung des Mediums gilt ungeändert der erste Hauptsatz[1].

$$dq = du + A\,p\,dv.$$

Damit sind die ersten drei Glieder von Gl. (245) zusammen Null, womit die Energiebilanz übergeht in die Form

$$db - dr_i - \frac{A}{g}\,w\,dw - A\,v\,dp = 0. \tag{246}$$

Integriert man die Gl. (244) und (246) über eine endliche Strecke des Kanales oder der Stromröhre, so erhält man Zusammenhänge zwischen der Geschwindigkeit und den Zustandsgrößen. Mit den Bezeichnungen der Abb. 69 und dem Integrationsintervall *1—2* ergibt sich aus Gl. (244)

$$\int_1^2 dq_a + \int_1^2 db - \int_1^2 di - \frac{A}{g}\int_1^2 w\,dw = 0$$

oder nach Ausführung der Integrale

$$\frac{A}{2\,g}\,(w_2{}^2 - w_1{}^2) = q_a\Big|_1^2 + b\Big|_1^2 + i_1 - i_2. \tag{247}$$

---

[1] Ein Beobachter, der sich mit dem Medium mitbewegt, sieht den Strömungsvorgang als Ausdehnungs- oder Verdichtungsprozeß, für den der erste Hauptsatz ohneweiters anzuwenden ist.

Gl. (246) ergibt

$$\int\limits_1^2 db - \int\limits_1^2 dr_i - \frac{A}{g}\int\limits_1^2 w\,dw - A\int\limits_1^2 v\,dp = 0$$

und weiter nach Durchführung der Integration so weit dies möglich ist

$$\frac{A}{2g}(w_2{}^2 - w_1{}^2) = + A\int\limits_2^1 v\,dp + b\Big|_1^2 - r_i\Big|_1^2. \tag{248}$$

Gl. (247) und (248) geben einen Zusammenhang zwischen der Geschwindigkeitsänderung und der Änderung der Zustandsgrößen von Querschnitt zu Querschnitt, wenn von außen Wärme zugeführt wird, eine äußere Massenkraft wirkt und die Strömung reibungsbehaftet ist. Sie sind der Bernoullischen Gl. der Hydromechanik analog, die sich ohneweiteres mit den Zustandsgrößen der Flüssigkeit daraus ableiten läßt. Die Bedeutung der Gl. ist dementsprechend ebenso groß für die Lösung von Aufgaben der Gasdynamik, wie die der Bernoullischen Gl. bei der Untersuchung hydrodynamischer Probleme.

Im folgenden seien einige wichtige technische Strömungsvorgänge untersucht.

b) Der Drosselvorgang.

Über den Drosselvorgang wurde schon im Abschnitt C IV. 5 Grundsätzliches ausgesagt. Es wurde an Hand der Gl. (20) für die ungeheizte Drossel bei Vernachlässigung der kinetischen Energie im An- und Abströmquerschnitt die Bedingung aufgestellt, daß die Enthalpie vor und hinter der Drossel gleich ist, soferne die an der Drosselstelle auftretende Strömungsenergie schon vollständig verwirbelt ist. Diese Bedingung folgt auch aus Gl. (247), wenn hierin $q_a = 0$ und $b = 0$[1] gesetzt wird.

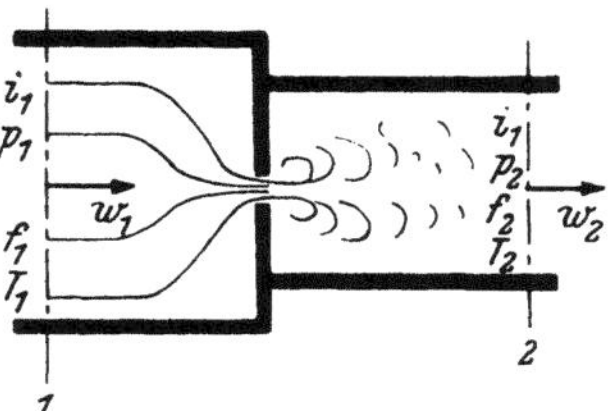

Abb. 70. Zum Drosselvorgang.

Wenn Querschnitt *1* und *2* (Abb. 70) so groß sind, daß die Differenz der Strömungsenergien $A/2\,g\,(w_2{}^2 - w_1{}^2)$ vernachlässigbar klein ist gegenüber der Änderung der Zustandsgrößen infolge der Ausdehnung an der Drosselstelle, dann gilt

$$i_1 = i_2.$$

Gleichgültig wie auch die Drosselstelle beschaffen ist, die Enthalpie im Querschnitt *2* ist immer gleich der im Querschnitt *1*. Damit ist jedoch nicht ausgesagt, daß die Zustandsänderung am Wege von *1* bis *2* von der Art der Drosselstelle unabhängig sei. Wir betrachten drei verschiedene Ausführungen nach Abb. 71 a—c. In Abb. a ist eine einzige Blende angeordnet, in der sich das Gas vom Druck p_1 auf den Druck p_2 entspannt. Bei Annahme von Reibungsfreiheit verläuft die Zustandsänderung dabei

---

[1] $b = 0$ bedeutet horizontale Lage. Bei Gasen kann wegen des geringen Gewichtes b immer Null gesetzt werden, ohne praktisch einen Fehler zu begehen.

nach der Adiabate $1, 3$ im $T\,s$-Diagramm nach Abb. 72. An der Stelle 3 in der Blende ist das ganze Wärmegefälle $i_1 - i_3$ in kinetische Energie umgesetzt. Hinter der Blende verwirbelt der Geschwindigkeitszuwachs bei gleichbleibendem Druck[1], wodurch sich die Enthalpie wieder auf den Wert $i_2 = i_1$ erhöht. Im $T\,s$-Diagramm ist dies durch den Linien-

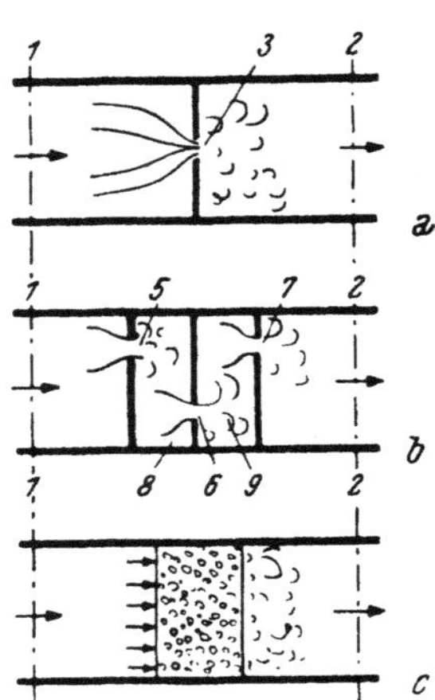

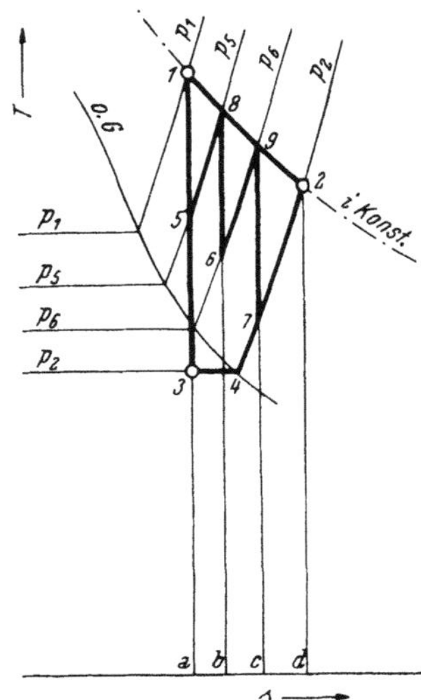

Abb. 71. Drei verschiedene Drosselprozesse mit gleichem Anfangs- und Endzustand.

Abb. 72. Mehrstufige Drosselprozesse im $T\,s$-Diagramm.

zug $3, 4, 2$ dargestellt. Die Enthalpiedifferenz $i_2 - i_3 =$ Fläche $a\,3\,4\,2\,d$ gibt den Wärmewert der kinetischen Energie im Punkte 3. In Abb. 71 b sind drei Drosselstellen hintereinandergeschaltet, wobei in den dazwischenliegenden Kammern 8 und 9 der Geschwindigkeitszuwachs wieder vollständig verwirbelt. Es ist also $i_1 = i_8 = i_9 = i_2$. Im Strahl $5, 6$ und 7 ist die Enthalpie kleiner. Die Zustandslinie verläuft im $T\,s$-Diagramm nach dem Linienzug $1,$ $5, 8, 6, 9, 7, 2$. Die Flächen $a\,5\,8\,b$, $b\,6\,9\,c$ und $c\,7\,2\,d$ sind die jeweiligen Werte der kinetischen Energie im Strahl $5, 6$ und 7. Wird die Zahl der hintereinandergeschalteten Drosselstellen sehr groß (Abb. 71 c), wie dies z. B. bei der keramischen Drosselstelle eines Drosselkalorimeters der Fall ist, so nähert sich die tatsächliche Zustandslinie der Linie $i =$ konst. (theoretischer Fall unendlich vieler Drosselstellen). Im $T\,s$-Diagramm gibt dann die Linie $1, 8, 9, 2$ den

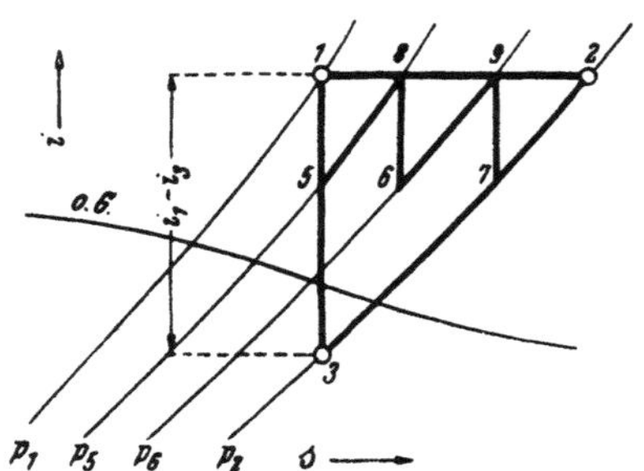

Abb. 73. Mehrstufige Drosselprozesse im $i\,s$-Diagramm.

Verlauf der Zustandsänderung. Die Verwirbelungswärme $a\,1\,2\,d$ nimmt dann schon den Charakter einer während der Strömung kontinuierlich auftretenden Reibungswärme an. Bemerkenswert ist, daß für diesen Fall die Wirbelarbeit am größten wird. Abb. 73 gibt die Darstellung der drei

---

[1] Der Drosselquerschnitt ist als *klein* gegenüber dem Abströmquerschnitt vorausgesetzt; dann tritt kein nennenswerter Druck-Wiedergewinn auf.

Drosselvorgänge im $i\,s$-Diagramm, wobei die einzelnen Zustandspunkte analog zu den Abb. 71 und 72 bezeichnet sind.

Über die Temperaturänderung beim Drosselvorgang und den Begriff des Thomson-Joule-Effektes wurde schon im Abschnitt C IV 5 ausführlich gesprochen, so daß an dieser Stelle darauf zurückverwiesen werden kann.

Falls die kinetische Energie in Querschnitt *1* und *2* (Abb. 70) nicht vernachlässigbar ist, ist die Gl. $i_1 = i_2$ nicht mehr erfüllt. Für das vollkommene Gas z. B. ist dann die Temperatur vor und hinter der Drosselstelle nicht mehr gleich groß, wie sich auch durch Rechnung einfach zeigen läßt:

Unter Benützung der Bezeichnungen nach Abb. 70 lassen sich folgende drei Beziehungen anschreiben:

$$i_1 - i_2 = \frac{A}{2\,g}\,(w_2{}^2 - w_1{}^2) \quad \text{Strömungsgleichung (nach Bez. 247)},$$

$$\frac{f_1\,w_1}{v_1} = \frac{f_2\,w_2}{v_2} \qquad \text{Kontinuitätsgleichung für Querschnitt } 1 \text{ und } 2,$$

$$\frac{p_2\,v_2}{p_1\,v_1} = \frac{T_2}{T_1} \qquad \text{aus Zustandsgleichungen für Querschnitt } 1 \text{ und } 2.$$

Setzt man für $i_1 - i_2 = c_p\,(T_1 - T_2)$, so folgt aus obigen Gl. nach Eliminieren von w_2 und v_2 die quadratische Gl. für T_2

$$c_p\,(T_1 - T_2) = \frac{A}{2\,g}\,w_1{}^2 \left(\frac{f_1{}^2}{f_2{}^2}\,\frac{p_1{}^2}{p_2{}^2}\,\frac{T_2{}^2}{T_1{}^2} - 1 \right).$$

Nur wenn $w_1 = 0$ ist, was auch $w_2 = 0$ bedeutet, ist $T_2 = T_1$.

c) *Reibungslose adiabatische (unbeheizte) Strömung in Kanälen.*

α) Grundsätzliche Betrachtung über die Änderung des Druckes mit dem Querschnitt eines Kanales. Der Zusammenhang zwischen Druck und Querschnitt eines Kanales kann bei gasförmigen Medien grundsätzlich anders als bei inkompressiblen Flüssigkeiten sein, wo bekanntlich die Druckänderung im selben Sinne wie die Änderung des Kanalquerschnittes vor sich geht. Im folgenden sei dies an der unbeheizten Strömung des vollkommenen Gases gezeigt. Für das wirkliche Gas und Dämpfe gelten die Ergebnisse sinngemäß qualitativ und umso genauer, je ähnlicher diese einem vollkommenen Gas sind.

Neben der Strömungsgleichung müssen die Kontinuitätsgleichungen und die Zustandsgleichung erfüllt sein.

Aus der Strömungsgleichung (246) wird mit $db = 0$ und $dr_i = 0$

$$\frac{1}{g}\,w\,dw + v\,dp = 0. \tag{249}$$

Die Kontinuitätsbedingung lautet

$$\frac{f\cdot w}{v} = \text{konst. für jeden Querschnitt des Kanales.}$$

Nach Differenzieren und einigem Umformen wird daraus

$$\frac{df}{f} + \frac{dw}{w} = \frac{dv}{v}. \tag{250}$$

Für die adiabatische Zustandsänderung des vollkommenen Gases gilt

$$p\,v^\varkappa = \text{konst}$$

oder in differentieller Form

$$\frac{dp}{p} = -\varkappa\,\frac{dv}{v}\,. \tag{251}$$

Aus Gl. (249) folgt nach Division durch w^2 : $\dfrac{dw}{w} = -\dfrac{g\,v}{w^2}\,dp$, aus

Gl. (251) $\dfrac{dv}{v} = -\dfrac{1}{\varkappa}\dfrac{dp}{p}$. Beides in Gl. (250) eingesetzt gibt nach

einigem Umformen

$$\frac{df}{f} = dp\left(\frac{g\,v}{w^2} - \frac{1}{\varkappa\,p}\right). \tag{252}$$

Aus dieser Beziehung lassen sich die Bedingungen für Expansions- und Kompressionsströmung ableiten.

Von Expansionsströmung spricht man, wenn in Richtung der Strömung fortschreitend der Druck abnimmt, also $dp < 0$ ist, von einer Kompressionsströmung, wenn der Druck in Strömungsrichtung zunimmt, also $dp > 0$ ist.

Wenn sich der Kanal erweitert ($df > 0$), ist $dp < 0$, wenn

$$\frac{g\,v}{w^2} - \frac{1}{\varkappa\,p} < 0$$

ist, das heißt wenn

$$w > \sqrt{\varkappa\,g\,p\,v}$$

ist. dp ist > 0, wenn

$$w < \sqrt{\varkappa\,g\,p\,v}\,.$$

Wenn sich der Kanal in Strömungsrichtung verengt ($df < 0$), ist $dp < 0$, wenn

$$\frac{g\,v}{w^2} - \frac{1}{\varkappa\,p} > 0$$

oder

$$w < \sqrt{\varkappa\,g\,p\,v}$$

ist. dp wird > 0, wenn

$$w > \sqrt{\varkappa\,g\,p\,v}$$

ist. Die Geschwindigkeit

$$w = \sqrt{\varkappa\,g\,p\,v}\,, \tag{253}$$

die auch als „kritische" Geschwindigkeit bezeichnet wird, ist demnach eine Grenzgeschwindigkeit, bei der sich offenbar das Bild der Strömung grundsätzlich ändert. Wie später noch bewiesen wird, ist sie mit der Schallgeschwindigkeit identisch, die im Medium bei einem Zustand p und v herrscht. Man kann also für das vollkommene Gas wie folgt zusammenfassen:

Um eine Expansionsströmung zu verwirklichen, muß man den Kanal in Strömungsrichtung verjüngen, wenn die Geschwindigkeit kleiner als die Schallgeschwindigkeit ist. Ist die Schallgeschwindigkeit erreicht, so muß zu weiterer Expansion der Kanal in Strömungsrichtung erweitert werden.

Bei der Kompressionsströmung liegen die Verhältnisse umgekehrt. Bei Geschwindigkeiten kleiner als die Schallgeschwindigkeit muß sich der Kanal erweitern, andernfalls verjüngen.

β) Ermittlung der Geschwindigkeit und des sekundlich strömenden Gewichtes. *Graphisches Verfahren.* Zur graphischen Ermittlung der Geschwindigkeit muß man vor allem dann greifen, wenn auch die Zustandsgleichung nur graphisch als Diagramm gegeben ist. Aus Gl. (247) ergibt sich für die reibungsfreie Strömung die Gl.

$$\frac{A}{2\,g}\,(w_2{}^2 - w_1{}^2) = i_1 - i_2, \qquad (254)$$

die für die graphische Auswertung am zweckmäßigsten ist. Man benützt dazu vorteilhaft das Wärmediagramm nach Mollier ($i\,s$-Diagramm) (Abb. 74), weil hierin die Strecke $i_1 - i_2$ direkt als Ordinatendifferenz zweier Zustandspunkte abgelesen werden kann. Die adiabatische Zustandsänderung ist durch eine Vertikale gegeben. Ist die Anfangsgeschwindigkeit $w_1 = 0$, so ist die Ordinatendifferenz dem Quadrat der Geschwindigkeit nach der Expansion proportional, also $w_2 =$

$$= \sqrt{\frac{2\,g}{A}\,\Delta\,i} = 91{,}5\,\sqrt{\Delta\,i}. \quad \text{In der}$$

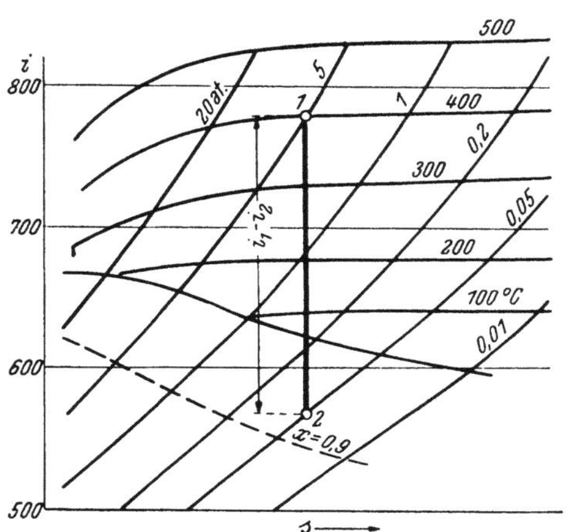

Abb. 74. Zur Ermittlung der Strömungsenergie aus dem $i\,s$-Diagramm.

Dampftechnik verwendet man daher Diagramme, in denen eine eigene Skala $\Delta\,i$ mit einer unmittelbaren Geschwindigkeitsbezifferung eingezeichnet ist (vergl. Taf. B im Anhang). Im Diagramm kann neben der Enthalpiedifferenz auch der Endzustand nach der Expansion abgelesen werden.

Rechnerisches Verfahren. Eine weitere analytische Auswertung von Gl. (254) ist nur möglich, wenn die Gleichung für die adiabatische Zustandsänderung analytisch gegeben ist. Dies trifft beim vollkommenen Gas zu. Die dafür abgeleiteten Gl. gelten — wie dies auch bei anderen Vorgängen zutrifft — mit guter Näherung auch für technische Gase, wenn der Adiabatenexponent entsprechend gewählt wird.

Wir gehen von Gl. (254) aus und setzen nach Gl. (100) für

$$i_1 - i_2 = c_p\,(T_1 - T_2).$$

Damit ergibt sich für die Geschwindigkeit am Ende der Expansion

$$w_2 = \sqrt{w_1{}^2 + \frac{2\,g}{A}\,c_p\,(T_1 - T_2)} = \sqrt{w_1{}^2 + \frac{2\,g}{A}\,c_p\,T_1\left(1 - \frac{T_2}{T_1}\right)}.$$

Setzt man für die spezifische Wärme nach Gl. (106) $c_p = \dfrac{A\,R\,\varkappa}{\varkappa - 1}$

und nach Gl. (136) $\dfrac{T_2}{T_1} = \left(\dfrac{p_2}{p_1}\right)^{\frac{\varkappa - 1}{\varkappa}}$ sowie nach Gl. (91) für $T_1 = \dfrac{p_1\,v_1}{R}$, so ergibt sich

$$w_2 = \sqrt{w_1^2 + \frac{2\,g\,\varkappa}{\varkappa - 1}\left[p_1 v_1\,1 - \left(\frac{p_2}{p_1}\right)^{\frac{\varkappa-1}{\varkappa}}\right]} \qquad (255)$$

als Gl. für die Endgeschwindigkeit, die damit aus der Geschwindigkeit und dem Zustand im Anfangsquerschnitt und aus dem Druckverhältnis der Expansion gerechnet werden kann.

Dieselbe Gl. erhält man, wenn man die zweite Form der Strömungsgleichung (248) weiterentwickelt. Mit $r_i = 0$ und $b = 0$ ist

$$\frac{1}{2\,g}(w_2^2 - w_1^2) = \int_2^1 v\,dp. \qquad (256)$$

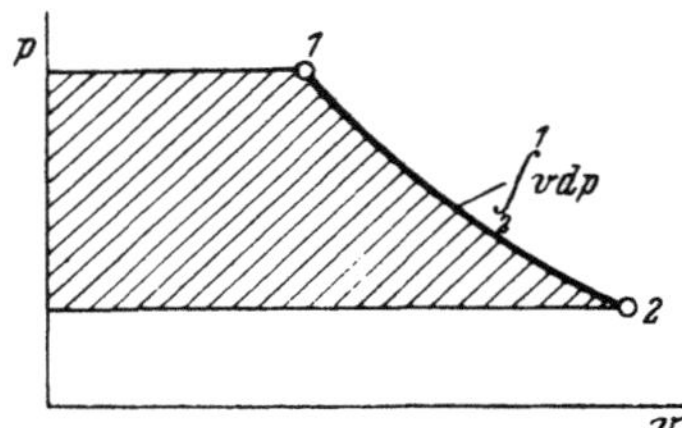

Abb. 75. Zur Ermittlung der Strömungsenergie aus dem $p\,v$-Diagramm.

Das Integral stellt die Fläche zwischen Zustandslinie und Ordinate im $p\,v$-Diagramm dar (Abb. 75). Nach der Adiabatengleichung $p\,v^\varkappa = p_1 v_1^\varkappa$ ist $v = v_1 p_1^{1/\varkappa}\,p^{-1/\varkappa}$. Damit wird

$$\int_2^1 v\,dp = p_1^{1/\varkappa} v_1 \int_2^1 p^{-1/\varkappa}\,dp = \frac{\varkappa}{\varkappa - 1} p_1 v_1\left[1 - \left(\frac{p_2}{p_1}\right)^{\frac{\varkappa-1}{\varkappa}}\right],$$

womit sich aus Gl. (256) ohne weiteres Gl. (255) ergibt.

Das sekundlich strömende Gewicht ist

$$G = \frac{f_2\,w_2}{v_2} \qquad (257)$$

Nach Gl. (134) ist für die Adiabate $v_2 = v_1\left(\frac{p_1}{p_2}\right)^{\frac{1}{\varkappa}}$. Damit und mit Gl. (255) wird

$$G = f_2 \sqrt{\frac{w_1^2}{v_1^2}\left(\frac{p_2}{p_1}\right)^{2/\varkappa} + \frac{2\,\varkappa}{\varkappa - 1}\,g\,\frac{p_1}{v_1}\left[\left(\frac{p_2}{p_1}\right)^{2/\varkappa} - \left(\frac{p_2}{p_1}\right)^{\frac{\varkappa+1}{\varkappa}}\right]}. \qquad (258)$$

Die Verhältnisse werden übersichtlicher, wenn man von einem Druck p_0 ausgeht, bei dem die Geschwindigkeit $w_0 = 0$ ist. Dies entspricht dem Fall, daß der Ausgangspunkt ein Behälter von unendlicher Größe ist. Anders geartete Fälle kann man — wie später noch gezeigt wird — auf diesen zurückführen.

Mit $w_1 = w_0 = 0$ gehen die Gl. (255) und (258) mit $p_1 = p_0$ und $v_1 = v_0$ über in

$$w_2 = \sqrt{2\,g\,p_0 v_0}\,\sqrt{\frac{\varkappa}{\varkappa - 1}\left[1 - \left(\frac{p_2}{p_0}\right)^{\frac{\varkappa-1}{\varkappa}}\right]}, \qquad (259)$$

$$G = \frac{f_2}{v_0}\sqrt{2\,g\,p_0 v_0}\,\sqrt{\frac{\varkappa}{\varkappa - 1}\left[\left(\frac{p_2}{p_0}\right)^{2/\varkappa} - \left(\frac{p_2}{p_0}\right)^{\frac{\varkappa+1}{\varkappa}}\right]}. \qquad (260)$$

In der Strömungslehre pflegt man folgende Abkürzungen zu verwenden:

$$\sqrt{\frac{\varkappa}{\varkappa - 1}\left[1 - \left(\frac{p_2}{p_0}\right)^{\frac{\varkappa-1}{\varkappa}}\right]} = \nu \qquad (261)$$

und

$$\sqrt{\frac{\varkappa}{\varkappa-1}\left[\left(\frac{p_2}{p_0}\right)^{2/\varkappa}-\left(\frac{p_2}{p_0}\right)^{\frac{\varkappa+1}{\varkappa}}\right]}=\psi. \qquad (262)$$

Damit wird

$$w=\sqrt{2\,g\,p_0\,v_0\,v} \qquad (263)$$

und

$$G=\frac{f_2}{v_0}\sqrt{2\,g\,p_0\,v_0}\;\psi. \qquad (264)$$

Wenn G gegeben und f_2 gesucht ist, ergibt sich aus Gl. (264)

$$f_2=\frac{G\,v_0}{\sqrt{2\,g\,p_0\,v_0}}\,\frac{1}{\psi}. \qquad (265)$$

Die Funktionen v und ψ sind in Abb. 76 graphisch dargestellt. Die maximal erreichbare Geschwindigkeit entspricht dem Wert $v=$

$$=\sqrt{\frac{\varkappa}{\varkappa-1}}\;\text{für}\;\frac{p_2}{p_0}=0\quad\text{und}$$

beträgt

$$w_{max}=\sqrt{2\,g\,p_0\,v_0}\sqrt{\frac{\varkappa}{\varkappa-1}}. \qquad (266)$$

Sie entsteht bei vollständiger Expansion vom Druck p_0 auf den Druck Null (Ausströmen in ein Vakuum).

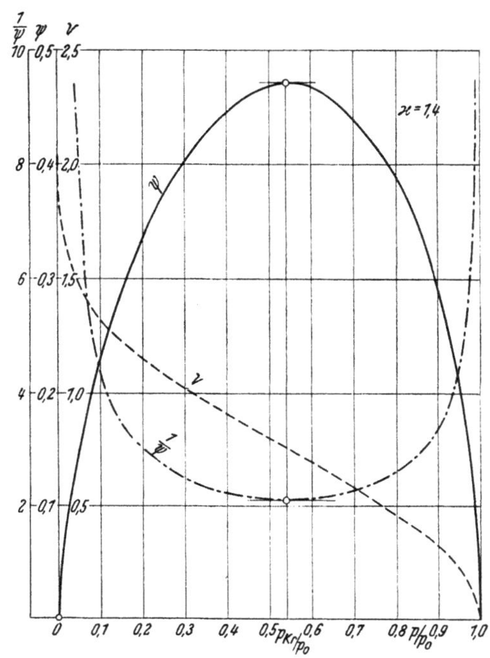

Abb. 76. Die für Strömungsvorgänge bedeutsamen Funktionen als Funktion des Druckverhältnisses.

Die Funktion ψ hat ein Maximum bei einem Druckverhältnis $\dfrac{p_{kr}}{p_0}$, das sich aus Gl. (262) durch Aufsuchen des Extremwertes zu

$$\frac{p_{kr}}{p_0}=\left(\frac{2}{\varkappa+1}\right)^{\frac{\varkappa}{\varkappa-1}} \qquad (267)$$

ergibt. Die zugehörigen Funktionswerte sind

$$\psi_{max}=\left(\frac{2}{\varkappa+1}\right)^{\frac{1}{\varkappa-1}}\sqrt{\frac{\varkappa}{\varkappa+1}} \qquad (268)$$

und

$$v_{kr}=\sqrt{\frac{\varkappa}{\varkappa+1}}. \qquad (269)$$

Nach Gl. (263) ergibt sich damit eine Geschwindigkeit

$$w_{kr}=\sqrt{2\,g\,p_0\,v_0}\sqrt{\frac{\varkappa}{\varkappa+1}}. \qquad (270)$$

Drückt man hierin p_0 und v_0 durch die Werte p_{kr} und v_{kr} mit Hilfe der Gl. (267) und der Adiabatengleichung $p_0\,v_0^{\varkappa}=p_{kr}\,v_{kr}^{\varkappa}$ aus, so geht der

Ausdruck über in die Form

$$w_{kr} = \sqrt{g\,\varkappa\,p_{kr}\,v_{kr}}\,. \tag{271}$$

Das ist, wie später noch gezeigt wird, die Schallgeschwindigkeit bei dem Zustand p_{kr} und v_{kr}. Der Quotient $\dfrac{p_{kr}}{p_0}$ heißt auch das kritische Druckverhältnis und w_{kr} die kritische Geschwindigkeit.

Für praktische Anwendungen pflegt man die Funktionen v und ψ ein für allemal für verschiedene Gase zu zeichnen. Mittels dieser Darstellungen kann man ohne großen Zeitaufwand die Strömung in Kanälen verfolgen, wenn dabei die Anfangsgeschwindigkeit $w_0 = 0$ ist, die Strömung also von einem unendlich großen Behälter ausgeht.

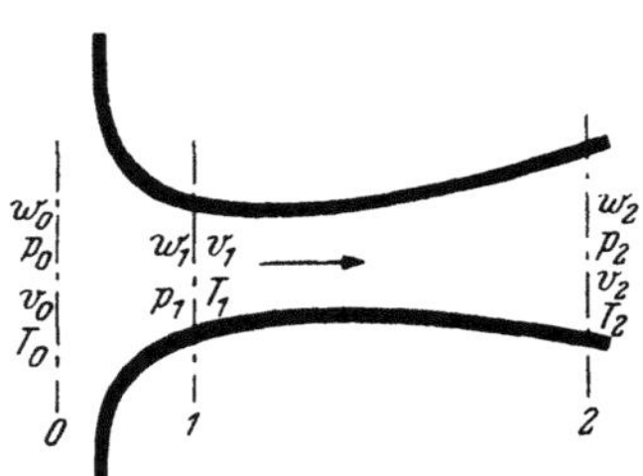

Abb. 77. Zur Reduktion des Zustandes auf die Geschwindigkeit Null.

Ist jedoch die Ausgangsstelle für die Strömung eine andere Stelle des Kanales mit der endlichen Geschwindigkeit w_1 und dem Zustand p_1 und v_1, so fällt es nicht schwer, auf den Zustand mit der Geschwindigkeit $w_0 = 0$ zurückzuschließen, um dann wieder die Funktionen v und ψ verwenden zu können. Sind z. B. in Abb. 77 die Geschwindigkeit und der Zustand im Querschnitt 1 gegeben und es wird nach den Größen im Querschnitt 2 gefragt, so kann zunächst vom Querschnitt 1 auf den Zustand links im Behälter mit der Geschwindigkeit Null wie folgt geschlossen werden: Gl. (254) für die Querschnitte 0 und 1 angewendet, gibt

$$\frac{A}{2\,g}\,w_1{}^2 = c_p\,(T_0 - T_1),$$

daraus ist

$$T_0 = \frac{A}{2\,g\,c_p}\,w_1{}^2 + T_1\,.$$

Nach den Gl. (135) und (136) für die Adiabate läßt sich nun auch p_0 und v_0 rechnen:

$$p_0 = \left(\frac{T_0}{T_1}\right)^{\frac{\varkappa}{\varkappa-1}} p_1,$$

$$v_0 = \left(\frac{T_1}{T_0}\right)^{\frac{1}{\varkappa-1}} v.$$

Damit kann nun mit Hilfe der Gl. (262) und (263) auf den Querschnitt 2 geschlossen werden.

Die Gl. gelten strenge nur für das vollkommene Gas. Mit hinreichender Genauigkeit werden sie aber auch für technische Gase angewendet. Es ist dabei zu setzen:

$$\begin{array}{ll}
\text{für Luft} & \varkappa = 1{,}4, \\
\text{für Heißdampf} & \varkappa = 1{,}3, \\
\text{für Sattdampf} & \varkappa = 1{,}135.
\end{array}$$

Das kritische Druckverhältnis ist dabei

$$\text{für Luft} \qquad p_{kr}/p_0 = 0{,}528,$$
$$\text{für Heißdampf} \qquad p_{kr}/p_0 = 0{,}548,$$
$$\text{für Sattdampf} \qquad p_{kr}/p_0 = 0{,}577.$$

In Zweifelsfällen oder zur Kontrolle ist die graphische Auswertung der Strömungsgleichungen zu empfehlen.

γ) **Anwendung der Ergebnisse auf praktische Fälle.** Der Ausfluß aus Behältern durch einfache Mündungen. Das Verhältnis des Behälterquerschnittes f_0 (Abb. 78) zur Mündung sei sehr groß, so daß die Geschwindigkeit w_0 mit Null in Rechnung steht. Man unterscheidet drei Fälle des Ausströmens.

Unterkritisches Ausströmen: Dabei ist der Außendruck $p_2 > p_{kr}$. Der Druck im Strahl im Querschnitt f_2 ist gleich dem Außendruck p_2. Die Geschwindigkeit w_2 ist kleiner als w_{kr}. Weil v und ψ von p_0 und p_2 abhängen, sind in diesem Falle Geschwindigkeit und Gewicht vom Anfangs- *und* Endzustand abhängig. Geschwindigkeit und Gewicht errechnen sich nach den Gl. (263) und (264).

Kritisches Ausströmen: Dabei ist $p_2 = p_{kr}$. Auch hier entspannt sich das Gas auf den Außendruck innerhalb des Kanales. Die Geschwindigkeit nach Gl. (270) läßt sich aus dem Anfangszustand im Behälter allein rechnen und ist der Schallgeschwindigkeit gleich, die dem kritischen Zustand im Strahl p_{kr} und v_{kr} entspricht. Für das Gewicht ergibt sich mit ψ_{max} nach Gl. (268) aus Gl. (264) der Wert

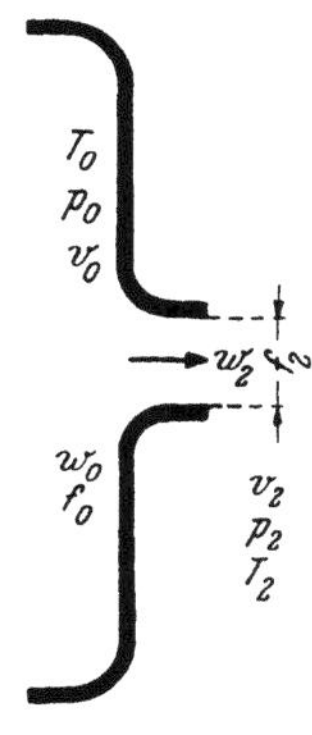

Abb. 78. Zum Ausfluß aus Behältern durch einfache Mündungen.

$$G = \frac{f_2}{v_0}\left(\frac{2}{\varkappa+1}\right)^{\frac{1}{\varkappa-1}}\sqrt{2\,g\,\frac{\varkappa}{\varkappa+1}\,p_0\,v_0}, \qquad (272)$$

der ebenfalls durch die Zustandswerte im Behälter bestimmt ist.

Überkritisches Ausströmen: Dabei ist $p_2 < p_{kr}$. Man ist zunächst zur Annahme verleitet, daß bei weiterem Absinken des Außendruckes unter den kritischen Druck Geschwindigkeit und Ausflußmenge weiter zunehmen. Die Praxis bestätigt diese Annahme nicht. Es zeigt sich, daß — gleichgültig wie tief man auch den Druck außen absenkt — die Geschwindigkeit in der Mündung und die ausfließende Menge gleichbleiben. Fälschlich wird dies mitunter als Widerspruch zwischen Theorie und Praxis hingestellt. Tatsächlich gelten die Ausflußgleichungen (263) und (264) nicht mehr für die einfache Mündung für überkritisches Ausströmen, weil nach Abschnitt c α sich der Kanal nach einer Verengung wieder erweitern müßte, wenn die Geschwindigkeit über die Schallgeschwindigkeit gesteigert werden sollte. In der Mündung, die sich bis zum Austritt nur verengt, kann also bestenfalls Schallgeschwindigkeit erzeugt werden. Im Strahl herrscht dann der kritische Druck, auch wenn außen der Druck p_2 niedriger ist. Nach dem Austritt „zerplatzt" dann der Strahl, wobei nach den Beobachtungen Querschwingungen auftreten. In Abb. 79 a—c ist der Druckverlauf im Strahl und dessen Form für die drei Fälle des Ausflusses schematisch dargestellt.

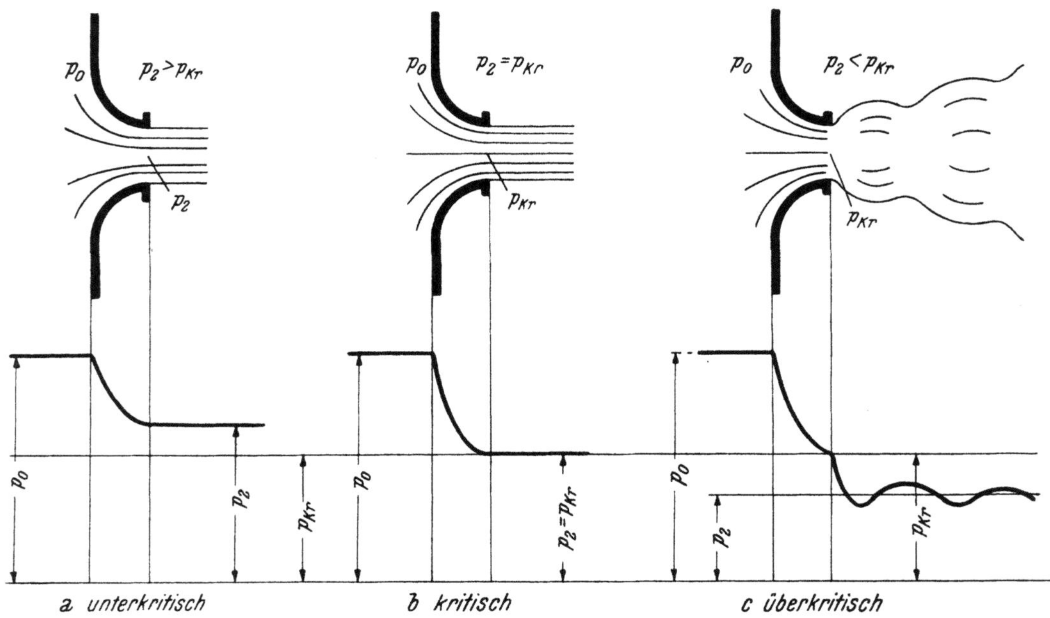

Abb. 79. Der Ausfluß aus der einfachen Mündung bei verschiedenem Gegendruck.

Die Lavaldüse. Will man Überschallgeschwindigkeit erreichen, so muß nach anfänglicher Verengung des Kanals wieder eine Erweiterung folgen, wie im Abschnitt b α erklärt wurde. Eine Düse dieser Form heißt nach dem Ingenieur de Laval, der sie im Turbinenbau einführte, eine Lavaldüse (Abb. 80).

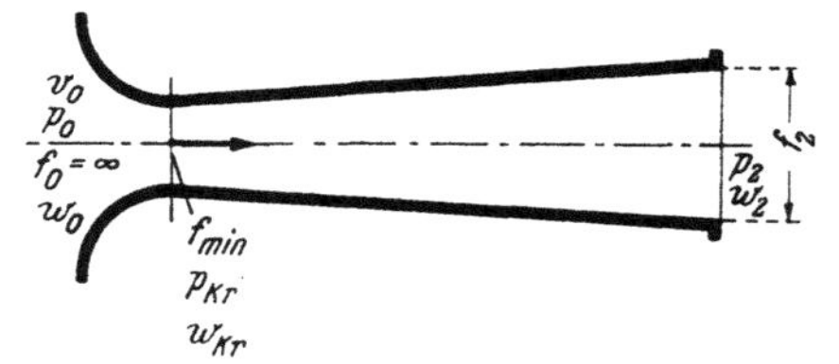

Im engsten Querschnitt stellt sich, wenn $p_2 < p_{kr}$ ist, der kritische Druck ein. Die ausströmende Menge ist daher gleich groß wie bei einer einfachen Mündung mit dem Querschnitt f_{min}, also nach Gl. (264)

Abb. 80. Düse nach de Laval.

$$G = \frac{f_{min}}{v_0} \sqrt{2\,g\,p_0\,v_0}\;\psi_{max}. \tag{273}$$

Der Austrittsquerschnitt rechnet sich nach Gl. (265) mit

$$f_2 = \frac{G\,v_0}{\sqrt{2\,g\,p_0\,v_0}\,\psi_2}\cdot$$

Setzt man hierin für G den Ausdruck Gl. (273) ein, so wird

$$f_2 = f_{min}\,\frac{\psi_{max}}{\psi_2}\cdot \tag{274}$$

Weil ψ_2 auch vom Austrittsdruck p_2 abhängt, ist demnach eine Düse nur für ein bestimmtes Druckverhältnis passend. Eine Düse, die falsch, das heißt nicht entsprechend dem Druckverhältnis bemessen ist, stört die gleichmäßige Strömung.

In Abb. 81 sind diese Auswirkungen erläutert. Der Druck im Strahl sinkt entlang des Rohres nach der Kurve p. Wird die Düse zu kurz gemacht (Abb. a), so tritt der Strahl noch mit Überdruck aus. Es entspannt sich das Gas nach Schwingungen ähnlich wie in Abb. 79 c. Bei richtiger Bemessung (Abb. b) ist der Austrittsdruck des Strahles gleich p_2. Bei zu langer Düse (Abb. c) entspannt sich das Gas unter p_2. Der Strahl tritt mit Unterdruck aus und wird von der umgebenden Gasmasse zusammengedrückt (Druckstoß), worauf sich der Druck wieder in Schwingungen ausgleicht. Wenn die Düse noch länger ist, kann sich der Strahl schon an der Wand ablösen (Abb. d), worauf wieder der Druckstoß eintritt.

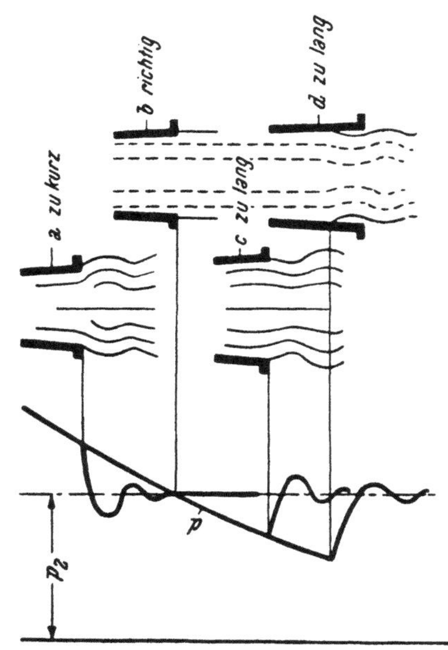

Abb. 81. Zum Einfluß des Gegendruckes bei der Lavaldüse.

Strömung bei kleinem Druckgefälle. Wenn der Druckunterschied $p_1 - p_2 = \Delta p$ zwischen zwei Querschnitten des Kanales klein ist, so kann das Integral in Gl. (256) angenähert wie folgt ausgedrückt werden (Abb. 82):

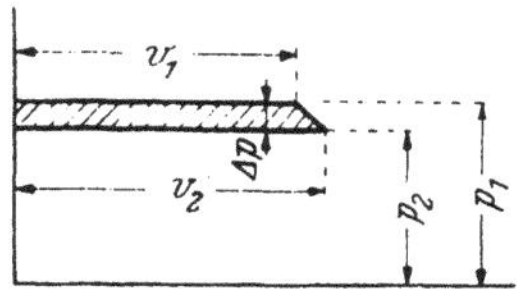

$$\int_2^1 v\, dp = v_1\,(p_1 - p_2)$$

Abb. 82. Zur Ableitung der Bernoulligleichung.

Damit ergibt sich die Geschwindigkeit w_2 aus Gl. (256)

$$w_2^2 = w_1^2 + 2\,g\,v_1\,(p_1 - p_2). \tag{275}$$

Dies ist die Bernoullische Gleichung.

Für den Ausfluß aus Mündungen ist $w_1 = w_0 = 0$, $p_1 = p_0$ und $v_1 = v_2$ zu setzen. Dann ergibt sich für die Geschwindigkeit

$$w_2 = \sqrt{2\,g\,v_0\,(p_0 - p_2)} = \sqrt{2\,g\,\frac{\Delta p}{\gamma_0}} \tag{276}$$

und für die Ausflußmenge

$$G = f_2\,\gamma_0\,\sqrt{2\,g\,\frac{\Delta p}{\gamma_0}}. \tag{277}$$

d) *Reibungsbehaftete unbeheizte Strömung in Kanälen.*

α) **Energieverhältnisse.** Wenn auch diesmal die Arbeit der äußeren Massenkräfte vernachlässigt wird, so geht Gl. (248) für die reibungsbehaftete Strömung über in:

$$\frac{A}{2\,g}\,(w_2{}^2 - w_1{}^2) = A \int\limits_2^1 v\,dp - r_i \Big|_1^2.$$

Wir setzen

$$r_i \Big|_1^2 = A\,l_r,$$

worin l_r die der Reibung äquivalente Reibungsarbeit in mkg/kg ist, die zwischen den betrachteten Querschnitten *1* und *2* verbraucht wird. Dann kann obige Gl. auch in der Form

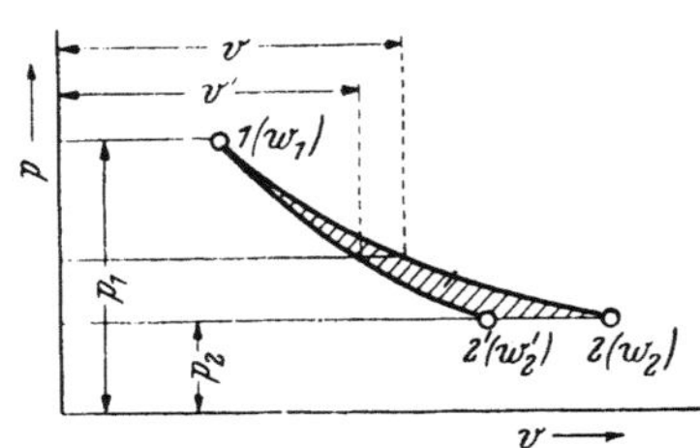

Abb. 83. Reibungsfreier und reibungsbehafteter Expansionsvorgang im $p\,v$-Diagramm.

$$\frac{1}{2\,g}\,(w_2{}^2 - w_1{}^2) = \int\limits_2^1 v\,dp - l_r \qquad (278)$$

geschrieben werden. Wir betrachten zwei Expansionsströmungen, deren Zustandslinien im $p\,v$-Diagramm nach Abb. 83 eingezeichnet sind. Die eine der Strömungen verlaufe reibungslos nach der Linie *1—2'*. Die Geschwindigkeit nehme dabei von w_1 auf den Wert w_2' zu. Die zweite Strömung sei reibungsbehaftet und verläuft von *1* nach *2*, wobei die Geschwindigkeit von w_1 auf w_2 zunehme. Weil sich durch die Reibungswärme das Gas erwärmt, muß das spezifische Volumen bei reibungsbehafteter Strömung bei gleichem Enddruck größer sein, als bei reibungsloser Strömung. Wendet man für beide Strömungen die Gl. (278) an, so gelten mit den in der Abb. 83 eingeschriebenen Bezeichnungen die Beziehungen

$$\frac{1}{2\,g}\,(w_2'^2 - w_1{}^2) = \int\limits_2^1 v'\,dp \qquad \text{reibungslos,}$$

$$\frac{1}{2\,g}\,(w_2{}^2 - w_1{}^2) = \int\limits_2^1 v\,dp - l_r \qquad \text{reibungsbehaftet.}$$

Subtrahiert man beide Gl., so ergibt sich

$$\frac{1}{2\,g}\,(w_2'^2 - w_2{}^2) = l_r - \int\limits_2^1 (v - v')\,dp = l_v \qquad (279)$$

als Verlustwert für die Strömungsenergie, der durch die Reibung entsteht. Weil das Integral positiv ist, ist der Verlust demnach kleiner als die Reibungsarbeit; es wird also ein Teil der Verlustwärme während der Expansion zurückgewonnen. Der rückgewonnene Anteil ist durch das Integral in Gl. (279) gegeben und durch die schraffierte Fläche in Abb. 83 dargestellt.

Die Energieverhältnisse lassen sich auch im $T\,s$- und $i\,s$-Diagramm darstellen, wenn man von Gl. (247) ausgeht. Mit b und $q_a = 0$ lautet diese für beide Strömungen angeschrieben:

$$\frac{A}{2\,g}\,(w_2'^2 - w_1{}^2) = i_1 - i_2' \quad \text{reibungslos,}$$

$$\frac{A}{2\,g}\,(w_2{}^2 - w_1{}^2) = i_1 - i_2 \quad \text{reibungsbehaftet.}$$

Subtrahiert man wieder die untere Gl. von der oberen, so ergibt sich der Wärmewert des Verlustwertes an Strömungsenergie zu

$$\frac{A}{2\,g}\,(w_2'^2 - w_2{}^2) = i_2 - i_2' = A\,l_v. \tag{280}$$

In Abb. 84 ist die Zustandsänderung der Strömung für verschiedene Ausgangszustände im $T\,s$-Diagramm dargestellt. Die einzelnen Punkte entsprechen den gleichbezeichneten Punkten in Abb. 83. Der Wärmewert der Reibung ist jeweils durch die Fläche unter der Zustandslinie Fläche $a\,1\,2\,b$ gegeben. Der Wärmewert des Reibungsverlustes $i_2 - i_2'$ ist durch die Fläche $a\,2'\,2\,b$ und der Wärmewert der rückgewonnenen Arbeit durch die jeweils schraffierte Fläche gegeben.

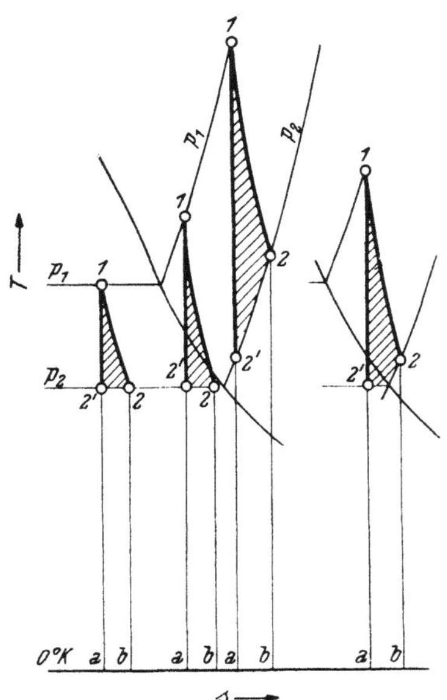

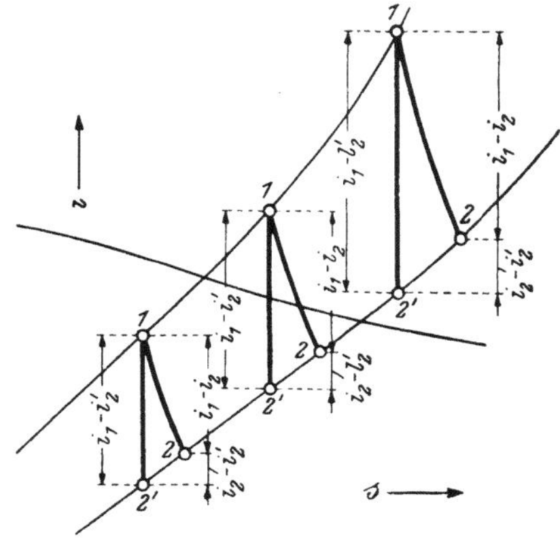

Abb. 84. Verschiedene Expansionsvorgänge mit und ohne Reibung im $T\,s$-Diagramm.

Abb. 85. Verschiedene Expansionsvorgänge mit und ohne Reibung im $i\,s$-Diagramm.

In Abb. 85 sind die Verhältnisse im $i\,s$-Diagramm dargelegt. Die Bezeichnung der Buchstaben ist den Abb. 83 und 84 entsprechend. Wie bei allen Strömungsaufgaben ist auch hier diese Darstellung besonders einfach, weil die Enthalpiedifferenz einfach als Ordinatendifferenz gegeben ist. Das als Strömungsenergie aufscheinende Wärmegefälle $i_1 - i_2$ bei Reibung ist um den Verlust $i_2 - i_2'$ kleiner als das Wärmegefälle $i_1 - i_2'$ ohne Reibung.

Bei praktischen Aufgaben ist es kaum möglich, die Größe der auftretenden Reibungsarbeit durch Rechnung zu ermitteln. Wie dies in ähnlich gearteten Fällen immer üblich ist, hilft man sich auch hier durch Einführung eines Koeffizienten, der durch Versuch von Fall zu Fall bestimmt wird. Man setzt

$$w_2 = \varphi\, w_2{}'. \tag{281}$$

φ ist hierin der Koeffizient, ein Maß für die Abminderung der Geschwindigkeit durch die Reibung. Er ist daher kleiner als 1.

Der Energieverlust durch die Reibung ist

$$l_v = \frac{1}{2\,g}\,(w_2{}'^2 - w_2{}^2) = \frac{w_2{}'^2}{2\,g}\,(1 - \varphi^2). \tag{282}$$

Außer durch die Reibung wird eine Unsicherheit in besonderen Fällen auch dadurch in die Rechnung getragen, daß die Querschnittsverhältnisse an der Stelle 2 mit bekanntem Enddruck durch Einschnürung des Strahles unbestimmt sind. Auch in diesem Falle hilft man sich durch Wahl eines Koeffizienten, wie in dem nachfolgend angeführten Beispiel noch näher erörtert ist.

β) **Anwendung auf praktische Fälle.** Der Ausfluß aus Mündungen bei Reibung und Einschnürung. In Abb. 86 sei $f_{2,0}$ eine scharfkantige (blendenförmige) Öffnung eines Behälters. Das Gas kann sich in der Blende nicht plötzlich auf den Außendruck entspannen, sondern braucht dazu eine gewisse Strecke des Strahles. Die Stromlinien biegen sich dabei nach innen, so daß der Strahlquerschnitt f_2 des entspannten Gases kleiner ist als die Blendenöffnung $f_{2,0}$. Man setzt

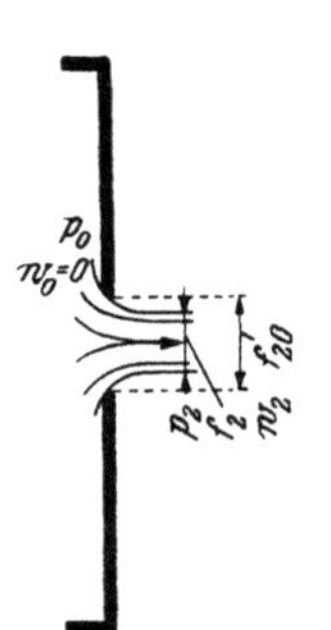

Abb. 86. Zum Ausfluß durch eine Blende.

$$f_2 = \alpha\, f_{2,0}. \tag{283}$$

α heißt die Kontraktionsziffer, die stark von der Form der Öffnung abhängt und durch Versuch bestimmt werden muß. Für die Geschwindigkeit gilt

$$w_2 = \varphi\, w_2{}'.$$

Das ausströmende Gewicht ist

$$G = f_2\, w_2\, \gamma_2 = \alpha\, f_{2,0}\, \varphi\, w_2{}'\, \gamma_2.$$

Man setzt dafür

$$G = \mu\, G'. \tag{284}$$

G' ist hierin das Gewicht, das ohne Reibung und ohne Kontraktion ausströmt, μ eine Ausflußziffer. Sie berücksichtigt außer dem Produkt $\alpha\,\varphi$ auch noch die Änderung des spezifischen Gewichtes infolge der Reibung und wird für jede Art der Öffnung durch Versuch bestimmt, indem man die gemessene Ausflußmenge mit der nach Gl. (264) gerechneten vergleicht. Die Werte von μ sind in technischen Handbüchern tabuliert.

Meßdüsen und Blenden. Als zweites Beispiel sei auf die Anwendung der Koeffizienten auf die Meßdüsen (Abb. 87 a) und Meßblenden (Abb. 87 b) kurz eingegangen. Geräte dieser Art werden in der Meßtechnik zum Messen der ein Rohr R durchströmenden Gasmenge verwendet. Die Öffnung $f_{2,0}$ wird so groß gewählt, daß der Druckunterschied vor und hinter ihr nur so groß ist, daß er mit hinreichender Genauigkeit an einem U-Rohr (h) abgelesen werden kann womöglich aber kein nennenswerter Druckverlust auftritt.

Für kleine Druckunterschiede gilt sinngemäß Gl. (275)

$$w_2'^2 = w_1^2 + 2\,g\,v_1\,(p_1 - p_2).$$

Nach Gl. (281) ist

$$w_2 = \varphi\,w_2'$$

und nach Gl. (283)

$$f_2 = a\,f_{2,0}.$$

Schließlich gilt für kleine Druckunterschiede angenähert

$$f_1\,w_1 = f_2\,w_2.$$

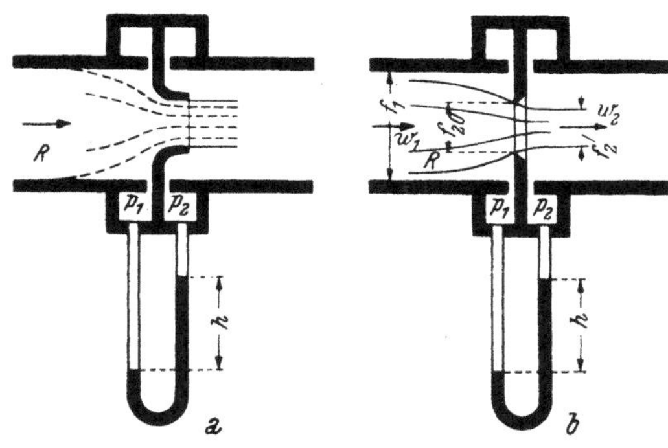

Abb. 87. Meßdüse und Meßblende.

Aus diesen Gl. errechnet sich die Geschwindigkeit

$$w_2 = \frac{\varphi}{\sqrt{1 - (\varphi\,a\,f_{2,0}/f_1)^2}}\,\sqrt{2\,g\,v_1\,(p_1 - p_2)}. \tag{285}$$

Das ausströmende Gewicht ist

$$G = f_2\,w_2\,\gamma_2 = \frac{a\,\varphi}{\sqrt{1 - (\varphi\,a\,f_{2,0}/f_1)^2}}\,f_{2,0}\,\sqrt{2\,g\,\gamma_1\,(p_1 - p_2)}. \tag{286}$$

Hierin ist statt γ_2 der nur wenig verschiedene Wert γ_1 geschrieben. Die erste Zahlengruppe wird zu einer Eichziffer a_D zusammengefaßt, die für Düsen mit genormten Abmessungen ein für allemal genau bestimmt wird. Damit ergibt sich das Gewicht zu

$$G = a_D\,f_{2,0}\,\sqrt{2\,g\,\gamma_1\,(p_1 - p_2)},$$

womit nach Messung der Druckdifferenz $(p_1 - p_2)$ ohneweiteres das Gewicht gerechnet werden kann.

2. Instationäre Strömung.

Wie eingangs dieses Abschnittes kurz erwähnt wurde, ist die analytische Lösung der partiellen Differential-Gleichungen für die instationäre Strömung schwierig. Ein exaktes Verfahren gibt es nur für die sogenannte „Schalltheorie". Sie gilt streng genommen nur für Strömungen mit unendlich kleinen Geschwindigkeiten des Mediums, aber näherungsweise auch für endliche Geschwindigkeiten, wie sie z. B. bei der Fortpflanzung des Schalles auftreten.[1] Diese Theorie zeigt aber schon viele wesentlichen Merkmale der instationären Strömung auf, so daß sie für das Verständnis derselben ein wertvolles Fundament gibt. Wir beschränken uns im Rahmen dieses Buches auf eine kurze Erörterung dieser Theorie, die auf das zylindrische Rohr angewendet wird.

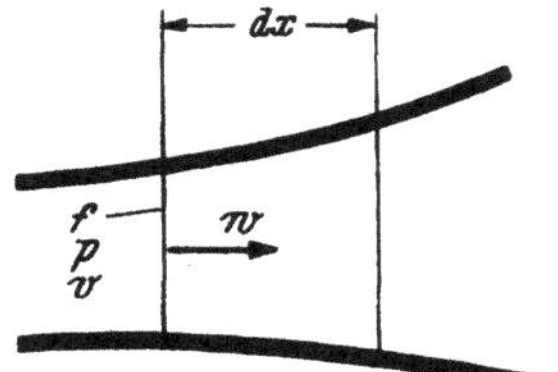

Abb. 88. Zum Ansatz der Bewegungsgleichungen.

a) *Ansatz der Bewegungsgleichungen.*

Kontinuitätsgleichung: Die Differenz des im Zeitintervall dz in das Teilstück des Rohres von der Länge dx (Abb. 88) ein- und ausströmenden

---

[1] Die Fortpflanzungsgeschwindigkeit selbst kann dabei beliebig groß sein.

Gasgewichtes ist der Änderung des darin enthaltenen Gewichtes während dieser Zeit gleichzusetzen.

$$\frac{\partial}{\partial x}(f\,w\,\gamma\,dz)\,dx = -\frac{\partial}{\partial z}(f\,\gamma\,dx)\,dz \qquad (287)$$

oder

$$\frac{\partial}{\partial x}(f\,w\,\gamma) = -\frac{\partial}{\partial z}(f\,\gamma). \qquad (288)$$

Nach der Differentiation wird daraus

$$\frac{\partial f}{\partial x}\,w\,\gamma + \frac{\partial w}{\partial x}\,f\,\gamma + \frac{\partial \gamma}{\partial x}\,f\,w = -f\,\frac{\partial \gamma}{\partial z}. \qquad (289)$$

Für das zylindrische Rohr ist $\partial f/\partial x = 0$ und somit lautet die Kontinuitätsgleichung

$$\gamma\,\frac{\partial w}{\partial x} + w\,\frac{\partial \gamma}{\partial x} + \frac{\partial \gamma}{\partial z} = 0. \qquad (290)$$

Trägheitsgleichung: Die Beschleunigung dw/dz, die die Gasmenge im Rohrstück dx erleidet, ist dem Kraftunterschied auf die Querschnittsfläche f und $f + df$ gleichzusetzen.

$$\frac{\partial}{\partial x}(f\,p)\,dx = -f\,dx\,\frac{\gamma}{g}\,\frac{dw}{dz}. \qquad (291)$$

Das vollständige Differential der Geschwindigkeit ist

$$\frac{dw}{dz} = \frac{\partial w}{\partial z} + \frac{\partial w}{\partial x}\,\frac{dx}{dz} = \frac{\partial w}{\partial z} + w\,\frac{\partial w}{\partial x}, \qquad (292)$$

weil $dx/dz = w$ ist. Damit lautet die Gl. (291), wenn auch linksseitig die Differentiation durchgeführt wird

$$p\,\frac{\partial f}{\partial x} + f\,\frac{\partial p}{\partial x} = -f\,\frac{\gamma}{g}\,\frac{\partial w}{\partial z} - f\,\frac{\gamma}{g}\,w\,\frac{\partial w}{\partial x}, \qquad (293)$$

Für das zylindrische Rohr gilt

$$-\frac{\partial p}{\partial x} = \frac{\gamma}{g}\,\frac{\partial w}{\partial z} + \frac{\gamma}{g}\,w\,\frac{\partial w}{\partial x}. \qquad (294)$$

Zustandsgleichung: Außer den Gl. (290) und (294) muß noch eine Zustandsgleichung angegeben werden, um den Vorgang eindeutig beschreiben zu können. Bei Annahme einer adiabatischen Zustandsänderung lautet diese

$$p_0\,v_0^{\varkappa} = p\,v^{\varkappa} = \text{konst.} \qquad (295)$$

p_0, v_0 sind Druck und spezifisches Volumen bei einem gegebenen Anfangszustand.

Aus den Gl. (290), (294), (295) folgen nach Entfernung von γ mit Hilfe der Beziehung $v = 1/\gamma$ die beiden Beziehungen

$$-g\,v_0\left(\frac{p_0}{p}\right)^{\frac{1}{\varkappa}}\frac{\partial p}{\partial x} = w\,\frac{\partial w}{\partial x} + \frac{\partial w}{\partial z}, \qquad (296)$$

$$\frac{\partial p}{\partial z} + w\,\frac{\partial p}{\partial x} + p\,\varkappa\,\frac{\partial w}{\partial x} = 0, \qquad (297)$$

In der „Schalltheorie" ist sehr kleine Geschwindigkeit w vorausgesetzt, so daß man die Glieder, die w als Faktor haben, als klein vernachlässigen kann. Dann lauten die Gl.

$$- g\, v_0 \left(\frac{p_0}{p}\right)^{\frac{1}{\varkappa}} \frac{\partial p}{\partial x} = \frac{\partial w}{\partial z}, \tag{298}$$

$$\frac{\partial p}{\partial z} = -\, p\, \varkappa\, \frac{\partial w}{\partial x}. \tag{299}$$

Auch für diese Gl. läßt sich eine geschlossene Lösung noch nicht angeben. Als weitere Vereinfachung wird angenommen, daß die Änderung des Druckes bei den kleinen Geschwindigkeiten sehr klein ist und für $p_0/p = 1$ geschrieben werden kann. Statt der Größe p in Gl. (299) kann ebenso p_0 geschrieben werden.[1] Damit lauten die Gl.

$$-\, g\, v_0 \frac{\partial p}{\partial x} = \frac{\partial w}{\partial z}, \qquad -\, \frac{1}{\varkappa\, p_0} \frac{\partial p}{\partial z} = \frac{\partial w}{\partial x}. \tag{300 a b}$$

Differenziert man die erste Gleichung partiell nach z, die zweite partiell nach x, so folgt nach Division die bekannte Wellengleichung

$$\varkappa\, g\, p_0\, v_0 \frac{\partial^2 w}{\partial x^2} = \frac{\partial^2 w}{\partial z^2}. \tag{301}$$

b) *Lösung.*

Das allgemeine Integral dieser Gl. hat die Form

$$p = p_0 + \frac{1}{v_0}\left[F_1\left(z - \frac{x}{a}\right) - F_2\left(z + \frac{x}{a}\right)\right], \tag{302}$$

$$w = w_0 + \frac{g}{a}\left[F_1\left(z - \frac{x}{a}\right) + F_2\left(z + \frac{x}{a}\right)\right]. \tag{303}$$

p_0 und w_0 sind der konstante Druck und die Geschwindigkeit zu Beginn des Bewegungsvorganges. a ist die Abkürzung für den Ausdruck

$$a = \sqrt{\varkappa\, g\, p_0\, v_0}.$$

F_1 und F_2 sind beliebige Funktionen der Argumente $z - x/a$ und $z + x/a$, womit die Lösung an gegebene Randbedingungen angepaßt werden kann. Aus der Form der Argumente geht hervor, daß es sich dabei um Funktionen handelt, deren Werte sich mit der Geschwindigkeit a in positiver, bzw. negativer Richtung der Rohrachse fortpflanzen. a ist demnach die Schallgeschwindigkeit, die dem Zustand $p_0\, v_0$ entspricht (vergl. auch Gl. (271)). Druck und Geschwindigkeit an einer bestimmten Rohrstelle setzt sich also zu jeder Zeit aus der Summe zweier in entgegengesetzter Richtung mit Schallgeschwindigkeit laufenden Wellen zusammen. Wir wollen die beiden Wellen als Druck- und Geschwindigkeitswellen bezeichnen, und zwar die in positiver Richtung laufende Welle als „vorlaufende", die andere als „rücklaufende" Welle und setzen für die Ausdrücke

---

[1] $p\, \varkappa$ ist der Elastizitätsmodul der Gassäule. Er wird durch diese Annahme also als konstant angenommen, was bei kleinen Geschwindigkeiten zulässig ist. Bei Flüssigkeiten ist dies exakt.

$$\frac{1}{v_0} F_1\left(z - \frac{x}{a}\right) = p_v \quad \text{Funktionswert der vorlaufenden Druckwelle,}$$

$$-\frac{1}{v_0} F_2\left(z + \frac{x}{a}\right) = p_r \quad \text{Funktionswert der rücklaufenden Druckwelle,}$$

$$\frac{g}{a} F_1\left(z - \frac{x}{a}\right) = w_v, \quad \begin{array}{l}\text{Funktionswert der vorlaufenden}\\ \text{Geschwindigkeitswelle,}\end{array}$$

$$\frac{g}{a} F_2\left(z + \frac{x}{a}\right) = w_r. \quad \begin{array}{l}\text{Funktionswert der rücklaufenden}\\ \text{Geschwindigkeitswelle.}\end{array}$$

Daraus ergeben sich als Beziehungen zwischen den Druck- und Geschwindigkeitswellen die Ausdrücke

$$p_v = \frac{a}{v_0\,g}\, w_v = \frac{1}{K}\, w_v$$

und

$$p_r = -\frac{a}{v_0\,g}\, w_r = -\frac{1}{K}\, w_r,$$

worin für die Zahlengruppe $g\,v_0/a = K$ geschrieben ist. Zwischen Druck und Geschwindigkeit besteht also ein linearer Zusammenhang. Hierin besteht also ein wesentlicher Unterschied gegenüber der stationären Strömung.

Mit obiger Schreibweise lautet die Lösung Gl. (302) und (303) ausgedrückt durch die Geschwindigkeiten:

$$p = p_0 + \frac{1}{K}\, w_v - \frac{1}{K}\, w_r, \tag{304}$$

$$w = w_0 + w_v + w_r \tag{305}$$

oder in einer zweiten Form, ausgedrückt durch die Drücke

$$p = p_0 + p_v + p_r, \tag{306}$$

$$w = w_0 + K\, p_v - K\, p_r. \tag{307}$$

Diese Lösungsformen erscheinen für praktische Anwendungen am zweckmäßigsten.

c) *Rückwurfgesetz an Blenden als Beispiel für die Erfüllung der Randbedingungen.*

Der Bewegungsvorgang in einem Rohr wird in der Regel so eingeleitet, daß an einer Stelle eine Druck- und Geschwindigkeitswelle ausgelöst wird, welche mit Schallgeschwindigkeit nach dem anderen Ende zu läuft. Dort werden diese nach einem bestimmten Rückwurfgesetz zurückgeworfen, worauf sie zur Ausgangsstelle zurücklaufen. Das Rückwurfgesetz richtet sich nach der Ausbildung des Rohrendes. Wir nehmen im folgenden eine Blende als Rohrabschluß an. Zu Beginn des Vorganges sei der Anfangsdruck p_0 in einem Rohr gleich dem Außendruck nach der Blende (Abb. 89). Die Anfangsgeschwindigkeit sei $w_0 = 0$. Gegen die Blende laufe eine Welle, deren Funktionswert p_v sei. Gefragt ist nach der rücklaufenden Welle, die an der Blende ausgelöst wird. Bei der Lösung der Aufgabe gehen wir von den Gl. (306) und (307) aus, die für das Rohrende anzuschreiben sind. Mit den Beziehungen der Abb. 89 lautet sie

$$p_e = p_0 + p_{ve} + p_{re}, \tag{308}$$

$$w_e = K\,(p_{ve} - p_{re}). \tag{309}$$

Außerdem muß für die Blende die Ausflußgleichung erfüllt sein. Wegen der Kleinheit der in Betracht stehenden Druckunterschiede kann unter Benützung der Gl. (275) als Ausflußgleichung die Beziehung

$$w_b{}^2 = w_e{}^2 + \frac{p_e - p_0}{\gamma}\,2\,g \tag{310}$$

gelten, wenn γ das spezifische Gewicht des Gases ist. Weiters muß die gleiche Gasmenge durch Rohr und Blende strömen. Bei Vernachlässigung der geringen Verschiedenheit der spezifischen Gewichte im Rohr und in der Blende lautet die Kontinuitätsgleichung

$$w_b = w_e\,(f_e/f_b) \tag{311}$$

Damit lautet die Strömungsgleichung

$$w_e{}^2\,\chi = \frac{p_e - p_0}{\gamma}\,2\,g\;. \tag{312}$$

Hierin ist

$$\chi = \left(\frac{f_e}{f_b}\right)^2 - 1 \tag{313}$$

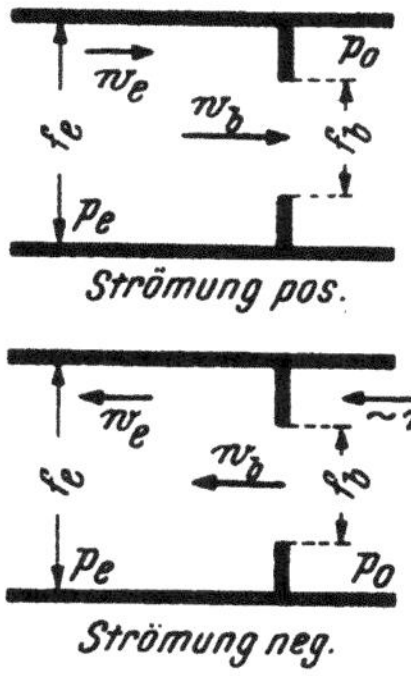

Abb. 89. Zum Ansatz des Reflexionsgesetzes für eine Blende.

eine Zahl, die ein Maß für die Drosselung gibt. Für den ungedrosselten (offenen) Ausfluß ist $f_e = f_b$ und $\chi = 0$. Bei verschlossenem Rohr ist $f_b = 0$ und $\chi = \infty$. Setzt man für w_e und p_e die Werte aus den Gl. (308) und (309) in Gl. (312) ein, so ergibt sich als Rückwurfgesetz der quadratische Ausdruck

$$p_{re}{}^2 + p_{re}\left(-\frac{2\,g}{\chi\,K^2\,\gamma} - 2\,p_{ve}\right) = \frac{2\,g}{\chi\,K^2\,\gamma}\,p_{ve} - p_{ve}{}^2. \tag{314}$$

Wenn die vorlaufende Welle negativ ist, strömt das Gas in umgekehrter Richtung durch die Blende. Wir nehmen in Hinblick auf die geringen Druckunterschiede die Geschwindigkeit im gleichweiten Rohr vor und nach der Blende in erster Näherung gleich groß an. Damit ändert sich in der Ausflußgleichung nur das Vorzeichen des Druckunterschiedes und das Rückwurfgesetz lautet jetzt

$$p_{re}{}^2 + p_{re}\left(\frac{2\,g}{\chi\,K^2\,\gamma} - 2\,p_{ve}\right) = -\frac{2\,g}{\chi\,K^2\,\gamma}\,p_{ve} - p_{ve}{}^2. \tag{315}$$

Gl. (314) und (315) stellen eine Schar von Parabeln dar mit der $p_r = p_v$-Linie als Achse und mit $b = \chi\,K^2\,\gamma$ als Parameter. Die beiden Scharen entstehen durch Spiegelung um die $p_r = -p_v$-Linie (Abb. 90).

Für das verschlossene Rohr folgt mit $b = \infty$ aus den Gl. (314) und (315) $p_{re} = p_{ve}$, das heißt: Am verschlossenen Rohrende wird die Druckwelle vollständig positiv zurückgeworfen. Die Geschwindigkeitswelle wird dabei negativ zurückgeworfen, weil die absolute Geschwindigkeit Null ist (Gl. (309)). Die Parabeln beider Scharen gehen in die $p_r = p_v$-Linie über. Abb. 91 a zeigt das Rückwurfgesetz in anschaulicher Form. Es ist hierin eine von links nach rechts laufende Druckwelle p_v in Zeitabständen $\varDelta z$ untereinander gezeichnet. Solange die rücklaufende Welle im Bereich

der vorlaufenden liegt, überlagern sich beide nach der Gleichung (306).
Sie addieren sich und geben zusammen mit p_0 den Gesamtdruck p.

Für das offene Rohr ist $b = 0$. Nach Multiplizieren der beiden
Gl. (314) und (315) mit $b = 0$ folgt $p_{re} = -\,p_{ve}$, das heißt: Am offenen
Rohrende wird die Druckwelle vollständig negativ zurückgeworfen. Es
läuft also eine Verdünnungswelle in das Rohr zurück. Die Parabeln der
beiden Scharen fallen dabei zusammen und arten in die $p_r = -p_v$-Linie
aus. Die Geschwindigkeitswellen werden positiv zurückgeworfen, so daß
die absolute Geschwindigkeit am Austritt doppelt so groß wie der
Amplitudenwert der vorlaufenden Welle ist Gl. (305). Abb. 91 b zeigt den
Gang der Wellen. Die negative rücklaufende Druckwelle zieht sich diesmal im Bereich der Überlagerung von der positiven vorlaufenden ab.

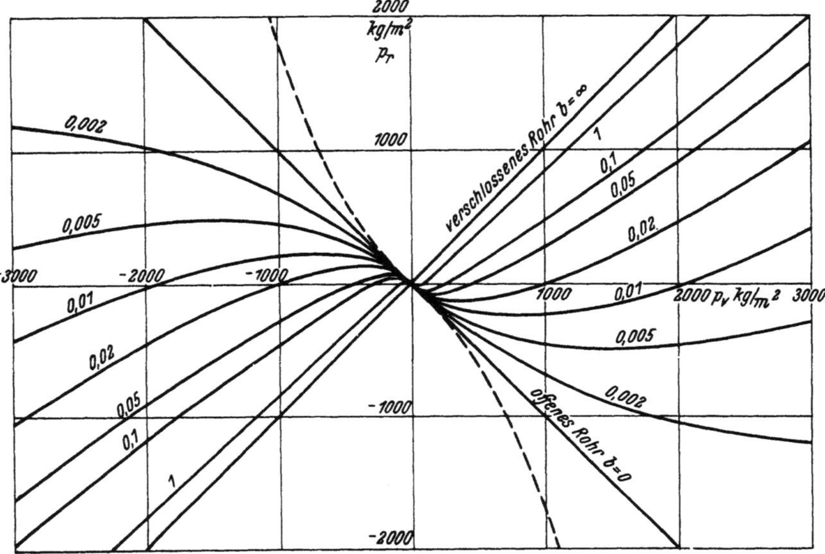

Abb. 90. Vor- und rücklaufende Druckwellen bei der Reflexion an einer Blende.

Bei allen übrigen Blendenöffnungen, die größer als Null und kleiner als
f_e sind, tritt ein teilweiser Rückwurf der Wellen ein und die zugehörige
Parabelschar liegt zwischen den Grenzfällen des vollständigen Rück-
wurfes. Praktisch geben nur die vollgezeichneten Äste der Kurven einen
Sinn. Jeder Kurvenast schneidet die Abszisse in einem Punkt. Dieser
Schnittpunkt liegt bei

$$p_{ve} = \pm \frac{2\,g}{\chi K^2 \gamma}, \tag{316}$$

das heißt, für jede Blendenöffnung läßt sich ein Wert der vorlaufenden
Welle angeben, der keine rücklaufende Welle auslöst. Umgekehrt gibt es
für jeden Amplitudenwert der vorlaufenden Welle eine Blendenöffnung,
bei der kein Rückwurf stattfindet und $p_{re} = 0$ ist. Diese Blendenöffnung
entspricht einem Wert

$$\chi = \frac{2\,g}{p_{ve} K^2 \gamma}. \tag{317}$$

Abb. 91 c zeigt wieder den Gang der Welle, die teilweise positiv und teilweise negativ zurückgeworfen wird. Die Nullwerte der rücklaufenden Welle entsprechen den nach Gl. (316) gegebenen Werten der vorlaufenden Welle.

Es gibt viele Beispiele in der Praxis, bei denen die Amplituden der Druck- und Geschwindigkeitswellen verhältnismäßig klein sind und die Schalltheorie ohne zu großen Fehler angewendet werden kann. Bei großen

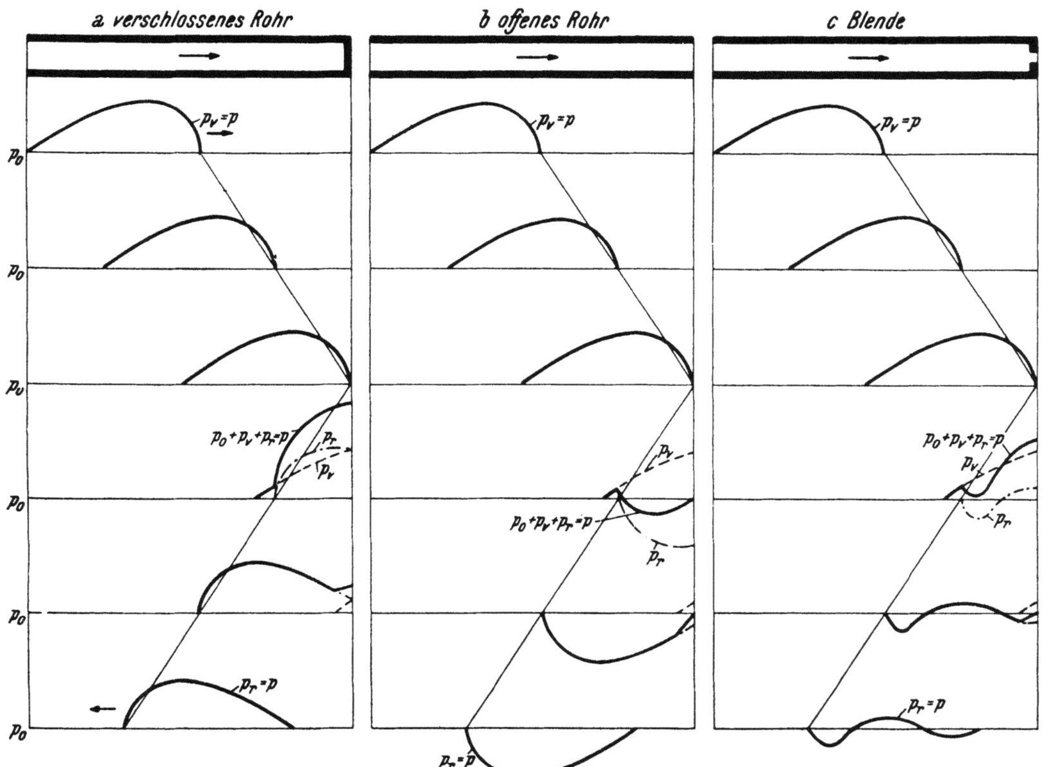

Abb. 91. Die Reflexion von Druckwellen.

Amplituden treten Abweichungen ein, die im wesentlichen darin bestehen, daß sich die Form der Wellen während ihres Laufes verändert und daß auch die Geschwindigkeit der Fortpflanzung sich ändern kann. Druckwellen neigen dazu, an ihrem vorderen Ende steiler zu werden, während sich Unterdruckwellen verflachen. Die Schalltheorie gibt aber auch in diesen Fällen eine Grundlage wenigstens zur qualitativen Abschätzung der Verhältnisse.

H. Die thermodynamischen Vorgänge in Wärmemaschinen.

I. Kompressoren (Verdichter).

Sie werden zum Verdichten von Luft oder Gasen verwendet. Man unterscheidet Kolben- und Turbokompressoren. Erstere sind Kolbenpumpen und eignen sich vorwiegend für hohe Drücke und verhältnismäßig kleine Durchsätze, während die Turbokompressoren vorzugsweise für große Mengen und verhältnismäßig niedrige Drücke angewendet werden. Bei letzteren wird das Gas in rasch umlaufenden Rädern verdichtet.

1. Kolbenkompressoren.

Das Schema des einfachen Kolbenkompressors zeigt Abb. 92. Der Kolben K bewegt sich periodisch über eine Hubstrecke h in einem Zylinder hin und her. Beim Hingang (Bewegung von links nach rechts) saugt er durch ein Ventil E Gas ein. Beim Rückgang verdichtet er dieses und schiebt es gegen den höheren Druck p_2 durch das Auslaßventil in einen Behälter aus.

a) Der „ideale" Arbeitsprozeß.

Bei der Untersuchung von ganzen Maschinen, in denen sich meist eine große Zahl von Vorgängen überlagern, pflegt man in der Thermodynamik von einem sogenannten „idealen" Arbeitsprozeß auszugehen, bei dem man sich alle störenden Einflüsse wegdenkt, die nicht untrennbar mit dem Arbeitsprozeß verbunden sind, um hierauf diese Einflüsse in ihrer Auswirkung auf den Idealprozeß abzuschätzen. Für den Idealprozeß des Kolbenkompressors werden folgende Annahmen getroffen:

1. Der Inhalt des Zylinders bei linksseitiger Lage des Kolbens (auch schädlicher Raum genannt) sei unendlich klein.

2. Während des Saugvorganges sei der Zustand des Gases im Zylinder gleich dem Außenzustand, das heißt

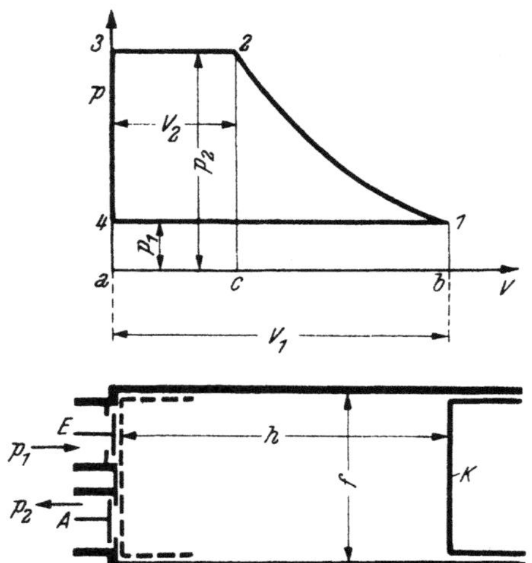

Abb. 92. Schema eines Kolbenkompressors.

a) es trete keine Erwärmung ein und
b) der Drosselwiderstand des Einlaßventiles sei Null.

3. Während des Ausschiebens sei der Druck konstant, das heißt
a) der Aufnahmebehälter nach dem Kompressor sei unendlich groß und
b) auch das Auslaßventil biete keinen Widerstand.

4. Das Gas soll als vollkommen behandelt werden.

Ermittlung der Kompressorarbeit aus dem pV-Diagramm:

In Abb. 92 ist über der Hubstrecke h oder das Volumen V der Druckverlauf im Zylinder aufgetragen. *4—1* ist die „Sauglinie". Während *1—2* wird verdichtet (Verdichtungslinie). *2—3* ist die Ausschublinie. Im oberen Totpunkt sinkt der Druck im Augenblick der Bewegungsumkehr nach der Linie *3—4* plötzlich ab. Man nennt bei Kolbenmaschinen das pV-Diagramm auch das Indikatordiagramm. Weil es mit geeigneten Geräten (Indikatoren) an der laufenden Maschine aufgenommen werden kann, kommt ihm bei der Untersuchung besondere Bedeutung zu.

Der geschlossene Linienzug *1 2 3 4* stellt im Falle des Verdichters keinen Kreisprozeß dar, weil die Linien *4—1* und *2—3* keine Zustandsänderungen sind. Es ändert sich V, weil sich das Gewicht, aber nicht das spezifische Volumen ändert. Die vom Linienzug *1 2 3 4* eingeschlossene Fläche gibt aber auch hier die Arbeit, die für ein Arbeitsspiel aufzuwenden ist. Diese Arbeit gliedert sich auf:

Für das Ansaugen *4, 1*

$$p_1 f h_1 = p_1 V_1 = \text{Fläche } a\,4\,1\,b, \tag{318}$$

für das Verdichten *1, 2*

$$\int_1^2 p f d h = \int_1^2 p d V = \text{Fläche } b\,1\,2\,c, \tag{319}$$

für das Ausschieben

$$- p_2 f h_2 = - p_2 V_2 = \text{Fläche } c\,2\,3\,a. \tag{320}$$

Die gesamte Arbeit ist die Summe aus diesen Teilbeträgen, also

$$L_i = \int_1^2 p\, dV + p_1 V_1 - p_2 V_2 = \text{Fläche } 1\,2\,3\,4. \tag{321}$$

Diese Arbeit wird als „indizierte" Arbeit bezeichnet. Sie ist vom Kolben aufzubringen, um die angesaugten G kg zu verdichten und weiterhin auszuschieben. Im Falle des Kompressors wird sie auch als „indizierte Kompressorarbeit" bezeichnet, zum Unterschied von der „Kompressionsarbeit", die sich nur auf den Teilbetrag für das Verdichten (Fläche *b 1 2 c*) bezieht.

Dividiert man Beziehung Gl. (321) durch G, so erhält man die indizierte Kompressorarbeit für 1 kg geförderten Gases, also

$$l_i = \int_1^2 p\, \frac{dV}{G} + p_1 \frac{V_1}{G} - p_2 \frac{V_2}{G}$$

oder wenn für $\dfrac{dV}{G} = v$, $\dfrac{V_1}{G} = v_1$ das spezifische Volumen zu Beginn

der Verdichtung und für $\dfrac{V_2}{G} = v_2$ das spezifische Volumen am Ende der Verdichtung geschrieben wird

$$l_i = \int_1^2 p\, dv + p_1 v_1 - p_2 v_2. \tag{321 a}$$

Um das Integral auswerten zu können, muß für die Zustandsänderung eine Annahme getroffen werden. Eine brauchbare Annäherung erhält man, wenn eine Polytrope zugrunde gelegt wird, wie noch später begründet wird. Mit Benützung der Gl. (144) für die Kompressionsarbeit der Polytrope geht Gl. (321 a) über in

$$l_i = \frac{1}{m-1}(p_1 v_1 - p_2 v_2) + p_1 v_1 - p_2 v_2$$

oder

$$l_i = \frac{m}{m-1}(p_1 v_1 - p_2 v_2). \tag{322}$$

Nach einigem Umformen und mit Benützung der Beziehung $\dfrac{v_2}{v_1} = \left(\dfrac{p_1}{p_2}\right)^{\frac{1}{m}}$ wird schließlich

$$l_i = \frac{m}{m-1} p_1 v_1 \left[1 - \left(\frac{p_2}{p_1}\right)^{\frac{m-1}{m}}\right], \tag{323}$$

Diese Arbeit ist negativ, weil sie vom Kolben zu leisten ist. Man pflegt im Kompressorenbau die Arbeit positiv anzugeben und spricht vom „Arbeitsbedarf" des Kompressors.   Er beträgt

$$l_i = \frac{m}{m-1} p_1 v_1 \left[\left(\frac{p_2}{p_1}\right)^{\frac{m-1}{m}} - 1\right] \text{mkg/kg.} \tag{324}$$

Ermittlung der Kompressorarbeit aus dem Ts-Diagramm.

Im vorstehenden Abschnitt wurde die Kompressorarbeit unmittelbar aus den Teilarbeiten der einzelnen Arbeitsphasen ermittelt.   Ein zweiter Weg, der im folgenden beschrieben ist, ergibt sich aus der Wärmebilanz der Maschine. Abb. 93 zeigt schematisch den Energiefluß. Je kg geförderten Gases wird der Wärmewert $A\,l_i$ der indizierten Arbeit zugeführt. Durch das Gas wird je kg i_1 zugeführt und i_2 abgeführt. Die Kühlmittelmenge sei g kg je kg geförderten Gases mit einer Eintrittsenthalpie i_a und einer Austrittsenthalpie i_b. Die Summe aller zu- und abgeführten Energien muß Null sein:

$$A\,l_i + i_1 - i_2 - g(i_b - i_a) = 0.$$

$g(i_b - i_a) = q_k$ ist die je kg Gas abgeführte Wärmemenge. Somit wird

$$A\,l_i = q_k + i_2 - i_1. \tag{325}$$

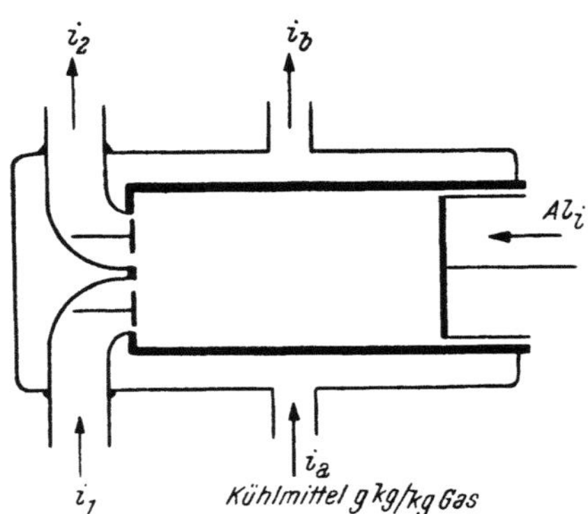

Abb. 93. Zur Energiebilanz des Kompressors.

Diese Gleichung gilt für beliebige Zustandsänderungen im Zylinder[1]. Sie

---

[1] Für die Polytrope läßt sich einfach zeigen, daß G. (324) mit Gl. (325) identisch ist. Mit $i_2 - i_1 = c_p(T_2 - T_1)$ wird $A\,l_i = q_k + c_p(T_2 - T_1)$.

Nach Gl. (148) ist für die Polytrope $q_k = A\,l_c \dfrac{\varkappa - m}{\varkappa - 1}$ und nach Gl. (100)

$A\,l_c = \dfrac{A\,R}{m-1}(T_2 - T_1);$ nach   Gl. (106) ist $c_p = \dfrac{A\,R\,\varkappa}{\varkappa - 1}.$ Somit ist

$A\,l_i = \dfrac{A\,R}{m-1}(T_2 - T_1)\dfrac{\varkappa - m}{\varkappa - 1} + \dfrac{A\,R\,\varkappa}{\varkappa - 1}(T_2 - T_1),$ woraus nach einigem Umformen Gl. (324) hervorgeht.

gibt die Möglichkeit zur Ermittlung der Kompressorarbeit aus dem Ts-Diagramm. Vom Linienzug *1 2 3 4* des pV-Diagrammes (Abb. 92) kann nur die Verdichtungslinie *1 2* in das Ts-Diagramm übertragen werden, weil nur diese eine Zustandsänderung versinnbildlicht. In Abb. 94 a verläuft sie, weil die Verdichtung unter Wärmeabgabe, also Entropieverminderung vor sich geht, von rechts nach links. Sie ist schematisch als Gerade gezeichnet. Wie weiter unten begründet wird, ist diese Vereinfachung auch zulässig, wenn die Arbeit quantitativ ermittelt wird.[1]

Bezüglich der Wärmeabgabe an die Wand verhalten sich nicht alle Gasteilchen gleich. Wir betrachten zwei Gasteilchen; das eine soll in der Nähe des Auslaßventiles liegen und nach Beendigung der Verdichtung sogleich den Zylinder verlassen, das andere verlasse den Zylinder erst am Ende des Ausschubhubes. Für beide Teilchen muß Gl. (325) erfüllt sein (bezogen jeweils auf 1 kg).

Das erste Teilchen verläßt im Zustand *2* den Zylinder. Die an den Zylinder und weiter an das Kühlwasser abgegebene Wärme ist durch die Fläche *c d 1 2 c* unter der Zustandslinie gegeben. Die Differenz der Enthalpie $i_2 - i_1$ ist der Fläche *b c 2 a b* gleich[2].

Somit ist $A\,l_i =$ Fläche *c d 1 2 c* $+$ Fläche *b c 2 a b* $=$ Fläche *b d 1 2 a b*.

Das zweite Teilchen gibt während der Verdichtung dieselbe Wärme — immer auf die Gewichtseinheit bezogen — ab. Es bleibt aber noch eine Zeitlang im Zylinder und kühlt sich bei gleichbleibendem Druck noch weiter ab, etwa auf den Punkt *2'*. Mit diesem Zustand verläßt es den Zylinder. Die Kühlwärme ist also durch die Fläche *e d 1 2 2' e* gegeben. Die Enthalpiedifferenz vor und nach dem Zylinder $i_2' - i_1$ ist der Fläche *b e 2' a b* gleich. Die Arbeit ist dann

$A\,l_i =$ Fläche *e d 1 2 2' e* $+$ Fläche *b e 2' a b* $=$ Fläche *b d 1 2 a b*.

Sie ist also gleich wie beim ersten Teilchen. Wenn der Endpunkt *2* der Verdichtungslinie bekannt ist, ist somit auch die indizierte Arbeit im Ts-Diagramm bestimmbar, unbeschadet dessen, daß der Vorgang nicht einheitlich für alle Gasteile gleich ist.

Die Kühlung hat einen nicht unwesentlichen Einfluß auf die Größe der Kompressorarbeit, wie Abb. 94 a—c erkennen läßt. Bei adiabatischer Verdichtung ohne Kühlung (Abb. 94 b) ist sie größer als bei Kühlung. Sie ist noch größer, wenn Wärme zugeführt wird (Abb. 94 c). Die Kühlwärme ist zwar negativ in Rechnung zu stellen, trotzdem ist aber die Gesamtarbeit größer, weil die Enthalpiedifferenz bei Heizung sehr stark zunimmt. Am kleinsten wird die Arbeit bei isothermischer Verdichtung (Abb. 95). Es ist daher ein Grundsatz im Kompressorenbau, möglichst gut zu kühlen. Das Verhältnis von isothermischer (l_{is}) zu adiabatischer (l_{ad}) Kompressorarbeit geht für verschiedene Druckverhältnisse aus nachstehender Tab. hervor. Sie gilt für Luft bei einem Anfangszustand im Punkte *1* von 1 ata und 20^0 C.

p_2/p_1	2	4	6	8	10	12 at
Endtemp. t_2 adiab.	84	162	215	257	292	322^0 C
l_{is}/l_{ad}	0,92	0,815	0,766	0,732	0,707	0,687

---

[1] Eine Polytrope wird bekanntlich im Ts-Diagramm durch eine logarithmische Linie wiedergegeben.

[2] $i_2 - i_1 = c_p\,(T_2 - T_1)$, das ist auch die Wärme, die bei gleichbleibendem Druck zur Temperaturerhöhung von T_1 auf T_2 erforderlich ist. Sie ist also z. B. der Wärme gleich, die für die Zustandsänderung *a 2* gebraucht wird und die ist gleich der Fläche *b c 2 a b* unter der Zustandslinie $p =$ konst.

Die Verdichtungslinien nach Abb. 94 a—c sind schematisiert. Praktisch verläuft sie weder nach einer Geraden noch nach einer Polytrope, sondern nach einer Kurve, wie sie grundsätzlich in Abb. 94 d gezeichnet ist. Die Zylinderwand ist zu Beginn der Verdichtung immer wärmer als das Gas,

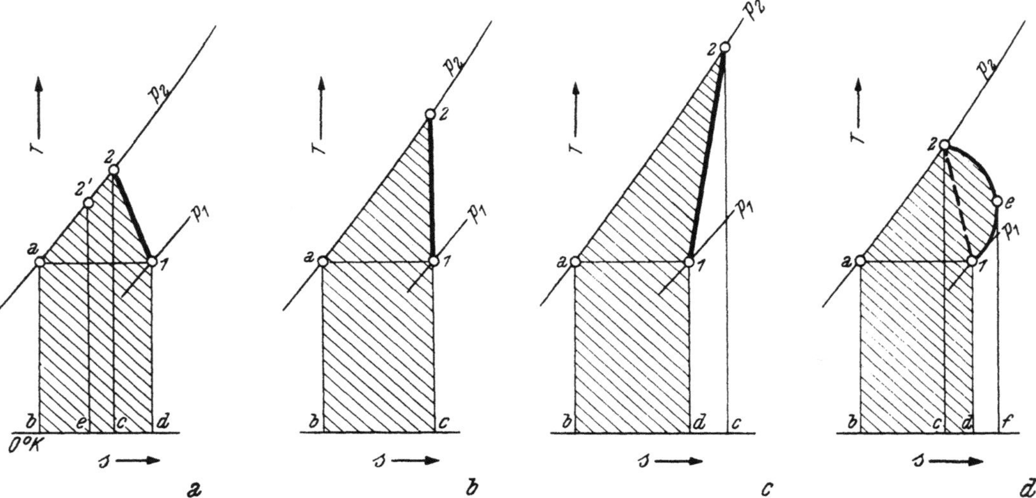

Abb. 94. Der Einfluß der Kühlung beim Kompressor.

hingegen am Ende der Verdichtung kälter als das Gas. Während der Verdichtung strömt daher zunächst Wärme aus der Wand in das Gas. Im Punkte e ist die Wandtemperatur gleich der Gastemperatur und die Zustandsänderung für den Augenblick adiabatisch (vertikale Tangente).

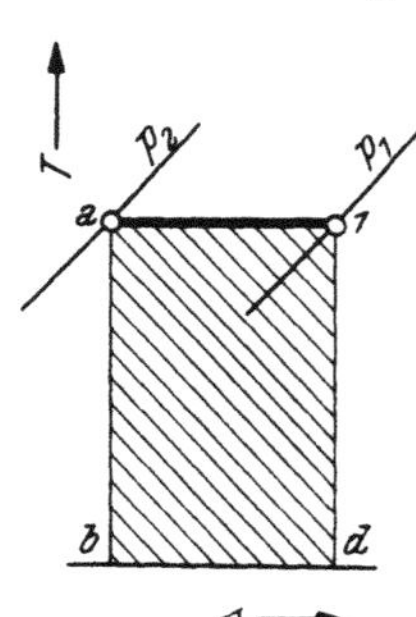

Abb. 95. Die Arbeit bei isothermischer Verdichtung.

Von hier an biegt die Linie der einsetzenden Kühlung entsprechend wieder nach links. Von der Wand strömt Wärme im Ausmaß der Fläche $d\,1\,e\,f\,d$ in das Gas. Vom Gas fließt Wärme im Ausmaß der Fläche $c\,2\,e\,f\,c$ in die Wand, so daß die daraus resultierende Kühlwärme durch die Fläche $c\,2\,e\,1\,d\,c$ gegeben ist. Die Kompressorarbeit ist damit der Fläche $b\,a\,2\,e\,1\,d\,b$ gleich.

In praktischen Beispielen ist gegenüber den schematischen Diagrammen der Abb. 94 die Höhe $b\,a$ in der Regel höher. Wenn man bei Unkenntnis des genauen Verlaufes der Verdichtungslinie diese durch die Gerade 1—2 (Abb. 94 d) ersetzt, erscheint dann der Fehler noch kleiner als er in der Abb. als Fläche $1\,2\,e\,1$ abzuschätzen ist.

b) *Der wirkliche Arbeitsprozeß.*

α) **Einfluß des „schädlichen Raumes".** Aus konstruktiven und aus Gründen der Betriebssicherheit muß in der praktischen Maschine im oberen Totpunkt ein kleiner Raum zwischen Kolben und oberer Begrenzungsfläche des Zylinders verbleiben, der als schädlicher Raum bezeichnet wird. Im $p\,V$-Diagramm (Abb. 96) ist dieser (hier übertrieben groß gezeichnete) Raum durch die Strecke V_s gekennzeichnet. 1—2

ist die Verdichtungslinie, *2—3* die Ausschublinie. Weil jetzt der schädliche Raum mit gespanntem Gas erfüllt ist, fällt der Druck bei der Bewegungsumkehr des Kolbens nicht plötzlich ab, sondern nach der „Rückexpansionslinie" *3—4*. *4—1* ist die Sauglinie.

Der schädliche Raum wirkt sich in erster Linie auf das Fördervolumen im Sinne einer Verminderung desselben aus, während der Arbeitsbedarf nur wenig und praktisch nicht ins Gewicht fallend beeinflußt wird.

Der Kolben saugt nicht über den ganzen Hub an, sondern nur über die Strecke V_a (Abb. 96). Es ist

$$V_a = V_h + V_s - V_4 \qquad (326)$$

Wir nehmen für die Rückexpansionslinie eine Polytrope von der Gleichung $p\, V^m = \text{konst.}$ an. Damit ist

$$p_2\, V_s^m = p_1\, V_4^m$$

und

$$V_4 = \left(\frac{p_2}{p_1}\right)^{\frac{1}{m}} V_s.$$

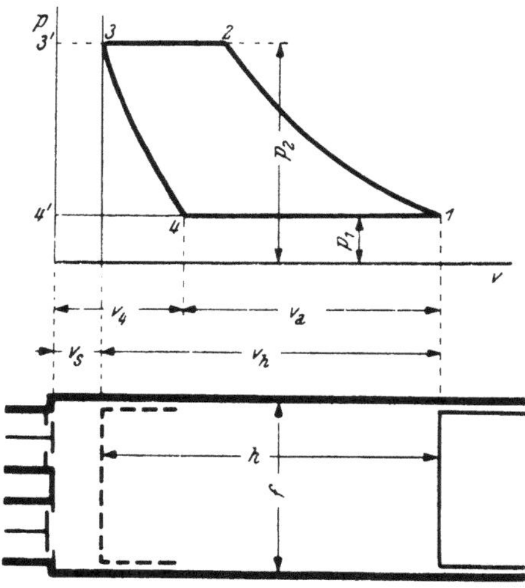

Abb. 96. $p\,V$-Diagramm des wirklichen Prozesses.

Setzt man dies in Gl. (326) ein, so ist weiter

$$V_a = V_h + V_s\left[1 - \left(\frac{p_2}{p_1}\right)^{\frac{1}{m}}\right], \qquad (327)$$

Man bezeichnet im Kompressorenbau als „volumetrischen Wirkungsgrad" das Verhältnis

$$\frac{V_a}{V_h} = \eta_v.$$

Er ergibt sich aus Gl. (327), wenn man durch V_h dividiert

$$\eta_v = 1 - \frac{V_s}{V_h}\left[\left(\frac{p_2}{p_1}\right)^{\frac{1}{m}} - 1\right], \qquad (328)$$

Daraus ist ersichtlich, daß mit zunehmendem schädlichen Raum der volumetrische Wirkungsgrad abnimmt. Dieser Umstand wird bisweilen auch zur Regelung der Fördermenge ausgenützt, indem der schädliche Raum veränderlich ausgeführt wird. Bei der Neuberechnung eines Kompressors muß dem volumetrischen Wirkungsgrad selbstverständlich Rechnung getragen und das Zylindervolumen größer ausgeführt werden als das anzusaugende Gasvolumen.

Für den Polytropenexponenten kann man in guter Annäherung an die wirkliche Expansionslinie $m = 1{,}2$ setzen.

Nach Gl. (328) gibt es für jeden schädlichen Raum ein Druckverhältnis und für jedes Druckverhältnis einen schädlichen Raum, bei dem der volumetrische Wirkungsgrad Null wird. Diese Werte ergeben sich aus $\eta_v = 0$ mit

$$V_s = V_h \frac{1}{\left[\left(\frac{p_2}{p_1}\right)^{\frac{1}{m}} - 1\right]} \tag{329}$$

und

$$\frac{p_2}{p_1} = \left(\frac{V_h}{V_s} + 1\right)^m, \tag{330}$$

Der Einfluß des schädlichen Raumes auf die Kompressorleistung läßt sich an Hand der Abb. 97 abschätzen. Die Linie *1—2* ist die Verdichtungslinie. Die Rückexpansion setzt im Punkte *3* an, der auf der Linie p_2, aber bei etwas tieferer Temperatur wie Punkt *2* liegt, weil sich während des Ausschiebens das Gas abgekühlt hat. Die Rückexpansionslinie *3—4* verläuft zunächst nach links, weil im ersten Teil nachgekühlt wird. Weiterhin strömt aber Wärme aus der Wand in das Gas, so daß die Linie nach rechts verläuft. Wir teilen gedanklich den Prozeß in zwei Teilprozesse (Abb. 96 $p\,V$-Diagramm). Der erste verlaufe als Kompressorprozeß in einer Maschine ohne schädlichem Raum entsprechend dem Diagramm *4′ 1 2 3′*. Er werde von einer Gasmenge G ausgeführt. Je kg wird eine Kompressorarbeit l_1 verbraucht, deren Wärmewert sich aus dem $T\,s$-Diagramm (Abb. 97) durch die Fläche *b a 2 1 d b* ergibt. Der zweite Prozeß werde in derselben Maschine zeitlich nach dem ersten ausgeführt. Er verlaufe nach dem Linienzug *3′ 3 4 4′* (Abb. 96) als

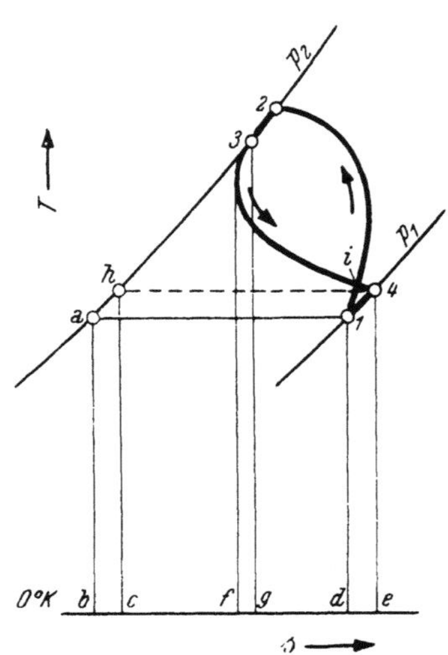

Abb. 97. Zum Einfluß des schädlichen Raumes.

Motorprozeß, das heißt während *3′ 3* ströme gespanntes Gas ein, das sich nach *3—4* entspannt. Die Ausschublinie sei *4 4′*. Der Motorprozeß werde von einer Gasmenge G_r ausgeführt, die gleich ist der Restgasmenge, die im wirklichen Kompressorprozeß im schädlichen Raum bei linker Kolbenstellung enthalten ist. Im $T\,s$-Diagramm (Abb. 97) ist der Wärmewert der vom Motorprozeß geleisteten Arbeit l_2 durch die Fläche *c h 3 4 e c* gegeben, was sich aus ähnlichen Überlegungen ergibt, wie sie für den Kompressorprozeß angestellt wurden. Die Summenarbeit beider Prozesse ist gleich der Arbeit des Kompressorprozesses, weil die beiden $p\,V$-Diagramme übereinander gelegt unter Berücksichtigung positiver und negativer Flächen als Resultierende die Fläche *1 2 3 4 1* des Kompressorprozesses ergeben. Es ist demnach

$$G\,l_1 - G_r\,l_2 = G_f\,l_i.$$

G_f ist das geförderte Gewicht und l_i die je kg des geförderten Gewichtes geleistete Arbeit. Es ist

$$G_f = G - G_r.$$

Aus beiden Beziehungen ergibt sich

$$l_i = l_1 + \frac{G_r}{G_f}(l_1 - l_2). \tag{331}$$

Gegenüber der Arbeit des Prozesses ohne schädlichen Raum, ist die tatsächliche Arbeit um den Betrag $(G_r/G_f)\,(l_1 - l_2)$ vergrößert. Man trachtet, den schädlichen Raum so klein wie möglich auszuführen. G_r/G_f ist dann ein Bruchteil von 1. Der Wärmewert von $l_1 - l_2$ ist in Abb. 97 durch die Fläche *1 2 3 4 1* gegeben. Die Teilfläche *1 4 i 1* ist dabei negativ zu nehmen. Es ist auch diesmal zu beachten, daß die Höhe $a\,b$ bis zur Nullinie gegenüber dem maßstabrichtigen Diagramm verkleinert gezeichnet ist. $l_1 - l_2$ ist praktisch klein gegenüber der Arbeit l_1 oder l_2. Das Zusatzglied in Gl. (331), welches dem schädlichen Raum Rechnung trägt, ist demnach klein gegenüber l_1. Erfahrungsgemäß kann daher der Einfluß des schädlichen Raumes auf die Kompressorarbeit als unbedeutend vernachlässigt werden.

β) **Einfluß der Erwärmung während des Ansaugens.** Durch die Aufheizung des Gases während des Ansaugens·erfährt das geförderte Gewicht abermals eine Abminderung im Verhältnis der Temperaturen T_a/T_1. Es bedeutet T_a die Außentemperatur und T_1 die Gastemperatur am Ende des Ansaugens.

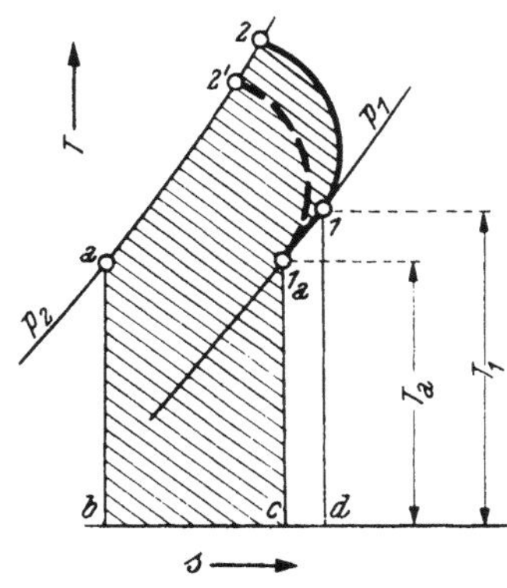

Die Kompressorarbeit wird durch die Erwärmung der Luft auch vergrößert (Abb. 98). Während des Ansaugens ändere sich der Zustand längs der Linie $p_1 =$ konst. von der Temperatur T_a auf T_1. Hierauf folgt die Verdichtung nach der Linie *1—2*. Der Wärmewert der Kompressorarbeit ist nach Gl. (325) der Fläche $b\,a\,2\,1\,1_a\,c\,b$ gleich, weil die Wärme $c\,1_a\,1\,d\,c$ ebenso wie die während des ersten Teiles der Verdichtung aus der Wand in das Gas übergehende Wärme im zweiten Teil der Verdichtung wieder als Kühlwärme abströmt und somit an der Arbeitsbilanz keinen Anteil hat. Gegenüber dem „Idealprozeß" 1_a—$2'$ ohne Aufheizung

Abb. 98. Zum Einfluß der Erwärmung des Arbeitsmittels.

erscheint im wirklichen Prozeß der Arbeitsbedarf nur um das Flächenstück $1_a\,1\,2\,2'$ vergrößert, welches praktisch unbedeutend ist.

γ) **Einfluß der Drosselung in den Ventilen und der endlichen Größe des Aufnahmebehälters.** Nach der Rückexpansion beginnt das Ansaugen erst bei einem Zylinderdruck, der um den Öffnungsdruck des Saugventiles kleiner als der Außendruck ist. Der Drosselung zufolge bleibt der Zylinderdruck während des Saugens unter dem Außendruck p_a (Abb. 99) und auch am Ende des Saugens ist der Druck p_1 im allgemeinen kleiner als der Außendruck p_a. Nach der Verdichtung öffnet das Auslaßventil bei einem Druck p_2,

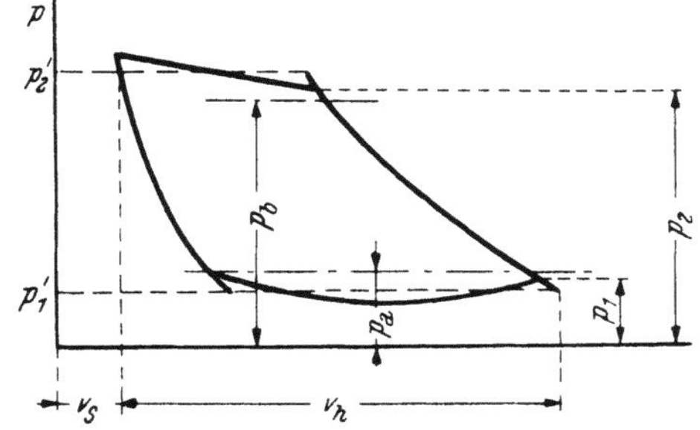

Abb. 99. Zum Einfluß der Drosselung.

der etwas größer als der Behälterdruck p_b ist. Dieser Druck steigt während des Ausschiebens noch etwas an, weil im Aufnahmebehälter mit endlichem Volumen der Druck steigt.

Auch der Umstand, daß p_1 kleiner als p_a ist, vermindert das angesaugte Gewicht im Verhältnis der Drücke p_1/p_a.

Der Arbeitsbedarf wird größer, weil das Druckverhältnis p_2'/p_1' größer ist als das Verhältnis p_a/p_b ohne Drosselung. Die Drucklinien p_2' und p_1' sind so bestimmt, daß sie als obere und untere Begrenzung des Diagrammes dieselbe Arbeit geben wie das wirkliche Diagramm.

δ) **Bestimmung des Arbeitsbedarfes bei wirklichen Gasen und Dämpfen.** Wenn ein Indikatordiagramm bekannt ist, wird auch hier die Arbeit als Fläche des Diagrammes bestimmt. Durch analytische Rechnung kann man sie nicht ermitteln, weil die Integrale der Verdichtungs- und Expansionslinien nur graphisch auswertbar sind.

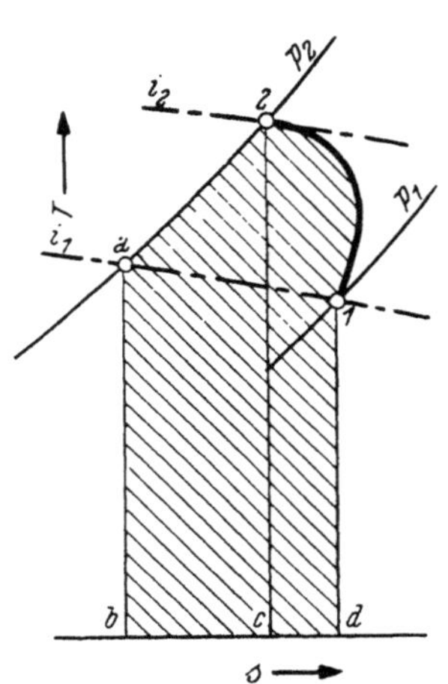

Abb. 100. Zur Bestimmung der Arbeit bei wirklichen Gasen.

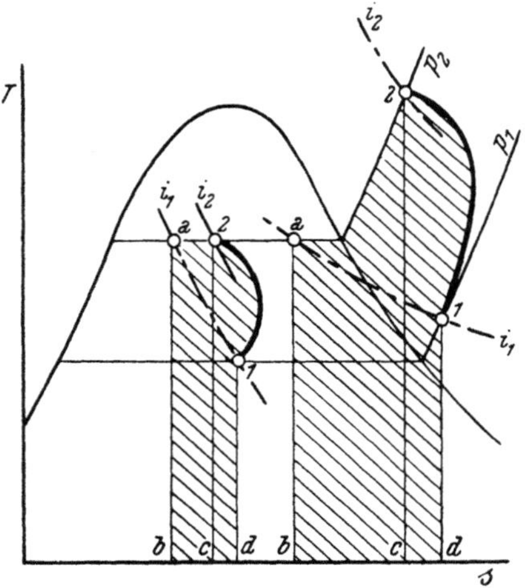

Abb. 101. Die Arbeit bei überhitztem und bei Sattdampf.

Im $T\,s$-Diagramm wird die Arbeit an Hand der Gl. (325) bestimmt. Sie gilt allgemein, also für das wirkliche, wie für das vollkommene Gas (Abb. 100). Die Differenz der Enthalpien $i_2 - i_1$ ist jetzt durch die Fläche $b\,a\,2\,c\,b$ gegeben. Zur Erklärung dazu sei auf die Ausführung über die Wärmediagramme des wirklichen Gases auf S. 73 verwiesen.

Wenn es sich um überhitzten Dampf und Sattdampf handelt, ist die Arbeit nach Abb. 101 durch die Flächen $b\,a\,2\,1\,d\,b$ bestimmt.

c) *Wirkungsgrade.*

Man bezeichnet als Liefergrad η_l eines Kompressors das Verhältnis des tatsächlich angesaugten Volumens, reduziert auf den Außenzustand zum Hubvolumen. Unter Berücksichtigung der Erwärmung beim Ansaugen, der Rückexpansion aus dem schädlichen Raum und der Drosselung ist

$$\eta_l = \frac{p_1}{p_a}\frac{T_a}{T_1}\eta_v. \tag{332}$$

Soll ein Kompressor V_a m³ Gas bezogen auf den Außenzustand ansaugen, so muß sein Hubvolumen

$$V_h = \frac{1}{\eta_l} V_a \qquad (333)$$

ausgeführt werden. Der Liefergrad ist also eine für die Bemessung des Kompressors grundlegende Größe. Er beträgt bei ausgeführten Anlagen je nach Druckverhältnis und Konstruktion 0,8 bis 0,95.

Als isothermischen Wirkungsgrad η_{is} bezeichnet man das Verhältnis von isothermischer Verdichterarbeit zur wirklichen indizierten Arbeit.

$$\eta_{is} = \frac{l_{is}}{l_i} = \frac{\text{Fläche } b\,a\,1\,d\,b}{\text{Fläche } b\,a\,2\,e\,1\,d\,b} \text{ (s. Abb. 94 d).} \qquad (334)$$

Der isothermische Prozeß ist hinsichtlich des Arbeitsaufwandes ein Optimalprozeß. Der isothermische Wirkungsgrad gibt demnach ein Maß dafür, wie weit man sich diesem Falle genähert hat. η_{is} ist ein Erfahrungswert, der für ausgeführte Kompressoren bestimmt werden kann. Die isothermische Arbeit wird hiezu entweder durch Rechnung (vollkommenes Gas) oder graphisch aus dem Wärmediagramm und die indizierte Arbeit aus dem Indikatordiagramm ermittelt. Bei Neuberechnungen kann der isothermische Wirkungsgrad nach ähnlich gearteten ausgeführten Kompressoren gewählt und damit die indizierte Arbeit des Kompressors

$$l_i = \frac{1}{\eta_{is}} l_{is} \qquad (335)$$

abgeschätzt werden, auch wenn die Kühlverhältnisse noch nicht bekannt sind.

Für den isothermischen Wirkungsgrad kann nach der Erfahrung je nach Größe und Druckverhältnis gelten:

$$\eta_{is} = 0,7 - 0,85$$

Der mechanische Wirkungsgrad trägt den Reibungsverhältnissen Rechnung. Er gibt das Verhältnis der indizierten Arbeit l_i (Arbeit am Kolben) zur effektiven Arbeit l_e (Arbeit an der Antriebswelle)

$$\eta_m = \frac{l_i}{l_e}, \qquad (336)$$

Aus der isothermischen Arbeit ergibt sich demnach die effektive durch die Beziehung

$$l_e = l_{is} \frac{1}{\eta_{is}} \frac{1}{\eta_m}, \qquad (337)$$

Der mechanische Wirkungsgrad liegt in der Größenordnung von 0,9.

d) *Mehrstufige Verdichtung.*

Je höher das Druckverhältnis p_2/p_1 eines Verdichters ist, umso höher ist auch die Endtemperatur des Gases. Wenn diese zu hoch (über 200⁰ C) ist, besteht Gefahr, daß das Schmieröl verkokt und dadurch die Lauffähigkeit des Kolbens verloren geht oder die Ventile verkoken oder gar das Schmieröl von selbst zu brennen anfängt. Die Kühlung der Zylinderwände kann dieser Gefahr in gewissem Maße vorbeugen. Das höchste Druckverhältnis, das bei guter Kühlung ohne Gefahr verwirklicht werden kann, ist bei großen Kompressoren ungefähr 4 und bei kleinen schnellaufenden Verdichtern 6.

Will man höher verdichten, so muß der Kompressor zwei- oder mehrstufig sein oder es muß in zwei oder mehreren Kompressoren hintereinander verdichtet werden. Zwischen jeder Verdichtungsstufe wird das Gas „rückgekühlt", so daß die Anfangstemperatur der nächsten Stufe wesentlich niedriger als die Endtemperatur der vorhergehenden Stufe ist. Damit ist auch die Verdichtungsendtemperatur bei Kühlung viel niedriger als ohne Kühlung. Abb. 102 zeigt im Schema das Beispiel eines zweistufigen Kompressors mit Zwischenkühlung. Der Kolben ist stufenförmig ausgebildet, so daß er zusammen mit dem ebenfalls stufenförmigen Zylinder die beiden Zylinderräume Z_1 und Z_2 bildet. Mit dem Druck p_1 wird das Gas in den Niederdruckzylinder eingesaugt und nach Verdichtung mit dem Druck p_2 in den Zwischenkühler gedrückt, in dem es ein System gekühlter Rohre durchströmt. Dabei sinkt die Temperatur. Der Zwischenkühler wirkt auch als Speicherbehälter. Der Zylinder Z_2 saugt das gekühlte Gas mit dem Druck p_1', der um die Strömungswiderstände gegenüber p_2 vermindert ist, an und verdichtet es auf den Druck p_2'.

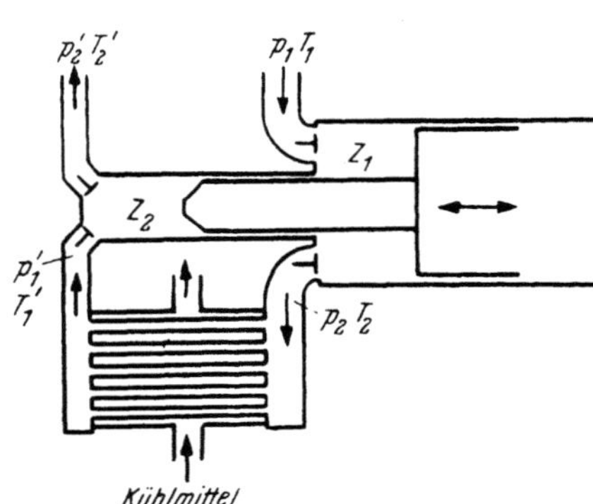

Abb. 102. Schema eines zweistufigen Kompressors mit Zwischenkühlung.

Für die grundsätzlichen Betrachtungen sei wieder der ideale Prozeß zugrunde gelegt.

Man trachtet im Zwischenkühler möglichst gut zu kühlen und erreicht dabei in der Regel eine Temperatur, die in der Nähe der Ansaugtemperatur liegt. Die Endtemperatur soll in keiner Stufe über der Gefahrengrenze liegen, sie wird also in allen Stufen ungefähr gleich hoch (T_2) zugelassen. Damit ergibt sich für die Bemessung der einzelnen Stufen die Forderung, daß das Verhältnis von Endtemperatur zur Anfangstemperatur gleich sei. Wenn n Stufen vorhanden sind, ist demnach

$$\frac{T_2}{T_1} = \frac{T_2'}{T_1'} = \cdots \frac{T_2^{(n)}}{T_1^{(n)}}. \tag{338}$$

Nimmt man für jede Stufe ein Polytropengesetz an, so folgt aus obiger Beziehung mit Benutzung von Gl. (143)

$$\frac{T_2}{T_1} = \left(\frac{p_2}{p_1}\right)^{\frac{m-1}{m}} = \left(\frac{p_2'}{p_1'}\right)^{\frac{m'-1}{m'}} = \left(\frac{p_2^{(n)}}{p_1^{(n)}}\right)^{\frac{m^{(n)}-1}{m^{(n)}}}. \tag{339}$$

Setzt man weiters $m = m' = m^{(n)}$, so erhält man

$$\frac{p_2}{p_1} = \frac{p_2'}{p_1'} = \cdots = \frac{p_2^{(n)}}{p_1^{(n)}} = \text{konst.} = \zeta. \tag{340}$$

Diese Regel ist für Ermittlung der nötigen Stufenzahl grundlegend. In der praktischen Aufgabenstellung ist $p_2^{(n)}$ der letzten und p_1 der ersten Stufe gegeben. Gefragt ist nach der Stufenzahl und nach den Druckverhältnissen einer Stufe: Aus Gl. (340) ergibt sich

$$p_2^{(n)} = \zeta^n \, p_1 \qquad (341)$$

und daraus die notwendige Stufenzahl

$$n = \frac{\lg p_2^{(n)} - \lg p_1}{\lg \zeta}. \qquad (342)$$

ζ ist wie schon erwähnt 4 bis 6 zu wählen. Für n ergibt sich im allgemeinen eine unganze Zahl, die praktisch keinen Sinn hätte und auf- oder abzurunden ist auf die nächste ganze Zahl. Das endgültige Druckverhältnis ist aus Gl. (341)

$$\zeta = \sqrt[n]{\frac{p_2^{(n)}}{p_1}}. \qquad (343)$$

Es läßt sich zeigen, daß bei gleichem Druckverhältnis und bei vollständiger Rückkühlung auch der Arbeitsaufwand für jede Stufe gleich groß ist. Setzt man in Gl. (324) $p_1 v_1 = R\,T_1$, so ist die Arbeit

$$l_i = \frac{m}{m-1}\, R\,T_1 \left[\left(\frac{p_2}{p_1}\right)^{\frac{m-1}{m}} - 1\right] \qquad (344)$$

und dies ist für alle Stufen unter obigen Bedingungen gleich.

Die mehrstufige Verdichtung mit Zwischenkühlung bringt, verglichen mit der einstufigen, auch eine Arbeitseinsparung, wie dies an Hand des pV- und Ts-Diagramms einfach zu erläutern ist: Es sei zunächst wieder der Idealprozeß betrachtet. Für eine zweistufige Verdichtung z. B. zeigt Abb. 103 das pV-Diagramm. $4\,1\,2\,3$ gilt für die Niederdruckstufe. $3\,1'\,2'\,3'$ ist das Diagramm der Hochdruckstufe. Der Zwischenkühler ist mit unendlich

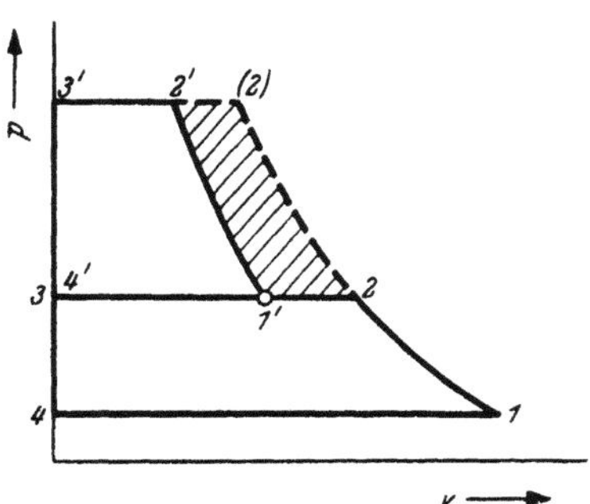
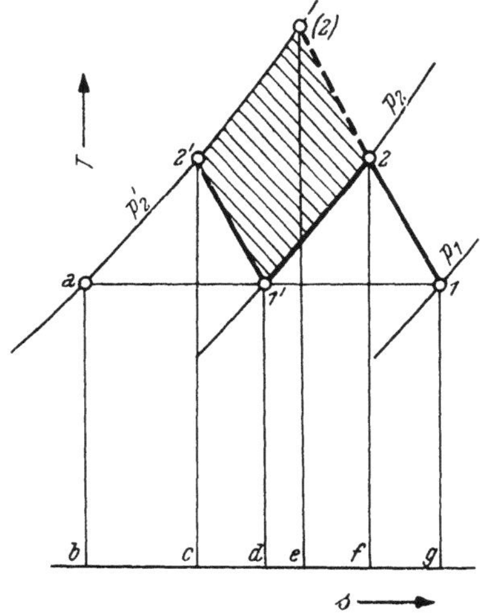

Abb. 103. Die zweistufige Verdichtung im pV-Diagramm.

Abb. 104. Die zweistufige Verdichtung im Ts-Diagramm.

großem Volumen angenommen. Durch die Kühlung verringert sich das Volumen $(3\text{—}2)$ auf $(4'\text{—}1)$. Bei einstufiger Verdichtung hätte das Diagramm die Form $4\,1\,(2)\,3'$. Die zweistufige Verdichtung mit Zwischenkühlung bringt demnach eine Arbeitseinsparung im Ausmaß der Fläche *1′ 2 (2) 2′*. Abb. 104 zeigt das entsprechende *T s*-Diagramm. Die Zustandspunkte sind mit gleichen Buchstaben, wie im *p V*-Diagramm nach Abb. 103 bezeichnet. *2—1′* ist die Rückkühlungslinie im Zwischenkühler. Die im Kühler abgeführte Wärme ist durch die Fläche *d 1′ 2 f d* und der Wärmewert der Arbeitseinsparung gegenüber der einstufigen Verdichtung durch die Fläche *1′ 2 (2) 2′* gegeben.

Das wirkliche *p V*-Diagramm einer zweistufigen Verdichtung zeigt Abb. 105. Es enthält das wesentliche Merkmal der Rückexpansion. Die Sauglinie *4′—1′* der zweiten Stufe liegt tiefer als die Ausschublinie *3—2* der ersten Stufe, weil der Zwischenkühler einen Strömungswiderstand bietet. Die gesamte Verdichtungsarbeit ist der Summe beider Diagrammflächen gleich. Das zu Abb. 105 gehörige Wärmediagramm ist in Abb. 106 dargestellt. Die Zustandspunkte tragen dieselbe Bezeichnung wie in

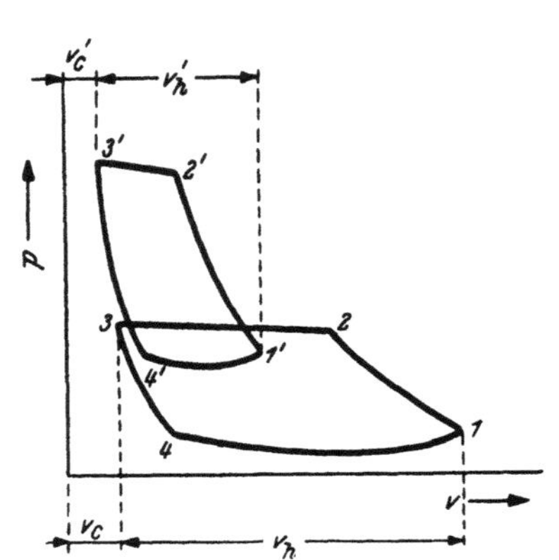

Abb. 105. Wirkliches *p V*-Diagramm einer zweistufigen Verdichtung.

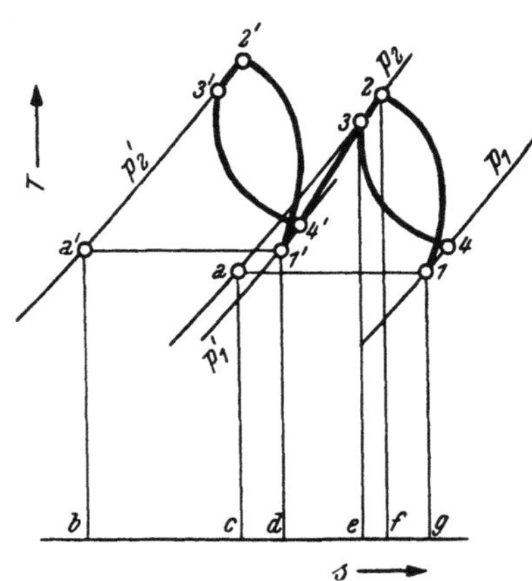

Abb. 106. Wirkliches *T s*-Diagramm einer zweistufigen Verdichtung.

Abb. 105. *1—2* und *1′—2′* sind die Verdichtungslinien der ersten, bzw. zweiten Stufe, *3—4* und *3′—4′* die Rückexpansionslinien. Die Zustandsänderung im Zwischenkühler geht nach der Linie *3—1′* vor sich. Der Druck fällt dabei von p_3 auf p_1' ab. Um die Zustandsänderung der Zwischenkühlung als einheitliche Linie darstellen zu können, wurde im Wärmediagramm gegenüber der Darstellung Abb. 104 angenommen, daß der Zwischenkühler unendlich groß ist und somit $p_2 = p_3$ ist. Für die Bemessung des Zwischenkühlers wird man zweckmäßig die Wärmemenge Fläche *d 1′ 3 2 f d* je kg zugrunde legen, das ist die Wärme, die je kg des zuerst aus dem Zylinder eingeschobenen Gases abzuführen ist. Für das zuletzt ausgeschobene Gas ist nur die kleinere Menge *d 1′ 3 e d* abzuführen, weil die Menge *e 3 2 f e* noch im Zylinder entzogen wird. Legt man der Berechnung des Zwischenkühlers die größere Menge zugrunde, so ist damit eine gewisse Sicherheit gegeben.

> e) *Übertragung des p V-Diagrammes in das Wärmediagramm.*

Das *p V*-Diagramm kann — wie erwähnt — durch Messung an der laufenden Maschine aufgenommen werden. Um einen Einblick über die Kühlungsverhältnisse zu bekommen, muß man die Verdichtungs- und

Rückexpansionslinie des pV-Diagrammes in das Ts-Diagramm übertragen. Dies ist aber nicht ohne weiteres möglich, weil für jeden Punkt des pV-Diagrammes zwar der Druck und das absolute Volumen, aber keine weitere Größe bekannt ist. Diese muß erst mindestens für je einen Punkt der zu übertragenden Linien ermittelt werden.

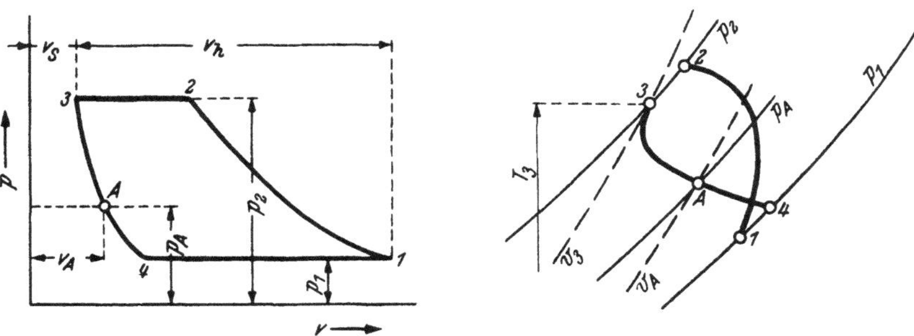

Abb. 107. Zur Übertragung des Indikatordiagrammes in das Ts-Diagramm.

Man beginnt mit dem Punkt 3 (Abb. 107) der Rückexpansionslinie. Die Temperatur in diesem Punkt kann mit großer Näherung der zu messenden Gastemperatur T_3 im Austrittsstutzen angenommen werden. Damit kann Punkt 3 in das Ts-Diagramm übertragen werden, weil auch sein Druck aus dem pV-Diagramm bekannt ist. Für den Punkt 3 läßt sich das spezifische Volumen v_3 ohne weiteres im Diagramm ablesen und damit aber auch das spezifische Volumen für die übrigen Diagrammpunkte bestimmen. Für den Punkt A z. B. ist

$$v_A = v_3 \frac{V_A}{V_s}. \tag{345}$$

Im Ts-Diagramm ist der Punkt A sodann als Schnitt der Linien p_A und $v_A =$ konst. gefunden.

Um die Verdichtungslinie übertragen zu können, bestimmt man das spezifische Volumen des Punktes 1. Bekannt ist p_1 und das Volumen $V_1 = V_h + V_s$. Auf das spezifische Volumen schließt man über das Gasgewicht. Dieses ist im Punkte 1

$$G = G_f + G_r. \tag{346}$$

G_f ist das je Hub geförderte Gewicht, das an der laufenden Maschine gemessen werden kann, G_r das Restgewicht, welches nach dem Ausschieben noch im schädlichen Raum verbleibt. Letzteres kann aus der Beziehung

$$G_r = \frac{V_s}{v_3} \tag{347}$$

gerechnet werden. Das spezifische Volumen im Punkte 1 ist dann

$$v_1 = \frac{V_h + V_s}{G}. \tag{348}$$

Dieser Punkt kann nun in das Ts-Diagramm übertragen werden, worauf die übrigen Punkte der Verdichtungslinie wie für die Expansionslinie gefunden werden.

2. Turbokompressoren.

Diese lassen sich in die zwei Gruppen einteilen: Radial- und Achsialkompressoren.

Die Radialkompressoren (Abb. 108) (Schleudergebläse, Zentrifugalgebläse, wie sie auch genannt werden) saugen in Richtung der Laufradachse das zu fördernde Medium an. Im Laufrad wird der Strom in radiale

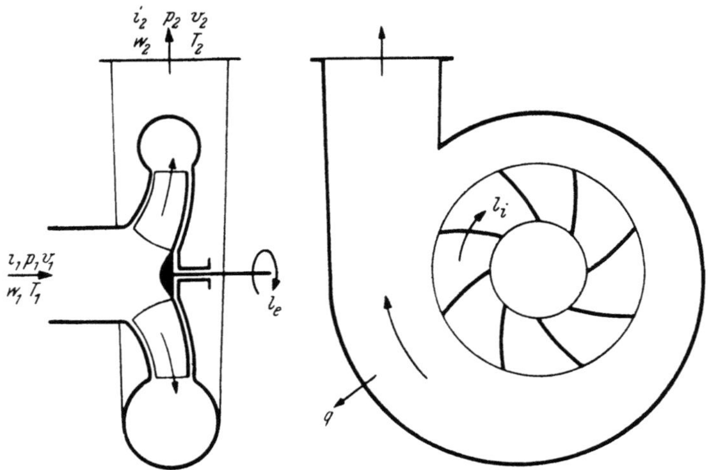

Abb. 108. Radialkompressor (Schema).

Richtung umgelenkt und in einen um das Laufrad angeordneten Aufnehmer (Diffusor) gedrückt. Im Achsialkompressor (Abb. 109) wird das Medium in Richtung der Drehachse (achsial) angesaugt, durchströmt einen Leitapparat L_1 und das Laufrad L_2, worauf es in gleicher Richtung ausgestoßen wird.

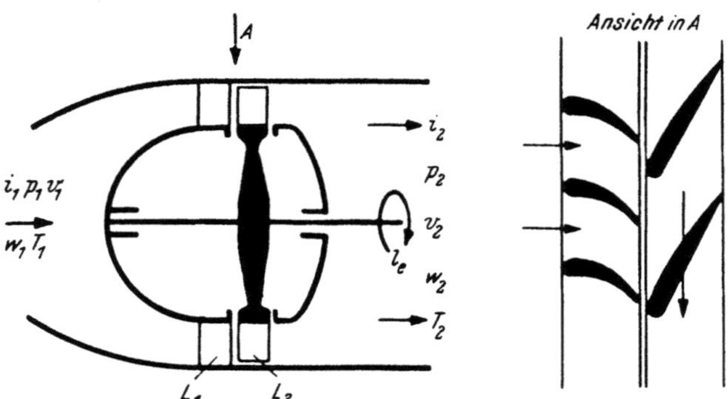

Abb. 109. Achsialkompressor (Schema).

Strömungstechnisch, was die Mechanik des Energieumsatzes betrifft, sind die beiden Gebläsearten verschieden. Das interessiert in erster Linie den Gebläsekonstrukteur und soll hier nicht weiter erörtert werden. Die thermodynamischen Überlegungen können jedoch für beide Maschinenarten in ähnlicher Weise wie für den Kolbenkompressor nach Gl. (325) wie folgt angestellt werden:

Führt man die in Abb. 108 und 109 eingeschriebenen und auf 1 kg bezogenen Beziehungen ein, so lautet die Energiebilanz

$$i_1 + A\,\frac{w_1^{\,2}}{2\,g} - i_2 - A\,\frac{w_2^{\,2}}{2\,g} - q + A\,l_e = 0,$$

so daß die je kg zu leistende mechanische Arbeit

$$A\,l_e = q + i_2 - i_1 + \frac{w_2^{\,2} - w_1^{\,2}}{2\,g}\,A \qquad (349)$$

wird.

Die Bilanz wurde für die ganze Maschine aufgestellt und als Arbeit die effektive Arbeit eingeführt, welche die gesamte Reibungswärme beinhaltet, weil sich beim Gebläse die innere Reibung im allgemeinen nicht von der mechanischen im Wellenlager trennen läßt, da beide über die zusammenhängenden Gehäuseteile ineinanderfließen.

Gebläse sind Strömungsmaschinen, die im Verhältnis zur Maschinengröße viel höhere Gasgewichte je Zeiteinheit fördern als z. B. Kolbenkompressoren. Dies hat zur Folge, daß die je kg an die Umgebung abgeführte Wärmemenge q sehr klein ist und praktisch vernachlässigt werden kann.

Die Geschwindigkeiten in den Ein- und Auslaßstutzen sollen, um Strömungsverluste klein zu halten, möglichst niedrig sein (bis 5 m/sek). Die Strömungsenergien sind dabei klein und deren Differenz noch kleiner und meist vernachlässigbar, so daß in den meisten praktischen Fällen mit großer Näherung für die Arbeit

$$A\,l_e = i_2 - i_1 \qquad (350)$$

gesetzt werden kann.

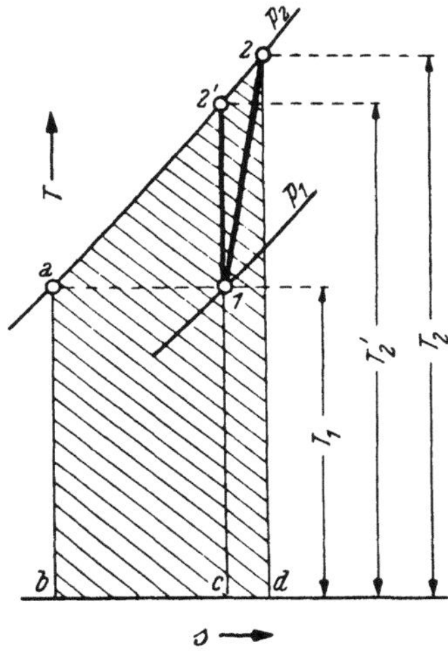

Abb. 110. $T\,s$-Diagramm der Verdichtung für das ideale Gas.

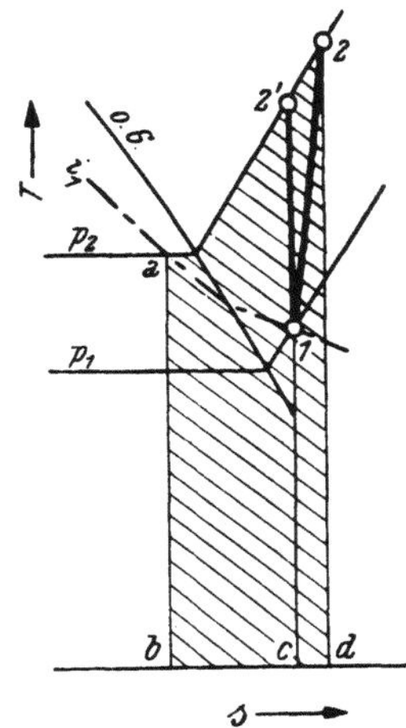

Abb. 111. $T\,s$-Diagramm der Verdichtung für das reale Gas.

Im $T\,s$-Diagramm ergibt sich für die Verdichtung ein Bild nach Abb. 110 für das vollkommene Gas und nach Abb. 111 für das wirkliche Gas (Heißdampf). Erfahrungsgemäß verläuft bei Turbokompressoren die

Verdichtungslinie immer nach rechts im Sinne einer Entropiezunahme, auch wenn Wärme nach außen abgeführt wird. Ursache dafür ist die „innere Aufheizung" des Gases durch die Reibung. Die als Gerade gezeichnete Verdichtungslinie *1—2* ist schematisiert. Der genaue Verlauf der Linie müßte durch Aufnahme mehrerer Meßpunkte entlang der Zustandsänderung gefunden werden, er ist aber für die thermodynamischen Betrachtungen ohne Belang. Der Wärmewert der inneren Reibungswärme ist mindestens der abgeführten Wärme q zusätzlich der Fläche *c 1 2 d c* gleich. Wenn q vernachlässigbar ist, ist die Reibungswärme gleich der Fläche *c 1 2 d c*.

Die Enthalpiedifferenz $i_2 - i_1$ ist durch die schraffierten Flächen *b a 2 d b* gegeben[1]. Nach der mit guter Näherung geltenden Gl. (350) ist sie auch dem Wärmewert der je kg zu leistenden Arbeit gleich.

Bei reibungsloser Strömung verläuft die Verdichtungslinie des ungekühlten Prozesses nach der Linie *1—2'* (Abb. 110 und 111). Die aufgewendete Arbeit ist dann kleiner und durch die Fläche *b a 2' c b* gegeben. Die Mehrarbeit bei Reibung (Wärmewert Fläche *c 2' 2 d c*) ist daher um die Fläche *1 2' 2 1* größer als der Wärmewert der Reibung (Fläche *c 1 2 d*).

Man bezeichnet das Verhältnis der reibungslosen (adiabatischen) Arbeit zur effektiven als adiabatischen Wirkungsgrad η_{ad}.

$$\eta_{ad} = \frac{l_{ad}}{l_e} = \frac{\text{Fläche } b\,a\,2'\,c\,b}{\text{Fläche } b\,a\,2\,d\,b}. \tag{351}$$

Als Erfahrungswerte wurden an guten ausgeführten Gebläsen ermittelt (die besseren Werte gelten für größere Gebläse)

$$\eta_{ad} = 0,7 \quad \text{bis } 0,75 \text{ für Radialgebläse,}$$
$$\eta_{ad} = 0,75 \quad \text{bis } 0,85 \text{ für Achsialgebläse.}$$

Wenn für das geförderte Mittel die Gesetze des vollkommenen Gases anwendbar sind, was im üblichen Druckbereich für Luft z. B. immer zutrifft, läßt sich der Wirkungsgrad einfach durch Temperaturen ausdrücken. Es ist

Wärme Fläche $b\,a\,2'\,c\,b = c_p\,(T_2' - T_1)$ und
Wärme Fläche $b\,a\,2\,d\,b = c_p\,(T_2 - T_1)$

somit

$$\eta_{ad} = \frac{T_2' - T_1}{T_2 - T_1}. \tag{352}$$

Diese Gl. ermöglicht die rasche Bestimmung des Wirkungsgrades aus den am Prüfstand gemessenen Temperaturen T_1 und T_2 und der Adiabatentemperatur T_2', die sich nach Gl. (136) aus dem Druckverhältnis rechnen läßt.

Andererseits kann man aus dem Erfahrungswert des adiabatischen Wirkungsgrades die effektive Arbeit bestimmen, indem man die adiabatische Arbeit nach Beziehung (324)

$$l_{ad} = \frac{\varkappa}{\varkappa - 1} p_1 v_1 \left[\left(\frac{p_2}{p_1} \right)^{\frac{\varkappa - 1}{\varkappa}} - 1 \right]$$

rechnet und daraus nach Beziehung (351) auf die effektive Arbeit

---

[1] Als Begründung siehe Erläuterungen zu Abb. 94 und 100.

$$l_e = l_{ad} \frac{1}{\eta_{ad}}$$

schließt. Diese Gleichungen verwendet man bei der Untersuchung von Maschinengruppen z. B. von Verbrennungsturbinen.

Für die Darstellung des Prozesses der Strömungsmaschinen eignet sich besonders gut das $i\,s$-Diagramm, weil hierin die immer wieder aufscheinende Enthalpiedifferenz als Strecke aufscheint. In Abb. 112 sind die Punkte analog der Abb. 111 bezeichnet. Die Strecke 1—$2'$ entspricht der adiabatischen Arbeit, l_v ist der Wärmewert des Reibungsverlustes und l_e die effektive Arbeit.

Der größte erreichbare Druck eines Gebläses ist unter anderem durch die Größe der Umfangsgeschwindigkeit des Laufrades bestimmt. Diese kann aus Festigkeitsgründen nicht über ein Größtmaß gesteigert werden, welches von der Konstruktion und vom Material abhängt. Bei Achsialgebläsen beträgt das maximale Druckverhältnis p_2/p_1 nach dem heutigen Stand der Technik ungefähr 1,4 und bei Radialgebläsen 1,5 (bis 3 in Sonderausführrungen!).

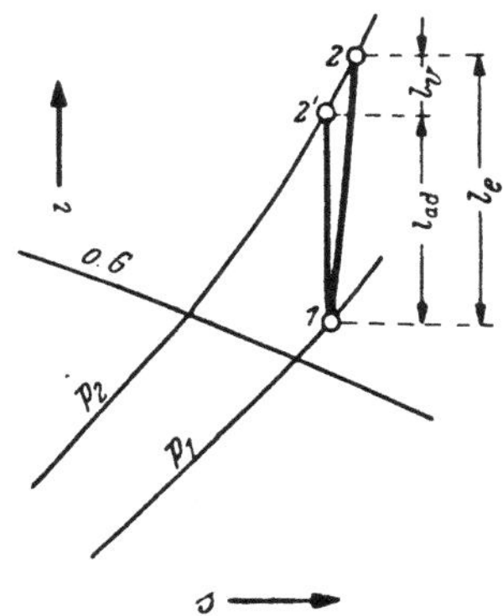

Abb. 112. Das $i\,s$-Diagramm eines Verdichters.

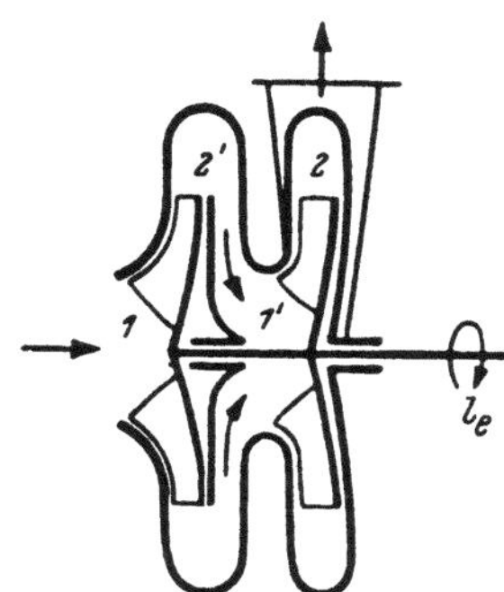

Abb. 113. Zweistufiges Radialgebläse (Schema).

Will man höher verdichten als dies mit einem Gebläserad möglich ist, so muß man mehrere Gebläse hintereinander schalten. Abb. 113 zeigt im Schema ein zweistufiges Radialgebläse. Bei 1 tritt das Medium in das erste Rad ein und wird durch das Rad in den ersten Diffusor $2'$ gedrückt. Von hier strömt es wieder zur Mitte an die Eintrittsstelle in das zweite Rad $1'$, wird dann abermals in den Diffusor 2 verdichtet. Im $T\,s$-Diagramm (Abb. 114) (vollkommenes Gas) sind die Zustandspunkte den Ziffern der Abb. 113 entsprechend bezeichnet. Das erste Gebläse verdichtet nach der Linie $1\ 2'$ und das zweite nach der Linie $1'\ 2$. Von $2'$ nach $1'$ ist ein kleiner Temperaturabfall nach der Linie p_2 = konst. angenommen. Auch für das mehrstufige Gebläse gilt Gl. (349) ungeändert. Vernachlässigt man wieder die Differenz der Strömungsenergien im Zu- und Abflußstutzen, so ist nach dieser Gl. der Wärmewert der Arbeit

$$A\,l_e = i_2 - i_1 + q.$$

Die Enthalpiedifferenz $i_2 - i_1$ ist der Fläche $h\ a''\ 2\ g\ h$ gleich. Von der Kühlwärme ist aus der Temperaturmessung der Punkte $2'$ und $1'$

die am Weg $2'\,1'$ abgegebene Wärme Fläche $e\,1'\,2'\,f\,e$ bekannt, während die Kühlwärme der übrigen Teile durch Temperaturmessung nicht ohne weiteres zu finden ist. Sie ist wie der oben angeführte Teilbetrag klein. Wir wollen ihn für unsere weiteren Betrachtungen vernachlässigen. Damit ergibt sich als Wärmewert für die Arbeit

$$A\,l_e = \text{Fläche } h\,a''\,2\,g\,h + \text{Fläche } e\,1'\,2'\,f\,e.$$

Diese Arbeit muß der Summe der Arbeit für beide Gebläse gleich sein. Also Fläche $h\,a''\,2\,g\,h +$ Fläche $e\,1'\,2'\,f\,e =$ Fläche $b\,a\,2'\,f\,b +$ Fläche $c\,a'\,2\,g\,c$.

Dies trifft zu, weil Fläche $h\,a''\,a'\,c\,h = b\,a\,1'\,e\,b$ ist.

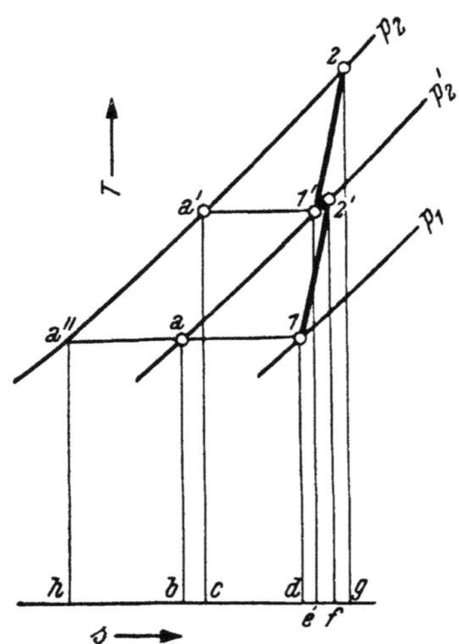

Abb. 114. $T\,s$-Diagramm eines zweistufigen Verdichters.

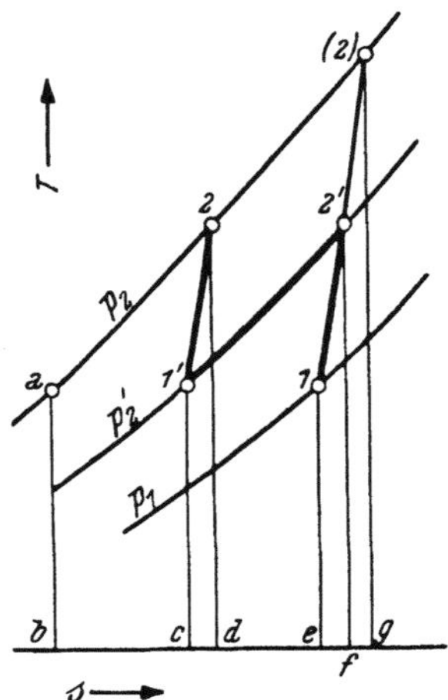

Abb. 115. $T\,s$-Diagramm eines zweistufigen Verdichters mit Zwischenkühlung.

Um die Endtemperatur zu senken und dabei Arbeit zu sparen, werden auch Turbokompressoren mit Zwischenkühlung zwischen Stufengruppen ausgeführt. Für das einfachste Beispiel des zweistufigen Kompressors mit Rückkühlung auf den Anfangszustand zeigt Abb. 115 das $T\,s$-Diagramm. Der Arbeitsbedarf beträgt, wenn wieder Kühlwärme im Gebläse und Strömungsenergie vernachlässigt werden

$$A\,l_e = \text{Fläche } b\,a\,2\,d\,b + \text{Fläche } c\,1'\,2'\,f\,c.$$

Die im Zwischenkühler abgeführte Wärme ist durch Fläche $c\,1'\,2'\,f\,c$ gegeben. Sie ist also der Arbeit des ersten Gebläses äquivalent.

II. Verbrennungskraftmaschinen.

1. Wirkungsgrade.

Unter einer Verbrennungskraftmaschine im üblichen Sinne versteht man eine Kolbenkraftmaschine, bei der die chemische Energie des Brennstoffes unmittelbar in der Arbeitsmaschine durch Verbrennung in mechanische Energie umgesetzt wird.

Man unterscheidet je nach dem Arbeitsverfahren zwischen Otto-Motoren (auch Zündermotoren oder Verpuffungsmotoren genannt) und Diesel-Motoren (auch Brennermotoren oder Ölmotoren genannt).

Beim Otto-Motor wird Gemisch aus Luft und Brennstoff verdichtet und durch eine Zündeinrichtung (elektrischer Funke) in der Nähe des oberen Totpunktes entzündet. Beim Diesel-Motor wird reine Luft angesaugt, diese über die Entzündungstemperatur des Brennstoffes verdichtet und in der Nähe des oberen Totpunktes Brennstoff eingespritzt, der sich selbst entzündet.

Nach der Art des Ladungswechsels unterscheidet man zwischen Viertaktmotoren und Zweitaktmotoren. Bei Viertaktmotoren saugt der Kolben die Frischladung beim Hingang an (Saughub oder -takt); beim Rückgang wird verdichtet (Kompressionshub). Im oberen Totpunkt wird verbrannt, worauf sich im nächsten Hingang der Zylinderinhalt entspannt (Expansions- oder Arbeitshub). Im letzten Hub wird der Zylinderinhalt ausgeschoben (Ausschubhub). Ein Arbeitsspiel besteht aus vier Takten. Im Zweitaktmotor ist der Ausschub- und Ansaugvorgang in die Nähe des unteren Totpunktes zusammengedrängt, so daß die Ladung nach einer Umdrehung (zwei Takten) schon erneuert werden kann. Ein Arbeitsspiel besteht demnach aus dem Kompressionshub und dem darauffolgenden Arbeitshub.

Während sich die Vorgänge im Kolbenkompressor weitgehend quantitativ genau vorausbestimmen lassen, bereitet dies beim Verbrennungsmotor Schwierigkeiten, weil die Temperaturgrenzen der Zustandsänderungen so weit auseinanderliegen, daß die Veränderlichkeit der spezifischen Wärme schon berücksichtigt werden muß. Außerdem ändert sich während der Verbrennung die Zusammensetzung des Gases. Die praktische Berechnung eines Verbrennungsmotors geht daher von Erfahrungswerten aus, wie am Schluß dieses Absatzes kurz gezeigt ist.

Trotzdem lassen sich mit Hilfe der thermodynamischen Überlegung unter vereinfachenden Annahmen auch hier wertvolle qualitative Ergebnisse gewinnen, die besonders für den Versuchsingenieur wertvolle Richtlinien bei der Bearbeitung seiner Aufgaben liefern.

Die vereinfachenden Annahmen werden so getroffen, daß man alle Verluste zunächst vernachlässigt, die nicht untrennbar mit dem Prozeß verbunden sind und die Rechnung nur erschweren. Außerdem wird das Arbeitsmedium in erster Näherung als vollkommenes Gas angenommen. Als spezifische Wärme wählt man zweckmäßig mittlere Werte. Im einzelnen werden folgende Annahmen getroffen:

Es wird keine Wärme durch die Wand abgeführt, die Verdichtung und Expansion verlaufe also adiabatisch. Die spezifische Wärme sei konstant, das Gas vollkommen. Das Arbeitsmedium ändere sich während des Prozesses nicht; man stelle sich also vor, daß die Wärme nicht durch innere Verbrennung, sondern nach gleichem Gesetz von außen durch die Wand zugeführt werde. Die Verbrennungswärme werde zum Teil im oberen Totpunkt bei gleichbleibendem Volumen, zum anderen Teil nach dem oberen Totpunkt bei gleichbleibendem Druck zugeführt. Nach Beendigung der Expansion entspanne sich der Zylinderinhalt plötzlich auf den Anfangsdruck.

Eine gedachte Maschine dieser Art bezeichnet man als ideale oder vollkommene Maschine, weil sie ein Minimum an Verlusten hat.

Das Verhältnis der Arbeit, die in der vollkommenen Maschine auf den Kolben übertragen wird, zur zugeführten Wärme (Brennstoffwärme, die umgesetzt wird) heißt thermischer Wirkungsgrad (η_{th}).

Als Gütegrad (η_g) bezeichnet man das Verhältnis der in der wirklichen Maschine auf den Kolben abgegebenen Arbeit (auch indizierte Arbeit genannt) zur analogen Arbeit in der vollkommenen Maschine.

Der mechanische Wirkungsgrad (η_m) gibt das Verhältnis der nach außen abgegebenen Arbeit zu der an den Kolben übertragenen.

Der Umsetzungsgrad des Brennstoffes (η_B) gibt ein Maß für die Vollständigkeit der Verbrennung. Er ist das Verhältnis des verbrannten Brennstoffes zum zugeführten.

Als wirtschaftlichen Wirkungsgrad η_w bezeichnet man das Verhältnis der nach außen abgegebenen (effektiven) Arbeit zur Arbeit, die als Brennstoff zugeführt wird.

Es ist $\eta_w = \eta_B \cdot \eta_{th} \cdot \eta_g \cdot \eta_m$

$$\eta_w = \frac{L \text{ Brennst. verbr.}}{L \text{ Brennst. zugef.}} \cdot \frac{L \text{ Kolben vollk.}}{L \text{ Brennst. verbr.}} \cdot \frac{L \text{ Kolben wirkl.}}{L \text{ Kolben vollk.}} \cdot$$

$$\cdot \frac{L \text{ effektiv}}{L \text{ Kolben wirkl.}} = \frac{L \text{ effektiv.}}{L \text{ Brennst. zugef.}}$$

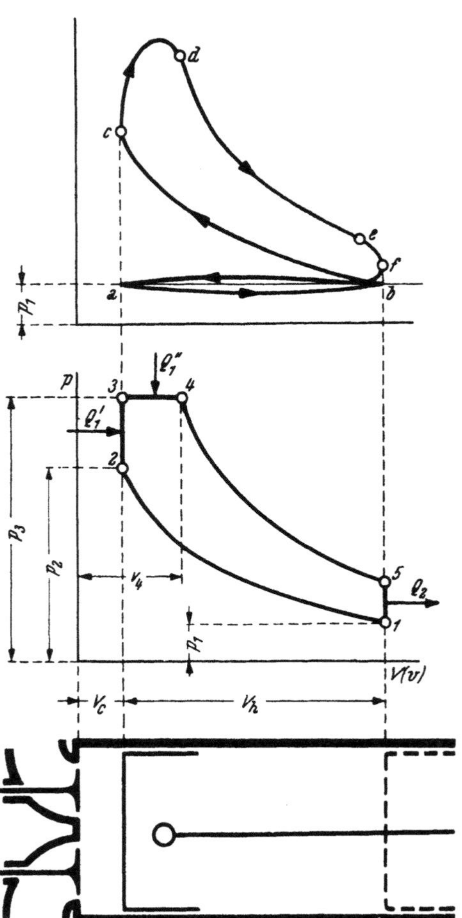

Der wirtschaftliche Wirkungsgrad findet z. B. seinen Ausdruck in der Angabe des Brennstoffverbrauches je PS und Stunde (b_e g/PSh). Er errechnet sich daraus zu

$$\eta_w = \frac{75 \cdot 3\,600}{b_e\, h_u \cdot 427} = 632\,\frac{1}{b_e\, h_u}. \tag{353}$$

h_u ist hierin der untere Heizwert des Brennstoffes in kcal je Gramm.

b_e wird als Meßgröße am Prüfstand bestimmt.

Um einen hohen wirtschaftlichen Wirkungsgrad zu erhalten, sind gute Teilwirkungsgrade anzustreben, wofür sich Richtlinien aus thermodynamischen Überlegungen wie folgt ergeben:

2. Der thermische Wirkungsgrad der vollkommenen Maschine.

Er bestimmt im wesentlichen auch den wirtschaftlichen Wirkungsgrad. Es muß ihm daher besondere Beachtung geschenkt werden. Bei der Berechnung gehen wir vom Indikatordiagramm (Abb. 116, oberes Bild) aus:

Abb. 116. Zur Berechnung des thermischen Wirkungsgrades beim Viertaktmotor.

Während *a—b* wird angesaugt. Dabei ist der Druck etwas niedriger als der Außendruck p_1. *b—c* gibt den Druckverlauf während der Verdichtung. Die Verbrennung dauert über eine Strecke *c—d* und hieran schließt sich *d—e* als Expansionslinie an. In *e* öffnet das Auslaßventil; der Druck sinkt ab. *f—a* gibt den Druckverlauf während des Ausschubvorganges.

Das Diagramm der vollkommenen Maschine ist als zweites Bild daruntergezeichnet. Die Kompression verläuft nach der Adiabate *1—2*. Die Wärme wird zum Teil im oberen Totpunkt (Gleichraumverbrennung *2—3*) und zum restlichen Teil nachher bei gleichem Druck (Gleichdruckverbrennung *3—4*) zugeführt. Die Expansionslinie verläuft nach der Adiabate *4—5* bis zum Hubende hin. *5—1* gibt den plötzlichen Druckabfall am Kompressionsende. Statt durch das Ausströmen der Gase kann man sich diesen Druckabfall auch durch plötzlichen Wärmeentzug von außen vorstellen, ohne daß der Zylinderinhalt ausströmt. Man kann sich vorstellen, daß der Prozeß mit demselben Inhalt von neuem beginnt. Damit ist unter Vernachlässigung der kleinen Gaswechselarbeit für das Ansaugen und Ausschieben der Prozeß auf einen Kreisprozeß zurückgeführt, für den man alle Gesetze des Kreisprozesses anwenden kann.

In gleicher Weise läßt sich für das Diagramm der Zweitaktmaschine das entsprechende Diagramm der vollkommenen Maschine nach Abb. 117 festlegen.

Man bezeichnet als Verdichtungsverhältnis einer Verbrennungskraftmaschine die Größe

$$\varepsilon = \frac{V_h + V_c}{V_c},$$

worin V_h das vom Kolben bestrichene Hubvolumen und V_c den Kompressionsraum bedeutet, der sich noch in der äußeren Totlage des Kolbens über diesem befindet. Als Abkürzungen seien weiter die das Diagramm kennzeichnenden Begriffe

$$\frac{V_4}{V_c} = \varrho \quad \text{und} \quad \frac{p_3}{p_2} = \tau$$

eingeführt.

Nach Gl. (51) ist die während eines Kreislaufes geleistete Arbeit, der Differenz aus zu- und abgeführter Wärme gleich.

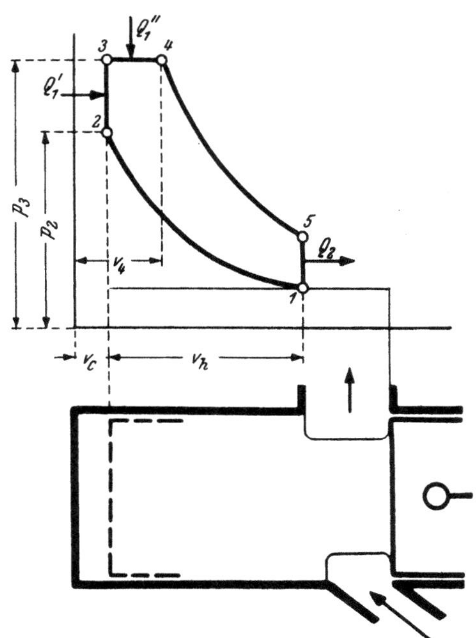

Abb. 117. Zur Berechnung des thermischen Wirkungsgrades beim Zweitaktmotor.

$$A L = Q_1{}' + Q_1{}'' - Q_2.$$

$Q_1{}'$ wird während der Gleichraumverbrennung und $Q_1{}''$ während der Gleichdruckverbrennung zugeführt.

Für 1 kg des Zylinderinhalts kann analog

$$A l = q_1{}' + q_1{}'' - q_2$$

geschrieben werden.

Der thermische Wirkungsgrad nach obiger Definition ist mit dem thermischen Wirkungsgrad des Kreisprozesses nach Gl. (52) identisch. Demnach ist

$$\eta_{th} = \frac{A\,l}{q_1' + q_1''} = \frac{q_1' + q_1'' - q_2}{q_1' + q_1''} = 1 - \frac{q_2}{q_1' + q_1''}. \tag{354}$$

Nach den Gesetzen der Zustandsänderungen für das vollkommene Gas ist

$$\text{für die Isochore } 2\text{—}3 \qquad q_1' = c_v\,(T_3 - T_2),$$
$$\text{für die Isobare } 3\text{—}4 \qquad q_1'' = c_p\,(T_4 - T_3),$$
$$\text{für die Isochore } 5\text{—}1 \qquad q_2 = c_v\,(T_5 - T_1).$$

Damit wird, mit $c_p/c_v = \varkappa$,

$$\eta_{th} = 1 - \frac{T_5 - T_1}{T_3 - T_2 + \varkappa\,(T_4 - T_3)}.$$

Um auf Temperaturverhältnisse überzugehen, wird Zähler und Nenner des Bruches durch T_3 dividiert:

$$\eta_{th} = 1 - \frac{T_5/T_3 - T_1/T_3}{1 - T_2/T_3 + \varkappa\,(T_4/T_3 - 1)}.$$

Für die Adiabate 1—2 gilt nach Gl. (135)

$$\frac{T_2}{T_1} = \left(\frac{v_1}{v_2}\right)^{\varkappa-1} = \left(\frac{V_h + V_c}{V_c}\right)^{\varkappa-1} = \varepsilon^{\varkappa-1}.$$

Für die Isochore 2—3 ist nach der Gasgleichung $(p\,v = R\,T)$

$$\frac{T_3}{T_2} = \frac{p_3}{p_2} = \tau.$$

In gleicher Art findet man für die Isobare 3—4

$$\frac{T_4}{T_3} = \frac{v_4}{v_c} = \frac{V_4}{V_c} = \varrho.$$

Schließlich ist für die Adiabate 4—5 nach Gl. (135)

$$\frac{T_5}{T_4} = \left(\frac{v_4}{v_5}\right)^{\varkappa-1} = \left(\frac{V_4}{V_h + V_c}\right)^{\varkappa-1} = \left(\frac{V_4}{V_c} \cdot \frac{V_c}{V_h + V_c}\right)^{\varkappa-1} = \left(\frac{\varrho}{\varepsilon}\right)^{\varkappa-1}.$$

Aus diesen Temperaturverhältnissen gewinnt man die weiteren

$$\frac{T_5}{T_3} = \frac{T_5}{T_4} \cdot \frac{T_4}{T_3} = \frac{\varrho^\varkappa}{\varepsilon^{\varkappa-1}} \quad \text{und} \quad \frac{T_1}{T_3} = \frac{T_1}{T_2} \cdot \frac{T_2}{T_3} = \frac{1}{\tau \cdot \varepsilon^{\varkappa-1}}.$$

Damit wird

$$\eta_{th} = 1 - \frac{1}{\varepsilon^{\varkappa-1}}\,\frac{\varrho^\varkappa \tau - 1}{\tau - 1 + \varkappa\,\tau\,(\varrho - 1)}. \tag{355}$$

Aus dieser Gl. lassen sich nun die Verbrennungsverhältnisse für den Bestwert des thermischen Wirkungsgrades ableiten. Nach den Nebenbedingungen, die in der Praxis gestellt sind, tritt die Fragestellung in zweifacher Form auf:

Wie muß die Verbrennung gesteuert werden, wenn

a) bei festem Verdichtungsverhältnis ($\varepsilon = $ konst., p_3 veränderlich),
b) bei gegebenem Höchstdruck ($p_3 = $ konst., ε veränderlich)

größte Wirtschaftlichkeit angestrebt wird?

Zu a) Das Verdichtungsverhältnis wird möglichst hoch gewählt. Im Otto-Motor ist ihm dadurch eine Grenze gesetzt, daß im Zustand *2* am Ende der Verdichtung die Endtemperatur noch hinreichend weit unter der Selbstentzündungstemperatur liegen muß. Im Dieselmotor muß sie genügend weit über der Selbstentzündungstemperatur liegen. Eine obere Grenze ist beim Diesel-Motor konstruktiv gegeben.

Wir führen eine Wärmemenge $q_1 = q_1' + q_1''$ je kg Zylinderinhalt zu und fragen, wie das Verhältnis der Anteile q_1' und q_1'' gewählt werden soll. Der Wirkungsgrad hat nach Gl. (354) ein Maximum, wenn die Verlustwärme q_2 ein Minimum ist, weil $q_1 = q_1' + q_1''$ unveränderlich ist. q_2 wiederum ist ein Minimum, wenn die Temperaturdifferenz $T_5 - T_1$ ein Minimum oder wenn

$$\frac{T_5}{T_1} = \min$$

ist, weil T_1 konstant ist. Mit vorstehenden Werten für die Temperaturverhältnisse findet man

$$\frac{T_5}{T_1} = \frac{T_5}{T_4}\frac{T_4}{T_3}\frac{T_3}{T_2} \cdot \frac{T_2}{T_1} = \varrho^\varkappa \tau = \text{Minimum.} \tag{356}$$

Eine Beziehung zwischen ϱ und τ findet man aus der Gl. für die zugeführte Wärmemenge

$$q_1 = c_v (T_3 - T_2) + c_p (T_4 - T_3).$$

Dividiert man durch T_2 und führt man für die Temperaturverhältnisse obige Werte ein, so folgt daraus

$$\tau = \left(\frac{q_1}{c_v\,T_2} + 1\right)\frac{1}{1 + \varkappa\varrho - \varkappa}.$$

Mit diesem Wert findet man aus Gl. (356) nach Differenzieren nach ϱ und Nullsetzen des Differentialquotienten das Minimum bei $\varrho = 1$. Das heißt $V_4 = V_c$. Durch Bildung des zweiten Differentialkoeffizienten kann man sich überzeugen, daß dabei η_{th} ein Maximum ist.

Die reine Gleichraumverbrennung ist also von allen in Abb. 118 gezeichneten Formen die günstigste.

Schneller kommt man zu einem qualitativen Ergebnis, wenn man den Prozeß im $T\,s$-Diagramm betrachtet (Abb. 119). Die drei Diagrammvarianten *1 2 4''5''*;

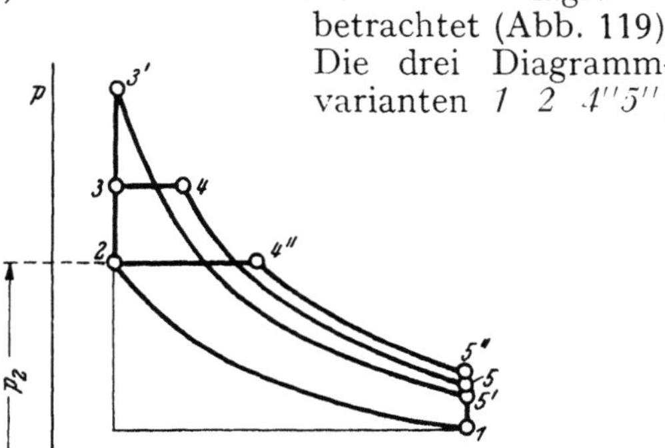

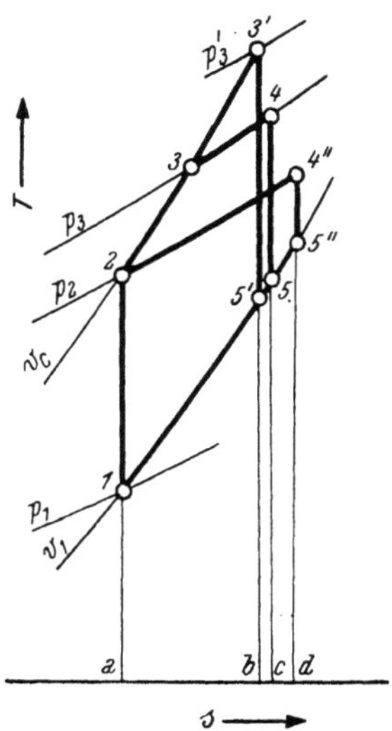

Abb. 118. Der Einfluß verschiedener Verbrennungsarten bei gegebenem Verdichtungsverhältnis.

Abb. 119. $T\,s$-Diagramm zu Abb. 118.

1 2 3 4 5 und *1 2 3' 5'* sind im $T\,s$-Diagramm mit gleichen Buchstaben bezeichnet. Die zugeführte Wärme q_1 ist in allen drei Fällen gleich gewählt und durch die Fläche *a 2 4'' d a*; *a 2 3 4 c a* und *a 2 3' b a* gegeben. Die abgeführte Verlustwärme ist durch die Flächen *a 1 5'' d a*; *a 1 5 c a* und *a 1 5' b a* gegeben. Man erkennt, daß bei der Gleichraumverbrennung *2 3'* die Verlustwärme am kleinsten und dementsprechend der Wirkungsgrad am besten sein muß. Allerdings ist der beste Wirkungsgrad mit dem höchsten Druck p_3' im Motor erkauft.

Mit $\varrho = 1$ folgt aus Gl. (355) für den Wirkungsgrad der Gleichraumverbrennung

$$\eta_{th} = 1 - \frac{1}{\varepsilon^{\varkappa-1}}. \tag{357}$$

Er ist umso höher, je höher das Verdichtungsverhältnis des Motors ist. In der Praxis beträgt das Verdichtungsverhältnis $\varepsilon = 5 - 9$ für Otto-Motoren je nach Brennstoff und $\varepsilon = 12 - 22$ für Diesel-Motoren je nach Verbrennungssystem. Diese Bereiche sind in Abb. (120) eingezeichnet,

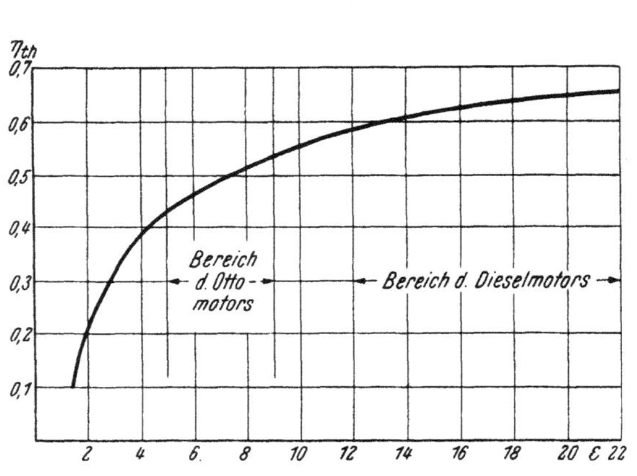

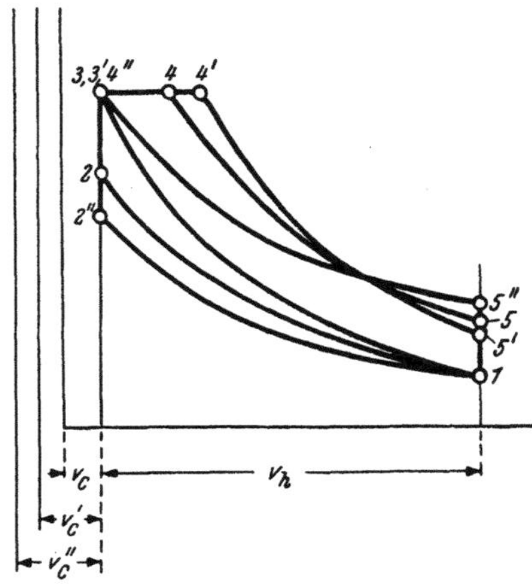

Abb. 120. Thermischer Wirkungsgrad bei Gleichraumverbrennung in Abhängigkeit vom Verdichtungsverhältnis.

Abb. 121. Der Einfluß verschiedener Verbrennungsarten bei vorgeschriebenem Höchstdruck.

die die Gl. (357) graphisch wiedergibt ($\varkappa = 1{,}35$). Man erkennt die in der Praxis bestätigte Tatsache, daß im Bereich des Otto-Motors eine Erhöhung des Verdichtungsverhältnisses den thermischen Wirkungsgrad verhältnismäßig stärker verbessert, als im Bereich des Diesel-Motors, wo die Kurve schon sehr flach verläuft.

Zu b) Diese Fragestellung tritt in der Praxis auf, wenn für den Höchstdruck eine bestimmte obere Grenze einzuhalten ist (von Versicherungsgesellschaften wird dies in der Regel bei Schiffsmotoren gefordert).

Auch bei dieser Aufgabenstellung ist das Minimum für das Produkt $\varrho^{\varkappa}\,\tau$ zu suchen. Diesmal ist jedoch q_1 und p_3 konstant zu halten und ε veränderlich. In ähnlichem Rechnungsgang wie oben findet man für den besten Wirkungsgrad $\tau = 1$, das heißt $p_2 = p_3$. Man muß also in diesem Falle bis zum Höchstdruck verdichten und dann bei gleichbleibendem Druck verbrennen (reine Gleichdruckverbrennung). Unter den Varianten *1 2'' 4'' 5''* (Gleichraumverbrennung); *1 2 3 4 5* (gemischte Verbrennung) und *1 3' 4' 5'* (Gleichdruckverbrennung) ist demnach die letzte am günstigsten (Abb. 121). In Abb. (122) sind diese Prozesse mit gleichen Buchstaben im *T s*-Diagramm gezeichnet. Die Verlustwärme *a 1 5' b a* ist beim Gleichdruckprozeß *1 3' 4' 5'* am geringsten, wenn die zugeführte Wärme q_1 (Fläche *a 3' 4' b*) gleich groß wie bei den anderen Prozessen angenommen wird. Weil das Verdichtungsverhältnis verschieden ist, muß auch der Kompressionsraum verschieden sein. Er ist bei der Gleichdruckverbrennung am kleinsten (vergl. Abb. 121).

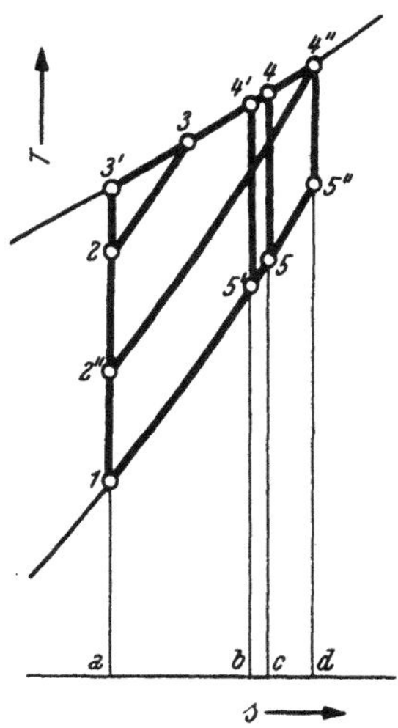

Abb. 122. *T s*-Diagramm zu Abb. 121.

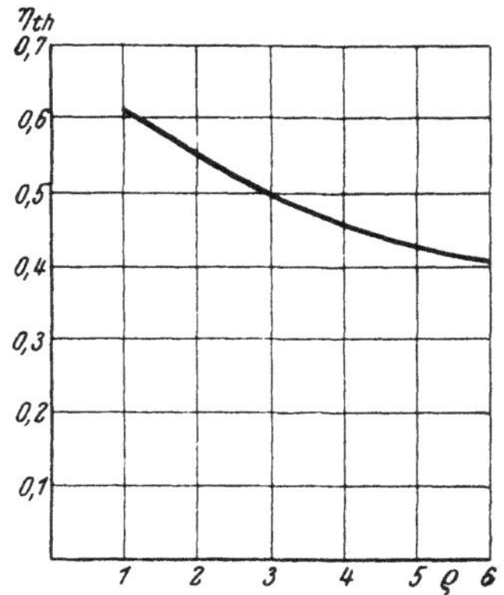

Abb. 123. Thermischer Wirkungsgrad der Gleichdruckverbrennung in Abhängigkeit von der Belastung (Höchstdruck 35 at).

Setzt man in Gl. (355) für $\tau = 1$, so erhält man als Wirkungsgrad für die Gleichdruckverbrennung

$$\eta_{th} = 1 - \frac{1}{\varepsilon^{\varkappa-1}} \frac{\varrho^{\varkappa} - 1}{\varkappa (\varrho - 1)}. \tag{358}$$

Auch hier erkennt man den Einfluß von ε, aber auch den von ϱ, das ein Maß für die Füllungsdauer, also für die Belastung ist. In Abb. 123 ist die Abhängigkeit von η_{th} von ϱ wiedergegeben für einen Höchstdruck von 35 at und $\varkappa = 1,35$. Man ersieht, daß mit der Belastung η_{th} beträchtlich abnimmt.

3. Der Gütegrad.

Er berücksichtigt dreierlei Verluste

a) *Die Verluste durch Verschleppung der Verbrennung*

gegenüber dem bei Ermittlung des thermischen Wirkungsgrades angenommenen Gesetz.

Bezieht sich der thermische Wirkungsgrad z. B. auf die Gleichraumverbrennung, so wird bei einer über den Totpunkt hinausreichenden Verbrennung der Wirkungsgrad gegenüber η_{th} herabgesetzt, weil der Entspannungsgrad für die Teilverbrennung nach dem Totpunkt kleiner, der

Auspuffverlust demnach größer wird. Dieses Absinken des Wirkungsgrades läßt sich ebenso berechnen wie der thermische Wirkungsgrad, wenn man das wirkliche Verbrennungsgesetz zugrunde legt[1].

Wie sich die verschleppte Verbrennung auswirkt, sieht man auch in Abb. 123. Gewöhnlich bezieht man die Angabe des Gütegrades auf die Gleichraumverbrennung als Idealfall.

b) *Die Verluste durch Kühlwärme.*

Damit die Festigkeit des Materiales und die Schmierfähigkeit des Schmieröles erhalten bleibt, müssen die Zylinderwände der Verbrennungskraftmaschine entweder durch Wasser oder durch Luft gekühlt werden. Es läßt sich dabei nicht vermeiden, daß die Arbeitsgase während des Prozesses durch die Wand Wärme verlieren. Diese Kühlwärme ist ein Verlust, der den thermischen Wirkungsgrad abmindert.

Bei der Abschätzung des Verlustes gehen wir von einem Gleichraumprozeß ohne Kühlverluste aus, der in Abb. 124 im $T\,s$-Diagramm durch *1 2 3' 5'* gegeben sei. Der Prozeß mit Kühlung setze im gleichen Punkt *1* an. Die Verdichtungslinie verlauft jedoch nach der gekrümmten Linie *1 2''*, ähnlich wie sie bei den Kolbenverdichtern besprochen wurde (vergl. S. 132). Wir nehmen an, daß im Prozeß mit Kühlung gleich viel Wärme bei der Verbrennung zugeführt wird, wie im Prozeß ohne Kühlung. Während der Verbrennung, die im oberen Totpunkt, also in unendlich kurzer Zeit abläuft, geht keine Wärme durch die Wand über. Den Punkt *3''* am Ende der Verbrennung findet man demnach, indem man die zugeführte Wärme $a\,2''\,3''\,d\,a = b\,2\,3'\,e\,b$ macht. Im Punkte *3''* setzt die Expansion ein, die entsprechend der Wärmeabgabe durch Kühlung im Sinne einer Entropieverminderung nach *5''* verläuft. *5'' 1* entspricht der Wärmeabgabe durch den Auspuff, wobei die Wärme $b\,1\,5''\,c\,b$

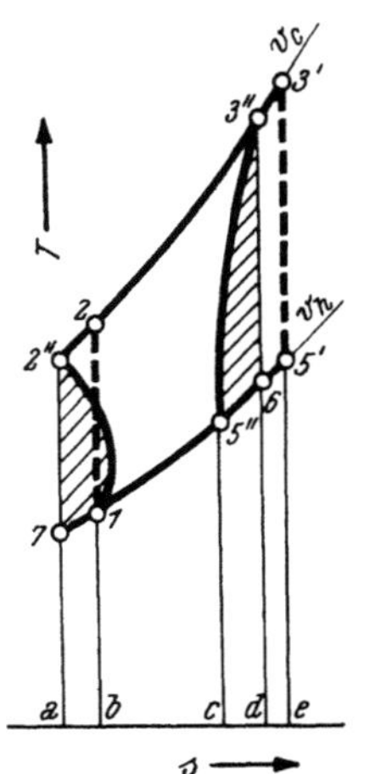

Abb. 124. Zur Abschätzung der Kühlverluste.

abgeführt wird. Während der Verdichtung geht die Wärme $b\,1\,2''\,a\,b$ und während der Expansion die Wärme $d\,3''\,5''\,c\,d$ in das Kühlmittel. Die gesamte während des Prozesses nach außen abgegebene Wärmemenge ist daher durch die Fläche $a\,2''\,1\,5''\,3''\,d\,a$ gegeben. Zieht man sie von der zugeführten Wärme $a\,2''\,3''\,d\,a$ ab so verbleibt als Wärmewert der geleisteten Arbeit die Fläche *1 2'' 3'' 5'' 1*. Vergleicht man den Prozeß mit demjenigen ohne Kühlung mit gleicher Entropieänderung bei der Verbrennung *7 2'' 3'' 6* und gleicher Wärmezufuhr, der dem Ausgangsprozeß ohne Heizung *1 2 3' 5'* sehr ähnlich ist, so sieht man, daß die Arbeit nicht um das volle Maß der Kühlwärme vermindert wird, sondern nur um die verhältnismäßig kleinen schraffierten Teilmengen *7 2'' 1 7* und *5'' 3'' 6 5''*. Der Rest stellt nur eine Verschiebung der Verlustwärme vom Auspuff in das Kühlwasser dar. Darin liegt die Begründung für die

---

[1] Vergl. List, H.: Die Verbrennungskraftmaschine, Heft 2. Thermodynamik der Verbrennungskraftmaschine. Wien: Springer-Verlag. 1939.

Erfahrungstatsache, daß es kaum einen Erfolg bringt, bei einer Verbrennungskraftmaschine die Kühlung zu vermindern, um den Wirkungsgrad zu heben.

c) *Die Verluste durch Verwirbelung im Zylinder.*

Bei gewissen Arbeitsverfahren wird durch die Bewegung des Kolbens die Zylinderladung in heftige Bewegung versetzt, um auf diese Art eine innige Gemischbildung zwischen Luft und Brennstoff zu erreichen (Dieselmotoren mit unterteiltem Brennraum) oder um die Verbrennung zu beschleunigen (Otto-Motoren). Abb. 125 zeigt rechtsseitig das Beispiel einer Wirbelkammer-Dieselmaschine, bei der ein Teil des Brennraumes abgeschnürt ist, in dem die Luft in kreisende Bewegung versetzt wird. Der Brennstoff wird in die bewegte Luft eingespritzt und vermengt sich mit ihr. Im Gegensatz dazu ist linksseitig das Schema einer Dieselmaschine mit unmittelbarer Strahleinspritzung gezeigt. Dabei wird der Brennstoff durch eine Mehrlochdüse möglichst gleichmäßig auf die Luft verteilt, die möglichst bewegungslos ist.

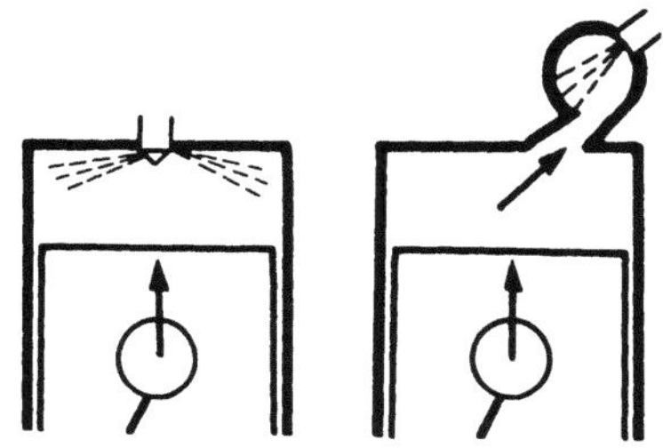

Abb. 125. Beispiele von Verbrennungsräumen von Dieselmotoren.

Weil die Bewegungsenergie der Luft aus der Arbeit des Kolbens entnommen wird und eine vollständige Rückverwandlung nicht mehr möglich ist (nicht umkehrbarer Prozeß), ist damit zweifellos ein Verlust verbunden. Auch darüber gibt am besten das Wärmediagramm Aufschluß: In Abb. 126 sei *1 2 3' 5'* wieder der Ausgangsprozeß mit Gleichraumverbrennung ohne innere Wirbelung. Beim Prozeß mit Verwirbelung nehmen wir an, daß die kinetische Energie sofort in Wärme umgesetzt wird. Dann verläuft die Verdichtungslinie im Sinne einer Entropiezunahme nach der Linie *1 2''*. Führen wir nun dieselbe Wärme zu wie ohne Wirbelung, so ist *b 2'' 3'' d b =* *= a 2 3' c a* zu machen. Die Expansionslinie *3'' 5''* verläuft wieder im Sinne einer Entropiezunahme. Nach der *v =* konst. Linie *5'' 1* wird die Wärme *e 5'' 1 a e* in den Auspuff abgeführt. Die geleistete Arbeit ist durch die Differenz der zu- und abgeführten Wärme gegeben. Also *A l = b 2'' 3'' d b — a 1 5'' e a*. Sie ist also kleiner als die vom Kreisprozeß eingeschlossene Fläche. Gegenüber dem wirbellosen Vergleichsprozeß *1 2'' 3'' 6*, der dem Ausgangsprozeß wieder ähnlich ist, erscheint

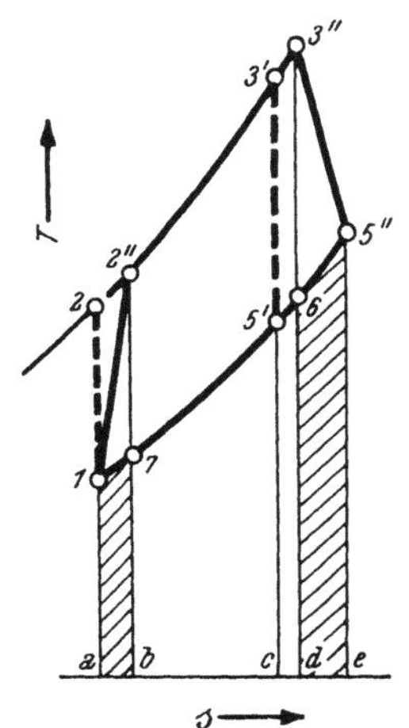

Abb. 126. Zur Abschätzung der Wirbelverluste.

die Arbeit um die schraffierten Flächen *a 1 7 b a* und *d 6 5'' e d* verringert. Diese Teile sind jedoch die Hauptanteile der gesamten Wirbelarbeit *a 1 2'' b a* (während der Verdichtung) und *d 3'' 5'' e d* (während der Expansion). Im Gegensatz zur Kühlwärme ist demnach die Wirbelarbeit größtenteils als Verlustposten zu werten. Weil die Wirbelarbeit bei gewissen Verbrennungssystemen bis zu 1/3 der Nutzarbeit betragen kann, erscheinen die Bestrebungen in jüngster Zeit, Verbrennungsverfahren mit geringer Luftbewegung während der Verdichtung und Verbrennung zu entwickeln, nach obigem als sinnvoll.

4. Vorgang bei der praktischen Berechnung einer Verbrennungskraftmaschine.

Es ist nicht möglich, alle die beschriebenen Verluste durch Rechnung zu erfassen, ebenso wie auch der Verbrennungsablauf nicht vorausbestimmt werden kann. Bei der Berechnung einer Verbrennungskraftmaschine geht man deshalb von einem Indikatordiagramm aus, das erfahrungsgemäß verwirklicht werden kann (Abb. 127). Die je Arbeitsspiel geleistete Arbeit ist der Differenz aus den beiden entgegengesetzt schraffierten Arbeitsanteilen gleich $L_i = = L_1 - L_2$. Ersetzt man diesen Arbeitsbetrag im pV-Diagramm durch ein Rechteck über dem Hubvolumen als Basis, so ergibt sich dessen Höhe mit

$$p_i = \frac{L_i}{V_h}. \tag{359}$$

Man nennt diesen Druck den „mittleren indizierten Druck". Es ist dies jener Druck, der gleichmäßig über den Hub wirkend gedacht, dieselbe Arbeit leistet, wie sie durch das Diagramm ausgedrückt ist. Multipliziert man p_i mit dem mechanischen Wirkungsgrad η_m, so erhält man den „mittleren effektiven Druck".

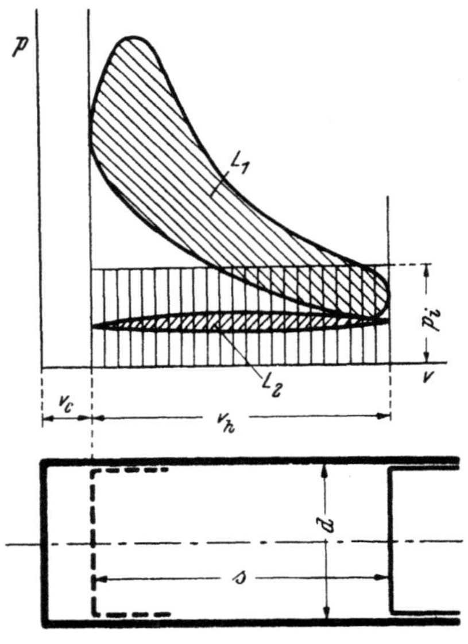

Abb. 127. Indikatordiagramm einer Verbrennungskraftmaschine.

$$p_e = \eta_m p_i, \tag{360}$$

der der effektiven Arbeitsleistung am Schwungrad der Maschine entspricht. Dieser Wert p_e ist eine Erfahrungsgröße, der die Verbrennungsverhältnisse, die Verluste und die Füllungsverhältnisse des Zylinders beinhaltet. Praktische Werte sind:

$$p_e = 7 \ —8 \ \ \text{kg/cm}^2 \ \ \text{für 4 Takt-Otto-Motoren (Benzin),}$$
$$p_e = 4 \ —5 \ \ \text{kg/cm}^2 \ \ \text{für 2 Takt-Otto-Motoren (Benzin),}$$
$$p_e = 5{,}5—6{,}5 \ \text{kg/cm}^2 \ \ \text{für 4 Takt-Diesel-Motoren,}$$
$$p_e = 4 \ —5 \ \ \text{kg/cm}^2 \ \ \text{für 2 Takt-Diesel-Motoren.}$$

Mit diesem Erfahrungswert ergibt sich für das Hubvolumen V_h bei einer Umdrehungszahl n/Min eine effektive Leistung

$$N_e = V_h^{\text{lit}} \, p_e^{\text{kg/cm}^2} \, n \, \frac{1}{900} \quad \text{für den Viertaktmotor,} \tag{361}$$

$$N_e = V_h^{\text{lit}} \, p_e^{\text{kg/cm}^2} \, n \, \frac{1}{450} \quad \text{für den Zweitaktmotor.} \tag{362}$$

Der wirtschaftliche Wirkungsgrad ausgeführter Motoren liegt zwischen 0,28 (Otto-Motoren) und 0,4 (Diesel-Motoren).

III. Verbrennungsturbinen.

Denkt man sich den Prozeß einer Verbrennungskraftmaschine in getrennten Maschinen nach Abb. (128) so verwirklicht, daß ein Kompressor K ansaugt und verdichtet und nach Zufuhr der Wärme in einer Brennkammer B ein Entspannungsmotor E die Gase auf den Anfangsdruck vor dem Kompressor entspannt, so ergibt sich eine Kraftmaschine mit der Überschußarbeit des Motors gegenüber dem Kompressor als effektive Arbeit. Eine Einrichtung dieser Art wird als Heißluftmaschine bezeichnet.

Solche Maschinen werden nicht gebaut, weil der Baustoffaufwand je Leistungseinheit infolge der verhältnismäßig niedrigen Durchsatzmengen von Kolbenmaschinen viel zu groß und die Maschine unwirtschaftlich wäre.

1. Einfache Systeme von Verbrennungsturbinen mit offenem Prozeß.

Ersetzt man jedoch die Kolbenmaschinen durch den in der Förderung viel leistungsfähigeren Turbokompressor und durch die Turbine nach Abb. 129, so ist der Baustoffaufwand viel geringer. Die Anlage, die man

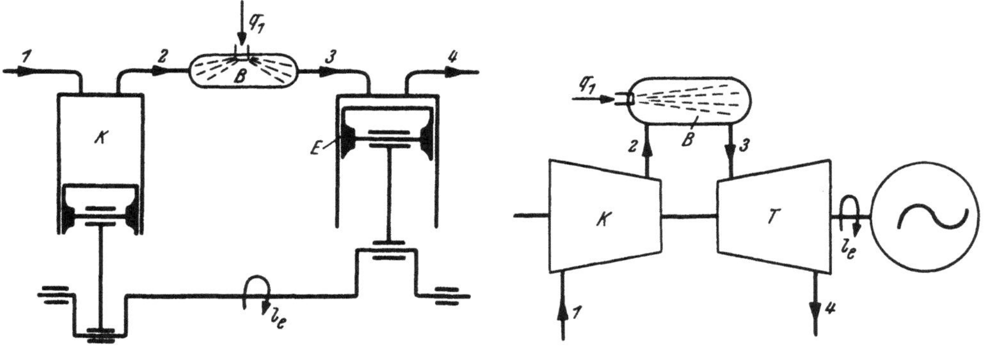

Abb. 128. Schema einer Heißluftmaschine. Abb. 129. Schema einer Verbrennungsturbinenanlage.

als „Verbrennungsturbine" bezeichnet, wird bei günstiger Auslegung des Prozesses durchaus wirtschaftlich. Wenn die Verbrennung unter gleichbleibendem Druck abläuft, wie im vorliegenden Beispiel, spricht man auch von einer Gleichdruckanlage. Die Verbrennung verläuft dabei kontinuierlich. Es wurden auch Anlagen versucht, bei denen durch Anordnung sinngemäßer Steuerorgane die thermisch günstigere Gleichraumverbrennung verwirklicht wurde (Holzwarth-Turbine). Im Gegensatz zu der ähnlichen Entwicklung beim Verbrennungsmotor hat dieses intermittierend arbeitende Gleichraumverbrennungsverfahren bei der Turbine jedoch aus betriebstechnischen Gründen nicht den gewünschten Erfolg gebracht und an Bedeutung verloren. Wir beschränken uns daher im folgenden auf die Besprechung des Gleichdruckverfahrens.

Einen Prozeß nach Abb. 128 und 129 bezeichnet man als „offenen Prozeß", weil bei _1_ aus der Atmosphäre angesaugt wird und bei _4_ die Abgase ausgestoßen werden, der Weg des Arbeitsmediums daher nicht „geschlossen", sondern „offen" ist.

Die thermodynamische Berechnung einer Gasturbine gliedert sich im wesentlichen in die Berechnung der Kompressorarbeit, wofür die Ausführungen nach Abschn. H I gelten, in die Berechnung der Turbinenarbeit, etwa nach Gl. (20) oder analog nach den unter Abschn. H IV gegebenen Erläuterungen für Dampfturbinen und in die Berechnung des Verbrennungsvorganges nach Abschn. F. Für die Ermittlung der spezifischen Wärmen und der kalorischen Zustandsgrößen der Verbrennungsgase gelten die Ausführungen über Gasgemische nach Abschn. D II, weil im Bereich der Zustandsänderungen in Gasturbinen die Gesetze für das vollkommene Gas anwendbar sind.

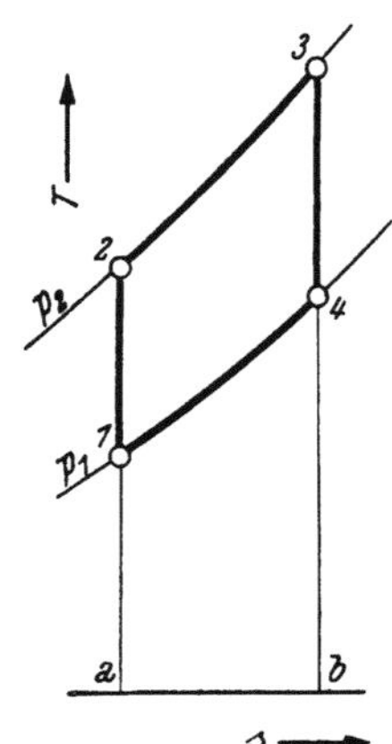

Abb. 130. Ts-Diagramm des Turbinenprozesses.

Die Arbeit, die die Anlage abgibt, ist gleich der Differenz aus Turbinen- und Verdichterarbeit. Als thermischen Wirkungsgrad des Prozesses definiert man das Verhältnis der indizierten Arbeit l_i (innere Arbeit ohne Abzug der mechanischen Verluste und der Antriebsarbeit für die Hilfsgeräte) zur zugeführten Wärme q_1; $\eta_{th} = A\,l_i/q_1$. Als mechanischen Wirkungsgrad bezeichnet man das Verhältnis der effektiv verfügbaren Arbeit zur indizierten Arbeit; $\eta_m = l_e/l_i$.

Wie bei allen Wärmekraftmaschinen ist auch bei der Gasturbine in erster Linie der thermische Wirkungsgrad für die Wirtschaftlichkeit maßgebend. Wir werden ihm in den folgenden Betrachtungen das Augenmerk zuwenden.

Die Diskussion des thermischen Wirkungsgrades wird anschaulicher und vereinfacht, wenn man den offenen Prozeß gedanklich auf einen geschlossenen zurückführt, der sich im Wärmediagramm als Kreisprozeß darstellen läßt. Ähnlich wie dies bei den Betrachtungen über die Verbrennungskraftmaschine geschehen ist, nehmen wir zu diesem Zwecke an, daß sich das Arbeitsmittel durch die innere Verbrennung in seinem thermischen Verhalten (spezifische Wärme) nicht ändert und außerdem keine Volumskontraktion oder -erweiterung durch die chemische Reaktion auftritt[1]. Unter dieser Annahme ist es thermodynamisch gleichwertig, wenn die Wärme nicht durch innere Verbrennung, sondern durch einen Wärmetauscher von außen zugeführt wird. Dann ist es auch möglich, die aus der Turbine ausströmende Luft durch einen Kühler auf den Ansaugzustand vor dem Verdichter zurückzukühlen und diesem wieder zuzuführen. Damit ist der Kreislauf geschlossen. Ein Ts-Diagramm dieses Kreislaufes zeigt Abb. 130, wobei zunächst die Verdichtung *12* und die Entspannung *34* verlustfrei (adiabatisch) angenommen ist. Entlang *23* wird isobar die Wärme $q_1 = $ Fl. $a\,2\,3\,b\,a$ zugeführt und entlang *41* im gedachten Kühler die Wärme $q_2 = $ Fl. $a\,1\,4\,b\,a$ isobar abgeführt. Der thermische Wirkungsgrad dieses Kreislaufes beträgt nach Gl. (52)

$$\eta_{th} = 1 - \frac{q_2}{q_1} = 1 - \frac{c_p\,(T_4 - T_1)}{c_p\,(T_3 - T_2)} = 1 - \frac{T_1}{T_2} = 1 - \frac{T_4}{T_3},$$

weil nach den Gesetzen für die Adiabaten und Isobaren $(T_4 - T_1)/(T_3 - T_2) = = T_1/T_2 = T_4/T_3$ ist. Der Wirkungsgrad ist also gleich dem eines Carnotprozesses, der zwischen den Temperaturen T_2 und T_1 oder T_3 und T_4 abläuft.

---

[1] Diese Annahmen geben bei den hohen Luftüberschußzahlen der Turbinen auch quantitativ keine großen Fehler.

Der Wärmewert der je kg geleisteten Arbeit ist als Differenz der zu- und abgeführten Wärme, im $T\,s$-Diagramm, also durch die Fläche *1 2 3 4* gegeben.

Im praktischen Prozeß ist weder die Verdichtung noch die Expansion adiabatisch. Beide verlaufen infolge der inneren Reibung bekanntlich im Sinne einer Entropiezunahme nach Abb. 131. Zugeführt wird die Wärme *b 2 3 c b*, abgeführt *a 1 4 d a*. Der Wärmewert der indizierten Arbeit als Differenz beider Wärmen ist jetzt nicht mehr die durch die Prozeßlinie eingeschlossene Fläche, sondern durch die Flächengröße

$$A\,l_i = \text{Fl. } b\,2\,3\,c\,b - \text{Fl. } a\,1\,4\,d\,a = \text{Fl. } 1\,2\,3\,4\,1 - \text{Fl. } a\,1\,2\,b\,a - \text{Fl. } c\,3\,4\,d\,c$$

gegeben. Die beiden letzten Posten geben die Größe der innere Reibungsarbeit.

Durch die Turbinen- und Kompressorarbeit ausgedrückt ist die auf den Läufer übertragene indizierte Arbeit je kg umlaufenden Gasgewichtes

$$l_i = l_T - l_K. \tag{363}$$

Durch die adiabatische Arbeit ausgedrückt ist weiter

$$l_i = \eta_{adT}\,l_{adT} - \frac{1}{\eta_{adK}}\,l_{adK}\,,$$

worin η_{adK} und η_{adT} die adiabatischen Wirkungsgrade von Kompressor und Turbine sind. Der adiabatische Wirkungsgrad des Kompressors ist durch Gl. (351) (dazu Abb. 110) und Gl. (352) definiert. Analog dazu gilt für die Turbine (s. Abb. 131)

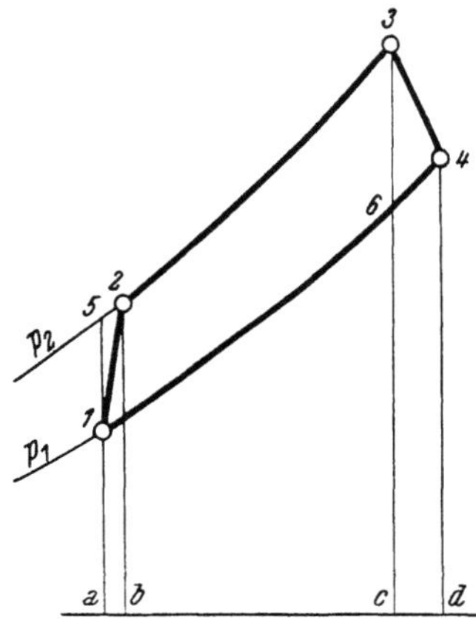

Abb. 131. Einfluß der Reibung.

$$\eta_{adT} = \frac{l_T}{l_{adT}} = \frac{i_3 - i_4}{i_3 - i_6}. \tag{364}$$

(Unter der Voraussetzung, daß die Gesetze für das vollkommene Gas gelten, ließe sich auch dieser Wirkungsgrad in Analogie zu Gl. 352 durch Temperaturen ausdrücken.)

Die adiabatische Arbeit für Turbine und Kompressor ist

$$l_{adT} = i_3 - i_6 = c_p\,(T_3 - T_6) = c_p\,T_6\left(\frac{T_3}{T_6} - 1\right) = c_p\,T_6\left[\left(\frac{p_2}{p_1}\right)^{\frac{\varkappa-1}{\varkappa}} - 1\right],$$

$$l_{adK} = i_5 - i_1 = c_p\,(T_5 - T_1) = c_p\,T_1\left(\frac{T_5}{T_1} - 1\right) = c_p\,T_1\left[\left(\frac{p_2}{p_1}\right)^{\frac{\varkappa-1}{\varkappa}} - 1\right].$$

Somit

$$l_i = c_p\left(\eta_{adT}\,T_6 - \frac{1}{\eta_{adK}}\,T_1\right)\left[\left(\frac{p_2}{p_1}\right)^{\frac{\varkappa-1}{\varkappa}} - 1\right]. \tag{365}$$

Aus dieser Gl. ist zu ersehen, daß die indizierte Arbeit umso höher ist, je größer das Verdichtungsverhältnis des Kompressors (p_2/p_1), je größer die adiabatischen Wirkungsgrade von Turbine und Kompressor und je höher T_6 ist, also je mehr geheizt wird. Aus der Gleichung geht auch die für die Praxis wichtige Tatsache hervor, daß erst von einem gewissen Maß der Wärmezufuhr in der Brennkammer an eine Überschußarbeit abgegeben werden kann. Dies ist der Fall, wenn

$$\eta_{adT}\, T_6 - \frac{1}{\eta_{adK}}\, T_1 > 0$$

ist. Daraus folgt weiter die Bedingung für positive Arbeit:

$$\eta_{adT} \cdot \eta_{adK} > \frac{T_1}{T_6}. \tag{366}$$

Je besser die Wirkungsgrade sind, umso kleiner kann T_6 werden, das heißt umso weniger braucht für den Eigenlauf geheizt zu werden.

Aus dem Stillstand kann eine Verbrennungsturbine nicht anlaufen, weil mit $p_2/p_1 = 1$ die Arbeit trotz Heizung Null ist. Verbrennungsturbinen brauchen daher Anlaßmotoren.

Bei praktischen stationären Anlagen nach der einfachen Art der Abb. 129 liegt der erreichbare thermische Wirkungsgrad

$$\eta_{th} = \frac{A\, l_i}{q_1} = \frac{A\, l_T - A l_K}{q_1} \tag{367}$$

in der Größenordnung von 20%, also gegenüber dem von Verbrennungskraftmaschinen (Kolbenmaschinen) niedrig. Die höchsten Temperaturen, die mit den heute zur Verfügung stehenden Materialien beherrscht werden können, betragen etwa 650° C an den Turbinenschaufeln.

Eine weite Anwendung fanden diese einfachen Triebwerke in jüngster Zeit im Flugwesen. Das Schema so eines Turbinen- oder Strahl- oder Düsentriebwerkes zeigt Abb. 132. Die Atmosphärenluft tritt vorne ein und wird durch den Kompressor K auf ungefähr 5 at verdichtet. In der anschließenden Brennkammer verbrennt der eingespritzte Brennstoff. In der Turbine T wird soweit entspannt, daß die Arbeit für den Kompressor aufgebracht wird. Weil keine Überschußarbeit abgegeben wird, herrscht

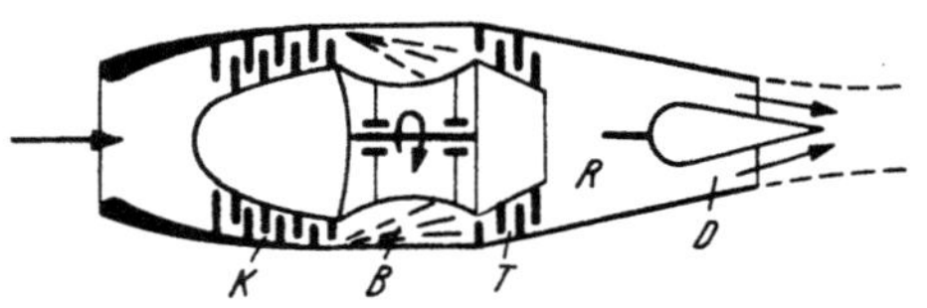

Abb. 132. Schema eines Strahltriebwerkes.

im Raume R im allgemeinen noch ein Überdruck vor, der sich in der Düse D in Geschwindigkeit umsetzt und durch den Rückstoß die Vortriebskraft gibt. Zwecks Einstellung günstigster Verhältnisse ist der Düsenquerschnitt durch Verschiebung eines zentralen Kegels veränderlich. Der Wirkungsgrad bezogen auf die Vortriebsleistung solcher Triebwerke liegt bedingt durch die beschränkten Raumverhältnisse noch niedriger, bei ungefähr 15%. Trotzdem bewähren sich diese Geräte gegenüber den Propellerkolbenmotoren besonders bei hohen Geschwindigkeiten, weil sie sehr klein sind und der verringerte Eigenwiderstand den schlechteren Wirkungsgrad weitgehend wettmacht. Außerdem sinkt der Propellerwirkungsgrad stark, sobald die Fluggeschwindigkeit und damit die notwendige Propeller-Umfangsgeschwindigkeit sich der Schallgeschwindigkeit nähern; schon deshalb ist der Strahlantrieb für hohe Geschwindigkeiten vorteilhaft. Statt die Überschußenergie ganz in einer Düse umzusetzen, kann sie auch zum Antrieb eines Propellers über ein Untersetzungsgetriebe verwendet werden. Diese Triebwerke eignen sich dann besser auch für niedrige Geschwindigkeiten.

2. Erhöhung der Wirtschaftlichkeit durch Wärmeregeneration und stufenweise Verdichtung und Expansion.

Ein wichtiger Schritt zur Verbesserung der Wirtschaftlichkeit insbesondere der größeren Stationäranlagen von Verbrennungsturbinen, wurde durch die Anwendung der sogenannten Wärmeregeneration getan. Man versteht darunter die Rückführung wenigstens eines Teiles der Abgaswärme der Turbine in das verdichtete Gas nach dem Kompressor. Abb. 133 zeigt das Schema einer Anlage mit Regeneration. Der Kompressor K saugt bei 1 Luft an und gibt diese verdichtet bei 2 ab. Im Wärmeregenerator R, der als Wärmetauscher ausgebildet ist, wird die Luft durch die Abgase der Turbine vorgewärmt. In der Brennkammer B wird die Wärmemenge q_1

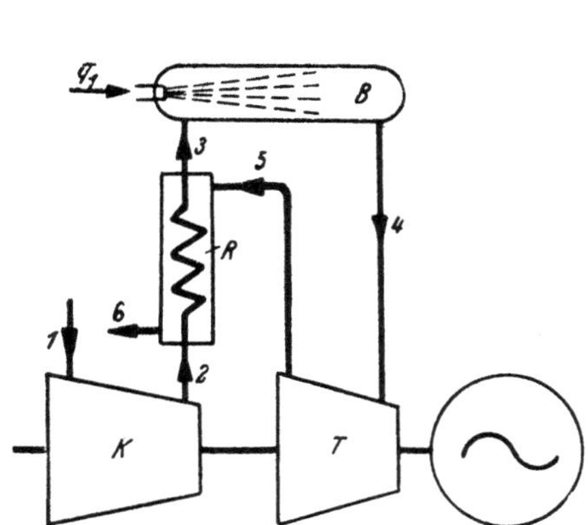

Abb. 133. Schema einer Turbinenanlage mit Regeneration.

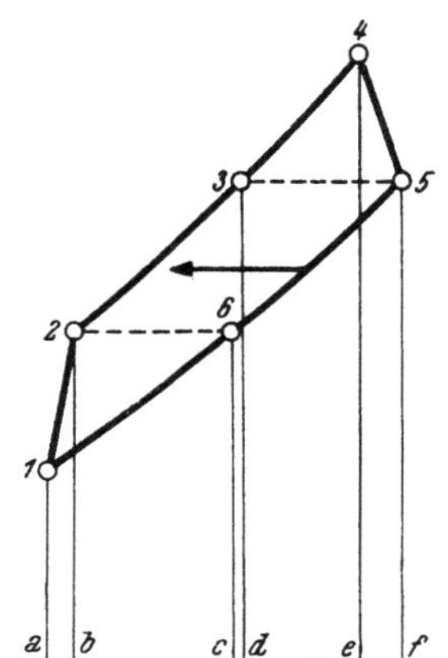

Abb. 134. Ts-Diagramm zu Abb. 133.

zugeführt. Im Zustand 4 gelangen die heißen Gase in die Turbine T und kommen auf den Zustand 5 entspannt aus ihr heraus, um hierauf den Regenerator zu durchströmen. Abb. 134 zeigt diesen Prozeß im Ts-Diagramm: $1\,2$ ist die Verdichtungslinie. Während $2\,3$ wird die Wärmemenge Fläche $b\,2\,3\,d\,b =$ Fläche $c\,6\,5\,f\,c$ aus den Abgasen der Turbine aufgenommen (in der schematischen Zeichnung ist das Temperaturgefälle im Regenerator vernachlässigt). In der Brennkammer wird die Wärme q_1 Fläche $d\,3\,4\,e\,d$ zugeführt. Nach der Entspannung $4\,5$ in der Turbine geht im Regenerator während $5\,6$ der Wärmeaustausch vor sich. Die Fläche $c\,6\,1\,a\,c = q_2$ gibt die abzuführende verbleibende Verlustwärme.

Die je kg umlaufender Gasmenge geleistete indizierte Arbeit ist

$$A\,l_i = \text{Fläche } d\,3\,4\,e\,d - \text{Fläche } a\,1\,6\,c\,a.$$

Sie ist gleich groß, wie die Arbeit ohne Regeneration, weil $A\,l_i =$ Fläche $d\,3\,4\,e\,d$ — Fläche $a\,1\,6\,c\,a =$ Fläche $d\,3\,4\,e\,d +$ Fläche $b\,2\,3\,d\,b$ — — Fläche $a\,1\,6\,c\,a$ — Fläche $c\,6\,5\,f\,c =$ Fläche $b\,2\,4\,e\,b$ — Fläche $a\,1\,5\,f\,a$. Der Wirkungsgrad

$$\eta_{th} = 1 - \frac{\text{Fl. } a\,1\,6\,c\,a}{\text{Fl. } d\,3\,4\,e\,d} = 1 - \frac{T_6 - T_1}{T_4 - T_3}$$

ist höher als der ohne Regeneration

$$\eta_{th}' = 1 - \frac{\text{Fl.}\,a\,1\,5\,f\,a}{\text{Fl.}\,b\,2\,4\,e\,b},$$

weil

$$\frac{\text{Fl.}\,a\,1\,6\,c\,a}{\text{Fl.}\,d\,3\,4\,e\,d} = \frac{\text{Fl.}\,a\,1\,5\,f\,a - \text{Fl.}\,c\,6\,5\,f\,c}{\text{Fl.}\,b\,2\,4\,e\,b - \text{Fl.}\,c\,6\,5\,f\,c} < \frac{\text{Fl.}\,a\,1\,5\,f\,a}{\text{Fl.}\,b\,2\,4\,e\,b}$$

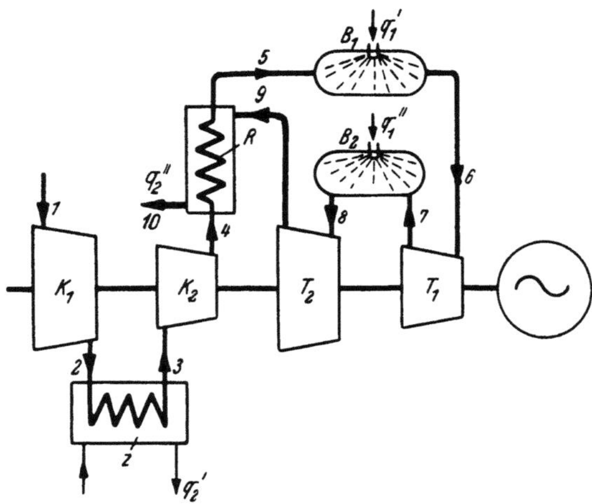

Abb. 135. Schema einer zweistufigen Verbrennungsturbinenanlage.

ist. Der günstigere Wirkungsgrad ist dadurch begründet, daß die Wärme im Mittel bei höheren Temperaturen zugeführt und die Verlustwärme im Mittel bei niedrigeren Temperaturen abgeführt wird, als im Prozeß ohne Regeneration.

Der Arbeitsbedarf eines Kompressors kann bekanntlich durch mehrstufige Verdichtung verringert werden. Die Wirtschaftlichkeit wird gesteigert. Ebenso nimmt bei der Turbine bei stufenweiser Expansion und Zwischenheizung die Arbeitsausbeute zu. Dies macht man sich auch bei neuartigen Verbrennungsturbinenanlagen zu Nutze, um die Wirtschaftlichkeit der Gesamtanlage zu steigern. Das Schema einer Anlage mit zweistufiger Verdichtung und zweistufiger Expansion zeigt Abb. 135. Bei *1* saugt der Kompressor K_1 an und drückt die Luft mit dem Zustand *2* in den Zwischenkühler *Z*, aus dem sie nach Wärmeentzug mit dem Zustand *3* austritt. In der zweiten Stufe K_2 wird auf den Zustand *4* verdichtet. Im Regenerator geben die Abgase der Turbine T_2 einen Teil ihrer Wärme auf die verdichtete Luft ab. Hierauf wird in der ersten Brennkammer B_1 die Wärme q_1' zugeführt. In der ersten Turbinenstufe T_1 entspannen sich die Gase vom Zustand *6* auf *7*. In der folgenden zweiten Brennkammer B_2 wird die Wärmemenge q_1'' zugeführt und in der zweiten Turbinenstufe schließlich vom Zustand *8* auf *9* entspannt. Vom Regenerator gehen die Gase bei *10* ab. Im $T\,s$-Diagramm nach Abb. 136 sind die Zustandspunkte wieder in Analogie zu Abb. 135 bezeichnet. Die im Zwischenkühler abgeführte Wärme q_2' ist durch die Fläche $d\,2\,3\,a\,d$ gegeben.

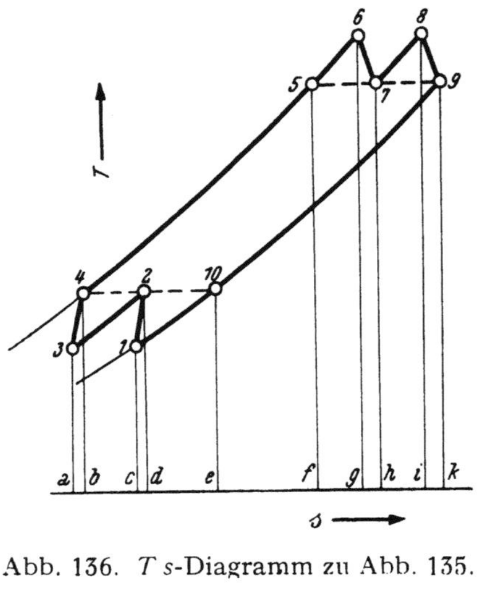

Abb. 136. $T\,s$-Diagramm zu Abb. 135.

Im Regenerator wird zwischen den Abgasen und der verdichteten Luft die Wärmemenge Fläche $b\,4\,5\,f\,b =$ Fläche $e\,10\,9\,k\,e$ ausgetauscht. In der ersten Brennkammer wird die Wärme $q_1' =$ Fläche $f\,5\,6\,g\,f$ und in der zweiten die Wärme $q_1'' =$ Fläche $h\,7\,8\,i\,h$ zugeführt. Der Verlust in den Abgasen ist durch die Fläche $q_2'' = c\,1\,10\,e\,c$ gegeben. Die je kg geleistete Arbeit beträgt

$$A\,l_i = q_1' + q_1'' - (q_2' + q_2'').$$

Der thermische Wirkungsgrad ist

$$\eta_{th} = 1 - \frac{q_2' + q_2''}{q_1' + q_1''}.$$

Weil $q_1' + q_1'' = c_p\,(T_6 - T_5) + c_p\,(T_8 - T_7) = 2\,c_p\,(T_6 - T_5)$ und $q_2' + q_2'' = c_p\,(T_2 - T_3) + c_p\,(T_{10} - T_1) = 2\,c_p\,(T_{10} - T_1)$ ist, wird weiter

$$\eta_{th} = 1 - \frac{T_{10} - T_1}{T_6 - T_5}.$$

3. Carnotisieren des Prozesses.

Mit einer Vergrößerung der Stufenzahl mit Zwischenkühlung und Zwischenheizung steigt der Wirkungsgrad noch weiter an. Im theoretischen Extremfall unendlich vieler Stufen wird die Verdichtung und Expansion isotherm (Abb. 137). Der Kreisprozeß hat dann einen Wirkungsgrad

$$\eta_{th} = 1 - \frac{q_2}{q_1} = 1 - \frac{A\,s\,T_1}{A\,s\,T_3} = 1 - \frac{T_1}{T_3}. \tag{368}$$

Das ist aber der Wirkungsgrad eines Carnot-Prozesses, der zwischen den Temperaturen T_3 und T_1 abläuft. Bekanntlich ist dies unter allen möglichen der wirtschaftlichste Prozeß. Der Turbinenprozeß nach Abb. 137 ist also ein anzustrebender Optimalfall.

Die Mittel zu seiner Verwirklichung sind isotherme Verdichtung, isotherme Expansion und Regeneration der gesamten isobaren Wärme Fläche $a\,2\,3\,c\,a =$ = Fläche $b\,1\,4\,d\,b$. Die Anwendung dieser Mittel bezeichnet man als „Carnotisieren" des Kreisprozesses. Die geleistete Arbeit ist im carnotisierten Prozeß durch die eingeschlossene Fläche $1\,2\,3\,4\,1$ gegeben.

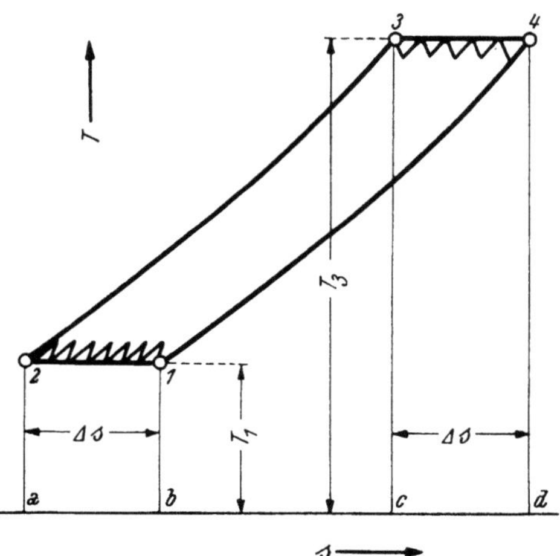

Abb. 137. Zur Carnotisierung des Prozesses.

4. Verbrennungsturbinen mit „geschlossenem Prozeß".

Alle bisher im Schema besprochenen Anlagen arbeiteten in einem offenen Prozeß.

Im Gegensatz dazu zeigt Abb. 138 das Schema einer Verbrennungsturbine mit geschlossenem Prozeß. Wie schon erwähnt, ist dabei immer dasselbe Medium im Kreislauf, dem die Wärme durch Wärmetauscher zu- und abgeführt wird. Das Medium tritt mit dem Zustand *1* in die erste Stufe des dreistufigen Verdichters *K*. Zwischen den ersten zwei Stufen wird im Kühler Z_1 die Wärme q_2' und zwischen zweiter und dritter Stufe im Kühler Z_2 die Wärme q_2'' abgeführt. Im Regenerator *R* wird die Wärme aus den Abgasen *9* der Turbine übernommen. Hierauf durchströmt das Medium den Heizkörper *H* in der Brennkammer *B*, in dem es die Wärmemenge q_1 aufnimmt. In der Turbine *T* entspannt sich das Gas in einer Stufe auf den Zustand *9*, mit dem es in den Regenerator eintritt. Nach dem Regenerator wird im Rückkühler *R K* auf den Anfangszustand *1* abgekühlt und dabei die Wärme q_2''' abgeführt.

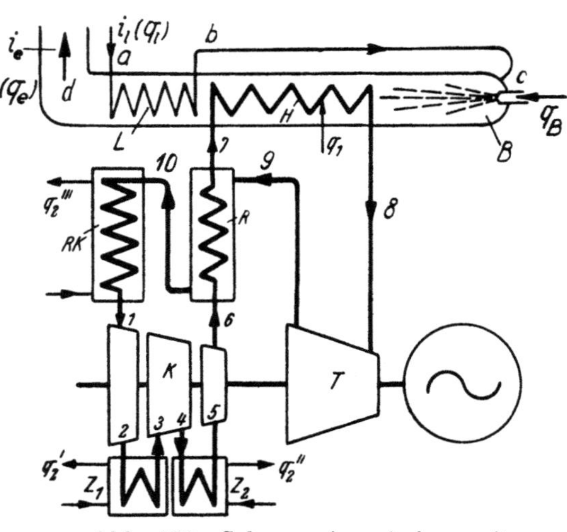

Abb. 138. Schema einer Anlage mit geschlossenem Prozeß.

Um die Abwärme der Brennkammer noch auszunützen, ist ein Vorwärmer *L* für die Verbrennungsluft angeordnet. Bei *a* bringt die Luft eine Wärmemenge q_l (bezogen auf 1 kg umlaufenden Gases im Turbinenkreislauf) mit. In die Esse wird bei *d* die Wärmemenge q_e abgeführt. Der Wirkungsgrad des gesamten Systems beträgt

$$\frac{A\,l_i}{q_B + q_i} = \frac{A\,l_i}{q_1}\,\frac{q_1}{q_B + q_i} = \eta_{th}\,\eta_B.$$

Der erste Teil ist der Wirkungsgrad des Kreislaufes

$$\eta_{th} = \frac{A\,l_i}{q_1} = 1 - \frac{q_2' + q_2'' + q_2'''}{q_1},$$

weil

$$A\,l_i = q_1 - (q_2' + q_2'' + q_2'''),$$

und der zweite Teil der Wirkungsgrad der Brennkammer

$$\eta_B = \frac{q_1}{q_B + q_i} = 1 - \frac{q}{q_B + q_i}.$$

weil

$$q_1 = q_B + q_i - q_e.$$

Die Wärmemengen lassen sich ohne weiteres auch durch die Temperaturen wie in den vorigen Fällen ausdrücken, worauf nicht weiter eingegangen wird.

Der geschlossene Prozeß bietet gegenüber dem offenen gewisse Vorteile: Das Arbeitsmedium bleibt rein, so daß die Turbinenschaufeln geschont werden. Statt Luft kann auch ein inaktives Gas (Stickstoff) verwendet werden. Um die Wärmeübergangzahlen in den Wärmetauschern zu erhöhen, setzt man das Druckniveau im Kreislaufsystem hinauf. Dadurch kann auch der Maschinensatz kleiner werden. Außerdem ergibt sich dadurch die Möglichkeit der viel wirtschaftlicheren Belastungsregelung, indem man neben der Veränderung der Heizung auch den Druck im System ändert. Abb. 139 zeigt das Ts-Diagramm einer Verbrennungsturbine nach dem Schema der Abb. 138 von Escher-Wyss nach Ackeret und

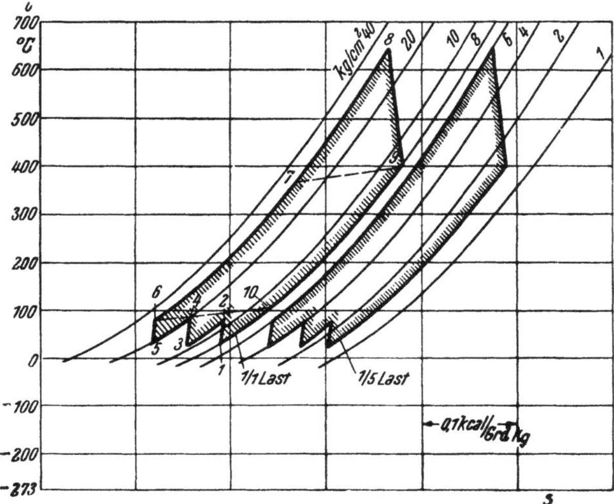

Abb. 139. Ts-Diagramm einer Verbrennungsturbine (Schema Abb. 138) von Escher-Wyss (nach Ackeret und Keller).

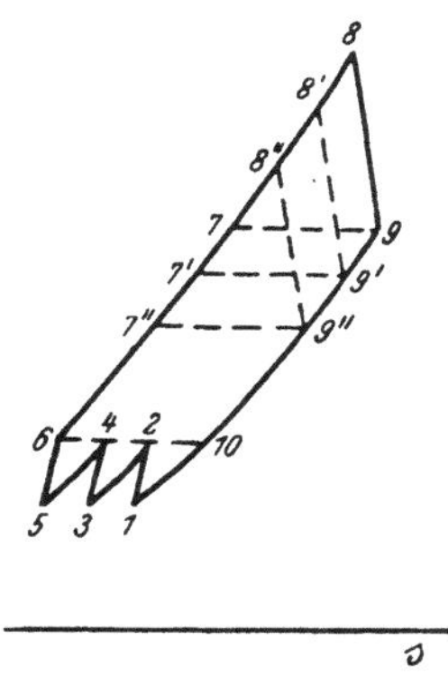

Abb. 140. Einfluß von Belastungsänderungen im Ts-Diagramm bei offenem Prozeß.

Keller. Bei 1/1 Last arbeitet das Aggregat zwischen etwa 8 und 35 at. Bei 1/5 Last sind die Druckgrenzen 1,5 und 6 at. Die Temperaturen sind aber in beiden Fällen dieselben, somit auch der thermische Wirkungsgrad. Im offenen Prozeß ändert sich, wenn das Druckverhältnis nicht geändert wird, bei Belastungsänderung die höchste Temperatur und somit auch der Wirkungsgrad (Abb. 140). Er verschlechtert sich bei Teillast. Nachteilig ist beim geschlossenen Prozeß der hohe Bauaufwand.

5. Günstigste Wirkungsgrade.

Nimmt man eine höchste Gastemperatur von 650^0 C vor der Turbine und eine Ansaugtemperatur von 20^0 C an, so ergibt sich der höchstmögliche thermische Wirkungsgrad einer Verbrennungsturbine mit Doppel-isothermenprozeß nach Gl. (368)

$$\eta_{th} = 1 - \frac{293}{923} \approx 0{,}7.$$

Er ist also ungefähr so hoch, wie bei der wirtschaftlichsten Verbrennungskraftmaschine (hochverdichtete Dieselmaschine). Der Materialaufwand für solche Turbinenanlagen ist jedoch sehr hoch. Verbrennungsturbinen mit erträglichem Materialaufwand arbeiten mit einem vom Doppel-isothermen-Prozeß abweichenden Kreislauf und haben dementsprechend auch einen niedrigeren Wirkungsgrad. Bei den wenigen bisher ausgeführten Stationäranlagen liegt der thermische Wirkungsgrad des Kreislaufes um 30% herum.

Der wirtschaftliche Wirkungsgrad einer Verbrennungsturbine ist durch das Verhältnis aus effektiv geleisteter Arbeit zur zugeführten Brennstoffenergie gegeben. Er ist also gleich dem Produkt aus thermischem, mechanischem und Brennkammerwirkungsgrad. $\eta_w = \eta_{th}\,\eta_m\,\eta_B$.

Bei einer zwischen Gasturbine und Verbrennungskraftmaschine vergleichenden Wertung des thermischen Wirkungsgrades ist in Betracht zu ziehen, daß der mechanische Wirkungsgrad der Gasturbine nur wenige Prozente unter 1 liegt. Für die Verbrennungskraftmaschine ist nach S. 148 $\eta_w = \eta_{th}\,\eta_g\,\eta_m\,\eta_B$. Das Produkt $\eta_g\,\eta_m$ beträgt bei guten Motoren 0,7—0,8 und mindert daher die Wirtschaftlichkeit wesentlich stärker ab. η_B kann in beiden Fällen 0,95 bis 1 betragen.

IV. Dampfkraftanlagen.

Eine Dampfkraftanlage besteht aus dem Kesselsystem mit dem Kessel Ke, dem Überhitzer $\ddot{U}$, dem Speisewasservorwärmer S, dem Luftvorwärmer L und der Feueranlage F, aus dem Maschinensatz T, der Kondensatoranlage Ko und der Speisepumpe Sp (Abb. 141).

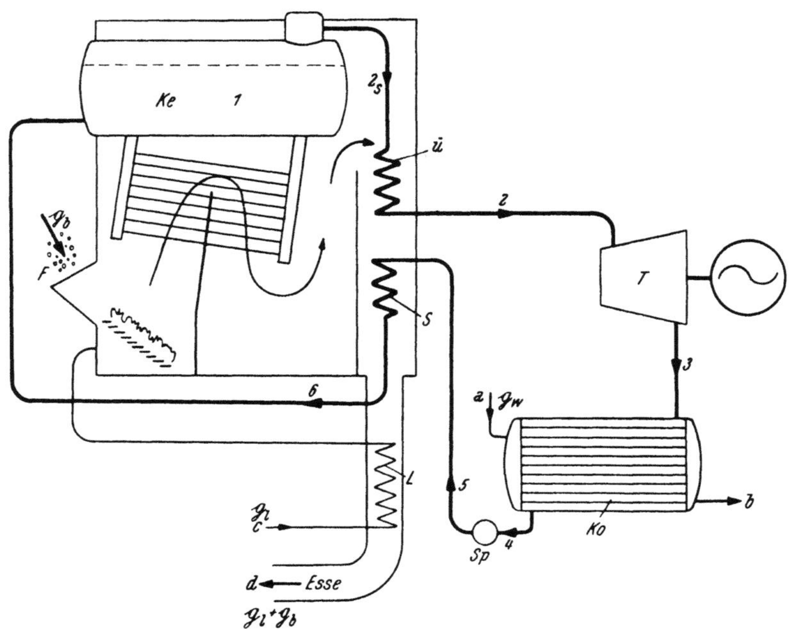

Abb. 141. Schema einer Dampfkraftanlage.

Der Wasserdampf wird im Kessel erzeugt, in dem das Wasser im Zustand *1* ist. Der gesättigte Dampf tritt im Zustand 2_s aus dem Kessel aus und in den Überhitzer $\ddot{U}$ ein, wo er auf den Zustand *2* überhitzt wird. In der Kraftmaschine entspannt sich der Dampf (Zustand *3*), worauf er im Kondensator Ko zu Wasser mit dem Zustand *4* kondensiert. Die dabei freiwerdende Wärme wird durch das Kühlwasser bei *b* abgeführt. Die Speisepumpe Sp erhöht den Druck des Kondensats auf Kesseldruck: Zustand *5*. Im Speisewasservorwärmer S wird das Wasser vorgewärmt (Zustand *6*) und gelangt hierauf wieder in den Kessel.

1. Wärmebilanz des Clausius-Rankine-Prozesses.

Der Zustand 1 des Wassers im Kessel entspricht im $T s$-Diagramm dem Punkt 1 auf der unteren Grenzkurve (Abb. 142). Der Zustand 2_s liegt auf der oberen Grenzkurve. Der Dampf wird weiter bei gleichbleibendem Druck bis zur Überhitzungstemperatur im Punkte 2 überhitzt. Die Expansion in der Arbeitsmaschine geht wegen der auftretenden Reibung und Wärmeverluste im allgemeinen unter Entropieänderung vor sich, wovon später ausführlich die Rede sein wird. Man wählt jedoch als Vergleichsprozeß die verlustlose, adiabatische Expansion $2, 3$. Bei „Sattdampfbetrieb" fehlt der Überhitzer, so daß die Expansion durch 2_s, 3_s gegeben ist. Die Kondensation verläuft nach der Linie $3, 4$ bei gleichbleibendem Druck und gleichbleibender Temperatur. Die Speisepumpe hebt das Kondensat ohne Wärmezufuhr (praktisch adiabatisch) auf das

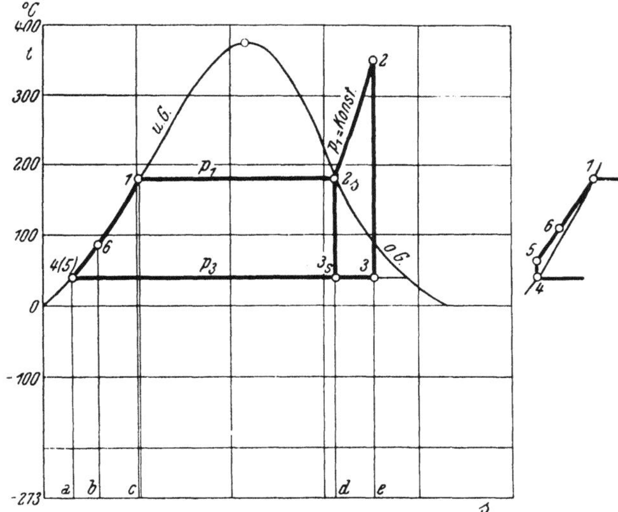

Abb. 142. $T s$-Diagramm des Clausius-Rankine-Prozesses.

Druckniveau des Kessels. Die Linien konstanten Druckes fallen bekanntlich im Gebiet der Flüssigkeit im $T s$-D agramm praktisch zusammen, so daß auch die Zustandspunkte 4 und 5 zusammenfallen. Übertrieben gezeichnet zeigt die rechtsstehende Skizze die gegenseitige Lage der Zustandspunkte. Im Speisewasservorwärmer steigt die Temperatur entlang der unteren Grenzkurve bis T_6 an; die weitere Erwärmung bis zur Verdampfungstemperatur verläuft längs der Linie $6 - 1$ im Kessel.

Dieser Kreisprozeß heißt der Clausius-Rankine-Prozeß. Er ist gekennzeichnet durch isobare Wärmezufuhr im Kessel, durch verlustlose Entspannung in der Arbeitsmaschine, durch isobare Wärmeabfuhr im Kondensator und verlustlose adiabate Verdichtung durch die Speisewasserpumpe. Er ist ein anzustrebender Idealprozeß und wird deshalb in der Dampftechnik als Vergleichsprozeß benützt.

Die Wärmemengen, die in den einzelnen Bauelementen zu -oder abgeführt werden, sind im $T s$-Diagramm durch die Flächen unter den Zustandslinien gegeben, die die Zustandsänderung in den Bauteilen wiedergeben. Im Speisewasservorwärmer wird demnach die Wärme Fläche $a\,4\,(5)\,6\,b\,a$ im Kessel dem Wasser die Wärme Fläche $b\,6\,1\,c\,b$ und dem Dampf die Wärme Fläche $c\,1\,2_s\,d\,c$ im Kessel und die Wärme Fläche $d\,2_s\,2\,e\,d$ im Überhitzer, zugeführt. Im Kondensator wird die Wärme Fläche $e\,3\,4\,a\,e$ abgeführt.

Die theoretische Arbeit der Anlage ist als Differenz der zu- und abgeführten Wärme durch die Fläche $4\,1\,2_s\,2\,3\,4$ bei überhitztem Dampf und durch $4\,1\,2_s\,3_s\,4$ bei Sattdampfbetrieb gegeben.[1]

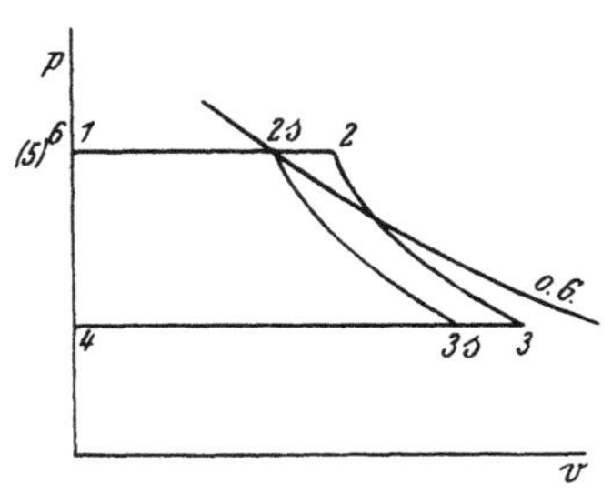

Abb. 143. $p\,v$-Diagramm des Clausius-Rankine-Prozesses.

Der thermische Wirkungsgrad ist

$$\eta_{th} = \frac{\text{theoretische Arbeit}}{\text{zugeführte Wärme}}\,,$$

das ist für überhitzten Dampf

$$\eta_{th} = \frac{A\,l}{q_z} = \frac{\text{Fl. } 4\,1\,2_s\,2\,3\,4}{\text{Fl. } a\,4\,1\,2_s\,2\,e\,a} = \frac{i_2 - i_3}{i_2 - i_5}$$

und für Sattdampfbetrieb

$$\eta_{th} = \frac{A\,l_s}{q_{zs}} = \frac{\text{Fl. } 4\,1\,2_s\,3_s\,4}{\text{Fl. } a\,4\,1\,2_s\,d\,a} = \frac{i_{2s} - i_{3s}}{i_{2s} - i_5}.$$

Im $p\,v$-Diagramm verläuft der Prozeß nach Abb. 143. Bei maßstabrichtiger Darstellung liegt die untere Grenzlinie im Bereich der gebräuchlichen Dampfdrücke so nahe an der Ordinatenachse, daß sie praktisch mit dieser zusammenfällt. Die Punkte 5 und 6 liegen daher auf der Ordinatenachse. Im Diagramm sind die einzelnen Punkte analog den Abb. 141 und 142 bezeichnet.

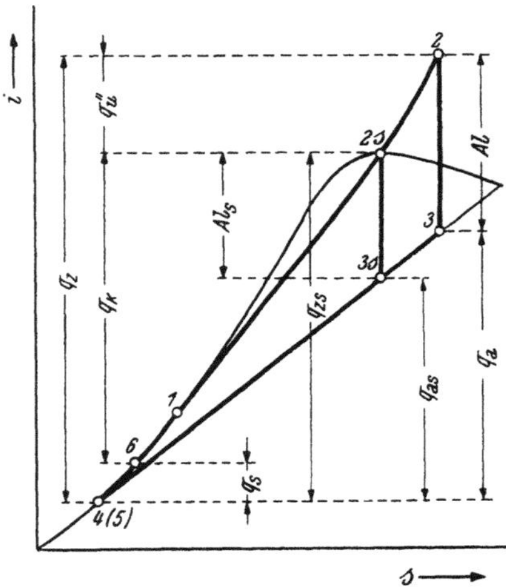

Abb. 144. Der Clausius-Rankine-Prozeß im $i\,s$-Diagramm.

In der Dampftechnik verwendet man häufig auch das $i\,s$-Diagramm (Mollier-Diagramm). Der Clausius-Rankine-Prozeß verläuft hierin nach Abb. 144. Die Bezeichnung der einzelnen Punkte des Kreislaufes ist beibehalten. Die Arbeit und die Wärmemengen scheinen als Strecken auf. $q_s = i_6 - i_5$ ist die Wärmemenge, die durch den Speisewasservorwärmer geht, $q_k = i_{2s} - i_6$ geht im Kessel über. $q_ü = i_2 - i_{2s}$ ist die Überhitzerwärme, $q_z = i_2 - i_5$ bzw. $q_{zs} = i_{2s} - i_5$ die gesamte Wärmezufuhr bei Heiß-, bzw. Sattdampfbetrieb, $q_a = i_3 - i_4$, bzw. $q_{as} = i_{3s} - i_4$ wird im Kondensator bei Heiß-,bzw. Sattdampfbetrieb abgeführt.

Der Wirkungsgrad ist das Verhältnis der Strecken

$$\eta_{th} = \frac{A\,l}{q_z}\,, \quad \text{bzw.} \quad \eta_{th} = \frac{A\,l_s}{q_{zs}}.$$

---

[1] Genau genommen ist dies die Differenz aus der geleisteten theoretischen Turbinenarbeit und der verbrauchten Speisewasserpumpenarbeit. Letztere ist verschwindend klein gegen der Turbinenarbeit, wie später noch gezeigt wird.

Sowohl aus dem $T\,s$-Diagramm, als auch aus dem $i\,s$-Diagramm wird ohne weiteres klar, daß der Wirkungsgrad umso besser ist, je höher der Kesseldruck und die Überhitzungstemperatur und je tiefer der Kondensatordruck ist, eine Erkenntnis, die die Entwicklungstendenz in der Dampftechnik bestimmt (näheres darüber unter Ziff. 6).

2. Wärmebilanz der Arbeitsmaschine.

a) *Dampfturbinen.*

Die Dampfturbinen gehören in die Gruppe der „Strömungsmaschinen". Bei ihnen spielt der Strömungsvorgang für den Energieumsatz eine besondere Rolle. Das Wärmegefälle wird zunächst in Geschwindigkeitsenergie umgesetzt und in der weiteren Folge zum größten Teil auf das Laufrad übertragen.

Man unterscheidet zwei Arten von Turbinen: Gleichdruckturbinen und Überdruckturbinen.

α) **Gleichdruckturbinen** sind dadurch gekennzeichnet, daß das Wärmegefälle ($\varDelta\,i$) in stillstehenden Leitapparaten in kinetische Energie umgesetzt wird. Diese kinetische Energie wird in den beschaufelten Laufrädern, die mit den Leitapparaten abwechseln, als Arbeit abgegeben, indem der Dampf umgelenkt wird; dabei bleibt der Druck längs des Weges durch das Laufrad gleich. Wenn mehrere Paare von Leitapparaten

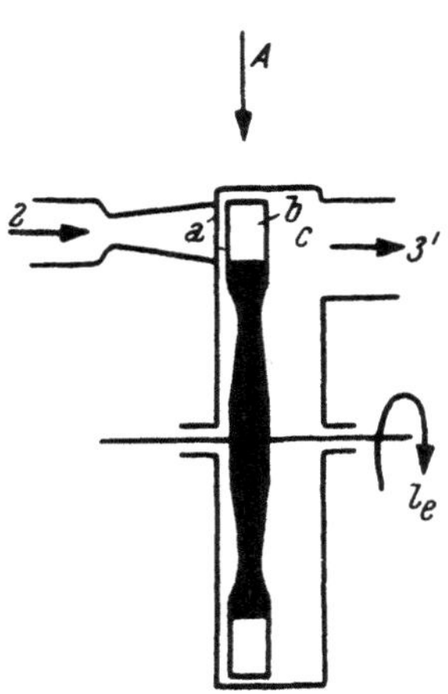

Abb. 145. Schema einer einstufigen Laval-Turbine.

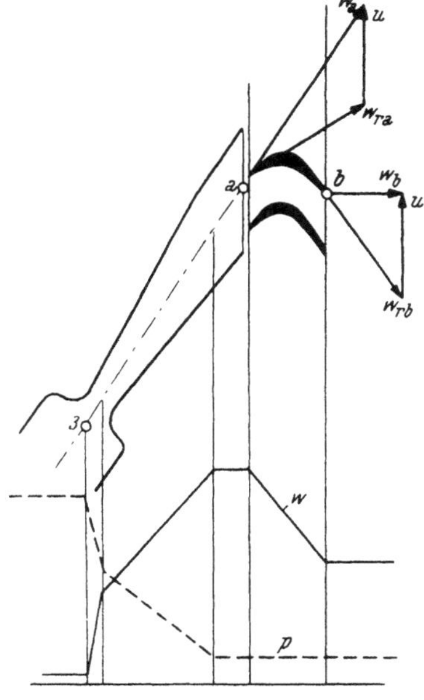

Abb. 146. Die Vorgänge in Düse und Laufrad bei der Laval-Turbine. Ansicht in A (Abb. 145).

und Laufrädern hintereinandergeschaltet sind, spricht man von einer mehrstufigen Turbine. Abb. 145 zeigt das Schema einer einstufigen Turbine nach de Laval, die heute allein zwar nicht mehr gebaut wird, in Kombination mit einem anderen Turbinensystem als Vorstufe aber noch Bedeutung hat. Der Dampf tritt bei *2* vom Kessel kommend in eine Lavaldüse ein, in der er vollständig auf Kondensatordruck entspannt wird. Bei *a* trifft der Dampfstrahl auf die Laufradschaufeln, die über den ganzen

Radumfang gleichmäßig verteilt angeordnet sind und verläßt diese wieder bei *b*. Im Raum *c* sammelt sich der Dampf, um bei *3'* aus dem Gehäuse in den Kondensator weiter zu strömen. Eine Ansicht auf Leitdüse und Laufrad von *A* zeigt Abb. 146. Von *3* bis *a* wird in der Düse die Geschwindigkeit w_a erzeugt, aus der sich aus dem Eintrittsgeschwindigkeits-Dreieck mit der Umfangsgeschwindigkeit *u* die an das Schaufelprofil tangentielle relative Eintrittsgeschwindigkeit w_{ra} ableiten läßt. Am Austritt herrscht die absolute Geschwindigkeit w_b. Sie setzt sich aus der Umfangsgeschwindigkeit *u* und der Relativgeschwindigkeit w_{rb} zusammen. w_{rb} wäre ohne Reibung gleich groß wie w_{ra}, weil der Druck längs des Weges durch die Schaufel konstant bleibt. Praktisch ist w_{rb} kleiner als w_{ra}. Die absolute Austrittsgeschwindigkeit w_b ist jedenfalls kleiner als w_a, weil auf das Rad Energie übertragen wurde. Unterhalb der Skizze ist der Druck- und Geschwindigkeitsverlauf längs Düse und Schaufel schematisch dargestellt.

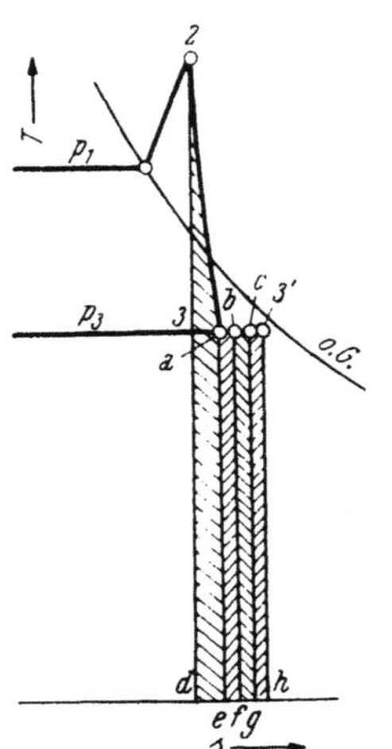

Abb. 147. $T\,s$-Diagramm des Turbinenprozesses.

Abb. 147 gibt die Zustandsänderung des Dampfes bei seinem Gang durch die Turbine im $T\,s$-Diagramm. Die Expansion in der Düse verläuft nicht adiabatisch, sondern unter Entropiezunahme längs der Linie *2 a* infolge der Reibung. Der Wärmewert der Reibung ist durch die Fläche *d 2 a e d* gegeben. Im Laufrad nimmt die Entropie infolge Reibung bei gleichbleibendem Druck zu. Der Wärmewert der Reibung ist durch die Fläche *e a b f e* dargestellt. Die Geschwindigkeit w_b verwirbelt nach dem Laufrad. Dabei entsteht die Verlustwärme $A\,w_b{}^2/2\,g$, dargestellt durch die Fläche *f b c g f*. Eine weitere Reibungswärme entsteht durch die sogenannten Watverluste des Laufrades im Dampf. Ihr Ausmaß ist durch die Fläche *g c 3' h g* gegeben.

Wenden wir unter Vernachlässigung der praktisch verschwindend kleinen Strömungsenergie in *2* und *3'* sowie unter Vernachlässigung kleiner Strahlungs- und Konvektionsverluste am Maschinengehäuse die Gl. (20) für die technische Arbeit an, so ist die an das Laufrad abgegebene Arbeit je kg Dampf, die auch als indizierte Arbeit bezeichnet wird

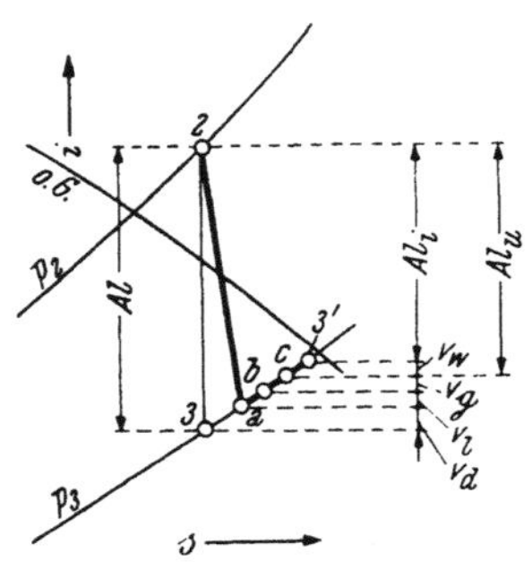

Abb. 148. $i\,s$-Diagramm des Turbinenprozesses.

$$A\,l_i = i_2 - i_3{}'.$$

Für die theoretische Arbeit bei verlustloser Expansion im Clausius-Rankine-Prozeß ergibt sich mit Benützung der gleichen Formel

$$A\,l = i_2 - i_3.$$

Der durch die Reibung verursachte Verlust ist demnach

$$A\,l_v = i_2 - i_3 - i_2 + i_3{}' = i_3{}' - i_3.$$

Dieser Betrag ist durch die Fläche $d\,3\,3'\,h\,d$ gegeben. Wir sehen auch diesmal, daß nicht die gesamte Reibungswärme als Verlust zu werten ist. Der (allerdings kleine) Teil $3\,2\,a\,3$ ist kein Verlust. Es ist dies der Teil der Reibung in der Düse, der im Laufrad zurückgewonnen wird.

Die im Kondensator abzuführende Wärme wird wegen Reibungsverlust um den Betrag $d\,3\,3'\,h\,d$ größer als im Clausius-Rankine-Prozeß.

Im $i\,s$-Diagramm liegen die Zustandspunkte so wie Abb. 148 zeigt. Die Strecke $2\,3$ ist die verlustlose Expansionsarbeit des Clausius-Rankine-Prozesses. Sie vermindert sich durch die Reibungsverluste der Düse V_D (Fläche $d\,3\,a\,e\,d$ im $T\,s$-Diagramm entsprechend), durch die Verluste in den Laufradschaufeln V_l (Fläche $e\,a\,b\,f\,e$ im $T\,s$-Diagramm entsprechend), durch den Geschwindigkeitsverlust V_g (Fläche $f\,b\,c\,g\,f$ im $T\,s$-Diagramm) und durch die Watverluste V_w (Fläche $g\,c\,3'\,h\,g$ im $T\,s$-Diagramm) auf die indizierte Arbeit $A\,l_i$. Als Umfangarbeit $A\,l_u$ bezeichnet man die auf den Schaufelkranz übertragene Arbeit. Sie ist um die Watverluste größer als die indizierte Arbeit.

β) **Überdruckturbinen:** Im Gegensatz zur Gleichdruckturbine wird in der Überdruckturbine ein Teil des Gefälles im Laufrad in Geschwindigkeit umgesetzt. Vor dem Laufrad ist der Druck demnach höher als nachher. Dies gibt gegenüber dem Gleichdruckrad die konstruktive Einschränkung, daß der Leitapparat um den ganzen Umfang des Laufrades reichen muß, weil sich bei teilweiser

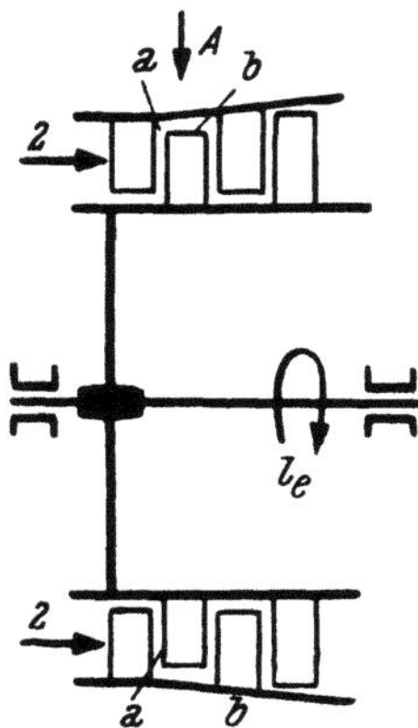

Abb. 149. Schematisches Bild einer mehrstufigen Überdruckturbine.

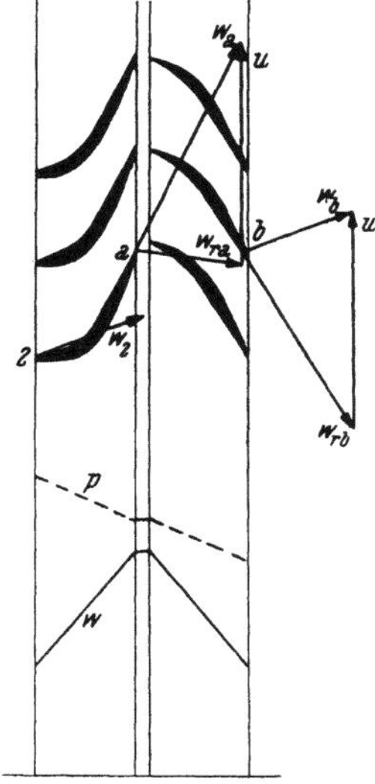

Abb. 150. Schaufelsystem einer Überdruckturbine. Ansicht in A (Abb. 149).

Beaufschlagung, wie sie bei der Gleichdruckturbine auch durch einzelne Düsen möglich ist, die Schaufelkanäle außerhalb des Bereiches des Leitapparates nach vorne entleeren könnten. Das schematische Bild einer Überdruckturbine (Abb. 149) zeigt daher stets die Aufeinanderfolge von trommelförmig angeordneten Leitschaufeln (am stillstehenden Gehäuse befestigt) und eben solcher Laufradschaufeln, die mit dem Laufrad umlaufen. Die Ansicht auf das Schaufelsystem von A aus zeigt Abb. 150. In den Leitapparat tritt bei 2 der Dampf mit der absoluten Geschwindigkeit w_2 aus dem vorherliegenden Laufrad ein. Durch Expansion wird diese bis zum Austritt bei a auf w_a gesteigert. Mit der Umfangsgeschwindigkeit u ergibt sich aus dem Geschwindigkeitsdreieck die relative Eintrittsgeschwindigkeit w_{ra} für das Laufrad, die die Richtung der Schaufeleintrittskante bestimmt. Der Laufschaufelkanal verengt sich, so daß die Relativgeschwindigkeit durch Expansion auf w_{rb} ansteigt. Mit der Umfangsgeschwindigkeit ergibt sich mit Hilfe des Geschwindigkeitsdreieckes am Schaufelaustritt die absolute Austrittsgeschwindigkeit w_b. Druck- und Geschwindigkeitsverlauf über den Weg durch Leit- und Laufschaufel ist wieder schematisch in der Abbildung unter den Schaufeln gezeichnet.

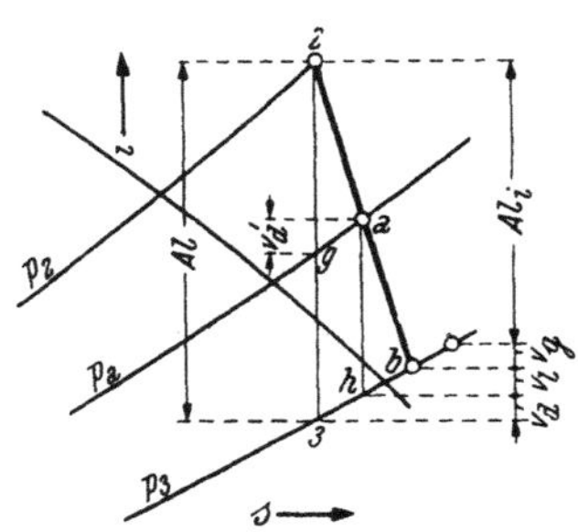

Abb. 151. $T\,s$-Diagramm der Überdruckturbine.

Im $T\,s$-Diagramm nach Abb. 151 verläuft die Expansion im Leitapparat nach der Linie $2\,a$ wobei die Reibungswärme vom Ausmaß der Fläche $c\,2\,a\,d\,c$ erzeugt wird. Im Laufrad wird weiter nach der Linie $a\,b$ expandiert. Die entstehende Reibungswärme ist durch die Fläche $d\,a\,b\,e\,d$ gegeben. Wenn es sich um die letzte Turbinenstufe einer mehrstufigen Turbine handelt, schließt sich noch die Zustandsänderung durch Verwirbelung der Austrittsgeschwindigkeit w_b an, die im $T\,s$-Diagramm nach $b\,3'$ längs der Linie konstanten Druckes verläuft. Die Fläche $e\,b\,3'\,f\,e$ gibt die Wirbelarbeit $A\,w_b{}^2/2\,g$. Ähnlich wie dies für die Gleichdruckturbine geschehen ist, läßt sich auch für die Überdruckturbine ableiten, daß von der Reibungswärme nur der Teil als Verlust zu werten ist, der in den Kondensator abgeführt wird. Ist p_3 der Kondensatordruck, so ist der Reibungsverlust durch die Fläche $c\,3\,h\,b\,3'\,f\,c$ gegeben.

Im $i\,s$-Diagramm nach Abb. 152 sind wieder entsprechende Zustandspunkte mit gleichen Buchstaben wie im $T\,s$-Diagramm nach Abb. 151 bezeichnet. Die Strecke V_d' ist die Enthalpiedifferenz $i_a - i_g$. Sie entspricht der Fläche $c\,g\,a\,d\,c$ im $T\,s$-Diagramm und stellt den Teil der im Leitapparat erzeugten Reibungswärme dar, der nicht im Leitapparat selbst wieder zurückgewonnen wird. Im Laufrad wird davon der Teil $3\,g\,a\,h\,3$ (siehe $T\,s$-Diagramm) zurückgewonnen. Der endgültige Verlust ist durch die Fläche $c\,3\,h\,d\,c = i_h - i_3 = V_d$ gegeben (vorausgesetzt, daß p_3 Kondensatordruck ist). Der Laufradverlust (Fläche $d\,h\,b\,e\,d$ im $T\,s$-Diagramm) ist $V_l = i_b - i_h$. Der Austrittsverlust V_g entspricht Fl. $e\,b\,3'\,f\,e$. Radreibungsverluste sind nicht getrennt dargestellt, weil sie bei den trommelförmigen Läufern der Überdruckturbine kaum so von den sonstigen Reibungsverlusten der Strömung getrennt werden können, wie dies bei scheibenförmigen Läufern möglich ist[1].

γ) **Kombinierte Turbinensysteme:** Im Streben nach der Schaffung möglichst wirtschaftlicher Turbinen (mit hohem Wirkungsgrad und geringem Baustoffaufwand) wurden kombinierte Systeme entwickelt, bei denen auf einer gemeinsamen Welle verschiedene Turbinenräder bei jeweiliger Zwischenschaltung eines Leitapparates aufgebracht sind. In der häufigsten Ausführung wird einem System mehrerer hintereinandergeschalteter Überdruckräder ein System eines oder mehrerer Gleichdruckräder (Curtisräder) vorgeschaltet. In Abb. 153 ist das $i\,s$-Diagramm einer 20-stufigen Turbine wiedergegeben, bei welcher die erste eine Gleichdruckstufe ist. Der Eintrittsdruck vor den Lavaldüsen beträgt 15 at und der Kondensatordruck nach der letzten Stufe 0,05 at. Der Dampf hat am Eintritt eine Temperatur von 320° C. In den Lavaldüsen vor dem Gleichdruckrad wird längs $2\,a$ von 15 auf 6 at entspannt (überkritische Expansion, Überschallgeschwindigkeit). $a\,b$ gibt die Zustandsänderung im Gleichdruckrad. Hieran schließt sich von b bis c die Expansion in den 19 Überdruckstufen, die je aus Leit- und Laufrad bestehen. $c\,3'$ gibt die Zu-

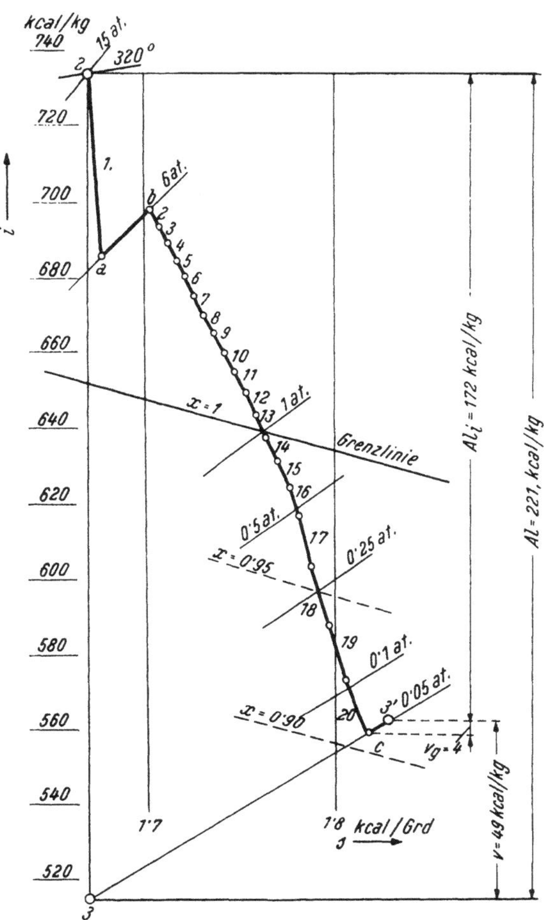

Abb. 153. $i\,s$-Diagramm einer ausgeführten zwanzigstufigen kombinierten Turbine (nach Zietemann).

standsänderung durch Verwirbelung der Austrittsgeschwindigkeit. Vom theoretischen Arbeitsgefälle $\Delta l = 221$ kcal/kg werden nur 172 kcal/kg auf das Rad abgegeben, während der Rest von 49 kcal/kg Verlust ist.

δ) **Wirkungsgrade von Turbinen:** In der Dampftechnik sind u. a. folgende Wirkungsgrad-Bezeichnungen gebräuchlich:

---

[1] Scheibenförmige Laufräder sind bei Überdruckturbinen wegen zu großer Achsialschübe nicht ausführbar.

Der innere Wirkungsgrad gibt das Verhältnis der indizierten Arbeit zur theoretischen Arbeit des Clausius-Rankine-Prozesses

$$\eta_i = \frac{l_i}{l}. \tag{369}$$

Wenn sich die Verluste der Radreibung leicht abtrennen lassen, definiert man mitunter als Umfangswirkungsgrad das Verhältnis der auf die Schaufeln abgegebenen Arbeit l_u zur theoretischen Arbeit

$$\eta_u = \frac{l_u}{l}. \tag{370}$$

Der mechanische Wirkungsgrad erfaßt die mechanischen Verluste (Lagerreibung, Antrieb der Hilfsgeräte) und gibt das Verhältnis der an der Turbinenwelle abgegebenen effektiven Arbeit l_e zur indizierten Arbeit

$$\eta_m = \frac{l_e}{l_i}. \tag{371}$$

Unter effektiven Turbinenwirkungsgrad versteht man das Verhältnis der effektiven Arbeit zur theoretischen Arbeit des Idealprozesses

$$\eta_{eT} = \frac{l_e}{l} = \frac{l_e}{l_i} \cdot \frac{l_i}{l} = \eta_m \cdot \eta_i. \tag{372}$$

Der Kreislauf hat unter Berücksichtigung der Reibungsverhältnisse in der Turbine einen effektiven Wirkungsgrad von

$$\eta_{eKr} = \frac{l_e}{q_z} = \frac{l_e}{l} \frac{l}{q_z} = \eta_{eT} \cdot \eta_{th}. \tag{373}$$

Die Teilverluste in der Turbine werden durch Messungen an ausgeführten Anlagen bestimmt. Sie sind also Erfahrungswerte, ebenso wie die Gesamtverluste und somit der effektive Wirkungsgrad der Turbine. Er beträgt für kleine Einheiten bis 5000 PS Leistung ungefähr $\eta_{eT} = 0,75$ und für große Turbinen bis 0,85.

b) *Kolbendampfmaschinen.*

In der Kolbendampfmaschine wird die Arbeit unmittelbar zum Teil als Verschiebungsarbeit während der Füllung, zum anderen Teil als Expansionsarbeit an den Kolben abgegeben. Die Arbeit wird dabei während des Hinganges des Kolbens (Abb. 154) geleistet. Der Kolben bestreicht dabei das Hubvolumen V_h. Der Druckverlauf ist aus dem Indikatordiagramm (Abb. 154 a) zu ersehen. Im äußeren Totpunkt (a. T.) öffnet das Einlaßorgan (Schieber oder Ventil). Der Druck steigt auf die Höhe des Punktes a. Während $a\,b$ strömt Dampf ein. Infolge der zunehmenden Kolbengeschwindigkeit sinkt der Druck nach b hin ein wenig ab. Nach Schluß des Einlaßorganes in b setzt die Expansion ein, die bis zum inneren Totpunkt (i. T.) dauert. In c öffnet das Auslaßorgan, worauf der Druck auf den Wert in d absinkt. Während $d\,e$ schiebt der Kolben aus. In e schließt das Auslaßorgan wieder. $e\,f$ gibt hierauf die Kompression des im Zylinder verbliebenen Restdampfes wieder. Nach Öffnen des Einlaßorganes steigt der Druck auf den Wert in a an, worauf das Spiel von neuem beginnt. Die durch das Indikatordiagramm eingeschlossene Fläche gibt die auf den Kolben übertragene „indizierte" Arbeit L_i, welche von der je Hub einströmenden Dampfmenge geleistet wurde.

Die thermodynamische Behandlung der Kolbendampfmaschine erscheint gegen die der Dampfturbine zunächst durch zweierlei Umstände erschwert. Erstens ist in den Kreislauf, den man sich im Hinblick auf den Verdampfungsvorgang als kontinuierlich ablaufend vorstellen muß, die periodisch arbeitende Maschine geschaltet und zweitens ist die Dampfmenge in der Maschine während eines Arbeitsspieles veränderlich. An der Kompression $e\,f$ nimmt eine kleinere Menge teil als an der Expansion $b\,c$.

Ziel der Untersuchung ist zunächst auch bei der Kolbendampfmaschine einen Zusammenhang zwischen dem praktischen Prozeß und dem theoretischen Clausius-Rankine-Prozeß herzustellen, der es ermöglicht, die Verluste zu erfassen, nach denen die Maschine beurteilt werden kann.

Die Schwierigkeit der intermittierenden Arbeitsweise kann gedanklich dadurch überwunden werden, daß man sich den Kreislauf während der Phase $b\,c\,d\,e\,f\,a$ stillstehend denkt, so daß die Verdampfung im Kessel während der Einströmphase $a\,b$ und hierauf die Expansion während $b\,c$ und die Kondensation während des Ausschiebens $d\,e$, also in kontinuierlicher Folge vor sich gehen. Die Schwierigkeit der verschiedenen Mengen bei der Kompression und bei der Expansion läßt sich umgehen, wenn man, wie im folgenden gezeigt wird, auf eine verlustlose Maschine übergeht, bei der der Kompressionsvorgang in die Energiebilanz nicht eingeht und hierauf durch den inneren Wirkungsgrad auf die wirkliche Maschine schließt:

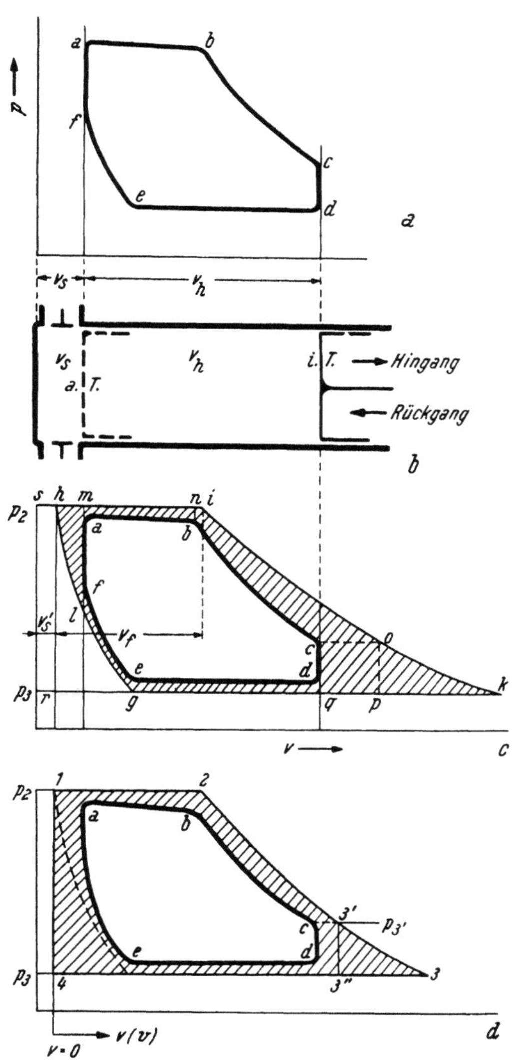

Abb. 154. Zur Arbeitsleistung in der Kolbendampfmaschine.

a) Die verlustlose und die wirkliche Maschine; Wirkungsgrade.

Um die Verluste aus dem wirklichen Diagramm zu finden, ist zunächst das Diagramm einer „verlustlosen" Maschine als Vergleichsbasis aufzusuchen.

An Verlusten, die nicht untrennbar mit dem Prozeß verbunden sind, treten auf:

Strömungsverluste auf den Wegen vom Kessel bis in das Innere des Zylinders und vom Zylinder in den Kondensator. Ohne diese wäre der Hochdruck im Indikatordiagramm gleich dem Kesseldruck p_2 und der niederste Druck gleich dem Kondensatordruck p_3.

Mischverluste beim Auffüllen des schädlichen Raumes V_s vom Kompressionsenddruck auf den Höchstdruck beim Öffnen des Einlaßorganes. Um diese zu vermeiden, müßte der im Zylinder verbleibende Restdampf auf den Kesseldruck verdichtet werden.

Wärmeverluste durch die Zylinderwände. Ohne diese wären die Expansions- und Kompressionslinien Adiabaten. Auf die Füllungs- und Ausschublinie wirken sich die Wandverluste in einer Änderung der Füllungs- und Ausschubdauer aus, weil sich durch die Wärmeabgabe die Volumina ändern.

Verluste durch vorzeitigen Abbruch der Expansion. Sie werden vermieden, wenn die Expansion bis auf den Kondensatordruck verlängert wird.

Auf Grund obiger Aufzählung der Verluste und deren Auswertung läßt sich nun das Indikatordiagramm der vollkommenen (verlustfreien) Maschine aufzeichnen (vergl. Abb. 154 c). Die obere und untere Diagrammlinie ist durch den Kesseldruck p_2 und den Kondensatordruck p_3 gegeben. Bei Beibehaltung des Kompressionsbeginnes setzt in g die Adiabate der Verdichtung an ($\varkappa = 1,3$)[1], die bis p_2 im Punkte h fortgesetzt wird. Der schädliche Raum in der vollkommenen Maschine ist daher auf das Maß $V_s{}'$ zu verkleinern, damit keine Mischverluste bei Füllungsbeginn entstehen. In h schließt das Füllungsvolumen V_f an. Seine Größe läßt sich aus dem Dampfverbrauch D_f kg je Arbeitsspiel, den man messen kann und dem spezifischen Volumen v des Dampfes, wie es für den Kesseldruck und die gemessenen Dampftemperaturen aus der Dampftabelle oder einem Diagramm abgelesen werden kann, nach der Beziehung

$$V_f = D_f\,v$$

errechnen. In i schließt die adiabatische Expansion an.

Die Linie wird in ähnlicher Weise wie die Kompressionslinie gerechnet oder aus einem Wärmediagramm übertragen und bis an den Kondensatordruck (k) heruntergeführt. Durch die Ausschublinie $k\,g$ ist das Diagramm der verlustlosen Maschine geschlossen. Die Fläche des Diagrammes $g\,h\,i\,k\,g$ gibt die Arbeit L, die das Volumen V_f, das auch am Kreislauf in der Dampfanlage teilnimmt, in einer verlustlosen Maschine leistet. Das Volumen $V_s{}'$ wird während eines Arbeitsspieles nach der Linie $g\,h$ verdichtet und entspannt, nimmt daher an der Arbeitsbilanz der vollkommenen Maschine keinen Anteil. In der wirklichen Maschine leistet dasselbe Volumen V_f die indizierte Arbeit L_i im Ausmaß der Diagrammfläche $a\,b\,c\,d\,e\,f\,a$.

Man bezeichnet als inneren Wirkungsgrad das Verhältnis der indizierten Arbeit zur theoretischen Arbeit der vollkommenen Maschine

$$\eta_i = \frac{L_i}{L} = \frac{\text{Fläche } a\,b\,c\,d\,e\,f\,a}{\text{Fläche } g\,h\,i\,k\,g}\,. \tag{374}$$

Die Gesamtverluste sind durch die Differenz der Diagrammflächen, also durch den schraffierten Flächenrand in Abb. 154 c dargestellt. Eine ge-

---

[1] Die Adiabate kann auch aus dem $T\,s$-Diagramm, wo sie vorher vom Expansionsendpunkt einzutragen ist, übertragen werden.

naue Trennung der einzelnen Verluste ist nicht möglich, weil jede während eines Prozesses entstehende Reibungswärme auch die nachfolgenden Phasen des Prozesses beeinflußt und überdies einzelne Verlustarten gleichzeitig auftreten. Für eine Abschätzung des Anteiles der einzelnen Verluste kann als Maß für den Mischungsverlust durch den schädlichen Raum die Fläche $l\,h\,m\,l$, als Maß für die Wand- und Strömungsverluste die Flächen $l\,f\,e\,g\,l$ und $b\,n\,i\,o\,p\,q\,c\,b$ sowie die Flächen $m\,n\,b\,a\,m$ und $g\,e\,d\,q\,g$ und schließlich als Maß für die Verluste durch vorzeitigen Expansionsabbruch die Fläche $o\,p\,k\,o$ gelten.

Der innere Wirkungsgrad gibt ein Maß für die „Güte" der Maschine im Vergleich zu einer vollkommenen Maschine, in der Verluste, die nicht untrennbar mit dem Prozeß verbunden sind, als nicht vorhanden angenommen sind. Er wird daher auch „Gütegrad" genannt. Es kommt ihm aber auch weitere Bedeutung für die Berechnung des Wirkungsgrades des gesamten Kreislaufes zu, weil sich zeigen läßt, daß die Arbeit der vollkommenen Maschine gleich der theoretischen Arbeit des Clausius-Rankine-Prozesses ist und somit auch bei der Kolbendampfmaschine der Anschluß an den theoretischen Vergleichskreislauf gefunden ist: Denkt man sich das Dampfvolumen $V_s' + V_f$, das in der vollkommenen Maschine in i beginnend (Abb. 154 c) expandiert, in die Teile $V_s' = s\,h$ und $V_f = h\,i$ geschichtet und den Expansionsvorgang bei Erhaltung dieser Schichtung, so verhalten sich die expandierten Teilvolumina in jeder Kolbenstellung, so wie die Abszissenwerte der beiden Adiabaten $h\,g$ und $i\,k$. Das Volumen des Frischdampfes, das für einen beliebigen Druck während der Expansion jeweils durch den Horizontalabstand der beiden Adiabaten $i\,k$ und $h\,g$ gegeben ist, gehorcht so wie das Gesamtvolumen dem Gesetz der Adiabate. Man erhält daher ebenfalls eine Diagrammfläche im Ausmaß der Arbeitsfläche der vollkommenen Maschine, wenn man sich den schädlichen Raum V_s' wegdenkt und wie in Bild d gezeichnet, die Frischdampfmenge $1\,2 = h\,i$ in bezug auf $4\,1$ als Ordinate nach der Linie $2\,3$ adiabatisch expandieren läßt und den entspannten Dampf nach der Linie $3\,4$ ohne Rückkompression ausschiebt. Es ist also Fläche $g\,h\,i\,k\,g = 4\,1\,2\,3\,4$.

Das Diagramm $1\,2\,3\,4$, das als Indikatordiagramm der verlustlosen Maschine ohne schädlichen Raum aufgefaßt werden kann, läßt sich nun auch als $p\,v$-Diagramm des Clausius-Rankine-Prozesses deuten, wenn man sich vorstellt, daß die Verdampfung und Kondensation im Zylinder selbst vor sich geht und nur die notwendigen Wassermengen von außen zu- oder abgeführt werden: In der äußeren Totlage befände sich Flüssigkeit, deren Volumen wie schon erörtert, vernachlässigbar klein ist als unendlich dünne Scheibe zwischen Kolben und Stirnwand des Zylinders. Durch Wärmezufuhr von außen wird das Wasser allmählich nach der Linie $1\,2$ verdampft. Nach der Expansion ($2\,3$) wird von außen her gekühlt, wodurch der Dampf nach der Linie $3\,4$ kondensiert. Dividiert man die Volumsskala durch das Gewicht des im Zylinder befindlichen Mediums, so geht das Diagramm in das $p\,v$-Diagramm des Clausius-Rankine-Prozesses nach Abb. 143 über. Der innere Wirkungsgrad gibt demnach auch das Verhältnis der indizierten Arbeit der wirklichen Maschine zur theoretischen Arbeit des Clausius-Rankine-Prozesses. Er entspricht also dem inneren Wirkungsgrad der Dampfturbine.

Der Verlust durch den vorzeitigen Abbruch der Expansion $3'\,3''$ stellt sich im $T\,s$-Diagramm nach Abb. 155 in der schraffierten Fläche $3'\,3\,3''\,3'$

dar. Dieser Verlust ließe sich durch Verkleinerung der Füllung vermeiden. Dies ginge jedoch auf Kosten des Maschinengewichtes je Leistungseinheit. Man wird deshalb hier einen gewissen Verlust in Kauf nehmen, um die Gesamtwirtschaftlichkeit der Maschine zu heben; etwas gesteigerte Betriebskosten bewirken eine wesentliche Senkung der Anschaffungskosten.

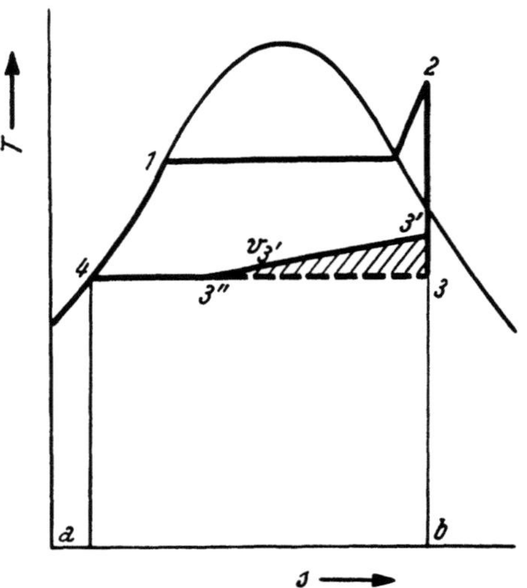

Abb. 155. Verlust durch vorzeitigen Expansionsabbruch.

Deshalb wird der Definition des Gütegrades manchmal auch der theoretische Prozeß *1 2 3' 3'' 4* zugrunde gelegt. Der thermische Wirkungsgrad dieses Prozesses muß dann aber in der Größe (s. Abb. 155)

$$\eta_{th} = \frac{l}{q_z} = \frac{\text{Fläche } 1\,2\,3'\,3''\,4\,1}{\text{Fläche } a\,4\,1\,2\,b\,a}. \tag{375}$$

errechnet werden.

Der mechanische Wirkungsgrad der Kolbendampfmaschine ist gleich wie bei der Turbine das Verhältnis der effektiven Arbeit an der Welle zur indizierten Arbeit

$$\eta_m = \frac{l_e}{l_i}. \tag{376}$$

Als effektiver Wirkungsgrad der Maschine läßt sich das Verhältnis der effektiven Arbeit zur theoretischen Arbeit des Vergleichsprozesses definieren.

$$\eta_{eM} = \frac{l_e}{l} = \frac{l_e}{l_i}\frac{l_i}{l} = \eta_m \cdot \eta_i. \tag{377}$$

Für den Kreislauf findet man bei Berücksichtigung der Reibung einen effektiven Wirkungsgrad von

$$\eta_{eKr} = \frac{l_e}{q_z} = \frac{l_e}{l}\frac{l}{q_z} = \eta_{eM} \cdot \eta_{th}. \tag{378}$$

An ausgeführten Anlagen beträgt

$$\begin{aligned}
\eta_i &= 0{,}5 \ \ \text{bis } 0{,}9, \\
\eta_m &= 0{,}85 \ \text{bis } 0{,}95, \\
\eta_{eKr} &= 0{,}1 \ \ \text{bis } 0{,}25.
\end{aligned}$$

Größere Anlagen haben den besseren Wirkungsgrad.

β) **Übertragung des Indikatordiagramms in das *Ts*-Diagramm:** Ein Vergleich des wirklichen Prozesses mit dem Clausius-Rankine-Prozeß ist auch möglich, wenn man das Indikator-Diagramm in das *T s*-Diagramm überträgt. Das Verfahren hiezu wurde von Boulvin angegeben. Auch hierbei besteht die Schwierigkeit, daß die Dampfmengen auf die sich die Zustandslinien des Indikatordiagramms beziehen, verschieden sind. Sie läßt sich umgehen, indem man die Vorstellung der „inneren" Verdampfung und Kondensation im Zylinder dem wirklichen Diagramm zugrunde legt und für einen Punkt des Diagrammes den Dampfzustand annimmt. Zweckmäßig wird diese Annahme für den Kompressionsbeginn e (Abb. 156) getroffen. Erfahrungsgemäß ist der Fehler unbedeutend, wenn für den Punkt e Sattdampfzustand angenommen wird. Dem Druck p_e entspricht ein spezifisches Sattdampfvolumen v_{es} nach der Dampftabelle. Das Zylindervolumen bei Kompressionsbeginn V_e ist durch die Konstruktion gegeben. Damit errechnet sich das Dampfgewicht während der Kompression mit

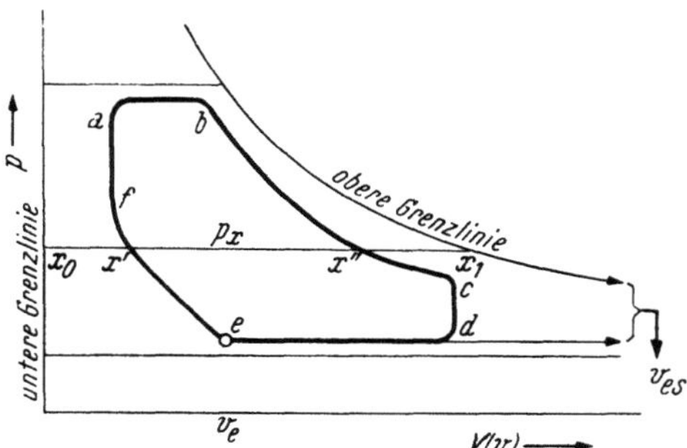

$$G_k = \frac{V_e}{v_{es}}. \qquad (379)$$

Abb. 156. Zur Übertragung des Indikatordiagrammes in das $T\,s$-Diagramm.

Das Füllungsgewicht G_f je Hub kann gemessen werden. Im Punkte e sind vorstellungsgemäß im Zylinder G_k kg Sattdampf und G_f kg Flüssigkeit. Das Gemenge entspricht einem Feuchtdampf mit der Dampfziffer $x_e = G_k/(G_k + G_f)$, dem nach der Zustandsgleichung (Dampftabelle oder Diagramm) ein Volumswert v_e zukommt. Damit ist der Volumswert für den Punkt e des $p\,v$-Diagramms gegeben, der dem Indikatordiagramm zuzuordnen ist und damit auch der Maßstab der Abszissenachse, so daß auch die obere Grenzlinie eingezeichnet werden kann. Die untere Grenzlinie fällt praktisch mit der Ordinate zusammen, weil — wie schon öfter erörtert — die Volumina der Flüssigkeit gegen denen des Dampfes verschwindend klein sind. Die Übertragung des Indikatordiagrammes in das $T\,s$-Diagramm bereitet nun keinerlei Schwierigkeit mehr. Man zeichnet nach Abb. 157 ein $T\,S$-Diagramm für die Dampfmenge $G_k + G_f$ und trägt in dieses Diagramm für verschiedene Drücke die Punkte x' und x'' zwischen den Grenzlinien im selben Streckenverhältnis wie im $p\,v$-Diagramm ein. Damit findet man den geschlossenen Linienzug $a\,b\,c\,d\,e\,f\,a$ im $T\,S$-Diagramm, der dem Indikatordiagramm entspricht. Im ge

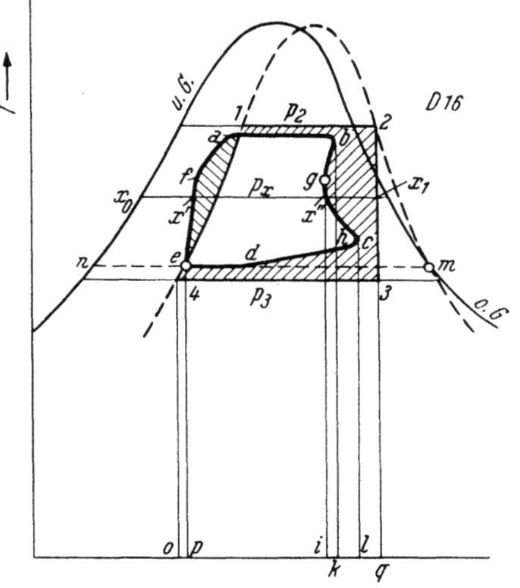

Abb. 157. Zur Übertragung des Indikatordiagrammes in das $T\,S$-Diagramm.

zeichneten Beispiel ist Sattdampfbetrieb angenommen. Bei Heißdampfbetrieb reicht das Indikatordiagramm über die obere Grenzlinie in Abb. 156 hinaus. In diesem Falle müssen die Zustandspunkte im Heißdampfgebiet unter Benützung von Isothermen, die zu diesem Zweck in das $p\,v$-Diagramm im Bereich des Indikatordiagrammes einzutragen sind, einzeln übertragen werden.

Die Fläche innerhalb der Diagrammschleife $a\,b\,c\,d\,e\,f\,a$ im TS-Diagramm ist als Differenz aller von außen zu- und abgeführten Wärmemengen der Wärmewert der je Hub, also je G_f kg im Kreislauf strömenden Dampfes geleisteten Arbeit. Um sie mit der theoretischen Arbeit des Clausius-Rankine-Prozesses vergleichen zu können, sind über der Strecke $e\,m$ als Verdampfungsentropie der Dampfmenge G_f die untere und obere Grenzlinie eines zweiten Entropiediagrammes eingezeichnet, das nunmehr für die Menge G_f gilt. Der theoretische Prozeß verläuft nach dem Linienzug $1\,2\,3\,4\,1$ mit p_2 als Kesseldruck und mit p_3 als Kondensatordruck. Der Wärmewert der theoretischen Arbeit ist durch die eingeschlossene Fläche gegeben. Die Verluste kommen durch die Differenz Fläche $1\,2\,3\,4\,1$ — — Fläche $a\,b\,c\,d\,e\,f\,a$ zum Ausdruck. Der von rechts oben nach links unten schraffierte Flächenteil ist dabei negativ in Rechnung zu stellen.

Der Vorteil des TS-Diagramms liegt auch hier in der Möglichkeit, auf die während der Zustandsänderung umgesetzten Wärmemengen schließen zu können. Während das theoretische Diagramm z. B. eine Wärmezufuhr bis zur Expansion im Ausmaß der Fläche $o\,4\,1\,2\,q$ aufweist, ist die analoge Menge im wirklichen Diagramm durch die Fläche $p\,e\,f\,a\,b\,k\,p$ gegeben. Die Differenz ist der Wärmeverlust in der Rohrleitung vom Kessel zur Maschine und im Zylinder. Aus der Expansionslinie $b\,c$ kann man schließen, daß die Expansion zunächst bis zum Punkte g (vertikale Tangente) unter Wärmeabgabe an die Wand (Wärmemenge $i\,g\,b\,k\,i$) und dann unter Wärmeaufnahme verläuft (Wärmemenge $i\,g\,c\,l\,i$).

3. Wärmebilanz des Kessels.

Wenn man die Wärmebilanz für den Kessel aufstellt, bezieht man zweckmäßigerweise alle Größen auf ein kg erzeugten Dampf.

Der Dampf tritt mit dem Zustand i_2 (Abb. 141) aus dem Kesselsystem aus und das Speisewasser mit dem Zustand i_5 in den Kessel ein. Je kg Dampfes treten bei c g_l kg Luft mit der Enthalpie i_l in das System ein. In d gehen die Rauchgase mit der Enthalpie i_d in die Esse. Ihr Gewicht ist der Summe von Luft- und Brennstoffgewicht $(g_l + g_b)$ gleich. An der Feuerstelle F werden je kg Dampf g_b kg Brennstoff zugeführt. Sein unterer Heizwert je kg betrage h kcal/kg.

Die Strahlungs- und Wärmeleitverluste des Kessels in die Atmosphäre und in den Boden betragen q_v kcal/kg Dampf.

Damit lautet die Wärmebilanz

$$i_5 - i_2 + g_b\,h + g_l\,i_l - (g_l + g_b)\,i_d - q_v = 0$$

Die erzeugte Dampfwärme ist daraus

$$i_2 - i_5 = g_b\,h - [(g_l + g_b)\,i_d - g_l\,i_l + q_v].$$

In der eckigen Klammer stehen die Gesamtverluste, die sich aus den Rauchgasverlusten (Ausdruck in der runden Klammer) und den Strahlungs- und Leitungsverlusten zusammensetzen.

Man bezeichnet als Wirkungsgrad des Kessels das Verhältnis der erzeugten Dampfwärme zur Brennstoffwärme

$$\eta_K = \frac{i_2 - i_5}{g_b\,h} = 1 - \frac{(g_l + g_b)\,i_d - g_l\,i_l + q_v}{g_b\,h}.$$

Dieser Wirkungsgrad beträgt bei ausgeführten Anlagen 0,80 bis 0,90 je nach Kesselgröße. Großkessel haben die höheren Werte.

In ähnlicher Weise wie für den Kessel läßt sich die Wärmebilanz für den Überhitzer und den Speisewasservorwärmer allein aufstellen, worauf unter Hinweis auf obiges nicht eingegangen sei.

4. Wärmebilanz des Kondensators.

Die je kg Dampf durchfließende Wassermenge betrage g_w kg. Sie vergrößert ihre Enthalpie im Kondensator von i_a auf i_b (Abb. 141). Der Dampf tritt mit der Enthalpie i_3 ein und als Wasser mit der Enthalpie i_4 aus. Die Wärmemenge, die je kg Dampf an der Oberfläche des Kondensators mit der Umgebung ausgetauscht wird, ist so klein, daß sie in der Wärmebilanz vernachlässigbar ist. Damit lautet die Wärmebilanz

$$i_3 - i_4 + g_w(i_a - i_b) = 0.$$

Für die Enthalpiedifferenz des Kühlwassers kann hinreichend genau $i_a - i_b = t_a - t_b$ zwischen Ein- und Austritt gesetzt werden, so daß die Gl. in der Form

$$i_3 - i_4 = g_w(t_b - t_a)$$

geschrieben werden kann. Nach Wahl der Temperaturdifferenz ist daraus die nötige Kühlwassermenge zu berechnen.

5. Arbeitsbedarf der Speisepumpe.

Unter Vernachlässigung der kleinen Strahlungs- und Leitungsverluste von der Pumpe an die Umgebung ergibt sich aus der Wärmebilanz die Antriebsarbeit nach Gl. (20)

$$A\,l_p = i_5 - i_4 = u_5 - u_4 + A(p_5 v_5 - p_4 v_4).$$

Bei adiabatischer Verdichtung ändert sich die Temperatur praktisch nicht (vergl. Abb. 142 und Erläuterung hiezu für Zustandsänderung *4—5*). $u_5 - u_4$ ist daher vernachlässigbar klein. Auch das spezifische Volumen bleibt durch die Druckerhöhung praktisch gleich, wie man sich aus der Dampftabelle überzeugen kann, so daß mit hinreichender Genauigkeit für die Arbeit

$$l_p = (p_5 - p_4)\,v = (p_5 - p_4)\frac{1}{\gamma},$$

die bekannte Pumpenformel gelten kann.

Die Arbeit der Speisepumpe ist gegenüber dem Wärmegefälle des Dampfes stets vernachlässigbar klein. Bei einem Druckgefälle von 15 at auf 0,05 at ergibt sich z. B. eine Arbeit von $l_p = (150\,000 - 500)/1000 =$ $= 149{,}5$ mkg/kg $= 0{,}35$ kcal/kg. Das theoretische (adiabatische) Wärmegefälle beträgt bei einer angenommenen Überhitzung auf 320^0 C aber 220 kcal/kg, so daß die Speisepumpenarbeit in der Größenordnung von einem Promille der Dampfarbeit liegt.

6. Maßnahmen zur Erhöhung der Wirtschaftlichkeit der Dampfkraftanlage.

Der Wirkungsgrad der gesamten Anlage ist das Verhältnis des Wärmewertes der an der Kupplung abgegebenen Arbeit zur zugeführten Brennstoffwärme.

$$\eta_{ges} = \frac{A\,l_e}{g_b\,h} = \frac{A\,l_e}{A\,l_i} \cdot \frac{A\,l_i}{A\,l} \cdot \frac{A\,l}{i_2 - i_5} \cdot \frac{i_2 - i_5}{g_b\,h} = \eta_m \cdot \eta_i \cdot \eta_{th} \cdot \eta_K \ldots \text{f. Dampfturbine,}$$

$$(380)$$

$$= \eta_m \cdot \eta_i \cdot \eta_{th} \cdot \eta_K \ldots \text{f. Kolbenmschine.}$$

$$(381)$$

Jeder der Teilwirkungsgrade soll möglichst hoch sein, wenn die Wirtschaftlichkeit der ganzen Anlage ins Auge gefaßt wird. Während η_m, η_i und η_K verhältnismäßig hoch und in gleicher Größenordnung liegen (0,8 bis 0,9), ist der thermische Wirkungsgrad η_{th} des theoretischen Vergleichsprozesses viel niedriger und besonders stark von den thermischen Daten der Anlage abhängig.

Bei den alten Dampfkraftanlagen, die mit verhältnismäßig geringen Dampfdrücken (bis 15 at) und ohne Kondensation arbeiten, beträgt er ungefähr 20%. Die Masse der Dampflokomotiven arbeitet heute noch unter so schlechten Bedingungen.

Zur Verbesserung der Wirtschaftlichkeit wurden im Laufe der Zeit eine Reihe von Maßnahmen ergriffen, die im folgenden kurz neben einer Abschätzung ihrer Bedeutung zusammengestellt sind.

a) *Die Überhitzung.*

Die Überhitzung des Dampfes soll in erster Linie vermeiden, daß der Dampf während der Expansion zu feucht wird (vergl. Abb. 142). Erfahrungsgemäß ist in der Kolbendampfmaschine der Wärmeverlust durch die Zylinderwand bei Feuchtdampf erheblich höher als bei überhitztem Dampf. Nach E. Schmidt sind die Wärmeübergangszahlen bei feuchtem Dampf infolge der Wandkondensation 40 bis 100 mal so hoch wie bei Heißdampf. Durch die Überhitzung wird also der Gütegrad der Maschine besser[1].

Bei Turbinen ist der Wärmeübergang für die Wärmebilanz ohne nennenswerten Einfluß. Umso schädlicher aber der feuchte Dampf für die Lebensdauer, weil die Flüssigkeitströpfchen bei der Strahlumlenkung in den Leit- und Laufschaufeln an die Schaufelwand geschleudert werden

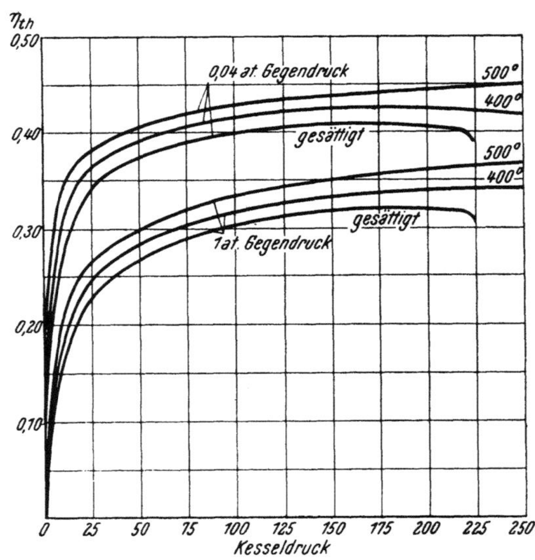

Abb. 158. Thermischer Wirkungsgrad des Clausius-Rankine-Prozesses je nach Kesseldruck-Temperatur und Gegendruck (nach E. Schmidt).

und diese anscheuern. Erfahrungsgemäß soll die Dampfziffer im letzten

---

[1] Eine konstruktive Maßnahme zur Verminderung des Wärmeüberganges ist die Heizung des Zylinders von außen.

Laufrad nicht viel kleiner als 0,9 sein, wenn die Lebensdauer in wirtschaftlichen Grenzen bleiben soll.

Die Höhe der Überhitzung ist durch die Festigkeit des Materiales begrenzt. Über 500⁰ C pflegt man derzeit nicht zu überhitzen. Bei hohem Druckgefälle ergäbe sich dabei bei einstufiger Expansion *2 3″* (Abb. 159) eine im allgemeinen zu niedrige Dampfziffer x''. Die auch aus anderen Gründen zweckmäßige mehrstufige Expansion gibt Gelegenheit zur Zwischenüberhitzung zwischen zwei Stufen. Im Beispiel der zweistufigen Expansion nach Abb. 159 ist nach jeder Stufe die Dampfziffer genügend hoch.

Neben diesen Vorteilen bringt die Überhitzung auch noch eine Verbesserung des thermischen Wirkungsgrades um einige Prozent mit sich, wie aus Abb. 158 zu ersehen ist.

b) *Erhöhung des Wärmegefälles durch Hochdruck und Kondensation.*

Eine Erhöhung des Kesseldruckes bringt im unteren Druckbereich eine starke, im oberen Bereich aber nur mehr eine mäßige Steigerung des thermischen Wirkungsgrades mit sich (vergl. Abb. 158). Es gibt eine Grenze, bis zu der eine Steigerung des Druckes mit Rücksicht auf die

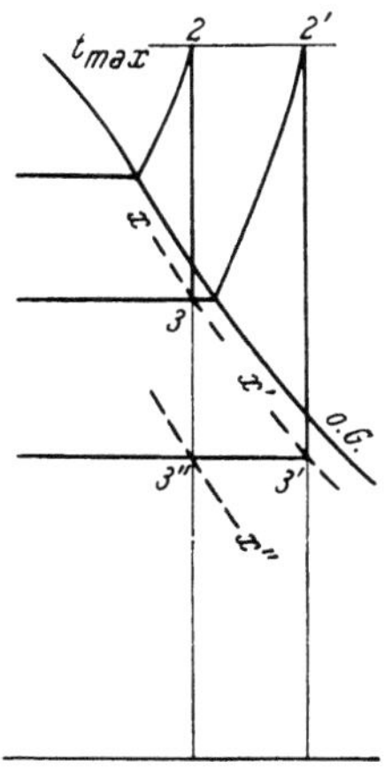

Abb. 159. Zweistufige Expansion als Mittel zur Erhöhung der Dampfziffer.

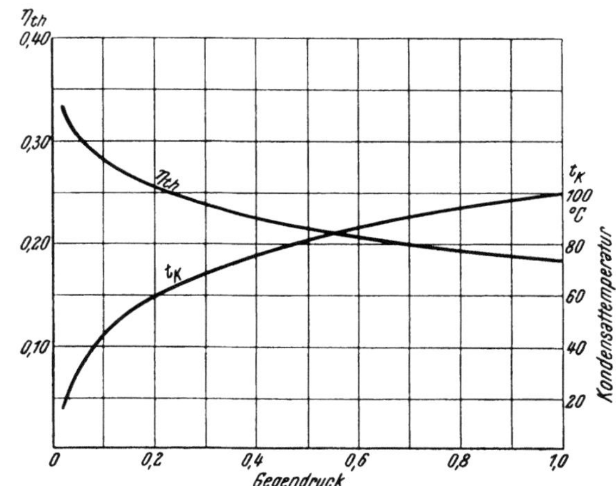

Abb. 160. Thermischer Wirkungsgrad und Kondensatortemperatur des C l a u s i u s - R a n k i n e - Prozesses je nach Gegendruck (Kesseldruck 10 at, Dampftemp. 400⁰ C).

erhöhten Bau- und Wartungskosten noch als „wirtschaftlich" gilt. Sie liegt bei Großanlagen um 100 at. Die Steigerung des Wirkungsgrades zwischen 50 und 100 at Kesseldruck wird mit Mittel erkauft, die als nicht mehr normal zu bezeichnen sind, so daß auch heute die Kesseldrücke in der Regel unter 50 at geplant werden. Die Steigerung des Wirkungsgrades mit der Verminderung des Gegendruckes durch Kondensation ist in allen Bereichen erheblich, wie die Abb. 158 für einen Gegendruck von 0,04 at zeigt, der in gut gekühlten Kondensatoren erreicht werden kann. Bemerkenswert ist die mit abnehmender Temperatur stark zunehmende Wirkung der Kondensation (Abb. 160), weshalb bei jedem Anlagenbau besonders darauf zu achten ist, daß kaltes Kühlwasser für die

Kondensatoren zur Verfügung ist. Eine Temperatursenkung im Kondensat um wenige Grade bringt unter Umständen mehr Gewinn als eine beträchtliche Steigerung des Kesseldruckes. Allerdings nimmt mit dem steigenden Austrittsvolumen des Abdampfes auch die Größe der Maschine (Turbine) in den letzten Stufen zu.

c) *Carnotisierung des Clausius-Rankine-Prozesses.*

Im Carnot-Prozeß, der bekanntlich den besten thermischen Wirkungsgrad ergibt, wird die ganze zuzuführende Wärme bei der höchsten Temperatur des Prozesses zugeführt und die ganze abzuführende Wärme bei der tiefsten Temperatur abgeführt. Es ist möglich, auch den Clausius-Rankine-Prozeß *1 2 3 4* (Abb. 161) an diese Bedingung anzupassen, wenn man die Wärme für die Temperatursteigerung (*4 1*) der Flüssigkeit nicht von außen zuführt, sondern möglichst zur Gänze aus dem Dampf

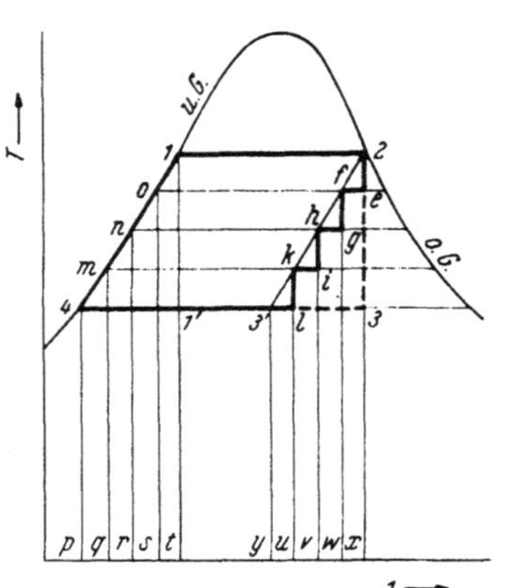

Abb. 161. Zur Carnotisierung des Clausius-Rankine-Prozesses.

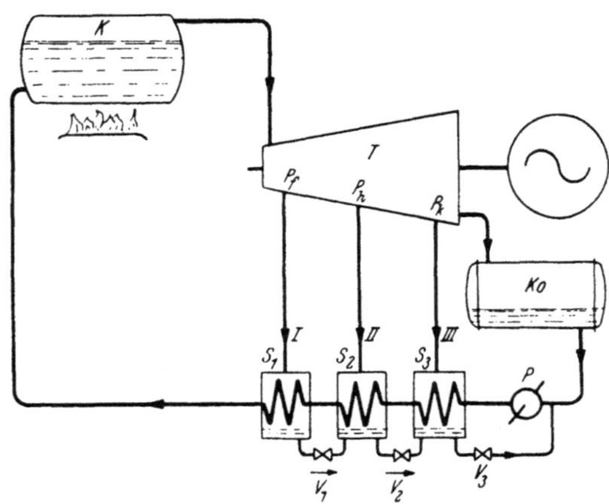

Abb. 162. Schema einer Dampfkraftanlage mit dreistufiger Speisewasservorwärmung.

an einer passenden Stelle des Kreislaufes entnimmt. Praktisch wird dies durch mehrmalige Abzapfung von Dampf an der Turbine zur stufenweisen Vorwärmung des Speisewassers erreicht. Das Schema einer Dampfkraftanlage dieser Art mit dreistufiger Vorwärmung zeigt Abb. 162. Vom Hauptstrom des Arbeitsmittels, der wie üblich in Richtung Kessel K, Turbine T, Kondensator Ko, Speisewasserpumpe P zurück zum Kessel verläuft, werden in der Turbine in den Druckpunkten P_f, P_h und P_k gewisse Dampfmengen (*I, II, III*) abgezweigt, die in den Speisewasservorwärmern S_1, S_2 und S_3 kondensieren und dabei ihre Wärme an das Speisewasser abgeben. Das Kondensat aus diesen Dampfmengen strömt über die einstellbaren Drosselventile V_1, V_2 und V_3 vor die Speisepumpe P in den Hauptkreislauf zurück. Nach der ersten Expansionsstufe *2 e* (Abb. 161) gibt der erste Anzapfdampf *I* im Speisewasservorwärmer S_1 die Wärme Fläche *w f x w = r n o s r* an das Speisewasser ab. Nach der zweiten Stufe *f g* wird die Wärme Fläche *v h g w v* = Fläche *q m n r q* und nach der dritten Stufe Fläche *u k i v u* = Fläche *p 4 m q p* ausgetauscht. Der Kreisprozeß den 1 kg des Dampfes durchmacht, verläuft dann nach *1 2 e f g h i k l 4*. Dazu muß bemerkt werden, daß sich der

Linienzug *2 e f g h i k l* auf Dampf plus Flüssigkeit bezieht, der durch die Arbeitsmaschine strömende Dampf allein jedoch nicht eine stufenweise Erhöhung der Feuchtigkeit erfährt, sondern nach der Linie *2 — 3* expandiert.

Eine vollständige Angleichung an den Carnot-Prozeß wäre nur bei unendlich vielen Anzapfungen möglich. Der Prozeß verliefe dann nach dem Linienzug *1 2 3' 4 1*. Dabei wird die ganze Wärme für die Flüssigkeit Fläche *p 4 1 t p* = Fläche *y 3' 2 x y* aus dem Dampf entnommen und von außen die Wärme Fläche *t 1 2 x t* zugeführt, nach außen die Wärme Fläche *p 4 3' y p* abgeführt. Weil *4 1* parallel *3' 2* ist, ist der Prozeß thermisch einem Carnot-Prozeß gleichwertig, der nach dem Linienzug *1' 1 2 3 1'* verläuft.

Ein Vorteil der stufenweisen Speisewasservorwärmung liegt auch darin, daß die Dampfmenge in den niedrigen Stufen verkleinert wird und deshalb die Maschinen kleiner werden.

d) *Zweistoff-Betrieb.*

Wasserdampf hat bei hohen Temperaturen verhältnismäßig hohe Drücke, durch welche die Dampfanlagen verteuert werden. Es gibt andere Wärmeträger mit höherem Siedepunkt, die diesen Nachteil nicht aufweisen. Eines dieser Mittel ist Quecksilber, das in Amerika versuchsweise verwendet wurde. Der kritische Punkt liegt bei 1076 at und 1460^0 C. Es hat bei 500^0 C einen Dampfdruck von nur 8,4 at. Bei normalen Kondensatortemperaturen ist jedoch der Dampfdruck so gering ($3,7 . 10^{-6}$ at bei 30^0 C), daß das Kondensat mit normalen Pumpen nicht mehr aus dem Kondensator abgesaugt werden kann. Außerdem wären die Dampfvolumina in den letzten Turbinenstufen dabei so groß, daß die erforderlichen Querschnitte nicht mehr untergebracht werden könnten. Man umgeht diese Schwierigkeit durch Koppelung des Quecksilber-Systems mit einem Wassersystem derart, daß mit dem Abdampf der Quecksilberanlage, die nur auf etwa 250^0 C herunter entspannt, der Kessel (in diesem Fall einfacher Wärmetauscher) des Wassersystems geheizt wird. Die Menge der umlaufenden Medien muß entsprechend abgestimmt werden. Eine Verbreitung hat dieses System nicht erfahren. Die hohen Betriebskosten dürften neben der Gefahr, die die Quecksilberdämpfe für das Bedienungspersonal mit sich bringen, der Grund hiefür sein.

V. Kältemaschinen.

1. Allgemeines.

Kältemaschinen dienen zur Erzeugung und Aufrechterhaltung eines Temperaturniveaus, welches an bestimmten Stellen (Kältekammern) unter dem der Umgebung liegt. Um dies zu erreichen, muß Wärme von tiefer Temperatur auf höhere gehoben werden. Nach dem zweiten Hauptsatz der Thermodynamik ist dies bekanntlich nur möglich, wenn hiezu Arbeit aufgewendet wird. Zum Transport der Wärme braucht man einen Wärmeträger (auch Kälteträger oder Kältemittel genannt). Damit dieser nicht verbraucht wird, läßt man den Prozeß als geschlossenen Kreisprozeß ablaufen und verwendet Anlagen, wie sie in Abb. 163 a, b schematisch dargestellt sind. Der Kreislauf läßt sich in vier Teilphasen unterteilen.

In der ersten Phase läßt man den Wärmeträger entspannen (Abb. 163 a).
Dabei wird die Temperatur an der Stelle *1* gegenüber der Stelle *5* abgesenkt.

Hierauf nimmt in der zweiten Phase der Wärmeträger je kg über die
Kühlschlangen im Kühlraum die Wärme q_z auf.

In der dritten Phase wird er wieder durch einen Verdichter (Kolben
oder Turbokompressor) auf den Zustand *3* verdichtet. Dabei steigt die
Temperatur.

Schließlich wird in der vierten Phase die Wärme q_a je kg des Wärmeträgers an ein Kühlmittel (Wasser oder Luft) abgegeben, worauf der Kreislauf neuerdings beginnt.

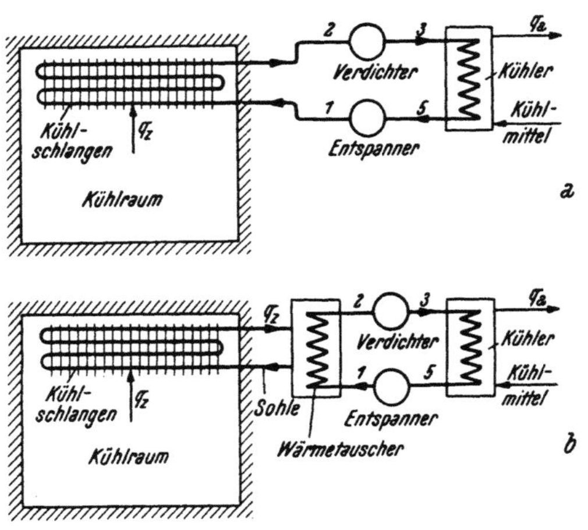

Abb. 163. Schema gebräuchlicher Kühlanlagen.

In Abb. 163 b ist das Schema einer zweiten, üblichen Bauart dargestellt, wie sie für größere Anlagen
vorgezogen wird. Im Prinzip wirkt sie gleich wie die
erste; der Wärmeträger wird dabei aber nicht direkt
in den Kühlraum geleitet, sondern in einen Wärmetauscher, in dem er die Wärme aus einer Sole aufnimmt, die die Kühlschlangen im Kühlraum durchströmt und so die Wärme dem Kreislauf zuführt.

Wendet man für den Kreislauf des Wärmeträgers
den zweiten Hauptsatz sinngemäß an, so gilt nach Gl. (55)

$$q_a = q_z + A\, l_i. \tag{382}$$

q_z ist hierin die dem Wärmeträger je kg zugeführte (auch Kälteleistung bezeichnet) q_a die je kg entzogene Wärmemenge und $A\, l_i$ die aufzuwendende
und in den Wärmeträger hineingesteckte (indizierte) mechanische Arbeit.

Die Leistungsziffer der Kühlanlage ist nach Gl. (54)

$$\varepsilon = \frac{q_z}{A\, l_i}. \tag{383}$$

In der Kältetechnik gibt man in der Regel nicht ε als Leistungsziffer, sondern die spezifische Kälteleistung K an, das ist die je PS Stunde aufgewen-
deter indizierter Arbeit aus dem Kühlraume fortgeschaffte Wärmemenge.

Mit Benutzung der Umrechnungskonstanten für die PSh auf die Kalorie
lautet diese Kennziffer

$$K = 632 \cdot \frac{q_z}{A\, l_i} = 632 \cdot \varepsilon. \tag{384}$$

2. Kälteprozesse mit Kaltdampf.

a) *Kälteleistung.*

Wie schon bei der allgemeinen Erörterung der Kreisprozesse unter
Ziffer A IX 2 ausgeführt wurde, gibt der Carnot-Prozeß die beste Leistungsziffer ε. Seine Verwirklichung als Kälteprozeß stößt aber auf die-

selben Schwierigkeiten wie als Kraftmaschinenprozeß, weil es auch hierbei nicht möglich ist, die isothermische Zustandsänderung exakt und mit einfachen Mitteln auszuführen.

Am besten kann man die Verhältnisse durch Verwendung von Dämpfen dem Carnot-Prozeß anpassen, weil durch Verdampfung und Kondensation bei konstantem Druck stabile isothermische Zustandsänderungen verwirklicht werden können. Fast alle Kälteanlagen arbeiten daher mit Kaltdampfprozessen.

Als Verdichter werden bei kleinen und mittleren Anlagen Kolbenkompressoren K (Abb. 164), bei größeren Anlagen auch Turbokompressoren verwendet. Als Entspanner wird eine einfache Drosselstelle D eingebaut. Die Einfachheit dieses Elements ergibt eine größere Wirtschaftlichkeit (geringere Anschaffungskosten) wie ein teurerer Entspannungsmotor, wenngleich mit diesem auch ein Teil der Kompressorarbeit zurückgewonnen werden könnte.

Abb. 165 zeigt das Ts-Diagramm des Kaltdampfprozesses. Vor der Drosselstelle ist der Wärmeträger flüssig (Punkt *5*). Er entspannt sich durch die Drossel auf den Zustand *1* nach der Linie $i =$ konst., dabei ent-

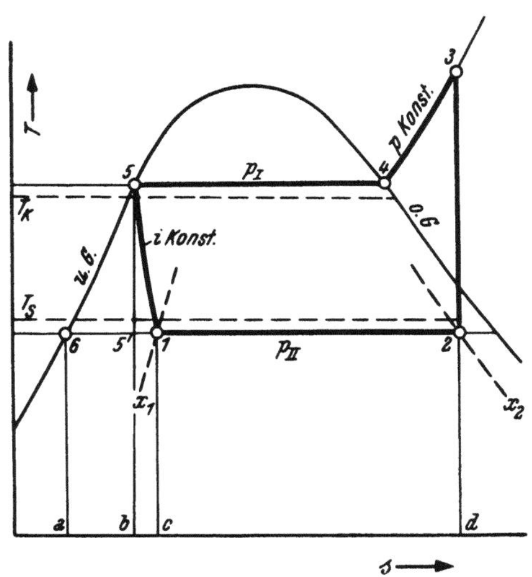

Abb. 165. Ts-Diagramm des Kaltdampfprozesses.

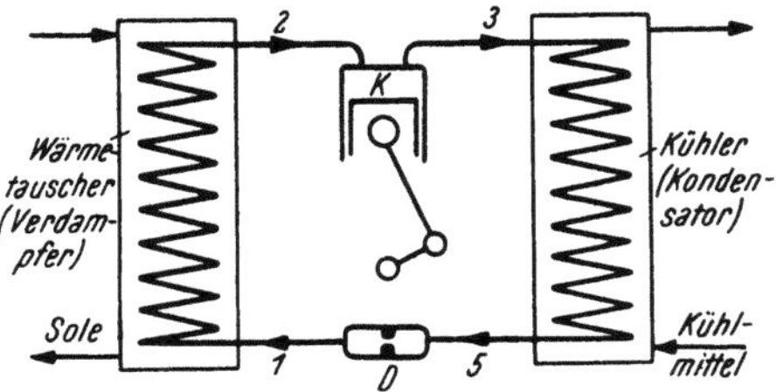

Abb. 164. Kältemaschine mit Kolbenkompressor und Drossel.

steht feuchter Dampf mit der Dampfziffer x_1. Hierauf verdampft er im Wärmetauscher (Verdampfer) unter Wärmeaufnahme bis auf eine Dampfziffer x_2 im Punkte *2*. Die Verdichtung verläuft nach der Linie *2 — 3*. Die Kompressionslinie ist als Adiabate gezeichnet, womit man den praktischen Verhältnissen nahe kommt. Im Kühler (Kondensator) wird der überhitzte Dampf zunächst nach der Linie *3 — 4* auf Sättigungstemperatur abgekühlt und dann kondensiert. Der Druck p_{II} im Verdampfer muß so gewählt werden, daß die ihm entsprechende Verdampfungstemperatur etwas unter der Soletemperatur T_s liegt. Ebenso muß die dem Drucke p_I entsprechende Temperatur T_5 etwas über der Kühlmitteltemperatur T_K liegen.

Die von der Sole dem Wärmeträger zugeführte Wärme ist

$$q_z = \text{Fläche } c\ 1\ 2\ d\ c.$$

Im Kühler wird die Wärme

$$q_a = \text{Fläche } b\ 5\ 4\ 3\ d\ b$$

abgegeben. Der Wärmewert der Kompressorarbeit ist für adiabatische Verdichtung nach Beziehung (325)

$$A\, l_i = i_3 - i_2 = \text{Fläche } 6\,5\,4\,3\,2\,6.$$

Nach Beziehung (382) muß also Fläche $b\,5\,4\,3\,d\,b =$ Fläche $c\,1\,2\,d\,c +$ + Fläche $6\,5\,4\,3\,2\,6$ sein. Dies ist der Fall, weil Fläche $b\,5'\,1\,c\,b =$ = Fläche $6\,5\,5'\,6$ ist (Punkt 5 und 1 liegen auf Linie $i =$ konst.).
Die zugeführte Wärme ist

$$q_z = (x_2 - x_1)\, r_{II} = x_2\, r_{II} - x_1\, r_{II}.$$

x_1 und x_2 sind die Dampfziffern im Punkte 1 und 2, r_{II} die Verdampfungswärme für den Druck p_{II}.

Mit i_I' und i_{II}' als dem Drucke p_I und p_{II} entsprechende Flüssigkeits-Enthalpie, ist laut Definition der Linie $i =$ konst.

$$i_{II}' + x_1\, r_{II} = i_I' \quad \text{und daraus} \quad x_1\, r_{II} = i_I' - i_{II}'.$$

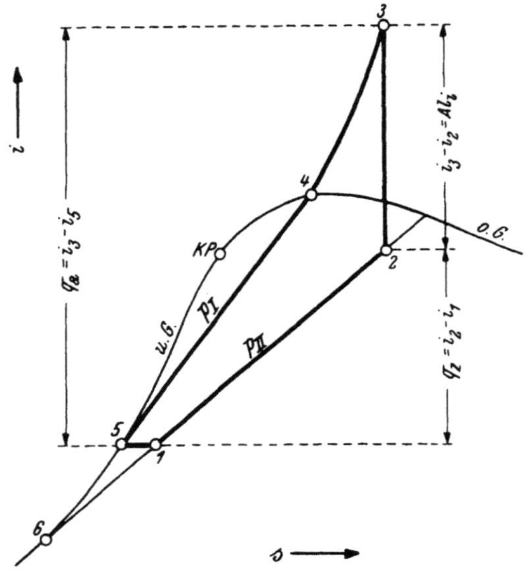

Abb. 166. $i\,s$-Diagramm des Kaltdampfprozesses.

Damit wird

$$q_z = x_2\, r_{II} - (i_I' - i_{II}').$$

$$(385)$$

Im günstigsten Fall kann der Wärmeträger je kg eine Wärme von

$$q_z = r_{II} - (i_I' - i_{II}') \quad (386)$$

aufnehmen, wenn der Punkt 2 auf der oberen Grenzlinie liegt, der Wärmeträger also vollkommen verdampft. Diese Wärmemenge je kg nennt man, wie erwähnt, die Kälteleistung des betreffenden Arbeitsstoffes. Im $i\,s$-Diagramm (Abb. 166) erscheinen die Differenzen der Enthalpien als Strecken. Die zu- und abgeführten Wärmemengen und der Wärmewert der Verdichterarbeit lassen sich somit einfacher als im $T\,s$-Diagramm durch Abmessen von Strecken ermitteln.

b) *Möglichkeiten zur Verbesserung einer Kälteanlage.*

α) **Scheidung von Flüssigkeit und Dampf:** Um den Kompressor nicht unnütz mit Feuchtigkeit zu belasten, wird diese nach dem Verdampfer abgesondert und wieder in diesen zurückgeleitet. Ebenso wird nach dem Kondensator Flüssigkeit und Dampf getrennt und die Flüssigkeit der Drossel zugeführt. Man nennt dieses das „trockene" Verfahren zum Unterschied vom „nassen" Verfahren.

β) **Unterkühlung der Flüssigkeit:** Das Kühlmittel ist etwas kälter als der Dampf im Kondensator. Man kann daher die schon kondensierte Flüssigkeit noch weiter bis fast auf die Kühlmitteltemperatur „unterkühlen". (Linie $5 - 5'$ in Abb. 167.) Dadurch gewinnt man an Kälteleistung im Ausmaß der Fläche $a\,1\,1'\,b\,a = i_5 - i_5'$, das ist die Differenz der Flüssigkeitswärmen im Punkte 5 und $5'$.

γ) **Mehrstufige Verdichtung und Expansion:** Bei hohen Temperaturstufen, das heißt hohen Druckverhältnissen p_{II}/p_I kann man die Antriebsleistung des Verdichters erniedrigen und die je kg des Wärmeträgers transportierte Wärme q_z erhöhen, wenn man mehrstufig (in der Regel zweistufig) verdichtet und ebenso expansieren läßt. Das Schema der zweistufigen Anlage

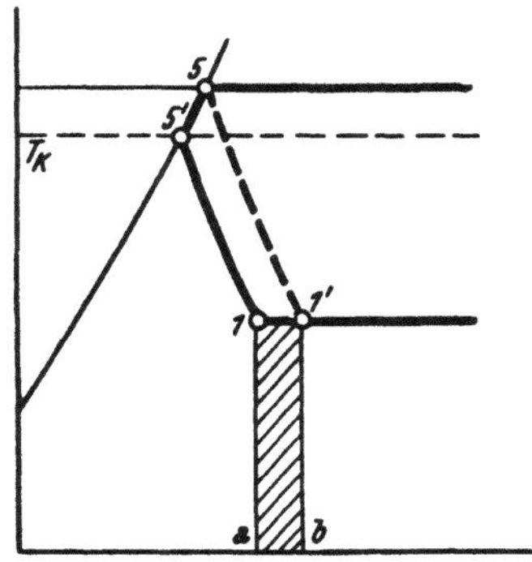

Abb. 167. Zur Unterkühlung der Arbeitsflüssigkeit.

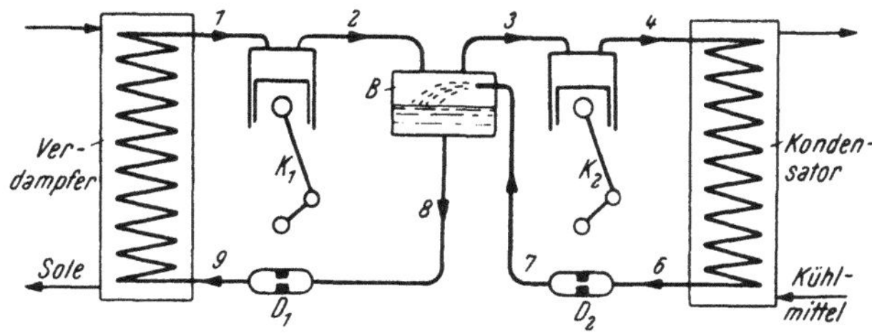

Abb. 168. Schema einer zweistufigen Kältemaschine.

zeigt Abb. 168. Der Niederdruckverdichter K_1 saugt mit dem Zustand 1 den verdampften Wärmeträger an und verdichtet ihn auf einen Zustand 2. Im Behälter B wird der Wärmeträger der Niederdruckstufe mit dem der Hochdruckstufe nach der Drosselstelle D_2 zusammengeführt und dabei rückgekühlt. Flüssigkeit wird abgesondert und der Drosselstelle D_1 zugeführt, während das Gas bei 3 vom Hochdruckkompressor K_2 abermals verdichtet und durch den Kondensator zur Hochdruckdrossel D_2 gedrückt wird. Im Ts-Diagramm (Abb. 169) sind die Zustandspunkte analog der Abb. 168 bezeichnet. In beiden Stufen kreist nicht dieselbe Menge des Wärmeträgers, weil die Hoch- und Niederdruckstufe im Kühlbehälter nur zum Teil hintereinandergeschaltet sind. Die Mengen lassen sich nach folgender Überlegung bestimmen: 1 kg des Hoch-

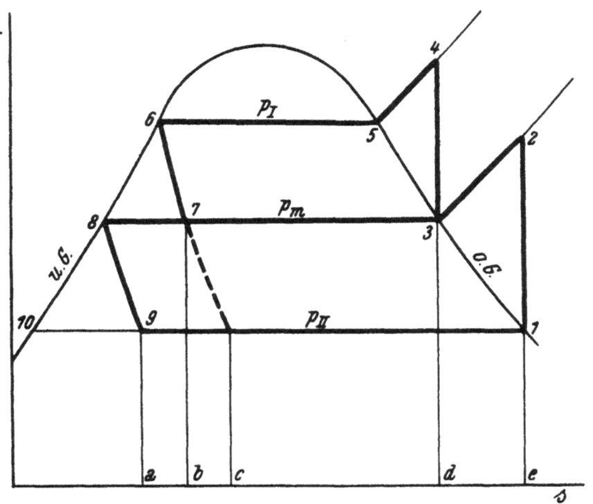

Abb. 169. Ts-Diagramm einer zweistufigen Kälteanlage.

druckkreislaufes bringt im Zustand 7 in den Kühlbehälter x_7 kg Dampf und $(1 - x_7)$ kg Flüssigkeit mit. Von der Flüssigkeit verdampft ein Teil $\varDelta x$, dessen Verdampfungswärme zur Kühlung des überhitzten Dampfes aufgebraucht wird. Die Flüssigkeitsmenge, die zur Niederdruckdrossel D_1

vom Kühlbehälter weg strömt, beträgt demnach je kg der in der Hochdruckstufe strömenden Menge

$$g = 1 - x_7 - \varDelta x. \tag{387}$$

Die Wärmebilanz für die Verdampfung der Menge $\varDelta x$ lautet

$$\varDelta x\, r_m = g\,(i_2 - i_3). \tag{388}$$

r_m ist die Verdampfungswärme beim Druck p_m. Rechts steht die Wärme, die der Menge g bei der Kühlung vom Zustand 2 auf Zustand 3 entzogen wird.

Aus Beziehung (387) und (388) ergibt sich

$$g = \frac{(1 - x_7)\, r_m}{r_m + i_2 - i_3}. \tag{389}$$

Die Kenntnis der umlaufenden Gewichte ist für die Bemessung der Kompressoren nötig.

c) *Vergleich einiger wichtiger Wärmeträger hinsichtlich der Hauptdaten einer Kälteanlage.*

Um diesen Vergleich anstellen zu können, seien die Kälteleistung, das theoretische Kompressorvolumen, die zu beherrschenden Druckgrenzen und die spezifische Kälteleistung für eine Kälteanlage mit angenommenen Temperaturgrenzen berechnet.

Die obere Temperatur im Kondensator sei $t_I = +\,15^0\,C$, die untere im Verdampfer $t_{II} = -\,15^0\,C$, trockenes Verfahren ($x_2 = 1$). Als Wärmeträger werden alternativ Ammoniak (NH_3), Kohlendioxyd (CO_2) und Schwefeldioxyd (SO_2) angenommen.

α) **Kälteleistung** q_z: Aus den Tab. 12 bis 14 sind für die Temperaturen t_I und t_{II} folgende Werte für r_{II}, $i_I{}'$ und $i_{II}{}'$ zu entnehmen:

$$
\begin{array}{llll}
NH_3 & r_{II} = 313{,}5; & i_I{}' = 116{,}7; & i_{II}{}' = 83{,}6 \\
CO_2 & r_{II} = 65{,}26; & i_I{}' = 110{,}10; & i_{II}{}' = 91{,}44. \\
SO_2 & r_{II} = 93{,}6; & i_I{}' = 104{,}8; & i_{II}{}' = 95{,}4.
\end{array}
$$

Damit ergibt sich nach Gl. (386) die Kälteleistung für

$$
\begin{array}{ll}
NH_3 & q_z = 280{,}4 \ \text{kcal/kg,} \\
CO_2 & q_z = 46{,}6 \ \text{kcal/kg,} \\
SO_2 & q_z = 84{,}2 \ \text{kcal/kg.}
\end{array}
$$

β) **Theoretisches Ansaugvolumen des Kompressors.** Das je kcal Kälteleistung anzusaugende Gasvolumen ergibt sich aus den spezifischen Wärmen im Zustand 2 (Abb. 165) mit

$$V_h = \frac{v_{II}{}''\, x_2}{q_z} = \frac{v_{II}{}''}{q_z}.$$

Das der Temperatur t_{II} entsprechende spezifische Sattdampfvolumen $v_{II}{}''$ ist aus den angeführten Tab. abzulesen und beträgt für

$$
\begin{array}{llll}
NH_3 & v_{II}{}'' = 0{,}509 & \text{damit } V_h = 0{,}001\,795 \ \text{m}^3/\text{kcal,} \\
CO_2 & v_{II}{}'' = 0{,}016\,609 & \text{wird } V_h = 0{,}000\,357 \ \text{m}^3/\text{kcal,} \\
SO_2 & v_{II}{}'' = 0{,}406 & V_h = 0{,}004\,83 \ \ \text{m}^3/\text{kcal.}
\end{array}
$$

γ) **Druckgrenzen der Kälteanlage.** Nach den Tab. 12–14 sind die den Temperaturen zugehörigen Drücke für

$$NH_3 \qquad p_I = 7{,}427, \qquad p_{II} = 2{,}410,$$
$$CO_2 \qquad p_I = 51{,}93 \qquad p_{II} = 23{,}34,$$
$$SO_2 \qquad p_I = 2{,}811 \qquad p_{II} = 0{,}823.$$

δ) **Spezifische Kälteleistung.** Um K nach Gl. (384) rechnen zu können, muß noch die Arbeit l_i bestimmt werden. Man kann diese entweder aus der Enthalpiedifferenz mit Hilfe der Wärmetafeln C, D und F rechnen oder mit Hilfe der Kompressorgleichung (324), die für adiabatische Zustandsänderung in der Form

$$l_i = \frac{\varkappa}{\varkappa - 1}\, p_{II}\, v_{II}'' \left[\left(\frac{p_I}{p_{II}}\right)^{\frac{\varkappa-1}{\varkappa}} - 1 \right]$$

anzuschreiben ist. Für den Adiabatenkoeffizienten kann in den üblichen Bereichen gesetzt werden:

$$\varkappa = 1{,}28 \;.\;.\;.\;.\;.\;.\;.\;.\;.\;.\;. \text{ für } NH_3,$$
$$\varkappa = 1{,}3 \;.\;.\;.\;.\;.\;.\;.\;.\;.\;.\;. \text{ für } CO_2,$$
$$\varkappa = 1{,}26 \;.\;.\;.\;.\;.\;.\;.\;.\;.\;. \text{ für } SO_2.$$

Damit und mit obigen Zahlenwerten wird für

$$NH_3 \;.\;.\;.\;.\;.\;.\;.\;.\; l_i = 15\,700 \text{ mkg/kg},$$
$$CO_2 \;.\;.\;.\;.\;.\;.\;.\;.\; l_i = 3\,360 \text{ mkg/kg},$$
$$SO_2 \;.\;.\;.\;.\;.\;.\;.\;.\; l_i = 4\,640 \text{ mkg/kg}.$$

Nach Gl. (384) ist für

$$NH_3 \;.\;.\;.\;.\;.\;.\;.\;.\; K = 4\,820 \text{ kcal/PSh},$$
$$CO_2 \;.\;.\;.\;.\;.\;.\;.\;.\; K = 3\,710 \text{ kcal/PSh},$$
$$SO_2 \;.\;.\;.\;.\;.\;.\;.\;.\; K = 4\,880 \text{ kcal/PSh}.$$

Für den Carnot-Prozeß, der bekanntlich die beste Leistungsziffer ergäbe, findet man mit Benutzung von Gl. (61)

$$K = 632 \cdot \varepsilon = 632 \cdot \frac{1}{T_1/T_2 - 1} = 632 \,\frac{1}{288/258 - 1} = 5\,440 \text{ kcal/PSh}.$$

An Hand der Zahlenwerte für die Hauptdaten lassen sich die drei Wärmeträger vergleichen: *Ammoniak* hat die höchste Kälteleistung, braucht aber einen Verdichter mit verhältnismäßig hoher Saugleistung. Die Drücke liegen in mittleren Grenzen, die spezifische Kälteleistung ist hoch und nahe an der des Carnot-Prozesses. *Kohlendioxyd* ist am günstigsten hinsichtlich der Saugleistung des Kompressors. Die Drücke sind aber ungünstig hoch und die spezifische Kälteleistung kleiner als bei Ammoniak. *Schwefeldioxyd* ist besonders günstig wegen der niedrigen Drücke in der Anlage, wodurch die Dichtungsfragen einfacher werden. Auch die spezifische Kälteleistung ist am höchsten. Ungünstig ist das erforderliche große Volumen des Verdichters.

3. Kälteprozesse mit Luft oder Gasen.

Es kommt ihnen wegen der minderen Wirtschaftlichkeit in der Kälteindustrie keine Bedeutung zu. Nur wenn es auf die Erzeugung eines tiefen Temperaturpoles allein und nicht auf den Wärmetransport ankommt, werden daher solche Prozesse angewendet, z. B. bei Höhenprüfständen von Verbrennungskraftmaschinen, um die vom Motor anzusaugende Luft auf tiefe Temperaturen abzusenken. Das Schema einer Anlage dieser Art zeigt Abb. 170. Der Kompressor saugt bei *1* Luft aus der Atmosphäre an und drückt sie bei *2* in einen Kühler, wo ihr Wärme q_a kcal/kg entzogen wird. Im Entspanner E expandiert die Luft vom Zustand *3* auf den Zustand *4* unter Arbeitsabgabe von l_E mkg/kg und strömt hierauf unterkühlt zum Verbraucher. Auch dieser „offene" Prozeß läßt sich als Kreisprozeß auffassen, wenn man gedanklich einen Wärmetauscher einschaltet, der unter Aufnahme einer Wärmemenge q_z/kg die Luft vom Zustand *4* auf den Ansaugzustand *1* aufheizt, so daß der Kreislauf geschlossen ist. Für diesen „geschlossenen" Prozeß, der in thermodynamischer Hinsicht dem „offenen" äquivalent ist, gelten alle Gesetze für den Kreisprozeß. Als Entspanner kann in diesem Falle nicht die einfache Drossel verwendet werden, weil sich bekanntlich bei Gasen die Temperatur beim Drosselvorgang nur wenig (bei vollkommenem Gas überhaupt nicht) ändert.

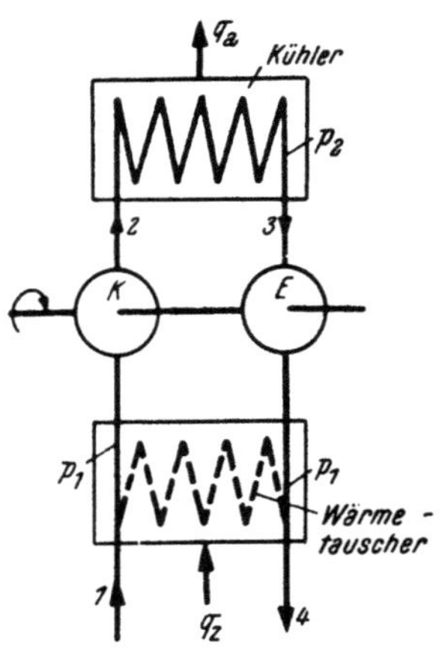

Abb. 170. Schema einer mit Luft arbeitenden Kälteanlage.

Das Ts-Diagramm des Kreisprozesses zeigt Abb. 171 für den Fall, daß Kolbenmaschinen als Verdichter und Entspanner verwendet sind. Die Zustandspunkte sind analog der Abb. 170 bezeichnet. Der Wärmewert der aufzuwendenden Arbeit ist für diesen Fall der Kolbenmaschinen ohne innere Strömungsverluste durch die von der Kreisprozeßlinie eingeschlossene Fläche *1 2 3 4 1* gegeben, wie sich leicht zeigen läßt. Für vollkommenes Gas, wie es in Abb. 171 zugrunde gelegt ist, ist der Wärmewert der Kompressorarbeit durch

$$A\,l_K = \text{Fläche } h\,1\,2\,a\,e\,h$$

gegeben (vergl. S. 132). Der Wärmewert der im Entspanner rückgewonnenen Energie ist durch

$$A\,l_E = \text{Fläche } c\,b\,3\,4\,f\,c$$

gegeben (vergl. S. 134). Der Wärmewert der aufzuwendenden Summenarbeit ist

$$A\,l_i = A\,l_K - A\,l_E = \text{Fläche } h\,1\,2\,a\,e\,h - \text{Fläche } c\,b\,3\,4\,f\,c = \text{Fläche } 1\,2\,3\,4\,1,$$

weil Fläche $c\,b\,a\,e\,c$ = Fläche $f\,4\,1\,h\,f$ ist.

Als Kälteleistung kann im vorliegenden Beispiel die Wärmemenge

$$q_z = \text{Fläche } f\,4\,1\,h\,f$$

gewertet werden. Die Leistungsziffer ist dann

$$\varepsilon = \frac{q_z}{A\,l_i} = \frac{\text{Fläche } f\,4\,1\,h\,f}{\text{Fläche } 1\,2\,3\,4\,1}.$$

Sie ist praktisch viel niedriger als bei Kaltdampfprozessen.

Für den Fall, daß nicht Kolbenmaschinen, sondern Turbomaschinen als Verdichter und Entspanner verwendet sind, die innere Strömungsverluste in sich haben, ergibt sich ein Ts-Diagramm nach Abb. 172. Der Wärmewert der Kompressorarbeit ist durch

$$A\,l_K = \text{Fläche } h\,2\,a\,e\,h$$

und der der Entspannungsarbeit durch

$$A\,l_E = \text{Fläche } c\,b\,3\,d\,c$$

gegeben. Der Wärmewert der Summenarbeit ist

$$A\,l_i = A\,l_K - A\,l_E = \text{Fläche } h\,2\,a\,e\,h - \text{Fläche } c\,b\,3\,d\,c$$

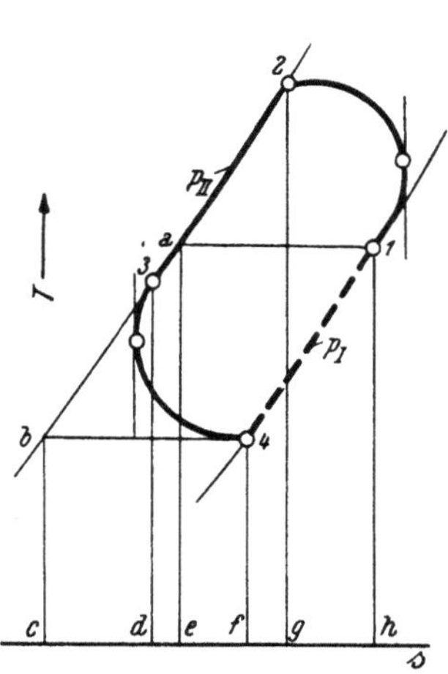

Abb. 171. $T\,s$-Diagramm einer Kälteanlage mit Kolbenmaschinen und gasförmigem Arbeitsmittel.

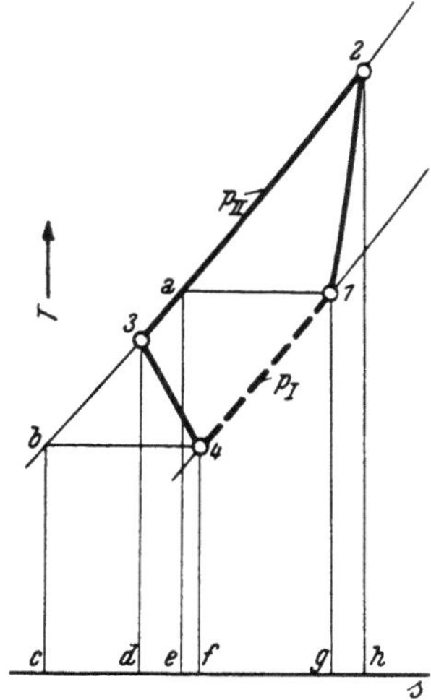

Abb. 172. $T\,s$-Diagramm einer Kälteanlage mit Turbomaschinen und gasförmigem Arbeitsmittel.

und nicht mehr gleich der von der Kreisprozeßlinie eingeschlossenen Fläche, sondern um den Wärmewert der inneren Reibung größer:

$$A\,l_i = \text{Fläche } 1\,2\,3\,4\,1 + \text{Fläche } h\,2\,1\,g\,h + \text{Fläche } f\,4\,3\,d\,f,$$

wie nach einigem Überlegen ohneweiteres klar wird (vergl. auch S. 143, Abb. 110 und S. 159, Abb. 131).

Die Kälteleistung ist

$$q_z = \text{Fläche } f\,4\,1\,g\,f$$

und die spezifische Kälteleistung

$$\varepsilon = \frac{q_z}{A\,l_i} = \frac{\text{Fläche } f\,4\,1\,g\,f}{\text{Fl. } 1\,2\,3\,4\,1 + \text{Fl. } h\,2\,1\,g\,h + \text{Fl. } f\,4\,3\,d\,f}.$$

4. Indizierter Wirkungsgrad einer Kälteanlage.

Als indizierten Wirkungsgrad einer Kälteanlage bezeichnet man das Verhältnis der spezifischen Kälteleistung (K') einer Kälteanlage zu der spezifischen Kälteleistung (K), wie es sich aus dem theoretischen Vergleichsprozeß ergibt.

Die Kälteleistung q_z' des wirklichen Prozesses ist kleiner als die des theoretischen Prozesses, weil Undichtigkeiten der Ventile im Kompressor, in den Stopfbüchsen und Wärmeeinstrahlung an Stellen außerhalb des Kühlraumes unvermeidlich sind. Es ist bei praktischen Anlagen

$$q_z' = \varphi\,q_z,$$

wobei $\varphi = 0{,}8$ bis $0{,}9$ zu setzen ist.

Die wirkliche Arbeit des Kompressors ($A\,l_e$) ist in der Anlage ebenfalls größer als sie sich für die adiabatische Verdichtung aus dem Wärmediagramm ergibt ($A\,l_i$), weil Wärmeverluste, Ansaugverluste, mechanische Verluste und dergleichen auftreten.

Es ist

$$A\,l_i = \psi\,A\,l_e,$$

worin für $\psi = 0{,}85$ bis $0{,}9$ zu setzen ist.

Der indizierte Wirkungsgrad ist definitionsgemäß

$$\eta_i = \frac{K'}{K} = \frac{q_z'}{A\,l_e} \cdot \frac{A\,l_i}{q_z} = \varphi \cdot \psi.$$

Mit obigen Werten für φ und ψ wird η_i ungefähr $0{,}7$ bis $0{,}8$.

VI. Wärmepumpen.

Eine Kälteanlage hebt Wärme von tiefer Temperatur auf höhere. Der Zweck ist die Erzeugung und Aufrechterhaltung der tiefen Temperatur. Wenn es Zweck ist, die im Kondensator bei der höheren Temperatur anfallende Wärme — z. B. zu Heizzwecken — zu gewinnen, so nennt man die Anlage eine Wärmepumpe.

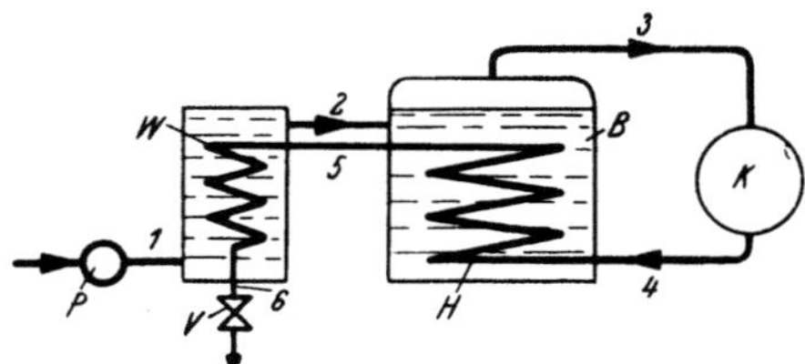

Abb. 174. Schema einer Eindampfanlage mit Wärmepumpe.

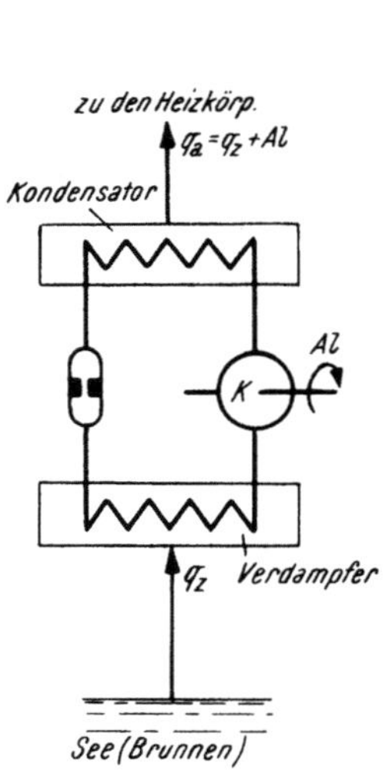

Abb. 173. Schema einer Wärmepumpe.

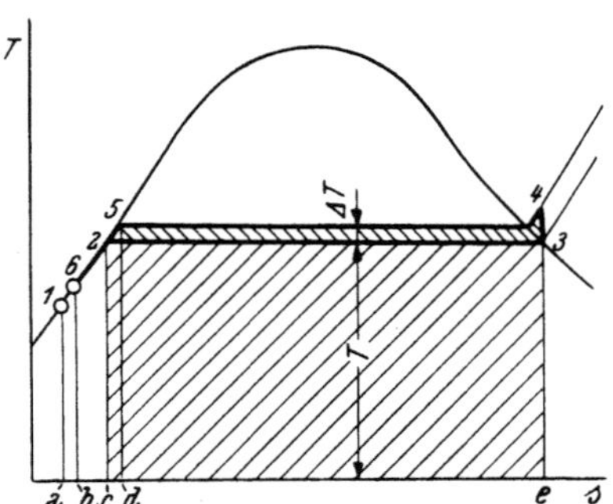

Abb. 175. $T\,s$-Diagramm der Eindampfanlage nach Abb. 174.

Wenn z. B. Grundwasser in einem Brunnen oder Seewasser zur Verfügung steht, so kann daraus eine Wärme zum Verdampfen des Wärmeträgers entnommen werden (Abb. 173) und diese zusammen mit dem Wärmewert der Kompressorarbeit bei höherer Temperatur vom Kondensator an Heizkörper oder einen sonstigen Wärmeaufnehmer abgegeben werden. Diese Wärmemenge q_a ist in praktischen Fällen dabei ein Mehrfaches der dem Kompressor zugeführten Energie, so daß dieses Heizverfahren viel wirtschaftlicher als etwa ein rein elektrisches ist.

Ein weiteres Anwendungsbeispiel ist die Wärmepumpe zum Eindampfen von Flüssigkeiten nach dem Schema Abb. 174. Die einzudampfende Flüssigkeit ist im Behälter B. Der Dampf wird bei *3* vom Kompressor K (Turbogebläse) abgesaugt und ein wenig verdichtet. Dadurch steigt die Temperatur im Zustand *4* über die Dampf-, bzw. Flüssigkeitstemperatur im Behälter. In der Heizschlange H im Behälter kann nun der Dampf kondensieren und seine Verdampfungswärme an die Flüssigkeit abgeben. Das Kondensat tritt bei *5* aus den Heizschlangen aus und gibt in einem Wärmetauscher W seine Flüssigkeitswärme an die Flüssigkeit zur Vorwärmung ab. Der Druck nach dem Kompressor läßt sich durch das Ventil V einstellen. Das Ts-Diagramm dieser Wärmepumpe zeigt Abb. 175, wobei die Zustandspunkte der Abb. 174 entsprechend bezeichnet wurden. Der Arbeitsaufwand des Kompressors ist durch die Fläche *2 3 4 5 2* gegeben, während die Verdampfungswärme in der Fläche *c 2 3 e c* dargestellt ist. Die im Vorwärmer getauschte Wärme ist der Fläche *a 1 2 c a* = Fläche *b 6 5 d b* gleich.

Die Leistungsziffer der Anlage ist

$$\varepsilon = \frac{\text{Fläche } c\,2\,3\,e\,c}{\text{Fläche } 2\,5\,4\,3\,2}.$$

Ein Vergleich der Flächen zeigt, daß man mit solchen Anlagen bei einem verhältnismäßig geringen Arbeitsaufwand einen hohen Verdampfungseffekt erzielen kann, wodurch der Prozeß außerordentlich wirtschaftlich wird.

Bei Wärmepumpen kann zugleich auch der Kälteeffekt im Verdampfer verwertet werden. Es wurden Anlagen geplant, bei denen z. B. eine künstliche Eisbahn erzeugt und mit der abgeführten Wärme ein danebenliegendes Gebäude geheizt wird.

Die Wärmepumpen werden in gleicher Weise berechnet wie die Kälteanlagen.

Die Wärmeübertragung (kurzer Überblick).

Wärme kann von einem Ort zu einem anderen oder von einem Körper zu einem anderen auf dreierlei Weise gelangen.
1. Durch Leitung über ruhende Masse,
2. durch Mitführen (Konvektion) in bewegten Massen,
3. durch Strahlung, ohne daß eine Masse als Wärmeträger mitwirkt.
In der Technik wirken oft zwei oder drei dieser Vorgänge zusammen.

1. Wärmeleitung.

a) *Stationäre Leitung.*

Wenn in einem Körper die Temperaturen örtlich verschieden, zeitlich aber gleichbleibend sind, so fließt Wärme von Punkten höherer zu solchen niederer Temperatur. Die je Zeiteinheit durch eine Fläche strömende Wärmemenge ändert sich dabei nicht (stationäre Strömung). Das Grundgesetz für diese Art der Wärmeübertragung wurde von Fourier aufgestellt. Danach beträgt die stündliche Wärmemenge Q die in einem zylindrischen Körper von der Länge δ (Abb. 176) von einem Querschnitt I mit der Temperatur t_1 zu einem Querschnitt II mit der tieferen Temperatur t_2 fließt

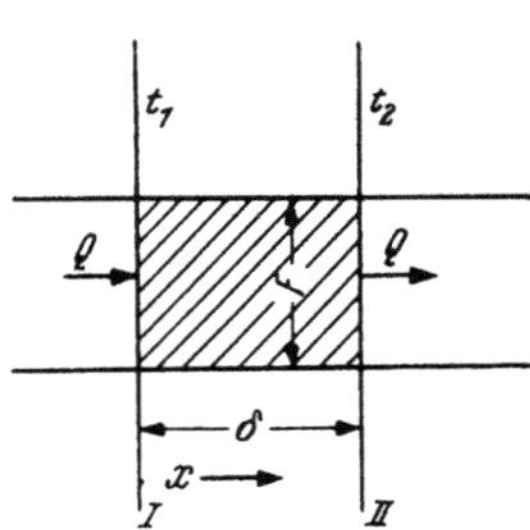

Abb. 176. Zur stationären Wärmeströmung.

$$Q = \lambda F \frac{t_1 - t_2}{\delta} \text{ kcal/m}^2 \text{ h.} \qquad (390)$$

λ ist hierin die Wärmeleitzahl (eine Stoffkonstante) mit der Dimension kcal/m hgrad (technisches Maßsystem). Die Größe $R_1 = \delta/\lambda F$ nennt man den Wärmeleitwiderstand. Die stündliche Wärme Q wird auch Wärmestrom genannt. Der auf die Flächeneinheit bezogene Wärmestrom heißt Wärmestromdichte:

$$q = \lambda \frac{t_1 - t_2}{\delta}.$$

Wendet man Gl. (390) für ein differentiell kleines Stück dx des Stabes an, so lautet sie

$$Q = -\lambda F \frac{dt}{dx}. \qquad (391)$$

Hierin bringt das negative Vorzeichen zum Ausdruck, daß die Wärme nach dem Punkt niedriger Temperatur strömt. Für die Wärmestromdichte als Strömungsvektor aufgefaßt gilt bei stationärer Strömung und für Körper, in denen keine Arbeit in Wärme umgesetzt wird (das ist z. B. durch elektrischen Strom möglich)

$$\operatorname{div} q = 0, \tag{392}$$

was auf den Stab der Abb. 176 angewendet und unter der Voraussetzung, daß die Mantelfläche des Stabes wärmedicht isoliert ist, $dt/dx =$ konst. liefert, so daß die Temperatur im Sinne des Wärmeflusses linear abnimmt. Diese Beziehung gilt offenbar auch für den Wärmefluß durch eine Behälterwand oder dergleichen, wobei die Dicke der Wand der Länge des Stabes und die Wandfläche dem Stabquerschnitt entspricht.

In nachstehender Tab. sind die Wärmeleitzahlen bei 20^0 C für einige Stoffe von technischer Bedeutung zusammengestellt. Weitere Stoffwerte finden sich in technischen Taschenbüchern.

Kupfer	$\lambda =$ 350,	Kcal/m h grd
Aluminium	175,	
Messing	50—100,	
Nickel	50,	
Eisen	40—50	(je nach Legierung),
Gußeisen	50,	
Stahl	40,	
Gesteine	1—4,	
Beton	0,7—1,5,	
Glas	0,5—1,0,	
Ziegelmauer	0,6—0,9	normal feucht,
Ziegelmauer	0,35—0,5	trocken,
Anorg. Wärmeschutz	0,04—0,10	(Kieselgur, Schlackenwolle, Glaswolle),
Organ. Wärmeschutz	0,03—0,06	(Kork, Torf, Faserstoffe wie Isotex usw.)
Wasser	0,514	(nach E. Schmidt und W. Sellschopp),
Schmieröl	0,10—0,15,	
Luft	0,0207 $(1+0,003\,t)$.	(siehe auch Tabelle 4. S. 203).

b) *Instationäre Wärmeströmung.*

Bei der instationären Strömung ändert sich sowohl Temperatur als auch Wärmestrom mit der Zeit. Der Wärmestrom ist also eine Funktion von Ort und Zeit. Für die Zustandsänderung eines Stoffteilchens muß der erste Wärmehauptsatz erfüllt sein. Für die lineare Strömung im zylindrischen Stab nach Abb. 177 muß also die Differenz aus zu- und abgehenden Wärmestrom der zeitlichen Änderung der inneren Energie gleich sein, weil sonst keine äußere Arbeit geleistet wird. Also

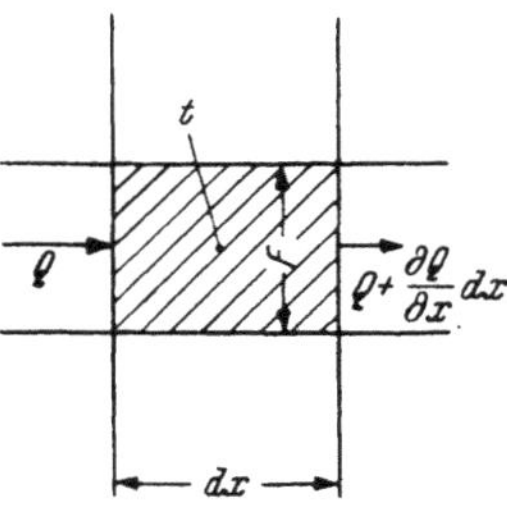

Abb. 177. Zur instationären Wärmeströmung.

$$Q - \left(Q + \frac{\partial Q}{\partial x}\,dx\right) = -c\,\gamma\,F\,dx\,\frac{\partial t}{\partial z}.$$

c ist hierin die spezifische Wärme des Stromes, γ das spezifische Gewicht und z die Zeit. Mit Q nach Beziehung (391) ergibt sich schließlich

$$\frac{\partial t}{\partial z} = \frac{\lambda}{c\,\gamma}\frac{\partial^2 t}{\partial x^2}. \tag{393}$$

$\dfrac{\lambda}{c\,\gamma} = a$ wird als Temperaturleitzahl bezeichnet.

Für die Lösung der Gl. (393) gibt es (mathematische Literatur!) mannigfache analytische oder numerische Methoden; speziell hingewiesen sei auf ein graphisches Verfahren nach E. Schmidt[1].

2. Wärmetransport durch Konvektion. Der Wärmedurchgang.

Wenn zwei Körper verschiedenen Materiales zusammenstoßen und über beide in einer Richtung ein Temperaturgefälle besteht, so tritt an der Trennungsstelle Wärme von einem Körper zum anderen über. Man spricht von einem „Wärmeübergang". An der Trennungsstelle haben beide Körper dieselbe Temperatur.

Wenn beides feste Körper sind, geht der Wärmetransport nur durch Leitung vor sich.

Wenn einer dieser Körper ein bewegliches Medium, Flüssigkeit oder Gas ist, so kann Wärme außer durch Leitung auch durch Strömung fortgeschafft werden. Man spricht dann von Wärmetransport durch Konvektion.

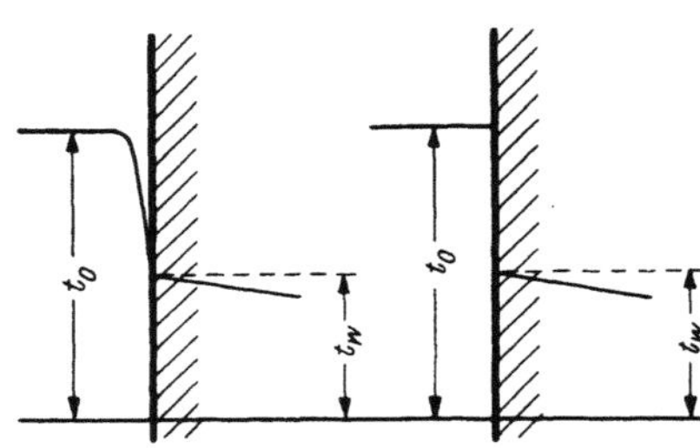

Abb. 178. Zum Temperaturverlauf beim Wärmeübergang zwischen Flüssigkeit und Festkörper.

In der Grenzschicht des beweglichen Mediums (das ist die an dem festen Körper haftende Schicht), ist die Geschwindigkeit Null, so daß der Wärmeübergang und der Transport in der Grenzschicht ähnlich wie bei den· aneinanderstoßenden festen Körpern durch Leitung erfolgt. Die Temperatur der Flüssigkeit[2] ist an der Berührungsfläche daher gleich der des festen Körpers (Abb. 178). Sie steigt in der Grenzschicht an und geht der zunehmenden Geschwindigkeit entsprechend in die Temperatur der Flüssigkeit allmählich über.

Es leuchtet ein, daß die Probleme des Wärmetransportes durch Konvektion eng mit den Strömungsproblemen zusammenhängen. Um in technischen Rechnungen dieser Schwierigkeit zu entgehen, nimmt man an, daß die mittlere Temperatur t_0 der Flüssigkeit bis an die Wand heranreicht und dort ein Temperatursprung vorhanden ist (Abb. 178, rechte Skizze). Den übergehenden Wärmestrom setzt man diesem Temperatursprung proportional:

$$Q = a\,F\,(t_0 - t_w). \tag{394}$$

F ist die Fläche auf die sich der Wärmestrom bezieht und a ein Faktor, der den Einfluß der Stoffwerte, eventueller Zustandsänderungen und des Strömungszustandes in sich schließt. Er wird als Wärmeübergangszahl

---

[1] Schmidt, E.: Föppl Festschrift. Berlin 1924.
[2] „Flüssigkeit" wird im folgenden als Sammelbegriff für Flüssigkeiten und Gase verwendet.

bezeichnet und hat die Dimension kcal/m²h grd. $1/\alpha F$ nennt man den Wärmeübergangswiderstand und $1/\alpha = \varrho_{\ddot{u}}$ den spezifischen Wärmeübergangswiderstand.

Man spricht von Wärmedurchgang, wenn der Wärmestrom von einer Flüssigkeit auf eine Wand übergeht, durch diese weitergeleitet und auf der anderen Seite der Wand wieder an eine andere Flüssigkeit abgegeben wird. Mit den Bezeichungen der Abb. 179 ergeben sich bei Anwendung der Gl. (390) und (395) folgende drei Beziehungen:

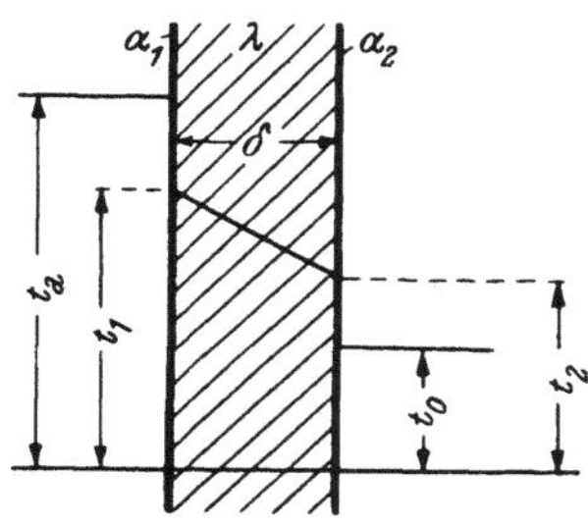

Abb. 179.
Zum Wärmedurchgang.

$$Q = \alpha_1 F (t_a - t_1),$$

$$Q = \lambda F \frac{t_2 - t_1}{\delta}, \qquad (395)$$

$$Q = \alpha_2 F (t_2 - t_0).$$

Daraus ergibt sich

$$Q = \frac{1}{\dfrac{1}{\alpha_1 F} + \dfrac{\delta}{\lambda F} + \dfrac{1}{\alpha_2 F}} (t_a - t_0) = \frac{1}{R}(t_a - t_0), \qquad (396)$$

worin

$$R = \frac{1}{\alpha_1 F} + \frac{\delta}{\lambda F} + \frac{1}{\alpha_2 F} \qquad (397)$$

der Gesamtwiderstand für den Wärmedurchgang ist. Die Zahl

$$k = \frac{1}{\dfrac{1}{\alpha_1} + \dfrac{\delta}{\lambda} + \dfrac{1}{\alpha_2}} \qquad (398)$$

nennt man die Wärmedurchgangszahl mit der Dimension kcal/m²h grd. Damit kann für den Wärmestrom

$$Q = k F (t_a - t_0) \qquad (399)$$

geschrieben werden.

3. Wärmeübertragung durch Strahlung.

Ein warmer Körper sendet elektromagnetische Wellen von verschiedenen Wellenlängen in den umgebenden Raum. Treffen diese Wellen — auch Wärmestrahlen genannt — auf einen anderen Körper, so werden sie teils reflektiert, teilweise absorbiert und eventuell ein Teil durch den Körper durchgelassen. Die absorbierte Strahlung wird wieder in Wärme verwandelt und erhöht die Temperatur des bestrahlten Körpers.

In Analogie zu Optik nennt man einen Körper weiß, wenn er alle auffallenden Strahlen reflektiert; grau, wenn er von allen Wellenlängen den gleichen Bruchteil reflektiert; färbig, wenn er nur eine oder mehrere bestimmte Wellenlängen reflektiert; schwarz, wenn er keine Strahlen zurückwirft, sondern alle absorbiert.

Das Kirchhoffsche Gesetzt besagt, daß für jeden Körper die Emissionszahl (weiter unten erklärt) und die Absorptionszahl (Bruchteil der Strahlung, der absorbiert wird) gleich sind, und zwar gilt das nicht nur integral, sondern auch für jede Wellenlänge gesondert, mit anderen Worten: für beliebige, einfärbige oder zusammengesetzte Strahlung.

Nach dem Stefan-Boltzmannschen Gesetz ist die von einem schwarzen Körper je m² und Stunde ausgestrahlte Wärmemenge

$$E = C_s \left(\frac{T}{100}\right)^4 , \qquad (400)$$

worin

$$C_s = 4{,}96 \ \text{kcal/m}^2\,\text{h grad}^4$$

die Strahlungszahl des schwarzen Körpers ist. (Der Faktor 1/100 bei T hat nur den Zweck, für C_s eine bequeme Zahl an Stelle eines kleinen Dezimalbruches einsetzen zu können; mit der Struktur des Gesetzes hat er nichts zu tun und wird in physikalischen Lehrbüchern nicht geschrieben.) Diese Energie wird normal zur Fläche ausgestrahlt. In einer Richtung ϱ zur Normalen ist die Energie geringer, und zwar nach dem Lambertschen Gesetz $E_\varrho = E \cos \varrho$.

Als Emissionszahl ε bezeichnet man das Verhältnis der ausgestrahlten Energie eines grauen oder farbigen Körpers zu der des schwarzen. ε ist stets kleiner als eins. Ein beliebiger Körper strahlt also die Energie

$$E = \varepsilon\, C_s \left(\frac{T}{100}\right)^4 = C \left(\frac{T}{100}\right)^4 \qquad (401)$$

aus, wobei $C = \varepsilon \cdot C_s$ die Strahlungszahl des Körpers ist.

Wenn zwei strahlende Körper gegenüberstehen, so findet ein Wärmeaustausch durch Strahlung statt. Seine Größe hängt nicht nur von den ausgestrahlten Energien der Körper, sondern auch von deren Form ab. Für den einfachen Fall zweier paralleler Platten z. B. ergibt sich eine Austauschwärme vom Betrag

$$q_{1,2} = C_{12} \left[\left(\frac{T_1}{100}\right)^4 - \left(\frac{T_2}{100}\right)^4\right] , \qquad (402)$$

worin die Strahlungsaustauschzahl

$$C_{12} = \frac{1}{\dfrac{1}{C_1} + \dfrac{1}{C_2} - \dfrac{1}{C_s}} \qquad (403)$$

ist.

C_1 und C_2 sind dabei die Strahlungszahlen der beiden Platten.

Tabellen und Tafeln.

Tabelle 1. *Kritische Daten einiger Gase und Dämpfe.*

		t_k °C	p_k at	v_k m³/kg	
Quecksilber	Hg	1460	1076	0,0002	
Wasser	H_2O	374,2	225,6	0,00304	
Schwefeldioxyd	SO_2	157,3	80,4	0,00191	Dämpfe
Ammoniak	NH_3	132,4	115,2	0,00425	
Kohlendioxyd	CO_2	31	75	0,00218	
Sauerstoff	O_2	—118,8	51,4	0,00232	
Kohlenoxyd	CO	—140,2	35,6	0,00332	
Luft		—140,7	38,4	0,00322	Gase
Wasserstoff	H_2	—239,9	13,2	0,0323	
Helium	He	—267,9	2,33	0,0145	

Tabelle 2. *Stoffkonstante einiger Gase und Dämpfe.*

Gas	Chem. Zeichen	Atom-zahl je Molekül	Molekular-gewicht	Gaskonst. $\dfrac{m\,kg}{Grd.\ kg}$	Spez. Gewicht bei 0° und 760 mm QS
Helium	He	1	4,002	211,9	0,1785
Wasserstoff	H_2	2	2,016	420,3	0,08987
Stickstoff	N_2	2	28,016	30,26	1,2505
Sauerstoff	O_2	2	32,000	26,49	1,42895
Luft	Gemisch 2		28,964	29,27	1,2928
Kohlenoxyd	CO	2	28,00	30,28	1,2500
Chlorwasserstoff	HCl	2	36,465	23,25	1,6391
Kohlendioxyd	CO_2	3	44,00	19,25	1,9768
Schwefeldioxyd	SO_2	3	64,06	13,24	2,9265
Wasserdampf	H_2O	3	18,032	47,06	—
Ammoniak	NH_3	4	17,032	49,78	0,7713
Azetylen	C_2H_2	4	26,016	32,59	1,1709
Methan	CH_4	5	16,031	52,89	0,7168
Äthylen	C_2H_4	6	28,031	30,25	1,2604
Äthan	C_2H_6	8	30,047	28,22	1,3560

Tabelle 3. *Spezifische Wärme $\mathfrak{C}_p$ verschiedener Gase im vollkommenen Zustand ($p = 0$) bei verschiedenen Temperaturen ohne Dissoziationseinfluß.* (*Nach Justi.*)

Daraus ergibt sich $\mathfrak{C}_v = \mathfrak{C}_p - 1{,}986$ kcal/Grad kmol.   Umrechnung der Werte auf 1 kg durch Division mit dem Molekulargewicht.

t^0 C	H_2	N_2	O_2	Luft	CO	CO_2	H_2O	SO_2	NH_3	CH_4	C_2H_2	C_2H_4
0	6,86	6,96	7,01	6,945	6,96	8,61	7,98	9,31	8,355	8,24	10,13	10,02
100	6,96	6,98	7,14	6,995	7,00	9,69	8,10	10,17	8,975	9,40	11,76	12,42
200	6,99	7,05	7,375	7,085	7,09	10,47	8,32	10,94	9,72	10,70	12,98	14,74
300	7,01	7,16	7,61	7,235	7,23	11,23	8,56	11,53	10,47	12,15	13,71	16,73
400	7,03	7,31	7,84	7,40	7,40	11,79	8,84	12,03	11,13	13,35	14,39	18,42
500	7,06	7,47	8,02	7,565	7,57	12,25	9,12	12,38	11,93	14,60	15,01	19,90
600	7,12	7,63	8,18	7,72	7,75	12,63	9,41	12,65	12,61	15,65	15,55	21,17
700	7,20	7,78	8,31	7,86	7,90	12,945	9,72	12,86	13,24	16,60	16,04	22,30
800	7,28	7,91	8,41	7,994	8,03	13,205	10,02	13,02	13,83	17,40	16,49	23,30
900	7,38	8,03	8,51	8,10	8,145	13,415	10,30	13,15	14,38	18,23	16,90	24,17
1000	7,49	8,14	8,59	8,205	8,245	13,60	10,58	13,25	14,87	18,93	17,26	24,94
1100	7,59	8,24	8,66	8,29	8,33	13,74	10,84	13,34	15,31			
1200	7,69	8,32	8,73	8,37	8,41	13,87	11,08	13,41	15,71			
1300	7,80	8,385	8,79	8,43	8,47	13,98	11,31	13,46	16,06			
1400	7,89	8,44	8,85	8,496	8,53	14,07	11,52	13,51	16,38			
1500	7,98	8,50	8,90	8,54	8,57	14,15	11,71	13,56	16,67			
1750	8,20	8,61	9,04	8,66	8,675	14,31	12,12	13,63	17,26			
2000	8,38	8,70	9,19	8,76	8,75	14,42	12,45	13,69	17,71			
2250	8,54	8,77	9,32		8,82	14,50	12,73	13,73	18,06			
2500	8,68	8,83	9,43		8,87	14,57	12,95	13,76	18,33			
2750	8,80	8,87	9,53		8,90	14,62	13,10	13,78	18,55			
3000	8,93	8,90	9,62		8,93	14,66	13,23	13,795	18,72			

Tabelle 4. *Thermodynamische Eigenschaften der Luft im idealen Gaszustand* $(p = 0)$.[1]

T ^{0}K	t ^{0}C	c_p kcal/kg ^{0}C	c_v kcal/kg ^{0}C	$\varkappa$ (c_p/c_v)	a [2] m/sec	λ [3] $\dfrac{\text{kcal}}{\text{m. h. } ^0\text{C}}$
111,2	—162,0	0,2395	0,1709	1,401	211,4	—
139,0	—134,2	0,2395	0,1709	1,401	236,3	—
173,3	— 99,9	0,2395	0,1709	1,401	258,9	—
194,6	— 78,6	0,2395	0,1710	1,401	279,6	—
223,3	— 49,9	0,2396	0,1711	1,401	298,9	0,0176
250,1	— 23,1	0,2397	0,1712	1,400	317,0	0,0193
277,8	4,6	0,2399	0,1714	1,400	334,1	0,0213
305,6	32,4	0,2402	0,1717	1,399	350,3	0,0232
333,4	60,2	0,2406	0,1721	1,398	365,8	0,0250
361,1	87,9	0,2412	0,1726	1,397	380,5	0,0268
388,9	115,7	0,2418	0,1733	1,396	394,7	0,0284
416,7	143,5	0,2426	0,1741	1,394	408,2	0,0301
444,5	171,3	0,2436	0,1751	1,392	421,3	0,0317
472,2	199,0	0,2447	0,1762	1,389	433,9	0,0335
500,0	226,8	0,2460	0,1775	1,386	446,0	0,0353
555,6	282,4	0,2488	0,1803	1,380	469,1	0,039
611,1	337,9	0,2518	0,1833	1,374	490,9	0,042
666,7	393,5	0,2550	0,1864	1,368	511,5	0,045
722,2	449,0	0,2582	0,1896	1,361	531,2	0,048
777,8	504,6	0,2614	0,1928	1,355	550,1	0,052
833,4	560,2	0,2644	0,1959	1,350	568,2	0,055
888,9	615,7	0,2673	0,1988	1,345	585,7	0,058
944,5	671,3	0,2701	0,2016	1,340	602,7	0,061
1000,0	726,8	0,2728	0,2042	1,336	619,0	0,064
1055,6	782,4	0,2753	0,2067	1,332	635,2	0,067
1111,1	837,9	0,2776	0,2090	1,328	650,7	0,068
1166,7	893,5	0,2797	0,2111	1,325	666,0	0,071
1222,2	949,0	0,2816	0,2131	1,322	680,9	0,074
1277,8	1007,6	0,2834	0,2149	1,319	695,6	0,077
1333,4	1060,2	0,2851	0,2165	1,317	709,9	0,079
1444,5	1171,3	0,2881	0,2196	1,312	737,6	
1555,6	1282,4	0,2908	0,2222	1,308	764,4	
1666,7	1393,5	0,2932	0,2246	1,305	790,0	
1777,8	1504,6	0,2952	0,2267	1,302	815,0	
1888,9	1615,7	0,2971	0,2286	1,300	839,4	
2000,0	1726,8	0,2988	0,2303	1,298	863,2	
2111,1	1837,9	0,3004	0,2319	1,296	886,1	
2222,2	1949,0	0,3019	0,2333	1,294	908,3	
2333,4	2060,2	0,3032	0,2346	1,292	930,2	
2444,5	2171,3	0,3044	0,2358	1,291	951,6	
2555,6	2282,4	0,3055	0,2370	1,289	972,3	
2666,7	2393,5	0,3065	0,2380	1,288	992,7	
2777,8	2504,6	0,3075	0,2390	1,287	1012,8	
2888,9	2615,7	0,3085	0,2399	1,286	1032,4	
3000,0	2726,8	0,3093	0,2408	1,285	1051,9	
3111,1	2837,9	0,3101	0,2416	1,284	1070,8	
3222,2	2949,0	0,3109	0,2424	1,283	1089,4	
3333,4	3060,2	0,3117	0,2431	1,282	1107,3	
3444,5	3171,3	0,3124	0,2438	1,281	1125,3	
3555,6	3282,4	0,3131	0,2446	1,280	1143,0	

[1] Zahlenwerte der Tab. nach „Thermodynamic Properties of Air" Keenan-Kaye, New York 1945.

[2] a ist die Schallgeschwindigkeit (vergl. S. 123).

[3] λ ist die Wärmeleitzahl (vergl. S. 197).

Tabelle 5[1]. *Differenz der inneren Energie* $\mathfrak{U}$ *in kcal/kmol zwischen* 0^0 C *und der Temperatur* t *für einige Gase im idealen Gaszustand*
(ohne Berücksichtigung der Dissoziation).

t ^{0}C	H_2	N_2 rein	O_2	CO	H_2O	CO_2	SO_2	Luft	N_2 aus Luft[2]
0	0	0	0	0	0	0	0	0	0
25	122,4	124,4	125,4	124,4	151,4	167,4	184,4	124,4	124,3
100	493,4	498,4	506,4	499,4	608,4	718,4	775,4	498,4	498,3
200	990,8	999,8	1 034	1 003	1 232	1 524	1 634	1 003	999,6
300	1 492	1 510	1 582	1 519	1 878	2 395	2 558	1 519	1 510
400	1 995	2 034	2 156	2 053	2 556	3 342	3 531	2 053	2 033
500	2 500	2 574	2 750	2 602	3 266	4 339	4 551	2 601	2 573
600	3 011	3 128	3 360	3 168	3 994	5 377	5 606	3 164	3 126
700	3 530	3 698	3 984	3 751	4 748	6 445	6 677	3 744	3 695
800	4 059	4 263	4 626	4 351	5 563	7 574	7 785	4 344	4 259
900	4 595	4 892	5 271	4 962	6 388	8 702	8 894	4 953	4 886
1000	5 139	5 502	5 924	5 583	7 248	9 867	10 016	5 575	5 495
1100	5 692	6 119	6 589	6 210	8 141	11 038	11 145	6 197	6 111
1200	6 255	6 748	7 259	6 848	9 039	12 239	12 281	6 828	6 738
1300	6 825	7 381	7 937	7 493	9 980	13 434	13 420	7 467	7 369
1400	7 402	8 022	8 620	8 141	10 922	14 646	14 580	8 049	8 008
1500	7 997	8 671	9 306	8 795	11 900	15 880	15 740	8 766	8 655
1600	8 603	9 326	10 000	9 461	12 890	17 110	16 910	9 424	9 309
1700	9 221	9 982	10 700	10 120	13 910	18 360	18 090	10 090	9 962
1800	9 841	10 640	11 390	10 780	14 930	19 580	19 270	10 750	10 620
1900	10 470	11 300	12 100	11 450	15 970	20 830	20 460	11 420	11 280
2000	11 110	11 970	12 820	12 130	17 040	22 110	21 660	12 100	11 950
2100	11 740	12 650	13 540	12 800	18 110	23 380	—	12 780	12 620
2200	12 390	13 320	14 270	13 490	19 190	24 660	—	13 460	13 290
2300	13 040	14 010	15 000	14 170	20 290	25 940	—	14 150	13 970
2400	13 710	14 680	15 730	14 850	21 390	27 230	—	14 830	14 650
2500	14 370	15 370	16 470	15 540	22 500	28 520	—	15 520	15 330
2600	15 040	16 050	17 220	16 230	23 610	29 820	—	16 220	16 010
2700	15 730	16 740	17 970	16 910	24 730	31 130	—	16 910	16 690
2800	16 400	17 430	18 720	17 600	25 880	32 430	—	17 600	17 380
2900	17 080	18 110	19 480	18 300	27 020	33 750	—	18 300	18 060
3000	17 780	18 800	20 240	18 990	28 180	35 050	—	19 000	18 750

[2] d. h. bei Berücksichtigung des Gehaltes an Argon.

Tabelle 6[1]. *Differenz der Enthalpie* $\mathfrak{J}$ *in kcal/kmol zwischen* 0^0 C *und der Temperatur* t *für einige Gase im idealen Gaszustand*
(ohne Berücksichtigung der Dissoziation).

t ^{0}C	H_2	N_2 rein	O_2	CO	H_2O	CO_2	SO_2	Luft	N_2 aus Luft
0	0	0	0	0	0	0	0	0	0
25	172	174	175	174	201	217	234	174	173,4
100	692	697	705	698	807	917	974	697	694,5
200	1 388	1 397	1 431	1 400	1 629	1 921	2 031	1 400	1 392
300	2 088	2 106	2 178	2 115	2 474	2 991	3 154	2 115	2 098
400	2 789	2 828	2 950	2 847	3 350	4 136	4 325	2 847	2 818
500	3 493	3 567	3 743	3 595	4 259	5 329	5 544	3 594	3 554
600	4 203	4 320	4 552	4 360	5 186	6 569	6 798	4 356	4 304
700	4 920	5 088	5 374	5 141	6 138	7 835	8 067	5 134	5 068
800	5 648	5 852	6 215	5 940	7 152	9 163	9 374	5 933	5 829
900	6 382	6 679	7 058	6 749	8 175	10 490	10 680	6 740	6 652
1000	7 125	7 488	7 910	7 569	9 234	11 850	12 000	7 561	7 457
1100	7 877	8 304	8 774	8 395	10 330	13 223	13 330	8 382	8 269
1200	8 638	9 131	9 642	9 231	11 420	14 620	14 660	9 211	9 092
1300	9 407	9 963	10 520	10 080	12 560	16 020	16 000	10 050	9 920
1400	10 180	10 800	11 400	10 920	13 700	17 430	17 360	10 890	10 750
1500	10 980	11 650	12 290	11 770	14 880	18 850	18 720	11 750	11 600
1600	11 780	12 500	13 180	12 460	16 070	20 290	20 090	12 600	12 450
1700	12 600	13 360	14 070	13 500	17 290	21 740	21 470	13 460	13 300
1800	13 420	14 210	14 970	14 360	18 500	23 150	22 840	14 320	14 150
1900	14 240	15 080	15 880	15 230	19 740	24 610	24 230	15 190	15 010
2000	15 080	15 950	16 790	16 100	21 010	26 080	25 640	16 070	15 870
2100	15 910	16 820	17 710	16 970	22 280	27 550	—	16 950	16 740
2200	16 760	17 690	18 640	17 860	23 560	29 030	—	17 830	17 610
2300	17 610	18 570	19 570	18 740	24 860	30 510	—	18 720	18 490
2400	18 470	19 450	20 497	19 620	26 150	32 000	—	19 600	19 360
2500	19 340	20 330	21 435	20 502	27 460	33 490	—	20 490	20 230
2600	20 200	21 220	22 379	21 390	28 770	34 990	—	21 380	21 110
2700	21 080	22 100	23 330	22 275	30 100	36 490	—	22 270	21 990
2800	21 960	22 990	24 280	23 165	31 440	37 990	—	23 160	22 880
2900	22 840	23 870	25 240	24 056	32 780	39 510	—	24 060	23 750
3000	23 730	24 760	26 200	24 950	34 140	41 010	—	24 970	24 640

[1] Aus Schmidt, E.: Einführung in die technische Thermodynamik, Springer 1944.

Tabelle 7[1]. *Differenz der Entropie* $\mathfrak{S}_v$ *in kcal/kmol grd zwischen* 0^0 *C und der Temperatur t für einige Gase im idealen Gaszustand* (ohne Berücksichtigung der Dissoziation).

t ^{0}C	H_2	N_2 rein	O_2	CO	H_2O	CO_2	SO_2	Luft	N_2 aus Luft
0	0	0	0	0	0	0	0	0	0
25	0,38	0,40	0,42	0,44	0,48	0,57	0,62	0,43	0,40
100	1,53	1,55	1,57	1,56	1,88	2,17	2,48	1,56	1,55
200	2,69	2,74	2,81	2,77	3,37	4,06	4,45	2,74	2,72
300	3,60	3,69	3,84	3,71	4,58	5 73	6,18	3,69	3,68
400	4,41	4,52	4,80	4,56	5,66	7,26	7,73	4,55	4,50
500	5,10	5,27	5,61	5,33	6,62	8,62	9,14	5,31	5,24
600	5,74	5,94	6,33	6,03	7,51	9,87	10,40	6,02	5,91
700	6,30	6,57	6,98	6,65	8,33	11,03	11,58	6,66	6,53
800	6,82	7,18	7,66	7,28	9,15	12,19	12,72	7,32	7,13
900	7,32	7,72	8,23	7,84	9,88	13,21	13,74	7,83	7,67
1000	7,91	8,81	8.76	8,34	10,59	14,14	14,60	8,32	8,16
1100	8,15	8,69	9,29	8,80	11,24	15,04	15,46	8,80	8,63
1200	8,55	9,13	9,76	9,26	11,90	15,87	16,29	9,25	9,06
1300	8,93	9,54	10,21	9,69	12,50	16 71	17,03	9,67	9,47
1400	9,31	9,94	10,63	10,07	13,14	17,46	17,75	10,06	9,86
1500	9,65	10,32	11.03	10,44	13,68	18,16	18 43	10,45	10,24
1600	9,98	10,67	11,42	10,81	14,25	18,83	19.07	10,80	10,58
1700	10,30	11,02	11,79	11,14	14,75	19,47	19,66	11,16	10,92
1800	10,60	11,30	12,08	11,45	15,21	20,02	20,20	11,43	11,20
1900	10,88	11,61	12,40	11,77	15,69	20,58	20,74	11,74	11,51
2000	11,15	11,92	12,71	12 07	16,16	21,15	21,31	12,05	11,81
2100	11,44	12.23	13,03	12,35	16,62	21,70	—	12,35	12,11
2200	11,72	12 49	13,33	12,62	17,06	22,22	—	12,61	12,37
2300	11,98	12,77	13,65	12,91	17,51	22,75	—	12,91	12,64
2400	12,23	13,03	13,92	13,17	17,93	23.25	—	13,16	12,89
2500	12,49	13,28	14,19	13,42	18,32	23,73	—	13.42	13,14
2600	12,73	13,52	14,45	13,68	18,71	24,21	—	13,67	13,38
2700	12,95	13,76	14.70	13,94	19,10	24 64	—	13,92	13,61
2800	13,18	13,99	14.96	14,16	19,48	25,07	—	14,14	13,84
2900	13,40	14,22	15,20	14,38	19,85	25,50	—	14,36	14,07
3000	13,61	14,44	15,46	14,59	20,21	25.93	—	14,58	14,18

Tabelle 8. *Differenz der Entropie* $\mathfrak{S}_{p_0}$ *in kcal/kmol grd der Gase zwischen* 0^0 *und t bei konstantem Druck* $p = 0$ *at.*

t	H_2	N_2	O_2	CO	H_2O	CO_2	SO_2	Luft	N_2 aus Luft
100	2,15	2,18	2,19	2,18	2,50	2,79	3,09	2,18	2,17
200	3,78	3,82	3,90	3,86	4,46	5 15	5,62	3,83	3,81
300	5,10	5,17	5,31	5,18	6,05	7,20	7,82	5,16	5,15
400	6,23	6.32	6 59	6 35	7,43	9,05	9,75	6,34	6,29
500	7,20	7,34	7,76	7,40	8,67	10,69	11,47	7,38	7,31
600	8.05	8,25	8,74	8,35	9,82	12,18	13,00	8,33	8 22
700	8,82	9,09	9,54	9,17	10,89	13,57	14,40	9.20	9,05
800	9,54	9,85	10,38	10,00	11,87	14,87	15,68	10,00	9,81
900	10,19	10,56	11,12	10,73	12,80	16,06	16,86	10,72	10,51
1000	10,79	11,23	11,82	11,38	13,68	17,19	17,94	11,38	11,18
1100	11,35	11,86	12,50	12,03	14,50	18,24	18,96	12,01	11,80
1200	11,88	12,46	13,11	12,61	15,28	19,24	19 90	12,60	12 40
1300	12,38	13,00	13,69	13,16	16,03	20,19	20,78	13,15	12,93
1400	12,95	13,52	14,23	13,68	16,75	21,07	21,64	13,67	13,44
1500	13,40	14,02	14,74	14,18	17.41	21,89	22,41	14,16	13,94
1600	13,83	14,49	15,24	14,66	18,06	22,67	23,18	14,62	14,40
1700	14,24	14,93	15,69	15,02	18,68	23,40	23,87	15,06	14,84
1800	14,64	15,35	16,11	15,46	19,24	24,07	24,56	15,47	15,25
1900	15,02	15,75	16,52	15,88	19,81	24,72	25,18	15,87	15,65
2000	15,39	16,14	16,92	16,28	20,37	25,36	25,79	16,26	16,02
2100	15,75	16,52	17,34	16,66	20,91	26,00	26,38	16,64	16,40
2200	16,10	16,87	17,71	17,03	21,44	26,60	26 95	17,01	16,75
2300	16,44	17,22	18,10	17,39	21,96	27,20	27,50	17,36	17,09
2400	16,77	17,56	18,45	17,73	22,45	27,78	28,01	17,69	17,42
2500	17,09	17,88	18,79	18,06	22,92	28,34	28,52	18,02	17,74
2600	17,40	18,19	19,12	18,38	23,38	28,87	28,99	18,34	18,05
2700	17,77	18,50	19,44	18,68	23,83	29,38	29,47	18,66	18,35
2800	17,99	18,80	19,76	18,97	24,28	29,89	29,94	18,95	18.65
2900	18,27	19,09	20,07	19,25	24,72	30,38	30,42	19,23	19,94
3000	18,54	19,37	20,37	19 52	25,14	30,76	30,83	19,51	20,21

---

[1] Aus Schmidt, E.: Einführung in die technische Thermodynamik, Springer 1944.

Tabelle 9. *Zustandsgrößen von*
Nach der Tempe-

Temperatur °C	Druck kg/cm²	Spez. Volumen des Wassers dm³/kg	des Dampfes m³/kg	Spez. Gewicht des Dampfes kg/m³	Entropie IT kcal/kg grad des Wassers	des Dampfes	$s'' - s'$ =
t	p	v'	v''	γ''	s'	s''	r/T
0	0,006228	1,0002	206,3	0,004846	0	2,1863	2,1863
5	0,008890	1,0000	147,2	0,006795	0,0182	2,1551	2,1369
10	0,012513	1,0004	106,4	0,009396	0,0361	2,1253	2,0892
15	0,017376	1,0010	77,99	0,01282	0,0536	2,0970	2,0434
20	0,02383	1,0018	57,84	0,01729	0,0708	2,0697	1,9989
25	0,03229	1,0030	43,41	0,02304	0,0876	2,0436	1,9560
30	0,04325	1,0044	32,93	0,03036	0,1042	2,0187	1,9145
35	0,05733	1,0061	25,25	0,03960	0,1205	1,9947	1,8742
40	0,07520	1,0079	19,55	0,05114	0,1366	1,9718	1,8352
45	0,09771	1,0099	15,28	0,06544	0,1524	1,9498	1,7974
50	0,12578	1,0121	12,05	0,08298	0,1679	1,9287	1,7606
55	0,16051	1,0145	9,584	0,1043	0,1833	1,9085	1,7252
60	0,2031	1,0171	7,682	0,1302	0,1984	1,8891	1,6907
65	0,2555	1,0199	6,206	0,1611	0,2133	1,8702	1,6569
70	0,3177	1,0228	5,049	0,1981	0,2280	1,8522	1,6242
75	0,3931	1,0258	4,136	0,2418	0,2425	1,8349	1,5924
80	0,4829	1,0290	3,410	0,2933	0,2567	1,8178	1,5611
85	0,5894	1,0323	2,830	0,3534	0,2708	1,8015	1,5307
90	0,7149	1,0359	2,361	0,4235	0,2848	1,7858	1,5010
95	0,8619	1,0396	1,981	0,5045	0,2985	1,7708	1,4723
100	1,03323	1,0435	1,673	0,5977	0,3121	1,7561	1,4440
105	1,2318	1,0474	1,419	0,7045	0,3255	1,7419	1,4164
110	1,4609	1,0515	1,210	0,8265	0,3387	1,7282	1,3905
115	1,7239	1,0558	1,036	0,9650	0,3519	1,7150	1,3631
120	2,0245	1,0603	0,8914	1,122	0,3647	1,7018	1,3371
125	2,3666	1,0650	0,7701	1,299	0,3775	1,6895	1,3120
130	2,7544	1,0697	0,6680	1,496	0,3901	1,6772	1,2871
135	3,192	1,0746	0,5817	1,719	0,4026	1,6652	1,2626
140	3,685	1,0798	0,5084	1,967	0,4150	1,6539	1,2389
145	4,237	1,0850	0,4459	2,243	0,4272	1,6428	1,2156
150	4,854	1,0906	0,3924	2,548	0,4395	1,6320	1,1920
155	5,540	1,0963	0,3464	2,887	0,4516	1,6214	1,1698
160	6,302	1,1021	0,3068	3,260	0,4637	1,6112	1,1475
165	7,146	1,1082	0,2724	3,671	0,4756	1,6012	1,1256
170	8,076	1,1144	0,2426	4,122	0 4874	1,5914	1,1040
175	9,101	1,1210	0,2166	4,617	0,4991	1,5818	1,0827
180	10,225	1,1275	0,1939	5,157	0,5107	1,5721	1,0614
185	11,456	1,1345	0,1739	5,749	0,5222	1,5629	1,0407
190	12,800	1,1415	0,1564	6,392	0,5336	1,5538	1,0202
195	14,265	1,1490	0,1410	7,094	0,5449	1,5448	1,0000

[1] Zahlenwerte aus Schmidt, E.: Einführung in die technische Thermodynamik,

Wasser und Dampf bei Sättigung[1].
ratur geordnet.

| Tem-pe-ratur °C | Enthalpie oder Wärmeinhalt IT kcal/kg | | Ver-dampfungs-wärme IT kcal/kg | Energie IT kcal/kg | | $u'' - u'$ | $\dfrac{A\,p \cdot}{(v'' - v')}$ |
| | des Wassers | des Dampfes | | des Wassers | des Dampfes | | |
t	i'	i''	r	u'	u''	ϱ	ψ
0	0	597,2	597,2	0	567,1	567,1	30,1
5	5,03	599,4	594,4	5,03	568,8	563,8	30,6
10	10,04	601,6	591,6	10,04	570,4	560,4	31,2
15	15,04	603,8	588,8	15,04	572,1	557,1	31,7
20	20,03	606,0	586,0	20,03	573,7	553,7	32,3
25	25,02	608,2	583,2	25,02	575,4	550,4	32,8
30	30,00	610,4	580,4	30,00	577,0	547,0	33,4
35	34,99	612,5	577,5	34,99	578,6	543,6	33,9
40	39,98	614,7	574,7	39,98	580,3	540,3	34,4
45	44,96	616,8	571,8	44,96	581,8	536,8	35,0
50	49,95	619,0	569,0	49,95	583,5	533,5	35,5
55	54,94	621,0	566,1	54,94	585,0	530,1	36,0
60	59,94	623,2	563,3	59,94	586,7	526,8	36,5
65	64,93	625,2	560,3	64,93	588,1	523,2	37,1
70	69,93	627,3	557,4	69,92	589,7	519,8	37,6
75	74,94	629,3	554,4	74,93	591,2	516,3	38,1
80	79,95	631,3	551,3	79,94	592,6	512,7	38,6
85	84,96	633,2	548,2	84,95	594,1	509,1	39,1
90	89,98	635,1	545,1	89,96	595,6	505,6	39,5
95	95,01	637,0	542,0	94,99	597,0	502,0	40,0
100	100,04	638,9	538,9	100,02	598,4	498,4	40,5
105	105,08	640,7	535,6	105,05	599,8	494,7	40,9
110	110,12	642,5	532,4	110,08	601,1	491,0	41,4
115	115,18	644,3	529,1	115,14	602,4	487,3	41,8
120	120,3	646,0	525,7	120,2	603,7	483,5	42,2
125	125,3	647,7	522,4	125,2	605,0	479,8	42,6
130	130,4	649,3	518,9	130,3	606,2	475,9	43,0
135	135,5	650,8	515,3	135,4	607,3	471,9	43,4
140	140,6	652,5	511,9	140,5	608,6	468,1	43,8
145	145,8	654,0	508,2	145,7	609,8	464,1	44,1
150	150,9	655,5	504,6	150,8	610,9	460,1	44,5
155	156,1	656,9	500,8	156,0	612,0	456,0	44,8
160	161,3	658,3	497,0	161,1	613,0	451,9	45,1
165	166,5	659,6	493,1	166,3	614,0	447,7	45,4
170	171,7	660,9	489,2	171,5	615,0	443,5	45,7
175	176,9	662,1	485,2	176,7	615,9	439,2	46,0
180	182,2	663,2	481,0	181,9	616,7	434,8	46,2
185	187,5	664,3	476,8	187,2	617,6	430,4	46,4
190	192,8	665,3	472,5	192,3	618,3	426,0	46,5
195	198,1	666,2	468,1	197,7	619,1	421,4	46,7

Springer 1944. (VDI. Wasserdampftabellen 1937).

Fortsetzung von Tab. 9.

Zustandsgrößen von Wasser
Nach der Tempe-

Temperatur °C	Druck kg/cm²	Spez. Volumen des Wassers dm³/kg	Spez. Volumen des Dampfes m³/kg	Spez. Gewicht des Dampfes kg/m³	Entropie IT kcal/kg grad des Wassers	Entropie IT kcal/kg grad des Dampfes	$s'' - s'$ = r/T
t	p	v'	v''	γ''	s'	s''	
200	15,857	1,1565	0,1273	7,857	0,5562	1,5358	0,9796
205	17,585	1,1645	0,1151	8,687	0,5675	1,5270	0,9595
210	19,456	1,1726	0,1043	9,585	0,5788	1,5184	0,9396
215	21,477	1,1812	0,09472	10,56	0,5899	1,5099	0,9200
220	23,659	1,1900	0,08614	11,61	0,6010	1,5012	0,9002
225	26,007	1,1991	0,07845	12,75	0,6120	1,4926	0,8806
230	28,531	1,2088	0,07153	13,98	0,6229	1,4840	0,8611
235	31,239	1,2186	0,06530	15,31	0,6339	1,4755	0,8416
240	34,140	1,2291	0,05970	16,75	0,6448	1,4669	0,8221
245	37,244	1,2400	0,05465	18,30	0,6558	1,4584	0,8026
250	40,56	1,2512	0,05006	19,98	0,6667	1,4499	0,7832
255	44,10	1,2629	0,04591	21,78	0,6776	1,4413	0,7637
260	47,87	1,2755	0,04213	23,74	0,6886	1,4327	0,7441
265	51,88	1,2888	0,03870	25,84	0,6994	1,4240	0,7246
270	56,14	1,3023	0,03557	28,11	0,7103	1,4153	0,7050
275	60,66	1,3169	0,03272	30,57	0,7212	1,4066	0,6854
280	65,46	1,3321	0,03010	33,22	0,7321	1,3978	0,6657
285	70,54	1,3484	0,02771	36,09	0,7431	1,3888	0,6457
290	75,92	1,3655	0,02552	39,18	0,7542	1,3797	0,6255
295	81,60	1,3837	0,02350	42,56	0,7653	1,3706	0,6053
300	87,61	1,4036	0,02163	46,24	0,7767	1,3613	0,5846
305	93,95	1,425	0,01991	50,22	0,7880	1,3516	0,6536
310	100,64	1,448	0,01830	54,64	0,7994	1,3415	0,5421
315	107,69	1,472	0,01682	59,46	0,8110	1,3312	0,5202
320	115,13	1,499	0,01544	64,79	0,8229	1,3206	0,4987
325	122,95	1,529	0,01415	70,68	0,8351	1,3097	0,4746
330	131,18	1,562	0,01295	77,20	0,8476	1,2982	0,4506
335	139,85	1,598	0,01183	84,55	0,8604	1,2860	0,4256
340	148,96	1,641	0,01076	92,90	0,8734	1,2728	0,3994
345	158,54	1,692	0,009759	102,4	0,8871	1,2586	0,3715
350	168,63	1,747	0,008803	113,6	0,9015	1,2433	0,3418
355	179,24	1,814	0,007875	127,0	0,9173	1,2263	0,3090
360	190,42	1,907	0,006963	143,6	0,9353	1,2072	0,2719
365	202,21	2,03	0,00606	165,0	0,9553	1,1833	0,2280
370	214,68	2,23	0,00500	200	0,9842	1,1506	0,1664
371	217,3	2,30	0,00476	210	0,992	1,142	0,150
372	219,9	2,38	0,00450	222	1,002	1,132	0,130
373	222,5	2,50	0,00418	239	1,011	1,116	0,105
374	225,2	2,79	0,00365	274	1,04	1,09	0,05
374,2	225,5	3,07	0,00304	329	1,06		0

und Dampf bei Sättigung.
ratur geordnet.

Tem-pe-ratur °C t	Enthalpie oder Wärmeinhalt IT kcal/kg des Wassers i'	des Dampfes i''	Ver-dampfungs-wärme IT kcal/kg r	Energie IT kcal/kg des Wassers u'	des Dampfes u''	$u'' - u'$ $=$ ϱ	$\dfrac{A\,p\cdot}{(v''-v')}$ $=$ ψ
200	203,5	667,0	463,5	203,1	619,8	416,7	46,8
205	208,9	667,7	458,8	208,4	620,3	411,9	46,9
210	214,3	668,3	454,0	213,8	620,7	407,0	47,0
215	219,8	668,8	449,0	219,2	621,2	402,0	47,0
220	225,3	669,3	443,9	224,7	621,5	396,8	47,1
225	230,8	669,5	438,7	230,1	621,7	391,6	47,1
230	236,4	669,7	433,3	235,6	621,9	386,3	47,0
235	242,1	669,7	427,6	241,2	621,9	380,7	46,9
240	247,7	669,6	421,9	246,7	621,9	375,2	46,7
245	253,5	669,4	415,9	252,4	621,7	369,3	46,6
250	259,2	669,0	409,8	258,0	621,6	363,6	46,2
255	265,0	668,4	403,4	263,7	621,0	357,3	46,1
260	271,0	667,8	396,8	269,6	620,6	351,0	45,8
265	277,0	666,9	389,9	275,4	619,8	344,4	45,5
270	283,0	665,9	382,9	281,3	619,1	337,8	45,1
275	289,2	664,8	375,6	287,3	618,3	331,0	44,6
280	295,3	663,5	368,2	293,3	617,4	324,1	44,1
285	301,6	661,9	360,3	299,4	616,2	316,8	43,5
290	308,0	660,2	352,2	305,6	614,9	309,3	42,9
295	314,4	658,3	343,9	311,8	613,4	301,6	42,3
300	321,0	656,1	335,1	318,1	611,7	293,6	41,5
305	327,7	653,6	325,9	324,6	609,8	285,2	40,7
310	334,6	650,8	316,2	331,2	607,7	276,5	39,7
315	341,7	647,8	306,1	338,0	605,4	267,4	38,7
320	349,0	644,2	295,2	345,0	602,6	257,6	37,6
325	356,5	640,4	283,9	352,1	599,7	247,6	36,3
330	364,2	636,0	271,8	359,4	596,2	236,8	35,0
335	372,3	631,1	258,8	367,1	592,4	225,3	33,5
340	380,7	625,6	244,9	375,0	588,1	213,1	31,8
345	389,6	619,3	229,7	383,3	583,0	199,7	30,0
350	398,9	611,9	213,0	392,0	577,1	185,1	27,9
355	409,5	603,2	193,7	401,9	570,2	168,3	25,4
360	420,9	592,8	171,9	412,4	561,8	149,4	22,5
365	434,2	579,6	145,4	424,6	550,9	126,3	19,1
370	452,3	559,3	107,0	441,1	534,2	93,1	13,9
371	457	554	97	445	529	84	13
372	463	547	84	451	524	73	11
373	471	539	68	458	517	59	9
374	488	523	35	473	503	30	5
374,2	505		0	488		0	0

Pischinger, Thermodynamik.

Tabelle 10. *Zustandsgrößen von*
Nach dem

Druck kg cm² p	Temperatur °C t	°K T	Spez. Volumen des Dampfes m³/kg v''	Spez. Gewicht des Dampfes kg/m³ γ''	Entropie IT kcal/kg grad des Wassers s'	des Dampfes s''	$s'' - s'$ = r/T
0,01	6,70	279,86	131,7	0,007595	0,0243	2,1447	2,1204
0,015	12,74	285,90	89,64	0,01116	0,0457	2,1096	2,0639
0,02	17,20	290,36	68,27	0,01465	0,0612	2,0847	2,0235
0,025	20,78	293,94	55,28	0,01809	0,0735	2,0655	1,9920
0,03	23,77	296,93	46,53	0,02149	0,0836	2,0499	1,9663
0,04	28,64	301,80	35,46	0,02820	0,0998	2,0253	1,9255
0,05	32,55	305,71	28,73	0,03481	0,1126	2,0064	1,8938
0,06	35,82	308,98	24,19	0,04134	0,1232	1,9908	1,8676
0,08	41,16	314,32	18,45	0,05421	0,1402	1,9664	1,8262
0,10	45,45	318,61	14,95	0,06688	0,1538	1,9478	1,7940
0,12	49,06	322,22	12,60	0,07738	0,1650	1,9326	1,7676
0,15	53,60	326,76	10,21	0,09791	0,1790	1,9140	1,7350
0,20	59,67	332,83	7,795	0,1283	0,1974	1,8903	1,6929
0,25	64,56	337,72	6,322	0,1582	0,2120	1,8718	1,6598
0,30	68,68	341,84	5,328	0,1877	0,2241	1,8567	1,6326
0,35	72,24	345,40	4,614	0,2169	0,2345	1,8436	1,6090
0,40	75,42	348,58	4,069	0,2458	0,2437	1,8334	1,5897
0,50	80,86	354,02	3,301	0,3029	0,2592	1,8150	1,5558
0,60	85,45	358,61	2,783	0,3594	0,2721	1,8001	1,5280
0,70	89,45	362,61	2,409	0,4152	0,2832	1,7874	1,5042
0,80	92,99	366,15	2,125	0,4705	0,2930	1,7767	1,4837
0,90	96,18	369,34	1,904	0,5253	0,3018	1,7673	1,4655
1,0	99,09	372,15	1,725	0,5797	0,3096	1,7587	1,4491
1,1	101,76	374,92	1,578	0,6337	0,3168	1,7510	1,4342
1,2	104,25	377,41	1,455	0,6875	0,3235	1,7440	1,4205
1,3	106,56	379,72	1,350	0,7410	0,3297	1,7375	1,4078
1,4	108,74	381,90	1,259	0,7942	0,3354	1,7315	1,3961
1,5	110,79	384,95	1,180	0,8472	0,3408	1,7260	1,3852
1,6	112,73	385,89	1,111	0,8999	0,3459	1,7209	1,3750
1,8	116,33	389,49	0,9952	1,005	0,3554	1,7115	1,3561
2,0	119,62	392,78	0,9016	1,109	0,3638	1,7029	1,3391
2,2	122,65	395,81	0,8246	1,213	0,3715	1,6952	1,3237
2,4	125,46	398,62	0,7601	1,316	0,3786	1,6884	1,3098
2,6	128,08	401,24	0,7052	1,418	0,3853	1,6819	1,2966
2,8	130,55	403,71	0,6578	1,520	0,3914	1,6759	1,2845
3,0	132,88	406,04	0,6166	1,622	0,3973	1,6703	1,2730
3,2	135,08	408,24	0,5804	1,723	0,4028	1,6650	1,2622
3,4	137,18	410,34	0,5483	1,824	0,4081	1,6601	1,2520
3,6	139,18	412,34	0,5196	1,925	0,4130	1,6557	1,2427
3,8	141,09	414,25	0,4939	2,025	0,4176	1,6514	1,2338
4,0	142,92	416,08	0,4706	2,125	0,4221	1,6474	1,2253
4,5	147,20	420,36	0,4213	2,374	0,4326	1,6380	1,2054
5,0	151,11	424,27	0,3816	2,621	0,4422	1,6297	1,1875
5,5	154,71	427,87	0,3489	2,867	0,4510	1,6195	1,1685
6,0	158,08	431,24	0,3213	3,112	0,4591	1,6151	1,1560
6,5	161,15	434,31	0,2980	3,356	0,4666	1,6088	1,1422
7,0	164,17	437,33	0,2778	3,600	0,4737	1,6029	1,1292

[1] Zahlenwerte aus Schmidt, E.: Einführung in die technische Thermodynamik.

Wasser und Dampf bei Sättigung[1].
Druck geordnet.

Druck kg/cm² p	Tempe- ratur °C t	Enthalpie oder Wärmeinhalt IT kcal/kg		Ver- damp- fungs- wärme IT kcal/kg r	Energie IT kcal/kg		$u'' - u'$ = ϱ	$\dfrac{A\,p\cdot}{(v''-v')}$ = ψ
		des Wassers i'	des Dampfes i''		des Wassers u'	des Dampf- fes u''		
0,01	6,70	6,73	600,1	593,4	6,73	569,3	562,6	30,8
0,015	12,74	12,78	602,8	590,0	12,78	571,3	558,5	31,5
0,02	17,20	17,24	604,8	587,4	17,24	572,6	555,4	32,0
0,025	20,78	20,80	606,4	585,6	20,80	574,0	553,2	32,4
0,03	23,77	23,79	607,7	583,9	23,79	575,0	551,2	32,7
0,04	28,64	28,65	609,8	581,1	28,65	576,6	547,9	33,2
0,05	32,55	32,55	611,5	578,9	32,55	577,9	545,3	33,6
0,06	35,82	35,81	612,9	577,1	35,81	578,9	543,1	34,0
0,08	41,16	41,14	615,2	574,1	41,14	580,6	539,5	34,6
0,10	45,45	45,41	617,0	571,6	45,41	582,0	536,6	35,0
0,12	49,06	49,01	618,5	569,5	49,01	583,1	534,1	35,4
0,15	53,60	53,54	620,5	567,0	53,54	584,6	531,1	35,9
0,20	59,67	59,61	623,1	563,5	59,61	586,6	527,0	36,5
0,25	64,56	64,49	625,1	560,6	64,48	587,5	523,0	37,0
0,30	68,68	68,61	626,8	558,2	68,60	589,4	520,8	37,4
0,35	72,24	72,17	628,2	556,0	72,16	590,3	518,2	37,8
0,40	75,42	75,36	629,5	554,1	75,35	591,4	516,0	38,1
0,50	80,86	80,81	631,6	550,8	80,80	593,0	512,2	38,6
0,60	85,45	85,41	633,4	548,0	85,40	594,3	508,9	39,1
0,70	89,45	89,43	634,9	545,5	89,41	595,4	506,0	39,5
0,80	92,99	92,99	636,2	543,2	92,97	596,4	503,4	39,8
0,90	96,18	96,19	637,4	541,2	96,17	597,3	501,1	40,1
1,0	99,09	99,12	638,5	539,4	99,10	598,1	499,0	40,4
1,1	101,76	101,81	639,4	537,6	101,78	598,8	497,0	40,6
1,2	104,25	104,32	640,3	536,0	104,29	599,4	495,1	40,9
1,3	106,56	106,66	641,2	534,5	106,63	600,0	493,4	41,1
1,4	108,74	108,85	642,0	533,1	108,82	600,7	491,9	41,2
1,5	110,79	110,92	642,8	531,9	110,88	601,4	490,5	41,4
1,6	112,73	112,89	643,5	530,6	112,85	601,9	489,0	41,6
1,8	116,33	116,54	644,7	528,2	116,50	602,8	486,3	41,9
2,0	119,62	119,87	645,8	525,9	119,82	603,5	483,7	42,2
2,2	122,65	122,9	646,8	523,9	122,8	604,3	481,5	42,4
2,4	125,46	125,8	647,8	522,0	125,7	605,0	479,3	42,7
2,6	128,08	128,5	648,7	520,2	128,4	605,7	477,3	42,9
2,8	130,55	131,0	649,5	518,5	130,9	606,3	475,4	43,1
3,0	132,88	133,4	650,3	516,9	133,3	607,0	473,7	43,2
3,2	135,08	135,6	650,9	515,3	135,5	607,4	471,9	43,4
3,4	137,18	137,8	651,6	513,8	137,7	607,9	470,2	43,6
3,6	139,18	139,8	652,2	512,4	139,7	608,4	468,7	43,7
3,8	141,09	141,8	652,8	511,0	141,7	608,8	467,1	43,9
4,0	142,92	143,6	653,4	509,8	143,5	609,3	465,8	44,0
4,5	147,20	148,0	654,7	506,7	147,9	610,3	462,4	44,3
5,0	151,11	152,1	655,8	503,7	152,0	611,1	459,1	44,6
5,5	154,71	155,8	656,9	501,1	155,7	612,0	456,3	44,8
6,0	158,08	159,3	657,8	498,5	159,1	612,6	453,5	45,0
6,5	161,15	162,6	658,7	496,2	162,4	613,4	451,0	45,2
7,0	164,17	165,6	659,4	493,8	165,4	613,8	448,4	45,4

Berlin: Springer-Verlag. 1944.

14*

Fortsetzung von Tab. 10.

Zustandsgrößen von Wasser
Nach dem

| Druck | Temperatur | | Spez. Volumen des Dampfes | Spez. Gewicht des Dampfes | Entropie IT kcal/kg grad | | $s'' - s'$ |
| | ^{0}C | ^{0}K | m^3/kg | kg/m^3 | des Wassers | des Dampfes | $=$ |
p	t	T	v''	γ''	s'	s''	r/T
7,5	166,96	440,12	0,2602	3,842	0,4803	1,5974	1,1171
8,0	169,61	442,77	0,2448	4,085	0,4865	1,5922	1,1057
8,5	172,11	445,27	0,2311	4,327	0,4923	1,5874	1,0951
9,0	174,53	447,69	0,2189	4,568	0,4980	1,5827	1,0847
9,5	176,82	449,98	0,2080	4,809	0,5033	1,5782	1,0749
10	179,04	452,20	0,1981	5,049	0,5085	1,5740	1,0665
11	183,20	456 36	0,1808	5,530	0,5180	1,5661	1,0481
12	187,08	460,29	0,1664	6,010	0,5279	1,5592	1,0333
13	190,71	463,87	0,1541	6,488	0,5352	1,5526	1,0174
14	194,13	467,29	0,1435	6,967	0,5430	1,5464	1,0034
15	197,36	470,52	0,1343	7,446	0,5503	1,5406	0,9903
16	200,43	473,59	0,1262	7,925	0,5572	1,5351	0,9779
17	203,35	476,51	0,1190	8,405	0,5638	1,5300	0,9662
18	206,14	479,30	0,1126	8.886	0,5701	1,5251	0,9550
19	208,81	481,97	0,1068	9,366	0,5761	1,5205	0,9444
20	211,38	484,54	0,1016	9,846	0,5820	1,5160	0,9340
22	216,23	489,39	0,09251	10,81	0,5928	1,5078	0,9150
24	220,75	493,91	0,08492	11,78	0,6026	1,5060	0,8974
26	224,99	498,15	0,07846	12,75	0,6120	1,4926	0,8806
28	228,98	502,14	0,07288	13,72	0,6206	1,4857	0,8651
30	232,76	505,92	0,06802	14,70	0,6290	1,4793	0,8503
32	236,35	509,51	0,06375	15,69	0,6368	1,4732	0,8364
34	239,77	512,93	0,05995	16,68	0,6443	1,4673	0,8230
36	243,04	516,20	0,05658	17,68	0,6515	1,4617	0,8102
38	246,17	519,33	0,05353	18,68	0,6584	1,4564	0,7980
40	249,18	522,34	0,05078	19,69	0,6649	1,4513	0,7864
42	252,07	525,23	0,04828	20,71	0,6712	1,4463	0,7751
44	254,87	528,03	0,04601	21,73	0,6773	1,4415	0,7642
46	257,56	530,72	0,04393	22,76	0,6832	1,4369	0,7537
48	260,17	533,33	0,04201	23,80	0,6889	1,4324	0,7435
50	262,70	535,86	0,04024	24,85	0,6944	1,4280	0,7336
55	268,69	541,85	0,03636	27,50	0,7075	1,4176	0,7101
60	274,29	547,45	0,03310	30,21	0,7196	1,4078	0,6882
65	279,54	552,70	0,03033	32,97	0,7311	1,3986	0,6675
70	284,48	557,64	0,02795	35,78	0,7420	1,3897	0,6477
75	289,17	562,33	0,02587	38,66	0,7524	1,3813	0,6289
80	293,62	566,78	0,02404	41,60	0,7623	1,3731	0,6108
85	297,86	571,02	0,02241	44,62	0,7718	1,3654	0,5936
90	301,92	575,08	0,02096	47,71	0,7810	1,3576	0,5766
95	305,80	578,96	0,01964	50,91	0,7898	1,3500	0,5602
100	309,53	582,69	0,01845	54,21	0,7983	1,3424	0,5441
110	316,58	589,74	0,01637	61,08	0,8147	1,3279	0,5132
120	323,15	596,31	0,01462	68,42	0,8306	1,3138	0,4832
130	329,30	602,46	0,01312	76,23	0,8458	1,2998	0,4540
140	335,09	608,25	0,01181	84,68	0,8606	1,2858	0,4252
150	340,56	613,72	0,01065	93,90	0,8749	1,2713	0,3964
160	345,74	618,90	0,009616	104,0	0,8892	1,2564	0,3672
180	355,35	628,51	0,007809	128,0	0,9186	1,2251	0,3065
200	364,08	637,24	0,00620	161,2	0,9514	1,1883	0,2369
224	373,6	646,76	0,00394	254	1,022	1,01	0,078
225,5	374,2	647,4	0,00307	329	1,06		0

und Dampf bei Sättigung.
Druck geordnet.

Druck kg/cm² p	Temperatur °C t	Enthalpie oder Wärmeinhalt IT kcal/kg des Wassers i'	des Dampfes i''	Verdampfungswärme IT kcal/kg r	Energie IT kcal/kg des Wassers u'	des Dampfes u''	$u'' - u'$ $=$ ϱ	$\dfrac{A\,p\cdot}{(v'' - v')}$ $=$ ψ
7,5	166,96	168,5	660,2	491,7	168,3	614,5	446,2	45,5
8,0	169,61	171,3	660,8	489,5	171,1	614,9	443,8	45,7
8,5	172,11	173,9	661,4	487,5	173,7	615,4	441,7	45,8
9,0	174,53	176,4	662,0	485,6	176,2	615,9	439,7	45,9
9,5	176,82	178,9	662,5	483,6	178,6	616,2	437,6	46,0
10	179,04	181,2	663,0	481,8	180,9	616,6	435,7	46,1
11	183,20	185,6	663,9	478,3	185,3	617,3	432,0	46,3
12	187,08	189,7	664,7	475,0	189,4	618,0	428,6	46,4
13	190,71	193,5	665,4	471,9	193,2	618,5	425,3	46,6
14	194,13	197,1	666,0	468,9	196,7	618,9	422,2	46,7
15	197,36	200,6	666,6	466,0	200,2	619,4	419,2	46,8
16	200,43	203,9	667,1	463,2	203,5	619,8	416,3	46,9
17	203,35	207,1	667,5	460,4	206,6	620,1	413,5	46,9
18	206,14	210,1	667,9	457,8	209,6	620,4	410,8	47,0
19	208,81	213,0	667,2	455,2	212,5	620,7	408,2	47,0
20	211,38	215,8	668,5	452,7	215,2	620,9	405,7	47,0
22	216,23	221,2	668,9	447,7	220,6	621,2	400,6	47,1
24	220,75	226,1	669,3	443,2	225,4	621,5	396,1	47,1
26	224,99	230,8	669,5	438,7	230,1	621,8	391,7	47,0
28	228,98	235,2	669,6	434,4	234,4	621,8	387,4	47,0
30	232,76	239,5	669,7	430,2	238,6	621,9	383,3	46,9
32	236,35	243,6	669,7	426,1	242,7	621,9	379,2	46,9
34	239,77	247,5	669,6	422,1	246,5	621,8	375,3	46,8
36	243,04	251,2	669,5	418,3	250,2	621,8	371,6	46,7
38	246,17	254,8	669,3	414,5	253,7	621,7	368,0	46,5
40	249,18	258,2	669,0	410,8	257,0	621,4	364,4	46,4
42	252,07	261,6	668,8	407,2	260,4	621,3	360,9	46,3
44	254,87	264,9	668,4	403,5	263,6	621,0	357,4	46,1
46	257,56	268,0	668,0	400,0	266,6	620,6	354,0	46,0
48	260,17	271,2	667,7	396,5	269,8	620,5	351,7	45,8
50	262,70	274,2	667,3	393,1	272,7	620,2	347,5	45,6
55	268,69	281,4	666,2	384,8	279,7	619,3	339,6	45,2
60	274,29	288,4	665,0	376,6	286,6	618,5	331,9	44,7
65	279,54	294,8	663,6	368,8	292,8	617,5	324,7	44,1
70	284,48	300,9	662,1	361,2	298,7	616,3	317,6	43,6
75	289,17	307,0	660,5	353,5	304,6	615,1	310,5	43,0
80	293,62	312,6	658,9	346,3	310,0	613,8	303,8	42,5
85	297,86	318,2	657,0	338,8	315,4	612,4	297,0	41,8
90	301,92	323,6	655,1	331,5	320,6	610,9	290,3	41,2
95	305,80	328,8	653,2	324,4	325,6	609,5	283,9	40,5
100	309,53	334,0	651,1	317,1	330,6	607,9	277,3	39,8
110	316,58	344,0	646,7	302,7	340,2	604,5	264,3	38,4
120	323,15	353,9	641,9	288,0	349,6	600,8	251,2	36,8
130	329,30	363,0	636,6	273,6	358,3	596,7	238,4	35,2
140	335,09	372,4	631,0	258,6	367,2	592,3	225,1	33,5
150	340,56	381,7	624,9	243,2	375,9	587,5	211,6	31,6
160	345,74	390,3	618,3	227,5	384,4	582,2	197,8	29,7
180	355,35	410,2	602,5	192,3	402,5	569,6	167,1	25,2
200	364,08	431,5	582,3	150,8	422,1	553,3	131,2	19,6
224	373,6	478	532	54	464	511	47	7
225,6	374,2	505		0	488		0	0

Tabelle 11. *Zustandsgrößen v, i und s von Wasser und überhitztem Dampf*[1].
Oberhalb der waagerechten Querstriche herrscht flüssiger, darunter dampfförmiger Zustand.

°C	1,0 at			5,0 at			10,0 at			25 at		
	v	i	s	v	i	s	v	i	s	v	i	s
0	0,001000	0.0	0,0000	0,001000	0,1	0,0000	0,001000	0.2	0,0000	0,000999	0,6	0.0000
10	0,001000	10,1	0,0361	0,001000	10,2	0,0361	0,001000	10,3	0,0361	0,000999	10,6	0,0360
20	0,001002	20,1	0,0708	0,001002	20,1	0,0708	0,001001	20,3	0,0707	0,001001	20,6	0,0706
30	0,001004	30,0	0,1042	0,001004	30.1	0 1042	0 001004	30,2	0,1041	0,001003	30,5	0,1040
40	0 001008	40,0	0,1365	0,001008	40,1	0,1365	0,001008	40,2	0,1364	0,001007	40,5	0,1363
50	0 001012	50,0	0.1680	0 001012	50,0	0,1679	0 001012	50,2	0,1678	0,001011	50,4	0,1677
60	0,001017	60,0	0,1984	0,001017	60,0	0,1983	0,001017	60 1	0,1982	0 001016	60,4	0,1980
70	0,001023	69,9	0,2280	0,001023	70,0	0,2279	0,001022	70,1	0 2278	0,001022	70 4	0,2275
80	0,001029	80 0	0,2567	0,001029	80,0	0,2566	0 001029	80,1	0,2565	0,001028	80,4	0,2562
90	0,001036	90,0	0,2848	0,001036	90,1	0.2847	0,001035	90,1	0,2846	0,001035	90,4	0,2843
100	1,730	639,1	1,7599	0,001043	100,1	0,3120	0,001043	100,2	0,3119	0,001042	100.5	0,3116
110	1,781	644,2	1,7736	0,001051	110,2	0,3386	0,001051	110,3	0,3385	0 001050	110,5	0,3382
120	1 830	649,1	1,7862	0,001060	120,3	0,3646	0,001060	120,4	0,3645	0,001059	120,6	0,3642
130	1,879	653,8	1,7981	0,001070	130,5	0 3901	0,001069	130,6	0,3900	0,001069	130.8	0,3896
140	1,927	658,5	1,8096	0,001080	140,7	0,4150	0,001079	140,7	0,4149	0,001079	141,0	0,4145
150	1,976	663,2	1,8207	0 001091	150,9	0,4395	0,001090	151,0	0,4394	0,001089	151,2	0,4390
160	2,024	667,9	1.8316	0,3918	661,3	1,6424	0,001102	161.3	0,4635	0,001101	161,5	0.4630
170	2,072	672,5	1,8422	0,4026	666,9	1,6552	0,001114	171,7	0,4873	0,001113	171.9	0,4867
180	2,120	677,2	1,8526	0,4132	672,2	1,6669	0,1987	663,6	1,5755	0,001126	182,3	0 5100
190	2,167	681,8	1,8628	0,4235	677,2	1,6780	0,2048	670,3	1,5898	0,001140	192,9	0,5330
200	2,215	686.5	1,8727	0,4337	682,2	1,6886	0,2105	676,1	1,6024	0,001156	203,6	0,5558
210	2,263	691,1	1,8824	0,4438	687,2	1,6989	0,2161	681,6	1,6141	0,001172	214.4	0,5785
220	2,311	695.8	1,8920	0,4539	692,1	1,7090	0,2215	687,2	1.6251	0,001190	225.3	0,6009
230	2,358	700,5	1,9014	0.4639	697,0	1,7189	0,2269	692,4	1,6357	0,08367	675 0	1,5074
240	2,406	705,2	1,9106	0.4738	701,9	1,7285	0,2322	697,6	1,6459	0.08646	682,2	1,5216
250	2 453	709,9	1,9197	0,4837	706,8	1,7380	0,2375	702,8	1,6558	0,08909	688,9	1 5345
260	2,501	714,6	1,9286	0,4936	711,6	1,7472	0,2427	707,9	1,6655	0,09161	695,2	1,5464
270	2,548	719,3	1,9374	0.5034	716,5	1,7562	0,2478	712 9	1,6750	0,09405	701,2	1,5577
280	2,596	724,0	1,9460	0,5132	721,4	1,7651	0,2529	717,9	1,6842	0,09642	707,1	1,5684
290	2,643	728,8	1,9545	0,5230	726,2	1,7738	0,2580	723,0	1,6932	0,09874	712,9	1,5787
300	2,691	733,5	1,9629	0,5328	731,1	1,7824	0,2630	728,1	1,7021	0,1010	718,6	1,5887
310	2,738	738,3	1,9711	0,5425	736,0	1,7909	0,2681	733,1	1,7108	0,1033	724,1	1,5983
320	2,785	743,1	1,9793	0,5522	740,9	1,7992	0,2731	738,2	1,7194	0,1055	729,6	1,6077
330	2,833	747,9	1,9873	0,5619	745,8	1,8074	0,2781	743,2	1,7278	0,1077	735,1	1,6169
340	2,880	752,7	1,9952	0,5716	750,7	1,8154	0,2830	748,2	1,7361	0,1098	740,6	1,6258
350	2,927	757,5	2,0030	0,5813	755,6	1,8234	0,2880	753,3	1,7442	0,1120	746,0	1,6346
360	2,975	762,3	2,0107	0,5909	760,5	1,8312	0,2929	758,3	1,7522	0,1141	751,4	1,6431
370	3,022	767,2	2,0183	0,6005	765,5	1,8390	0,2979	763,3	1,7601	0,1162	756,7	1,6515
380	3,069	772,1	2,0258	0,6101	770,4	1,8466	0,3028	768,4	1,7679	0,1183	762,1	1,6598
390	3,116	777,0	2,0333	0,6197	775,4	1,8542	0,3077	773,4	1,7756	0,1204	767,4	1,6679
400	3,164	781,9	2,0407	0,6293	780,4	1,8616	0,3126	778,4	1,7831	0,1225	772,7	1,6758
410	3,211	786,8	2,0480	0,6389	785,4	1,8690	0,3174	783,5	1,7906	0,1245	778,0	1,6836
420	3,258	791,8	2,0552	0,6485	790,4	1,8763	0,3223	788,6	1,7980	0,1266	783,3	1,6914
430	3,305	796,7	2,0622	0,6581	795,4	1,8835	0,3272	793,7	1,8053	0,1286	788,7	1,6990
440	3,353	801,7	2,0693	0,6676	800,5	1,8906	0,3320	798,8	1,8125	0,1307	794,0	1,7075
450	3,400	806,7	2,0764	0,6772	805,5	1,8977	0 3369	804,0	1,8197	0,1327	799,3	1,7140
460	3,447	811,8	2,0833	0,6867	810,6	1,9047	0,3417	809,1	1,8268	0,1347	804,6	1,7213
470	3,494	816,8	2,0902	0,6963	815,7	1,9116	0,3465	814,3	1,8338	0,1367	809,9	1,7286
480	3,541	821,9	2,0970	0,7058	820,8	1,9185	0,3514	819,4	1,8407	0 1387	815,3	1,7357
490	3,588	827,0	2,1037	0,7153	826,0	1,9253	0,3562	824,6	1,8476	0,1407	820,6	1,7427
500	3,636	832,1	2,1104	0,7248	831,1	1,9320	0,3610	829,8	1,8544	0,1427	826,0	1 7497
510	3,683	873,3	2,1170	0,7344	836,3	1,9387	0,3658	835,1	1,8611	0,1446	831,4	1,7566
520	3,730	842,5	2,1235	0,7439	841,6	1,9453	0,3706	840,3	1,8678	0,1466	836,8	1,7634
530	3,777	847,7	2,1300	0,7534	846,8	1,9518	0,3754	845,6	1.8744	0,1486	842,2	1,7702
540	3,824	852,9	2,1365	0,7629	852,1	1,9583	0,3802	850.9	1,8809	0,1506	847,6	1,7769
550	3,871	858,1	2,1429	0,7724	857,3	1,9648	0,3850	856,1	1,8873	0,1526	852,9	1,7835

[1] Zahlenwerte aus Schmidt, E.: Einführung in die technische Thermodynamik. Berlin: Springer-Verlag 1944.

Fortsetzung von Tab. 11.

Zustandsgrößen v, i und s von Wasser und überhitztem Dampf.

°C	50 at			75 at			100 at			125 at		
	v	i	s	v	i	s	v	i	s	v	i	s
0	0,000998	1,2	0,0001	0,000997	1,8	0,0001	0,000995	2,4	0,0001	0,000994	3,0	0,0002
10	0,000998	11,2	0,0359	0,000997	11,8	0,0358	0,000996	12,3	0,0358	0,000995	12,9	0,0357
20	0,001000	21,1	0 0705	0,000999	21,7	0,0703	0,000998	22,2	0,0702	0,000996	22,8	0,0701
30	0,001002	31,1	0,1039	0,001001	31,6	0,1037	0,001000	32,1	0,1035	0 000999	32,7	0,1033
40	0,001006	41,0	0,1361	0,001005	41,5	0 1359	0,001004	42,1	0,1356	0,001003	42,6	0,1354
50	0,001010	51,0	0,1674	0,001009	51,5	0,1671	0,001008	52,0	0,1667	0,001007	52,5	0,1665
60	0,001015	60,9	0,1977	0,001014	61,4	0,1974	0 001013	61,9	0,1970	0.001012	62,4	0,1967
70	0,001020	70,9	0,2271	0,001019	71,4	0,2268	0,001018	71,8	0,2264	0,001017	72,3	0,2260
80	0,001027	80,9	0,2558	0,001026	81,4	0,2554	0,001024	81,8	0,2550	0,001023	82 2	0,2546
90	0,001033	90,9	0,2838	0,001032	91,4	0,2833	0,001031	91,8	0,2829	0,001030	92,3	0,2824
100	0,001041	100,9	0,3111	0,001040	101,4	0,3106	0,001038	101,8	0,3101	0,001037	102,2	0,3096
110	0,001049	111,0	0,3377	0,001048	111,4	0,3372	0,001046	111,8	0,3367	0,001045	112,3	0,3362
120	0,001058	121,1	0,3637	0,001056	121,5	0,3632	0,001055	121,9	0,3626	0,001054	122,3	0,3622
130	0,001067	131,2	0,3891	0,001066	131,6	0,3886	0,001064	132,0	0,3880	0,001063	132,4	0,3875
140	0,001077	141,4	0,4140	0,001076	141,8	0,4134	0,001074	142,1	0,4128	0,001073	142,5	0,4123
150	0,001088	151,6	0,4383	0,001086	152,0	0,4377	0,001085	152,3	0,4371	0,001083	152,7	0,4365
160	0,001099	161,8	0,4622	0,001097	162,2	0,4616	0,001096	162,5	0,4608	0,001094	162,9	0,4602
170	0 001111	172,2	0,4857	0,001110	172,5	0,4849	0,001108	172,8	0,4841	0,001106	173,2	0,4835
180	0,001124	182,6	0,5090	0,001122	182,9	0,5081	0,001120	183,2	0,5072	0,001118	183,5	0,5065
190	0,001138	193,2	0,5320	0,001136	193,4	0,5310	0,001134	193,7	0,5301	0,001132	194,0	0,5292
200	0,001153	203,8	0,5547	0,001151	204,1	0,5537	0,001149	204,3	0,5527	0,001146	204,5	0,5518
210	0,001169	214,6	0,5773	0,001167	214,8	0,5762	0,001164	215,0	0,5751	0,001162	215,2	0,5741
220	0,001187	225,5	0,5996	0,001184	225,6	0,5984	0,001181	225,8	0,5973	0,001178	226,0	0,5961
230	0,001206	236,5	0,6217	0,001203	236,6	0,6204	0,001199	236,7	0,6192	0,001196	236,9	0,6180
240	0,001227	247,8	0,6439	0,001223	247,8	0,6426	0,001219	247,9	0,6412	0,001216	248,0	0,6399
250	0,001250	259,2	0,6661	0,001245	259,2	0,6647	0.001241	259,3	0,6632	0,001237	259,3	0,6618
260	0,001275	271,0	0.6885	0,001280	270,9	0,6868	0,001265	270,9	0,6852	0,001260	270,8	0.6836
270	0,04162	674,6	1,4416	0,001298	282,8	0,7088	0,001292	282,7	0,7071	0,001286	282,5	0,7054
280	0,04335	683,6	1,4580	0,001329	295,2	0,7313	0 001322	294,9	0,7293	0,001316	294,6	0,7274
290	0,04496	691,8	1,4728	0,02610	661,5	1,3840	0,001357	307 5	0,7520	0,001349	307,0	0,7496
300	0,04647	699,5	1,4863	0.02749	673,1	1,4038	0.001398	320,7	0,7751	0.001388	319,9	0,7723
310	0,04791	706,7	1,4987	0,02883	683,7	1,4219	0,01850	651,7	1,3435	0,001433	333,6	0.7960
320	0,04928	713,6	1,5104	0,03005	693,1	1,4380	0,01985	666,0	1,3681	0,001491	348,3	0,8213
330	0,05060	720.2	1,5216	0,03118	701,8	1,4526	0,02102	678.3	1,3886	0,01439	646,6	1,3190
340	0,05189	726,6	1,5322	0,03225	710,0	1,4665	0,02209	689,2	1.4066	0,01561	662,9	1,3459
350	0,05314	732,9	1,5423	0,03327	717,7	1,4785	0,02307	699,2	1,4228	0,01665	676,4	1,3677
360	0,05436	739,1	1,5521	0,03425	725,1	1,4802	0,02397	708,4	1,4375	0,01756	688,4	1,3867
370	0,05556	745,1	1,5616	0,03519	732,1	1,5013	0,02481	717,0	1,4510	0,01840	699,2	1,4038
380	0,05673	751,1	1,5708	0,03609	738,9	1,5121	0,02561	725,2	1,4636	0,01917	709,2	1,4192
390	0,05789	757,0	1,5797	0,03696	745,6	1,5220	0,02637	733,0	1,4754	0,01989	718,5	1,4332
400	0,05904	762,8	1,5884	0,03781	752,1	1,5320	0,02710	740,4	1,4865	0,02057	727,2	1,4462
410	0,06017	768,6	1,5969	0,03865	758,6	1,5411	0,02781	747,6	1,4971	0,02122	735,5	1,4585
420	0,06128	774,3	1,6053	0,03947	764,9	1,5503	0,02850	754,6	1,5073	0,02184	743,4	1,4701
430	0,06239	780,0	1,6135	0,04028	771,0	1,5592	0,02916	761,4	1,5170	0,02244	751,0	1,4810
440	0,06349	785,7	1,6215	0,04107	777,1	1,5678	0,02981	768,1	1,5264	0,02301	758,4	1,4914
450	0,06457	791,4	1,6294	0,04185	783,2	1,5763	0,03045	774,7	1,5356	0,02357	765,5	1,5014
460	0,06565	797,0	1,6372	0,04262	789,2	1,5846	0,03107	781,1	1,5445	0,02411	772,5	1,5110
470	0,06672	802,7	1,6449	0,04338	795,2	1,5927	0,03168	787,5	1,5532	0,02464	779,3	1,5203
480	0,06778	808,3	1,6524	0,04414	801,1	1,6006	0 03229	793,8	1,5616	0,02516	786,1	1,5293
490	0,06884	813,9	1,6598	0,04489	807,0	1,6084	0,03288	800,0	1,5698	0,02567	792,7	1,5380
500	0,06989	819,5	1,6671	0,04563	812,9	1,6161	0,03347	806,2	1,5779	0,02616	799,2	1,5465
510	0,07094	825,1	1,6743	0,04636	818,8	1,6236	0,03405	812,4	1,5858	0,02665	805,7	1,5548
520	0,07198	830,7	1,6814	0,04709	824,7	1,6317	0,03462	818,5	1,5936	0,02714	812,1	1,5629
530	0,07301	836,3	1,6884	0,04781	830,5	1,6384	0,03519	824,5	1,6013	0,02762	818,5	1,5709
540	0,07404	841,9	1,6954	0,04853	836,3	1,6456	0,03576	830,6	1,6089	0,02809	824,8	1,5787
550	0,07507	847,6	1,7024	0,04925	842,1	1,6528	0,03632	836,6	1,6164	0,02856	830,9	1,5864

Fortsetzung von Tab. 11.

Zustandsgrößen v, i und s von Wasser und überhitztem Dampf.

°C	150 at			200 at			250 at			300 at		
	v	i	s	v	i	s	v	i	s	v	i	s
0	0,000993	3,6	0,0002	0,000991	4,7	0,0003	0,000988	5,9	0,0003	0,000986	7,1	0,0003
10	0,000994	13,4	0,0356	0,000991	14,6	0,0355	0,000989	15,7	0,0354	0,000987	16,8	0,0354
20	0,000995	23,3	0,0700	0,000993	24,4	0,0697	0,000991	25,5	0,0695	0,000989	26,6	0,0693
30	0,000998	33,2	0,1032	0,000996	34,3	0,1028	0,000994	35,3	0,1025	0,000992	36,4	0,1021
40	0,001002	43,1	0,1352	0,001000	44,1	0,1347	0,000997	45,1	0,1343	0,000995	46,2	0,1338
50	0,001006	53,0	0,1662	0,001004	54,0	0,1657	0,001002	55,0	0,1652	0,001000	56,0	0,1647
60	0,001010	62,9	0,1963	0,001008	63,8	0,1958	0,001006	64,8	0,1952	0,001004	65,8	0,1947
70	0,001016	72,8	0,2257	0,001014	73,7	0,2251	0,001012	74,7	0,2244	0,001010	75,7	0,2238
80	0,001022	82,7	0,2543	0,001020	83,7	0,2536	0,001018	84,6	0,2528	0,001015	85,5	0,2522
90	0,001029	92,7	0,2821	0,001027	93,6	0,2813	0,001024	94,5	0,2805	0,001022	95,4	0,2799
100	0,001036	102,7	0,3092	0,001034	103,6	0,3084	0,001031	104,5	0,3075	0,001029	105,4	0,3068
110	0,001044	112,7	0,3357	0,001042	113,6	0,3348	0,001039	114,4	0,3339	0,001037	115,3	0,3330
120	0,001052	122,7	0,3617	0,001050	123,6	0,3607	0,001047	124,4	0,3597	0,001045	125,3	0,3587
130	0,001062	132,8	0,3870	0,001059	133,7	0,3859	0,001056	134,4	0,3849	0,001054	135,2	0,3838
140	0,001071	142,9	0,4117	0,001068	143,7	0,4106	0,001066	144,5	0,4095	0,001063	145,2	0,4084
150	0,001081	153,1	0,4359	0,001078	153,8	0,4347	0,001075	154,6	0,4336	0,001073	155,3	0,4324
160	0,001092	163,2	0,4595	0,001089	163,9	0,4583	0,001086	164,7	0,4571	0,001083	165,4	0,4559
170	0,001104	173,5	0,4827	0,001101	174,1	0,4814	0,001097	174,8	0,4801	0,001094	175,5	0,4789
180	0,001117	183,8	0,5057	0,001113	184,4	0,5042	0,001109	185,0	0,5028	0,001106	185,7	0,5015
190	0,001130	194,2	0,5284	0,001126	194,8	0,5268	0,001122	195,4	0,5253	0,001118	195,9	0,5239
200	0,001144	204,8	0,5509	0,001140	205,3	0,5492	0,001135	205,7	0,5475	0,001131	206,2	0,5459
210	0,001159	215,4	0,5731	0,001154	215,8	0,5712	0,001150	216,2	0,5694	0,001145	216,6	0,5676
220	0,001176	226,1	0,5951	0,001170	226,5	0,5930	0,001165	226,8	0,5910	0,001160	227,1	0,5890
230	0,001193	237,0	0,6169	0,001187	237,3	0,6147	0,001182	237,5	0,6125	0,001176	237,8	0,6103
240	0,001212	248,0	0,6387	0,001206	248,2	0,6363	0,001199	248,4	0,6338	0,001193	248,6	0,6315
250	0,001233	259,3	0,6605	0,001225	259,4	0,6578	0,001218	259,5	0,6552	0,001212	259,6	0,6526
260	0,001256	270,8	0,6822	0,001247	270,7	0,6792	0,001239	270,7	0,6764	0,001232	270,7	0,6736
270	0,001281	282,5	0,7038	0,001271	282,2	0,7007	0,001262	282,1	0,6976	0,001253	282,0	0,6945
280	0,001309	294,4	0,7256	0,001298	294,0	0,7222	0,001287	293,7	0,7188	0,001277	293,5	0,7154
290	0,001341	306,7	0,7476	0,001327	306,1	0,7437	0,001315	305,6	0,7400	0,001304	305,2	0,7364
300	0,001378	319,3	0,7699	0,001361	318,4	0,7655	0,001346	317,6	0,7614	0,001333	317,0	0,7574
310	0,001421	332,6	0,7930	0,001400	331,1	0,7878	0,001382	330,1	0,7830	0,001366	329,2	0,7786
320	0,001474	346,9	0,8173	0,001446	344,7	0,8109	0,001423	343,2	0,8054	0,001403	342,0	0,8002
330	0,001542	362,5	0,8435	0,001502	359,2	0,8351	0,001471	357,0	0,8286	0,001446	355,3	0,8225
340	0,001639	380,5	0,8732	0,001573	375,0	0,8611	0,001530	371,6	0,8528	0,001497	369,1	0,8456
350	0,01198	647,5	1,3079	0,001671	393,1	0,8904	0,001606	387,7	0,8788	0,001558	383,9	0,8694
360	0,01304	663,9	1,3341	0,001841	416,6	0,9280	0,001703	405,8	0,9080	0,001635	400,2	0,8958
370	0,01394	677,9	1,3560	0,00745	610,2	1,2315	0,001868	428,6	0,9441	0,00174	418,4	0,9240
380	0,01474	690,4	1,3753	0,00868	640,2	1,2775	0,00255	468,5	1,0049	0,00190	440,2	0,9577
390	0,01546	701,7	1,3925	0,00956	660,7	1,3088	0,00513	584,6	1,1813	0,00226	470,2	1,0034
400	0,01613	712,2	1,4081	0,01031	676,6	1,3327	0,00637	622,4	1,2378	0,00302	524,5	1,0847
410	0,01676	721,9	1,4223	0,01096	690,2	1,3527	0,00720	647,5	1,2744	0,00429	582,2	1,1698
420	0,01735	731,0	1,4356	0,01154	702,4	1,3705	0,00788	666,7	1,3029	0,00518	616,8	1,2201
430	0,01790	739,6	1,4480	0,01208	713,6	1,3865	0,00845	682,2	1,3249	0,00589	641,5	1,2555
440	0,01843	747,9	1,4597	0,01258	724,0	1,4012	0,00897	695,6	1,3435	0,00648	660,8	1,2827
450	0,01894	755,8	1,4708	0,01306	733,7	1,4148	0,00945	707,8	1,3606	0,00698	677,4	1,3059
460	0,01944	763,4	1,4813	0,01352	743,0	1,4276	0,00989	719,2	1,3766	0,00743	692,2	1,3263
470	0,01992	770,8	1,4913	0,01395	751,9	1,4397	0,01029	730,1	1,3915	0,00784	705,7	1,3445
480	0,02039	778,0	1,5010	0,01436	760,5	1,4511	0,01067	740,5	1,4053	0,00822	718,1	1,3610
490	0,02084	785,1	1,5103	0,01475	768,7	1,4619	0,01104	750,2	1,4182	0,00857	729,5	1,3761
500	0,02128	792,0	1,5193	0,01513	776,6	1,4722	0,01138	759,9	1,4302	0,00890	740,2	1,3900
510	0,02171	798,8	1,5280	0,01550	784,2	1,4819	0,01171	768,3	1,4414	0,00920	750,3	1,4030
520	0,02214	805,5	1,5365	0,01586	791,6	1,4913	0,01203	776,5	1,4519	0,00949	759,8	1,4151
530	0,02256	812,1	1,5448	0,01621	798,8	1,5004	0,01234	784,4	1,4619	0,00978	768,9	1,4264
540	0,02297	818,6	1,5530	0,01655	805,8	1,5091	0,01265	792,1	1,4715	0,01006	777,6	1,4372
550	0,02338	825,0	1,5610	0,01689	812,8	1,5176	0,01296	799,7	1,4809	0,01035	786,0	1,4474

Tabelle 12. *Zustandsgrößen von Ammoniak, NH_3 bei Sättigung*[1].

Temperatur	Druck	Rauminhalt		Spez. Gewicht		Enthalpie oder Wärmeinhalt		Verd.-Wärme	Entropie		$\frac{r}{T} =$
		der Flüssigkeit	des Dampfes	der Flüssigkeit	des Dampfes	der Flüssigkeit	des Dampfes		der Flüssigkeit	des Dampfes	$s''-s'$
t	p	v'	v''	γ'	γ''	i'	i''	$r = i''-i'$	s'	s''	
Grad C	kg/cm²	dm³/kg	m³/kg	kg/m³	kg/m³	kcal/kg	kcal/kg	kcal/kg	kcal/kg⁰	kcal/kg⁰	kcal/kg⁰
—50	0,417	1,425	2,613	702	0,381	46,2	384,1	337,9	0,783	2,298	1,515
—45	0,557	1,437	2,007	696	0,500	51,5	386,1	334,6	0,806	2,274	1,468
—40	0,732	1,449	1,550	690	0,645	56,8	388,1	331,3	0,829	2,251	1,422
—35	0,950	1,462	1,215	684	0,823	62,1	390,0	327,9	0,852	2,229	1,377
—30	1,219	1,476	0,963	678	1,038	67,4	391,9	324,5	0,874	2,209	1,335
—25	1,546	1,490	0,771	671	1,297	72,8	393,7	321,0	0,896	2,190	1,294
—20	1,940	1,504	0,624	665	1,604	78,2	395,5	317,3	0,917	2,171	1,254
—15	2,410	1,519	0,509	659	1,966	83,6	397,1	313,5	0,938	2,153	1,215
—10	2,966	1,534	0,418	652	2,390	89,0	398,7	309,7	0,959	2,136	1,177
— 5	3,619	1,550	0,347	645	2,883	94,5	400,1	305,6	0,980	2,120	1,140
0	4,379	1,566	0,290	639	3,452	100,0	401,5	301,5	1,000	2,104	1,104
+ 5	5,259	1,583	0,244	632	4,108	105,5	402,8	297,3	1,020	2,089	1,069
+10	6,271	1,601	0,206	625	4,859	111,1	403,9	292,8	1,040	2,074	1,034
+15	7,427	1,619	0,175	618	5,718	116,7	405,0	288,3	1,059	2,060	1,001
+20	8,741	1,639	0,149	610	6,694	122,4	405,9	283,5	1,079	2,046	0,967
+25	10,225	1,659	0,128	603	7,795	128,1	406,8	278,7	1,098	2,032	0,934
+30	11,895	1,680	0,111	595	9,034	133,8	407,4	273,6	1,117	2,019	0,902
+35	13,765	1,702	0,096	588	10,431	139,7	408,0	268,3	1,135	2,006	0,871
+40	15,850	1,726	0,083	580	12,005	145,5	408,4	262,9	1,154	1,993	0,839
+45	18,165	1,750	0,073	571	13,774	151,4	408,6	257,2	1,172	1,981	0,809
+50	20,727	1,777	0,064	563	15,756	157,4	408,7	251,3	1,190	1,968	0,778

Tabelle 13. *Zustandsgrößen von Kohlensäure, CO_2 bei Sättigung*[1].

Temperatur	Druck	Rauminhalt		Spez. Gewicht		Enthalpie oder Wärmeinhalt		Verd.-Wärme	Entropie		$\frac{r}{T} =$
		der Flüssigkeit	des Dampfes	der Flüssigkeit	des Dampfes	der Flüssigkeit	des Dampfes		der Flüssigkeit	des Dampfes	$s''-s'$
t	p	v'	v''	γ'	γ''	i'	i''	$r = i''-i'$	s'	s''	
Grad C	kg/cm²	dm³/kg	dm³/kg	kg/m³	kg/m³	kcal/kg	kcal/kg	kcal/kg	kcal/kg⁰	kcal/kg⁰	kcal/kg⁰
—50	6,97	0,867	55,407	1153,5	18,1	75,01	155,57	80,56	0,9020	1,2631	0,3611
—45	8,49	0,881	45,809	1134,5	21,8	77,30	155,89	78,59	0,9120	1,2565	0,3445
—40	10,25	0,897	38,164	1115,0	26,2	79,59	156,17	76,58	0,9218	1,2503	0,3285
—35	12,26	0,913	32,008	1094,9	31,2	81,88	156,39	74,51	0,9314	1,2443	0,3129
—30	14,55	0,931	27,001	1074,2	37,0	84,19	156,56	72,37	0,9408	1,2385	0,2977
—25	17,14	0,950	22,885	1052,6	43,8	86,53	156,67	70,14	0,9501	1,2328	0,2827
—20	20,06	0,971	19,466	1029,9	51,4	88,93	156,72	67,79	0,9594	1,2272	0,2678
—15	23,34	0,994	16,609	1006,1	60,2	91,44	156,70	65,26	0,9690	1,2218	0,2528
—10	26,99	1,019	14,194	980,8	70,5	94,09	156,60	62,51	0,9787	1,2163	0,2376
— 5	31,05	1,048	12,141	953,8	82,4	96,91	156,41	59,50	0,9890	1,2109	0,2219
0	35,54	1,081	10,383	924,8	96,3	100,00	156,13	56,13	1,0000	1,2055	0,2055
+ 5	40,50	1,120	8,850	893,1	113,0	103,10	155,45	52,35	1,0103	1,1985	0,1882
+10	45,95	1,166	7,519	858,0	133,0	106,50	154,59	48,09	1,0218	1,1917	0,1699
+15	51,93	1,223	6,323	817,9	158,0	110,10	153,17	43,07	1,0340	1,1835	0,1495
+20	58,46	1,298	5,258	770,7	190,2	114,00	151,10	37,10	1,0468	1,1734	0,1266
+25	65,59	1,417	4,167	705,8	240,0	118,80	147,33	28,53	1,0628	1,1585	0,0957
+30	73,34	1,677	2,990	596,4	334,4	125,90	140,95	15,05	1,0854	1,1351	0,0497
+31	74,96	2,156	2,156	463,9	463,9	133,50	133,50	0	1,1098	1,1098	0

[1] Zahlenwerte nach VDI-Kältemaschinen-Regeln. Berlin. 1940.

Tabelle 14. *Zustandsgrößen von Schwefeldioxyd, SO_2 bei Sättigung.*

Tempe-ratur	Druck	Rauminhalt		Spez. Gewicht		Enthalpie oder Wärmeinhalt		Verd.-Wärme	Entropie		$\frac{r}{T} =$
		der Flüssig-keit	des Dampfes	der Flüssig-keit	des Dampfes	der Flüssig-keit	des Dampfes	$r =$	der Flüssig-keit	des Dampfes	$s'' - s'$
t	p	v'	v''	γ'	γ''	i'	i''	$i'' - i'$	s'	s''	
Grad C	kg/cm²	dm³/kg	m³/kg	kg/m³	kg/m³	kcal/kg	kcal/kg	kcal/kg	kcal/kg⁰	kcal/kg⁰	kcal/kg⁰
—50	0,121	0,642	2,429	1558	0,412	85,3	184,4	99,1	0,9398	1,3838	0,4440
—45	0,166	0,647	1,801	1546	0,555	86,6	185,1	98,5	0,9463	1,3777	0,4314
—40	0,222	0,652	1,378	1534	0,726	88,0	185,8	97,8	0,9527	1,3719	0,4192
—35	0,295	0,658	1,058	1520	0,944	89,4	186,4	97,0	0,9589	1,3661	0,4072
—30	0,388	0,663	0,819	1508	1,22	91,0	187,2	96,2	0,9651	1,3606	0,3955
—25	0,504	0,668	0,641	1497	1,56	92,4	187,8	95,4	0,9711	1,3552	0,3841
—20	0,648	0,674	0,507	1484	1,97	93,9	188,4	94,5	0,9768	1,3500	0,3732
—15	0,823	0,680	0,406	1471	2,46	95,4	189,0	93,6	0,9826	1,3451	0,3625
—10	1,034	0,686	0,328	1458	3,05	96,9	189,5	92,6	0,9881	1,3400	0,3519
— 5	1,286	0,692	0,267	1445	3,74	98,4	190,1	91,7	0,9940	1,3357	0,3417
0	1,585	0,697	0,220	1434	4,55	100,0	190,6	90,6	1,0000	1,3316	0,3316
5	1,934	0,704	0,183	1421	5,46	101,6	191,1	89,5	1,0061	1,3278	0,3217
10	2,341	0,710	0,154	1409	6,49	103,2	191,6	88,4	1,0121	1,3242	0,3121
15	2,811	0,716	0,128	1396	7,81	104,8	192,1	87,3	1,0181	1,3207	0,3026
20	3,349	0,723	0,108	1383	9,26	106,5	192,5	86,0	1,0241	1,3173	0,2932
25	3,980	0,730	0,093	1370	10,75	108,1	192,9	84,8	1,0299	1,3140	0,2841
30	4,656	0,738	0,079	1355	12,66	109,8	193,3	83,5	1,0359	1,3110	0,2751
35	5,436	0,745	0,068	1342	14,70	111,5	193,7	82,2	1,0416	1,3080	0,2664
40	6,308	0,754	0,059	1326	16,95	113,3	194,0	80,7	1,0471	1,3050	0,2579
45	7,276	0,763	0,051	1310	19,62	115,0	194,3	79,3	1,0527	1,3022	0,2495
50	8,350	0,772	0,045	1295	22,22	116,7	194,6	77,9	1,0585	1,2996	0,2411

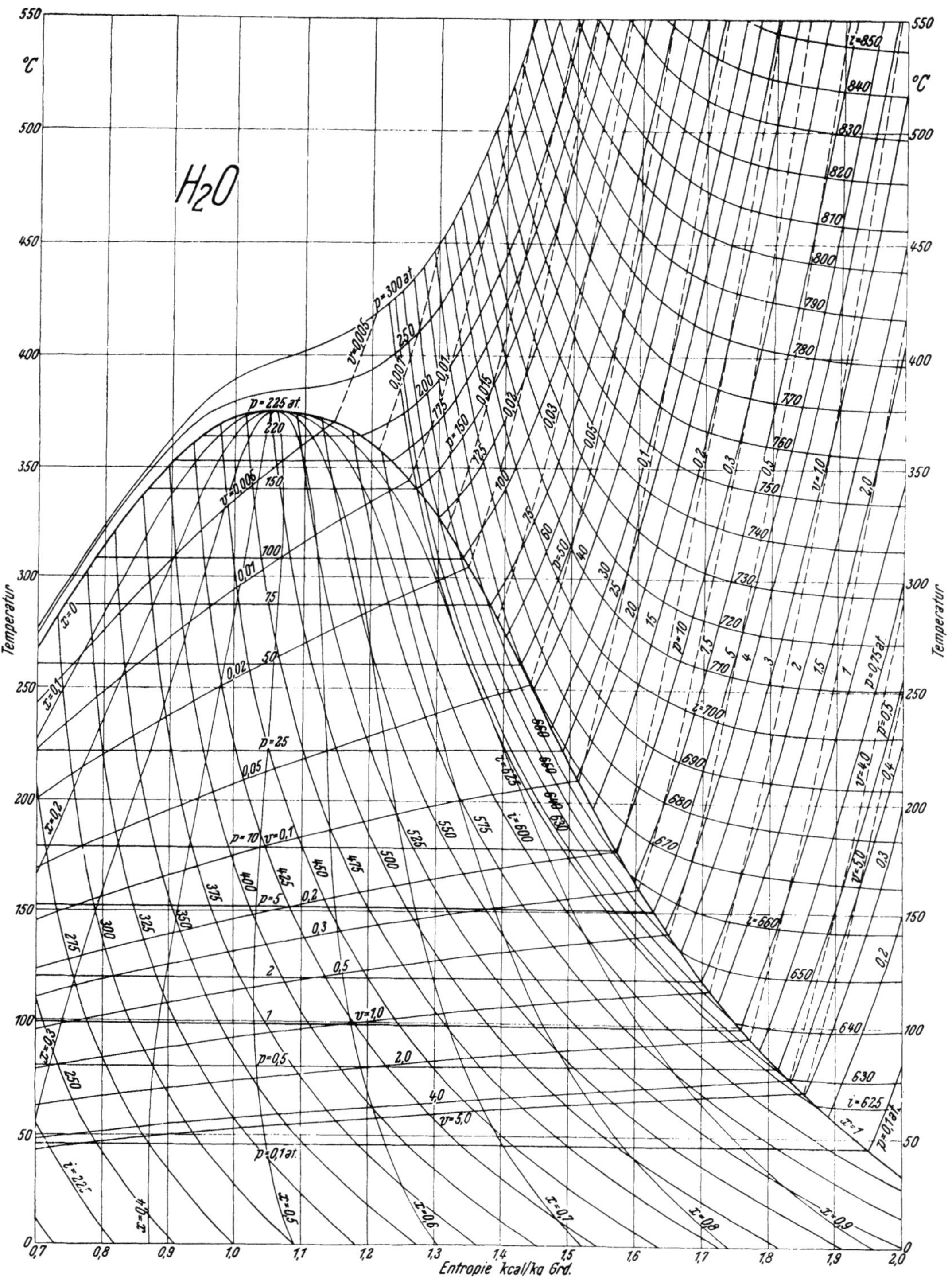

Tafel A. Ts-Diagramm für Wasserdampf, nach den VDI-Wasserdampftabellen 1941.

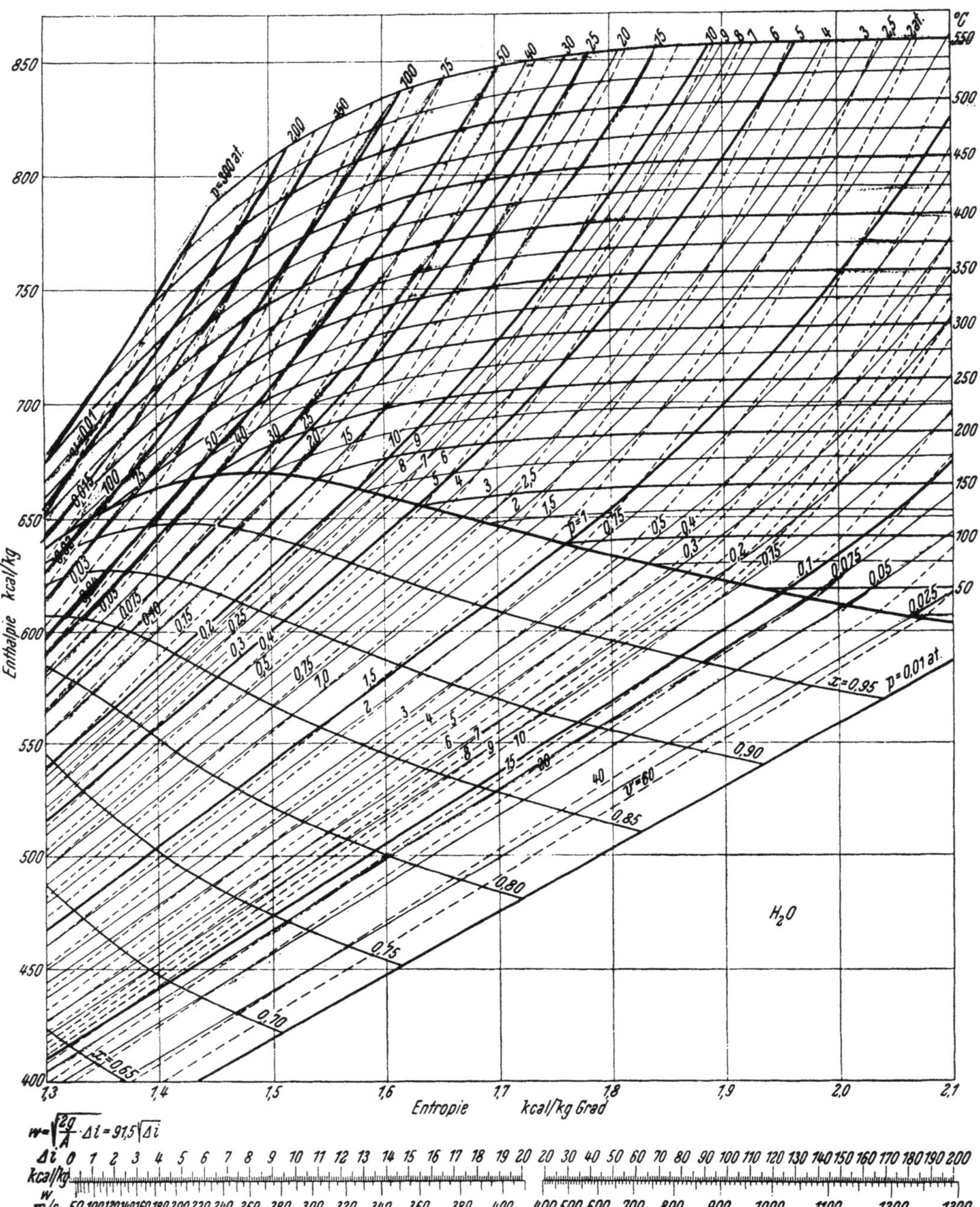

$$w = \sqrt{\frac{2g}{A} \cdot \Delta i} = 91.5\sqrt{\Delta i}$$

Tafel B. is-Diagramm für Wasserdampf, nach den VDI-Wasserdampftabellen 1941.

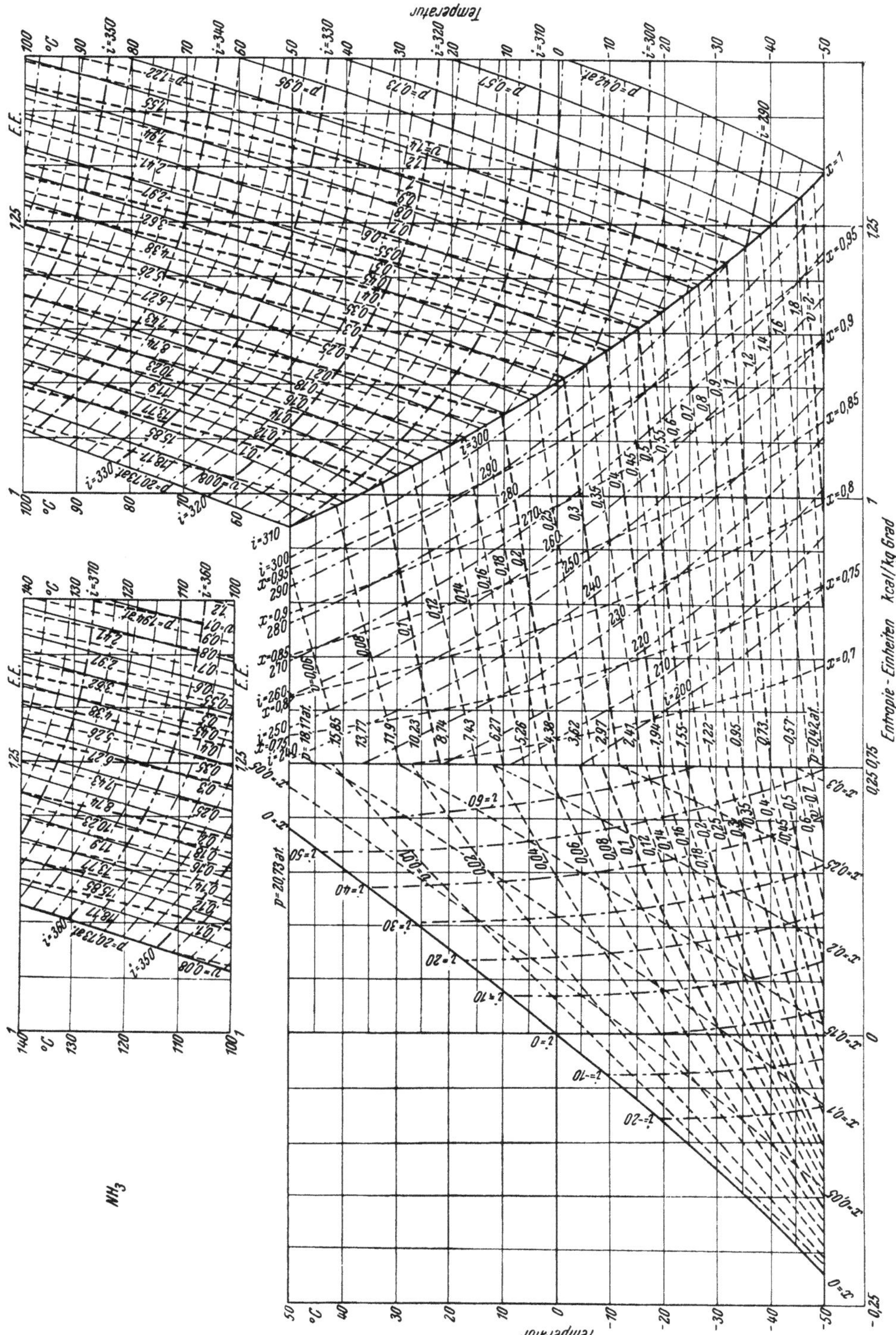

Tafel C. *Ts*-Diagramm für Ammoniakdampf (Auszug aus 'F. Ostertag: Kälteprozesse dargestellt mit Hilfe der Entropietafel, Berlin: J. Springer 1933). Für die Flüssigkeit ist bei 0° C $i' = 0$ und $s' = 0$ gesetzt. Man achte darauf bei gleichzeitiger Verwendung der Tab. 12, in der dafür $i' = 100$ und $s' = 1$ gewählt ist.

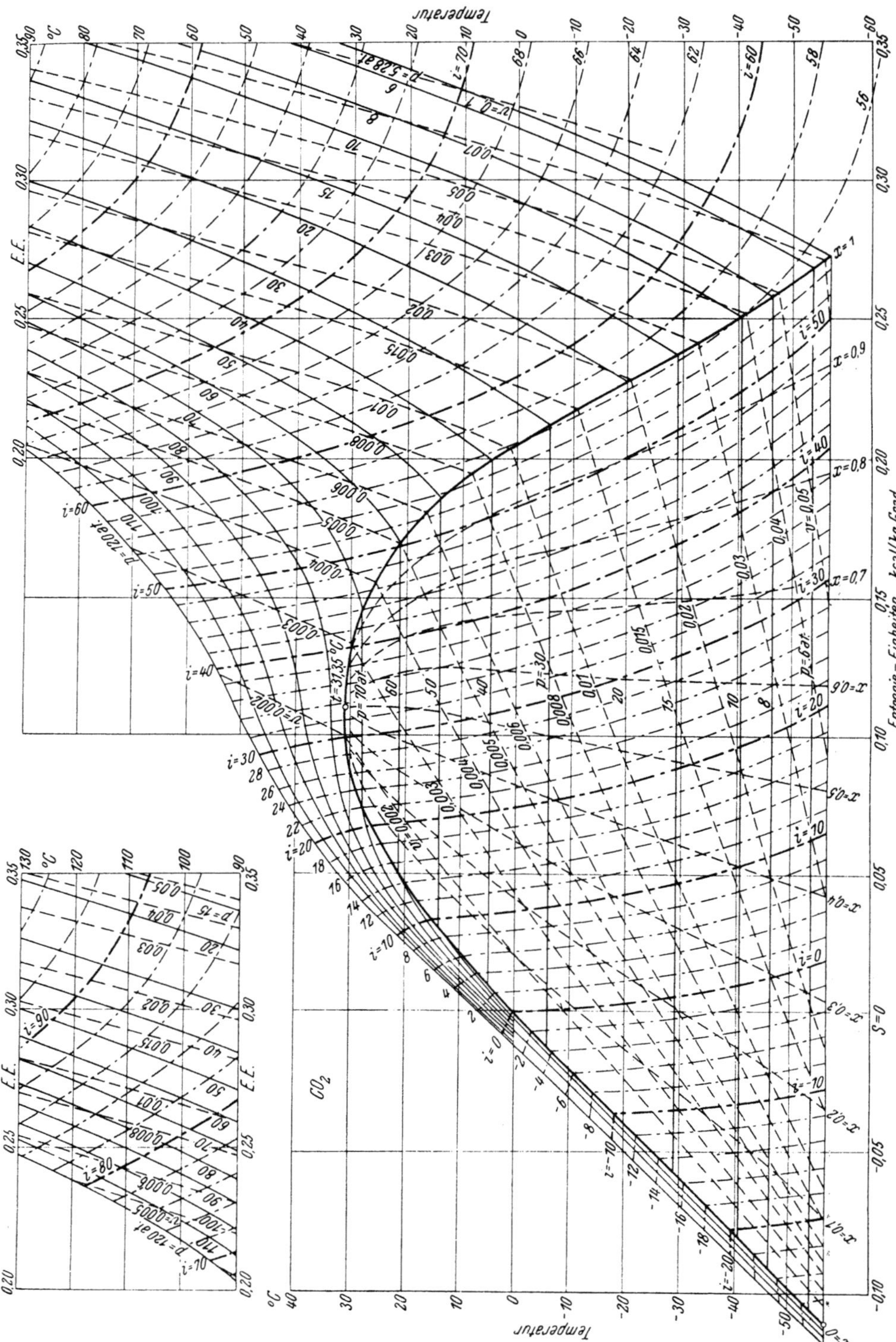

Tafel D. Ts-Diagramm für Kohlendioxyddampf (Auszug aus P. Ostertag: Kälteprozesse dargestellt mit Hilfe der Entropietafel. Berlin: J. Springer 1933). Für die Flüssigkeit ist bei $0°$ C $i' = 0$ und $s' = 0$ gesetzt. Man achte darauf bei gleichzeitiger Verwendung der Tab. 13, in der dafür $i' = 100$ und $s' = 1$ gewählt ist.

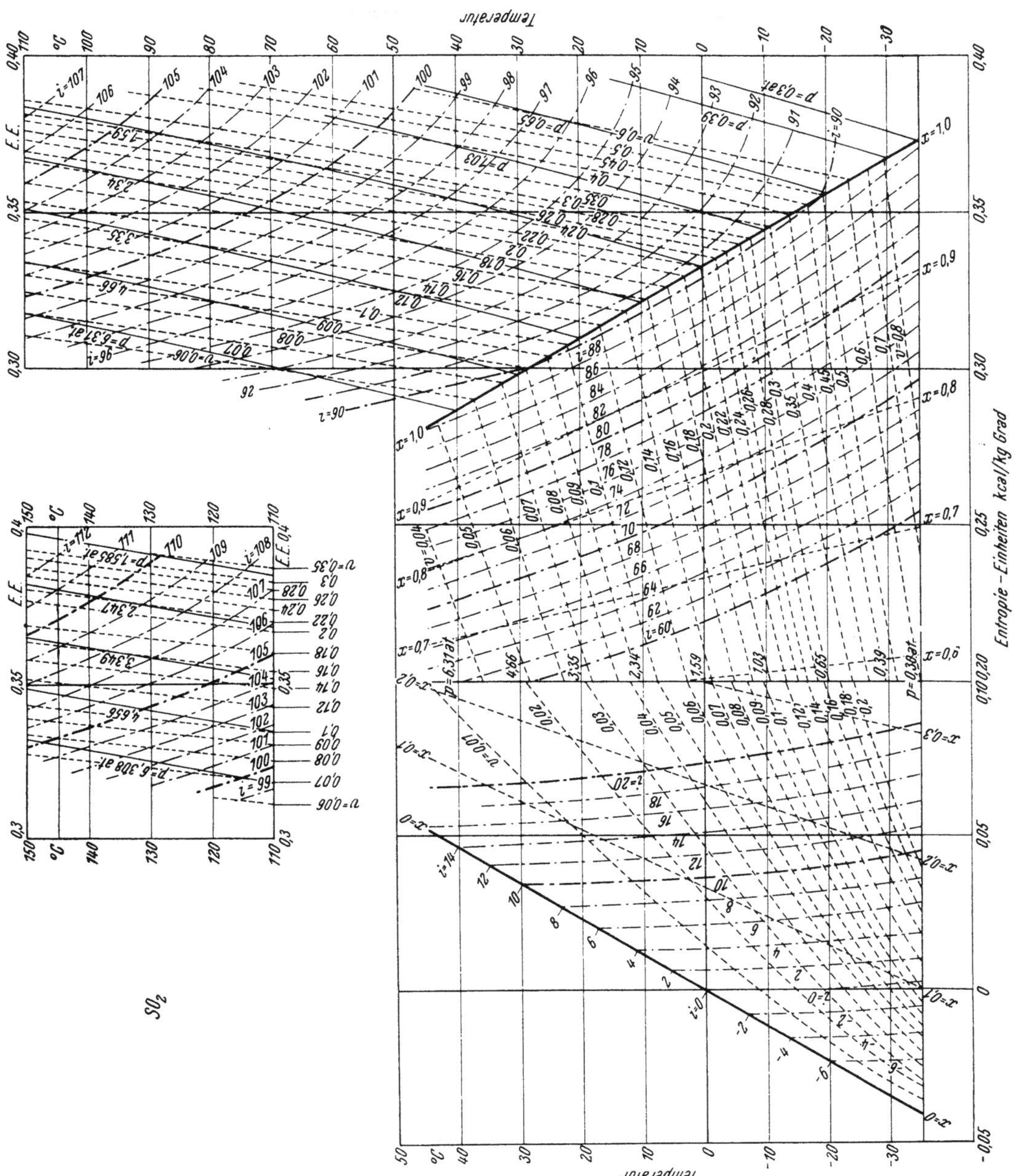

Tafel E. Ts-Diagramm für Schwefeldioxyddampf (Auszug aus P. Ostertag: Kälte-prozesse, dargestellt mit Hilfe der Entropietafel. Berlin: J. Springer 1933). Für die Flüssigkeit ist bei 0° C $i' = 0$ und $s' = 0$ gesetzt. Man achte darauf bei gleich-zeitiger Verwendung der Tab. 14, in der dafür $i' = 100$ und $s' = 1$ gewählt ist.

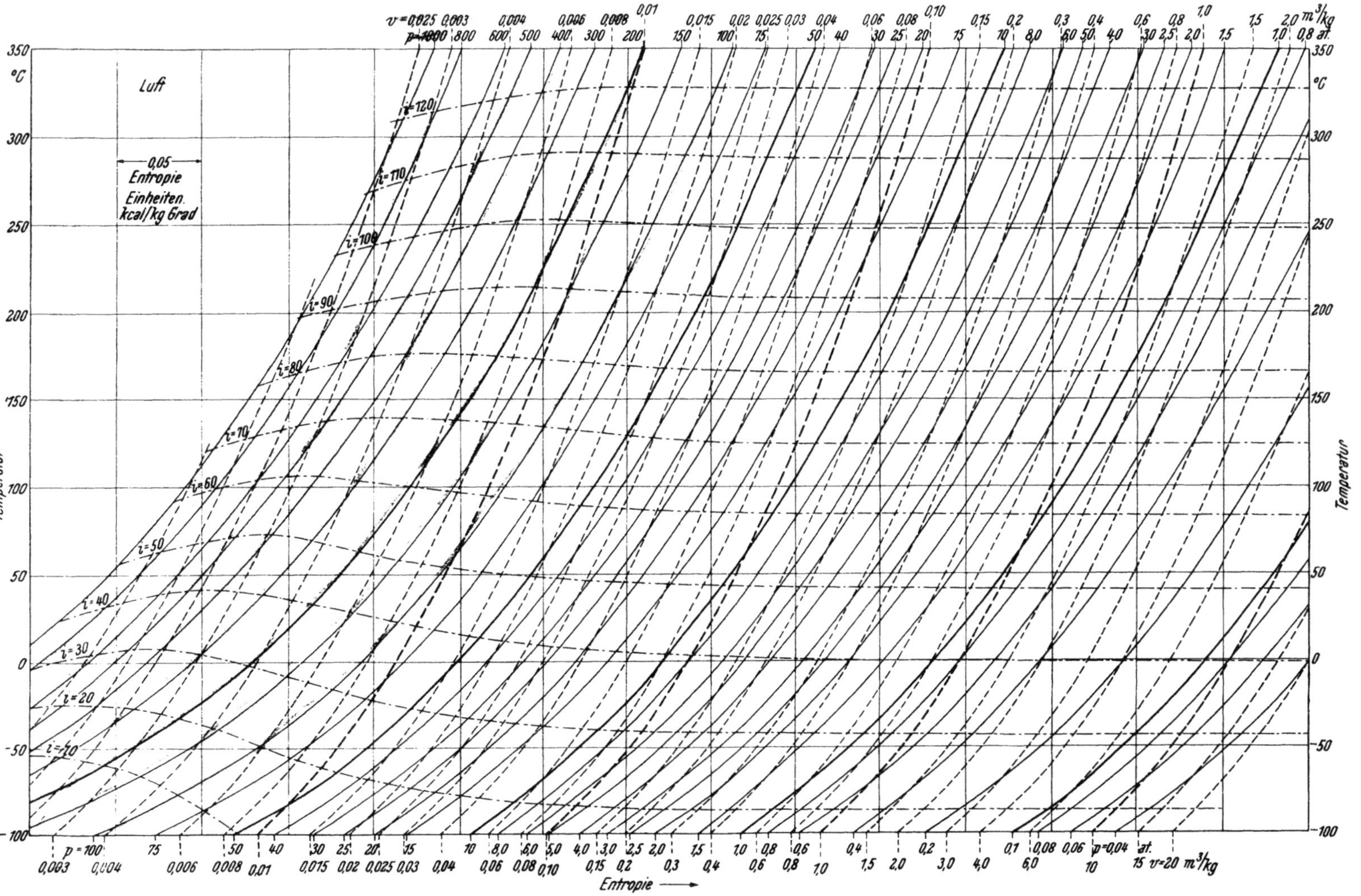

Tafel F. Ts-Diagramm für Luft (nach P. Ostertag, Berlin: J. Springer).

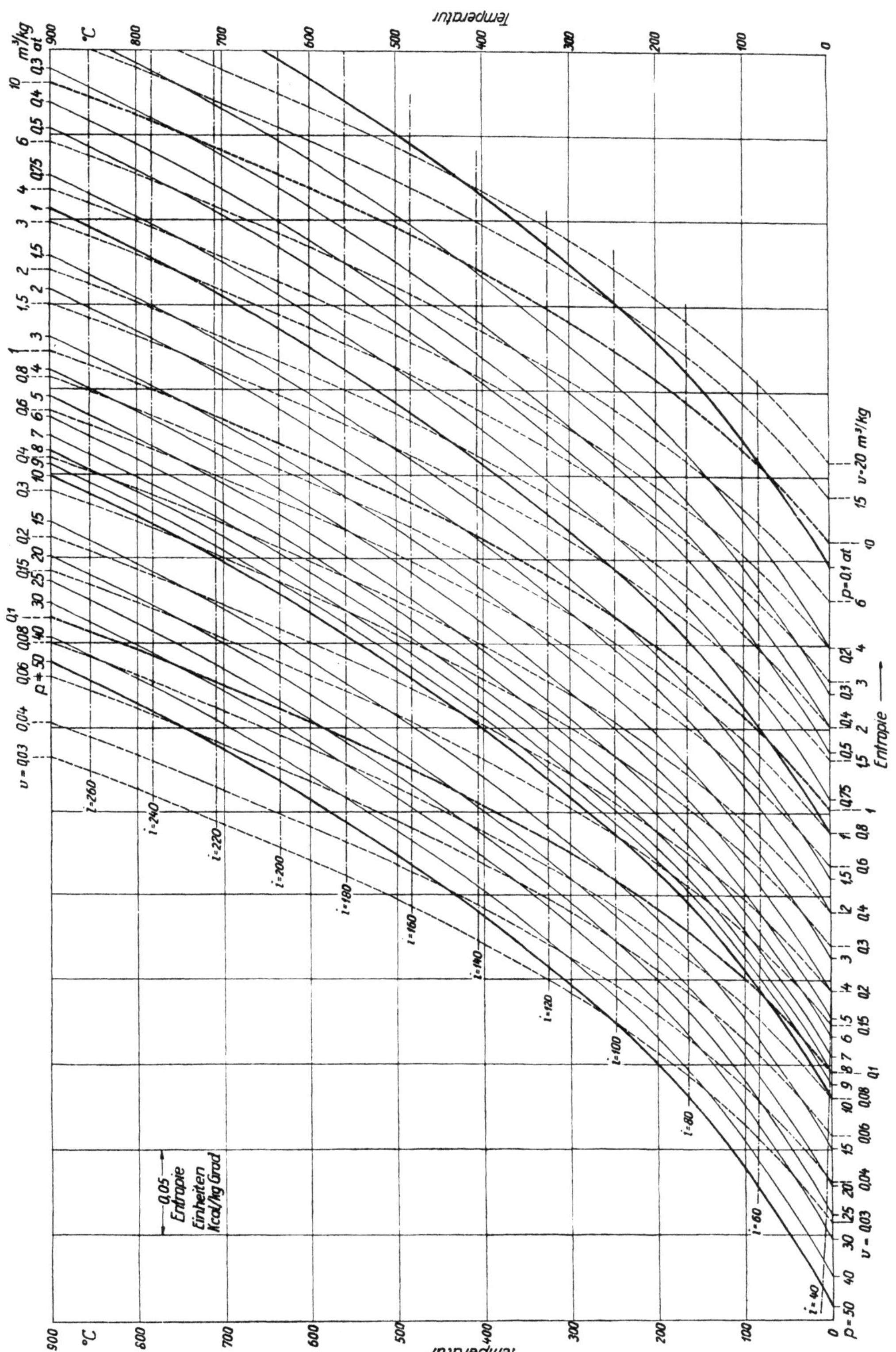

Tafel G. *T s*-Diagramm für Luft (Bereich des vollkommenen /hochüberhitzten Zustandes/ nach Werten von E. Justi).

Zur Einführung in weiteres, für den Studierenden nützliches Schrifttum:

Die nachfolgende Aufzählung beschränkt sich auf eine geringe Zahl von Büchern, aus der umfangreichen Fachliteratur. Damit soll kein Werturteil über andere, nicht genannte Werke ausgesprochen sein. Dem Verfasser schien es günstig, den Schrifttumsnachweis zu beschränken, um dem Anfänger die Übersicht zu erleichtern.

Zunächst sei auf das Buch

Kohlrausch, K. W. Fritz: Ausgewählte Kapitel aus der Physik, Teil III: Wärme, 1948 verwiesen. Dieses Buch gibt mäßig erweitert, den Stoff der Vorlesungen aus Physik wieder, die an der Technischen Hochschule Graz den Vorlesungen über Technische Thermodynamik zeitlich vorausgehen.

Der Reihenfolge des Erscheinens nach seien weiters vier Lehrbücher genannt:
Schüle, W.: Technische Thermodynamik, 1930.
Nusselt, W.: Technische Thermodynamik, 1934, 1943, 1944.
Schmidt, E.: Einführung in die technische Thermodynamik, 1936, 1944, 1950.
Nesselmann, K.: Die Grundlagen der angewandten Thermodynamik, 1950.

Der Vertiefung in physikalischer Hinsicht können z. B. die zwei folgenden Bücher dienen:
Planck, M.: Vorlesungen über Thermodynamik, 1927.
Eucken, A.: Lehrbuch der chemischen Physik, 1938, 1944.

Eine Einführung in die Strömungslehre findet der Leser in
Prandtl, L.: Führer durch die Strömungslehre, 1944.

Als Tabellenwerte seien genannt:
Landolt-Börnstein: Physikalisch-chemische Tabellen, 1923,
Justi, E.: Spezifische Wärme, Enthalpie, Entropie und Dissoziation technischer Gase, 1938,
D'Ans, J. und E. Lax: Taschenbuch für Chemiker und Physiker, 1943,
Hütte, des Ingenieurs Taschenbuch 1941,
Wien-Harms: Handbuch der Experimentalphysik, 1930.

Namen- und Sachverzeichnis.

SPRINGER-VERLAG IN WIEN

Die Verbrennungskraftmaschine

Erscheint in 16 Bänden, die in sich abgeschlossen und einzeln käuflich sind

Herausgegeben von

Prof. Dr. Hans List, Graz

Lieferbar sind:

Band 1, Teil 1: Vorwort und Einführung zum Gesamtwerk. Von Prof. Dr. **H. List,** Graz. — **Die Betriebsstoffe für Verbrennungskraftmaschinen.** Von Priv.-Doz. Dr. **A. Philippovich,** Wien. Zweite, neubearbeitete und erweiterte Auflage. Mit 86 Textabbildungen. XX, 206 Seiten. 4⁰. 1949. S 90.—, DM 24.—, Doll. 7.20, sfr. 32.—

Band 4: Der Ladungswechsel der Verbrennungskraftmaschine.

Teil 1: **Grundlagen. Die rechnerische Behandlung der instationären Strömungsvorgänge am Motor.** Von Prof. Dr. **H. List,** Graz, und Dr. **G. Reyl,** Graz. Mit 156 Abbildungen im Text, 2 Tafeln und 4 Tabellen. XI, 239 Seiten. 4⁰. 1949. S 144.—, DM 48.—, Doll. 14.40, sfr. 62.60

Teil 2: **Der Zweitakt.** Von Prof. Dr. **H. List,** Graz. Mit 384 Abbildungen im Text. X, 370 Seiten. 4⁰. 1950. S 220.—, DM 69.—, Doll. 16.50, sfr. 72.—

Band 8, Teil 2: Die Dynamik der Verbrennungskraftmaschine. Von Dr.-Ing. **H. Schrön,** München. Zweite, verbesserte Auflage. Mit 187 Abbildungen im Text. VIII, 201 Seiten. 4⁰. 1947. S 96.—, DM 28.—, Doll. 8,40, sfr. 36.—

Band 9: Die Steuerung der Verbrennungskraftmaschinen. Von Prof. Dr. techn. Dipl.-Ing. **A. Pischinger,** Graz. Mit 269 Textabbildungen. VII, 240 Seiten. 4⁰. 1948. S 144.—, DM 45.—, Doll. 14.—, sfr. 60.—

Band 10: Das Triebwerk schnellaufender Verbrennungskraftmaschinen. Von Dipl.-Ing. **H. Kremser,** Graz. Zweite, neubearbeitete Auflage. Mit 187 Textabbildungen. IX, 166 Seiten. 4⁰. 1949. S 90.—, DM 24.—, Doll. 7.20, sfr. 31.—

Band 12: Ortsfeste und Schiffsdieselmotoren. Von Dipl.-Ing. **F. Mayr,** Augsburg. Zweite, unveränderte Auflage. Mit 318 Textabbildungen. VIII, 330 Seiten. 4⁰. 1948. S 160.—, DM 48.—, Doll. 14.90, sfr. 64.—

In der Folge werden erscheinen:

Bd. 1, Teil 2: Gaserzeuger. 2. Aufl. — Bd. 2, Teil 1: Thermodynamik und Verlustanalyse der Kolbenverbrennungskraftmaschine. 2. Aufl. — Bd. 2, Teil 2: Thermodynamik der Gasturbine. — Bd. 3: Der Wärmeübergang in der Verbrennungskraftmaschine. — Bd. 4, Teil 3: Der Viertakt. Ausnützung der Abgasenergie für den Ladungswechsel. — Bd. 5: Die Gasmaschine. 2. Aufl. — Bd. 6: Gemischbildung im Verbrennungsmotor. — Bd. 7: Gemischbildung im Dieselmotor. 2. Aufl. — Bd. 8, Teil 1: Konstruktive Grundlagen der Verbrennungskraftmaschine. — Bd. 11: Der Aufbau schnellaufender Verbrennungskraftmaschinen für Kraftfahrzeuge und Triebwagen. 2. Aufl. — Bd. 13: Flugmotoren. — Bd. 14: Verschleiß, Betriebszahlen und Wirtschaftlichkeit von Verbrennungskraftmaschinen. 2. Aufl. — Bd. 15: Hilfsmaschinen der Verbrennungskraftmaschine mit besonderer Berücksichtigung der Strömungsmaschinen. — Bd. 16: Die Gasturbine.

Zu beziehen durch jede Buchhandlung

SPRINGER - VERLAG IN WIEN

Wärme. Von Prof. Dr. **K. W. F. Kohlrausch,** Graz. Mit 35 Textabbildungen. VI, 127 Seiten. 1948. (Ausgewählte Kapitel aus der Physik. Nach Vorlesungen an der Technischen Hochschule in Graz. Von Prof. Dr. **K. W. F. Kohlrausch,** Graz. In fünf Teilen. Teil III.)

S 24.---, DM 6.--, Doll. 2.10, sfr. 9.—

„...Wie in den beiden ersten Bänden ist die Darstellung auch hier klar und leicht verständlich und das Büchlein stellt einen ausgezeichneten, neuartigen Studienbehelf für Physiker, Maschinenbauer und Elektrotechniker dar, der sein Ziel, von der reinen Experimentalvorlesung zu der theoretischen Physik überzuleiten, voll erfüllt. Das Büchlein ist nicht nur dem Studierenden, sondern auch dem Fachphysiker sowohl wegen der Auswahl des Stoffes als auch wegen seiner klaren Darstellung bestens zu empfehlen.“

Österreichische Bauzeitschrift.

Dampfkessel und Feuerungen. Theorie, Konstruktion und Betrieb. Hand- und Lehrbuch für den praktischen Gebrauch. Von Doz. Dr. techn. **M. Ledinegg,** Wien. Mit 420 Textabbildungen. Etwa 400 Seiten. 4⁰.

Erscheint im Sommer 1951.

Die Entwicklung des modernen Kesselbaues ist ständig in Fluß. Auch die Theorie der Vorgänge im Dampfkessel hat in neuerer Zeit große Fortschritte gemacht. Das vorliegende Buch gibt Auskunft, wo die Entwicklung heute hält, indem es alle theoretischen und praktischen Fragen des Dampfkesselwesens nach dem neuesten Stande in eingehender Weise behandelt.

Verbrennungsmotoren-Lehrbilder. Aus H. List: Die Verbrennungskraftmaschine, gesammelt von **L. Richter,** Wien. Mit **153** Textabbildungen. IV, 120 Seiten. 4⁰. 1948. S 36.—, DM 10.—, Doll. 3.20, sfr. 14.—

„...Die Auswahl ist reichhaltig und geschickt getroffen und systematisch geordnet nach Otto-, Diesel- und Gaseinblasemotoren, wobei wieder nach Zwei- und Viertakt und nach dem Verwendungszweck unterteilt ist. Die äußere Aufmachung entspricht genau den Listschen Bänden, die Ausführung ist friedensmäßig. Die sehr vielfältige Sammlung bietet nicht nur eine Hilfe für Studienkonstruktionen, sondern bietet auch Anregung für industrielle Entwürfe.“ *Motortechnische Zeitschrift,* Stuttgart.

Die Gasturbine. Theorie, Konstruktion und ihre Anwendung in der Luft, zu Wasser und auf dem Lande. Von Dipl.-Ing. **J. Kruschik,** Wien. Mit etwa 150 Textabbildungen. Etwa 250 Seiten.

Erscheint im Sommer 1951.

M und W Maschinenbau und Wärmewirtschaft mit Lokomotiv- und Fahrzeugbau. Fachbeirat: **J. Eckert, E. Feifel, L. Kirste, H. Mache, H. Melan, L. Richter, R. Walker.** Schriftleitung: **C. Kämmerer,** Wien. *Jährlich erscheinen 12 Hefte.* (1951: 6. Jahrgang.)

Halbjährlich S 46.--, DM 14.—, Doll. 4.—, sfr. 18.--

Zu beziehen durch jede Buchhandlung

MIX
Papier aus verantwortungsvollen Quellen
Paper from responsible sources
FSC® C105338

FSC
www.fsc.org

If you have any concerns about our products,
you can contact us on
ProductSafety@springernature.com

In case Publisher is established outside the EU,
the EU authorized representative is:
Springer Nature Customer Service Center GmbH
Europaplatz 3, 69115 Heidelberg, Germany

Printed by Libri Plureos GmbH
in Hamburg, Germany